信息通信建设工程

项目费用编审人员培训教材

中国通信企业协会通信工程建设分会　编

人 民 邮 电 出 版 社
北　京

图书在版编目（CIP）数据

信息通信建设工程项目费用编审人员培训教材 / 中国通信企业协会通信工程建设分会编. -- 北京 : 人民邮电出版社, 2017.5（2021.4重印）
ISBN 978-7-115-45300-6

Ⅰ. ①信… Ⅱ. ①中… Ⅲ. ①通信工程－工程造价－技术培训－教材 Ⅳ. ①TN91

中国版本图书馆CIP数据核字(2017)第069602号

内 容 提 要

本书为信息通信建设工程项目费用编审人员的培训教材，也可作为相关企业人员的参考资料。本书分为 10 个章节，内容主要包括建设项目管理与工程造价、工程造价的构成、建设工程定额与工程造价计价、建设工程概（预）算的编制、建设工程招标投标与工程合同管理、工程量清单及清单计价、工程结算与竣工决算、工程造价审核等方面的知识要点，以及工程概（预）算编制与工程量清单计价文件编制的相关示例。

◆ 编　　　　中国通信企业协会通信工程建设分会
责任编辑　代晓丽
执行编辑　李红霞

◆ 人民邮电出版社出版发行　北京市丰台区成寿寺路 11 号
邮编　100164　电子邮件　315@ptpress.com.cn
网址　https://www.ptpress.com.cn
三河市兴达印务有限公司印刷

◆ 开本：787×1092　1/16
印张：27　　　　2017 年 5 月第 1 版
字数：632 千字　　2021 年 4 月河北第 9 次印刷

定价：98.00 元

读者服务热线：(010)81055493　印装质量热线：(010)81055316
反盗版热线：(010)81055315

编审委员会

前　言

本书是信息通信建设行业特需专业人员培训教材系列之一。本书紧扣信息通信工程项目费用编审人员的培训、考核需要，根据项目费用编审人员必须掌握的知识与技能的有关要求，结合国家"营改增"的最新政策和工业和信息化部最新颁布的相关工程定额，以实用性、精简性、理论与实际操作相结合为原则，并在总结原版《造价员培训教材》使用经验的基础上重新进行修编而成。

本书在内容上分为10个章节，主要包括建设项目管理与工程造价、工程造价的构成、建设工程定额与工程造价计价、建设工程概（预）算的编制、建设工程招标投标与工程合同管理、工程量清单及清单计价、工程结算与竣工决算、工程造价审核等方面的知识要点，以及工程概（预）算编制与工程量清单计价文件编制的相关示例。

本书在编写过程中得到了中国通信建设集团有限公司、中讯邮电咨询设计院有限公司、湖南省邮电规划设计院有限公司、安徽电信规划设计有限责任公司、北京电信规划设计院有限公司、江苏省邮电规划设计院有限责任公司等单位相关专家的大力协助。编委会谨向所有给予本书关心和帮助的人们致以衷心的感谢！同时，本书在编写时参阅了大量相关培训教材及有关定额，在此对这些编者，一并表示衷心感谢！

由于工程建设具有复杂性，定额和造价政策文件具有动态性与时效性，加之时间仓促和编者知识水平的局限，书中的错误与缺陷难以避免，不妥之处敬请广大读者给予批评指正。

编委会

2017年4月

目　录

第一章　建设项目管理与工程造价……001

第一节　建设项目管理……001

第二节　工程造价……009

第三节　工程造价管理……014

第四节　工程造价管理中的税务知识……018

第二章　工程造价的构成……025

第一节　概述……025

第二节　设备及工、器具购置费构成与计算……029

第三节　建筑安装工程费构成与计算……033

第四节　工程建设其他费构成与计算……051

第五节　预备费、建设期利息的计算……056

第三章　建设工程定额与工程造价计价……057

第一节　定额概述……057

第二节　信息通信建设工程预算定额……066

第三节　工程造价计价的基本原理与方法……079

第四章　建设工程概（预）算的编制……083

第一节　建设工程概（预）算的概念……083

第二节　通信建设工程概（预）算的编制……086

第三节　信息通信建设工程识图……104

第四节　信息通信建设工程量计算规则……111

第五章　建设工程招标投标与工程合同管理……123
第一节　建设工程招标投标……123
第二节　建设工程合同管理……135

第六章　工程量清单及清单计价……151
第一节　工程量清单计价模式概述……151
第二节　工程量清单计价规范……155
第三节　工程量清单编制……160
第四节　工程量清单计价……167
第五节　通信建设工程工程量清单计价表格……173

第七章　工程结算与竣工决算……201
第一节　工程变更与索赔……201
第二节　工程计量与价款支付……206
第三节　工程竣工结算……211
第四节　工程竣工决算……214

第八章　工程造价审核……219
第一节　工程造价审核概述……219
第二节　工程概（预）算的审核……222
第三节　招标控制价与投标报价的审核……225
第四节　工程竣工结算的审核……228

第九章　工程概（预）算编制示例……233
示例一　XXX 站电源设备安装工程一阶段设计预算……233
示例二　XX 端站传输设备安装单项工程一阶段设计预算……251
示例三　XX 移动通信基站设备安装工程施工图设计预算……271
示例四　XX 公司架空光缆线路单项工程一阶段施工图设计预算……288

第十章　工程量清单计价文件编制示例……305
XXX 小区 FTTH 工程……305

附录一：《信息通信建设工程预算定额》节选……357
附录二：《通信建设工程量清单计价规范》附录四节选……413
附录三：相关法律法规、规范标准及文件清单……421
参考文献……423

第一章 建设项目管理与工程造价

建设项目具有自身的特点和管理程序，这决定了工程造价也有其特定的含义。要有效地进行工程造价管理，必须认识建设项目管理的相关概念、基本建设程序、工程造价的含义、特点及工程造价管理等基本内容。本章对相关内容作了详细介绍。

第一节　建设项目管理

一、基本建设的含义

基本建设是指在国民经济中以扩大生产能力（或增加工程效益）为目的的综合经济活动。具体地讲，就是投资主体将一定的物资、材料、机器设备等资源，通过购置、建造和安装等活动，把它们转化为固定资产，形成新的生产能力或使用效益的建设工作。

固定资产是指在其有效使用期内重复使用而不改变其实物形态的主要劳动资料。它是人们生产和活动的必要物质条件。基本建设的最终成果一般表现为固定资产的增加。但是同时，并非一切新增加固定资产都属于基本建设，而是有一定界限规定的，即对于那些低于规定的数量或价值的零星固定资产购置和零星土建工程，一般作为固定资产更新改造处理；对于用各种专项拨款和企业基金进行的挖潜、革新、改造项目，一般也不列入基本建设范围之内。

基本建设是一种宏观的经济活动，它是通过建设行业的勘察、设计和施工等活动，以及其他有关部门的一系列经济活动来实现的。它横跨于国民经济的多个部门，包括生产、分配、流通各个环节，既有物质生产活动，又有非物质生产活动。它包括的内容有建筑工程，安装工程，设备、工具、器具的购置，以及其他的基本建设工作。

二、建设项目的分类

建设项目是指按照一个总体设计进行建设，经济上实行统一核算，行政上有独立的组织形式，实行统一管理，由一个或若干个具有内在联系的工程所组成的总体，建成后具有完整的系统，可以独立地形成生产能力或使用价值的建设工程。从整个社会来看，基本建设就是由一个个的建设项目所组成的。在我国，通常把投资建设一个企业或一个独立工程项目作为一个建设项目。因此，凡属于一个总体设计中分期分批建设的主体工程、水电气供应工程、配套或综合利用工程都应归作为一个建设项目。凡不属于一个总体设计，工艺流程上没有直接关系的几个独立工程，或分期建设的工程，如果分为几个总体设计，则应分别作为不同的建设项目。

建设项目按照不同的分类标准，可以有多种分类方式。

1. 按建设项目不同的建设性质分类

（1）新建项目

新建项目是指新开始建设的项目，或者对原有建设项目重新进行总体设计，经扩大建设规模后，其新增固定资产价值超过原有固定资产价值 3 倍以上的建设项目。

（2）扩建项目

扩建项目是指原有建设单位为了扩大原有主要产品的生产能力或效益，或增加新产品生产能力，在原有固定资产的基础上兴建一些主要设施或其他固定资产。

（3）改建项目

改建项目是指原有建设单位为了提高生产效率，改进产品质量或改进产品方向，对原有设备、工艺流程进行技术改造的项目。另外，为提高综合生产能力，增加一些附属和辅助设施或非生产性工程，也属于改建项目。

（4）恢复项目

恢复项目是指对因重大自然灾害或战争而遭受破坏的固定资产，按原来规模重新建设或在恢复的同时进行扩建的工程项目。

（5）迁建项目

迁建项目是指原有建设单位由于各种原因迁到另外的地方建设的项目，不论其是否维持原有规模，均称为迁建项目。

应当指出，建设项目的性质是按照整个建设项目的完成周期来划分的，一个建设项目在按总体设计全部建成之前，其性质一直不变。

2. 以计划年度为单位，按建设项目建设过程不同阶段分类

（1）筹建项目

筹建项目是指在计划年度内，只做准备，还不能开工的项目。

（2）施工项目

施工项目是指正在施工的项目。

（3）投产项目

投产项目是指全部竣工，并已投产或交付使用项目。

（4）收尾项目

收尾项目是指已经竣工验收投产或交付使用、设计能力全部达到，但还遗留少量收尾工程的项目。

（5）停缓建项目

停缓建项目是指经有关部门批准停止建设或近期内不再建设的项目。停缓建项目分为全部停缓建项目和部分停缓建项目。

3. 按建设项目在国民经济中的不同用途分类

按用途分类，就是按建设项目中工程的直接用途来划分。

（1）生产性建设项目

生产性建设项目是指直接用于物质生产或满足物质生产需要的建设项目。它包括工业、建筑业、农业、林业、水利、气象、运输、邮电通信、商业或物资供应、地质资源勘探等建设项目。

（2）非生产性建设项目

非生产性建设项目一般是指用于满足人民物质文化生活需要的建设项目。它包括住宅、文教卫生、科学实验研究、公共事业以及其他建设项目。

4. 按建设项目建设总规模和投资的多少不同分类

按建设项目建设总规模和投资的多少不同可分为大型、中型和小型项目。其划分的标准各行各业并不相同，一般情况下，生产单一产品的企业，按产品的设计生产能力来划分；生产多种产品的，按主要产品的设计生产能力来划分；难以按生产能力划分的，按其全部投资额来划分。

5. 按建设项目资金来源和渠道不同分类

（1）国家投资建设项目

国家投资建设项目又称为财政投资建设项目，是指国家预算直接安排投资的建设项目。

（2）银行信用筹资建设项目

银行信用筹资建设项目是指通过银行信用方式供应基本建设投资进行贷款建设的项目。其资金来源于银行自有资金、流通货币、各项存款和金融债券。

（3）自筹资金建设项目

自筹资金建设项目是指各地区、各单位按照财政制度提留、管理和自行分配用于固定资产再生产的资金进行建设的项目。它包括地方自筹、部门自筹和企业与事业单位自筹资金进行建设的项目。

（4）引进外资建设项目

引进外资建设项目是指利用外资进行建设的项目。外资的来源有借用国外资金和吸引外国资本直接投资。

（5）长期资金市场筹资建设项目

长期资金市场筹资建设项目是指利用国家债券筹资和社会集资（股票、国内债券、国内合资经营、国内补偿贸易）投资的建设项目。

三、建设项目的划分

一般的建设项目是由多个部分组成的复杂的综合体，投资额巨大，建设周期较长。建设项目的组织、管理，也会受到多方面的影响和约束，是一项较为复杂的经济活动。因此，为了建设项目更好的实施，保障投资效益，必须对建设项目进行科学的分析与分解。

建设项目按照合理确定工程造价和建设管理工作的需要，按照它的组成内容不同，从大到小，可以划分为单项工程、单位工程、分部工程和分项工程等项目单元。

（一）单项工程

单项工程，是指在一个建设单位中，具有独立的设计文件、单独编制投资预算、竣工后可以独立发挥生产能力或效益的工程。它是建设项目的组成部分。一个建设项目可包括多个单项工程，也可以只有一个单项工程。如一座工厂中的各个主要车间、辅助车间、办公楼和食堂均可作为一个单项工程。单项工程是具有独立存在意义的一个完整工程，也是一个复杂的综合体。为方便计算，仍需进一步分解为许多单位工程。

通信工程建设项目的单项工程一般是按不同技术专业或不同的通信系统进行划分。表1-1-1 列出了一般的通信专业单项工程的划分方式。

表 1-1-1　通信建设单项工程项目划分

<table>
<tr><th colspan="2">专业类别</th><th>单项工程名称</th><th>备注</th></tr>
<tr><td colspan="2">电源设备安装工程</td><td>XX电源设备安装工程（包括专用高压供电线路工程）</td><td></td></tr>
<tr><td rowspan="4">有线通信设备安装工程</td><td>传输设备安装工程</td><td>XX数字复用设备及光、电设备安装工程</td><td></td></tr>
<tr><td>交换设备安装工程</td><td>XX通信交换设备安装工程</td><td></td></tr>
<tr><td>数据通信设备安装工程</td><td>XX数据通信设备安装工程</td><td></td></tr>
<tr><td>视频监控设备安装工程</td><td>XX视频监控设备安装工程</td><td></td></tr>
<tr><td rowspan="4">无线通信设备安装工程</td><td>微波通信设备安装工程</td><td>XX微波通信设备安装工程（包括天线、馈线）</td><td></td></tr>
<tr><td>卫星通信设备安装工程</td><td>XX地球站通信设备安装工程（包括天线、馈线）</td><td></td></tr>
<tr><td>移动通信设备安装工程</td><td>1. XX移动控制中心设备安装工程
2. 基站设备安装工程（包括天线、馈线）
3. 分布系统设备安装工程</td><td></td></tr>
<tr><td>铁塔安装工程</td><td>XX铁塔安装工程</td><td></td></tr>
<tr><td colspan="2">通信线路工程</td><td>1. XX光（电）缆线路工程
2. XX水底光（电）缆工程（包括水线房建筑及设备安装）
3. XX用户线路工程（包括主干及配线光（电）缆、交接及配线设备、集线器、杆路等）
4. XX综合布线系统工程
5. XX光纤到户工程</td><td>进局及中继光（电）缆工程可按每个城市作为一个单项工程</td></tr>
<tr><td colspan="2">通信管道工程</td><td>XX路（XX段）、XX小区通信管道工程</td><td></td></tr>
</table>

（二）单位工程

单位工程是竣工后一般不能独立发挥生产能力或效益，但具有独立设计，可以独立组织施工的工程。它是单项工程的组成部分。按照单项工程的构成，可以分解为建筑工程和安装工程两类，而每一类中又可按专业性质及作用不同分解为若干个单位工程。例如一个生产车间的土建工程、给排水工程、机械设备安装工程、电器设备安装工程等，都是单项工程中所包括的不同性质工程内容的单位工程。

（三）分部工程

分部工程是单位工程的组成部分。按照不同的设备、不同的材料、不同的工种、不同的结构或施工次序等方式，可将一个单位工程分解为若干个分部工程。例如通信线路工程可划分为线路施工测量、光（电）缆敷设、光（电）缆接续与测试等分部工程。分部工程还可以进一步划分为分项工程。

（四）分项工程

分项工程是分部工程的组成部分。按照不同的施工方法、不同的材料、不同的工作内容，可将一个分部工程分解为若干个分项工程。分项工程一般可以用较为简单的施工过程就能完成，以适当的计量单位就可以计算出工程量以及所需要消耗的人工、材料和机械台班的数量，并方便计算出分项工程的单价。分项工程是单项工程组成部分中最基本的构成要素。它一般没有独立存在的意义，只是为了编制建设项目概（预）算使用。

综上所述，一个建设项目是由一个或几个单项工程组成的，一个单项工程又是由几个单位工程组成的，一个单位工程又由若干个分部工程组成的，一个分部工程又可以划分为若干个分项工程，这也是一个建设项目管理任务逐步分解的过程。

四、基本建设程序

基本建设程序是对基本建设项目从酝酿、规划到建成投产所经历的整个过程中的各项工作开展先后顺序的规定。它反映了工程建设各个阶段之间的内在联系，是从事建设工作的各有关部门和人员都必须遵守的基本法则。这个法则是客观存在的自然规律和经济规律的正确反映，是建设项目科学决策和顺利进行的重要保证，是对多年来从事建设管理经验总结的高度概括，也是取得较好投资效益必须遵循的工程建设管理方法。

基本建设程序划分为若干个进展阶段和工作环节，他们之间的先后次序和相互关系，不是任意决定的。这些进展阶段和环节有着严格的先后顺序，不能任意颠倒。违反了这个规律就会使建设工作出现严重失误，甚至造成建设资金的重大损失。在我国，大中型以上的建设项目从建设前期工作到建设、投产一般都要经过项目建议书、可行性研究、初步设计、年度计划安排、施工准备、施工图设计、施工招投标、开工报告、施工、初步验收、试运转、竣工验收、交付使用、项目后评估等工作环节。

具体到通信行业基本建设项目，尽管其投资管理、建设规模等有所不同，但建设过程中的主要程序基本相同。下面就以图 1-1-1 为例，对建设项目的建设程序及内容加以说明。

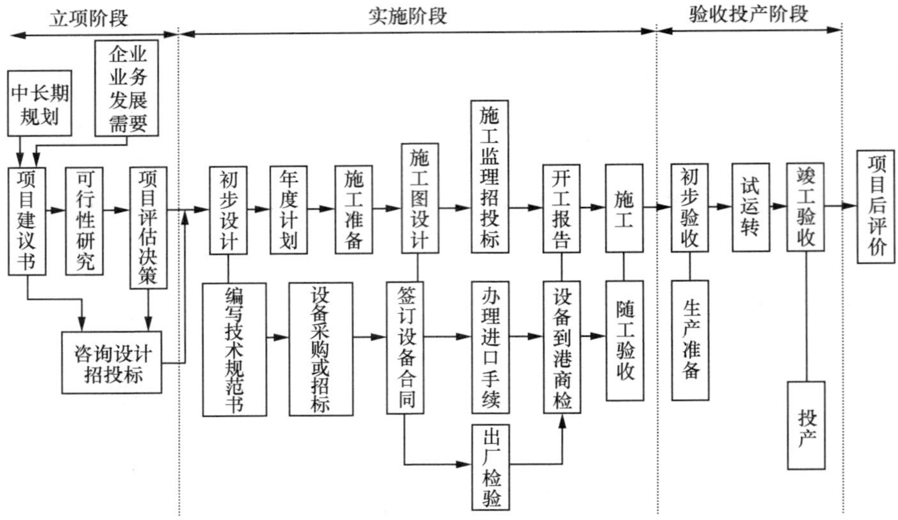

图 1-1-1　通信工程基本建设程序

（一）立项阶段

1. 提出项目建议书

部门、地区或企业一般根据国民经济和社会发展的长远规划、行业规划、地区规划或企业发展的需要等要求，经过调查、预测、分析，编制提出项目建议书。项目建议书是要求建设某一具体项目的建设文件，是基本建设程序中最初阶段的工作，是投资决策前对拟建项目的轮廓设想。它主要从宏观上来考察项目建设的必要性，因此，项目建议书把论证的重点放在项目是否符合国家宏观经济政策，是否符合产业政策和产品结构要求，是否符合生产布局要求等方面，从而减少盲目建设和不必要的重复建设。项目建议书主要论证项目建设的必要性，建设方案和投资估算相对比较粗，投资误差一般为 ±30% 左右。当项目建议书批准后即可立项，进行可行性研究。

项目建议书的内容主要有：项目提出的必要性和依据；项目的技术基础；产品市场、资源、建设条件情况和当地的优、劣势等初步分析；项目建设规模、地点及产品方案的初步设想；项目投资估算及资金筹措；环境保护、资源综合利用、节能情况；项目财务分析、经济分析及主要指标等。

2. 可行性研究

可行性研究是根据国民经济发展规划及项目建议书，运用多种研究成果，在建设项目投资决策前对有关建设方案、技术方案或生产经营方案进行相关技术经济论证。论证的依据是调研报告。可行性研究观察项目在技术上的先进性和适用性，经济上的盈利性和合理性，建设的可能性和可行性等。项目详细可行性研究阶段的投资估算误差一般应控制在 ±10% 以内。可行性研究的具体内容，随行业的不同而有所差别。通信建设工程的可行性研究报告一般应包括以下几项主要内容。

（1）总论。包括项目提出的背景，建设的必要性和投资效益，可行性研究的依据及简要结论等。

（2）需求预测与拟建规模。包括业务流量、流向预测，通信设施现状，国家从战略、边海防等需要出发对通信特殊要求的考虑，拟建项目的构成范围及工程拟建规模等。

（3）建设与技术方案论证。包括组网方案，传输线路建设方案，局站建设方案，通路组织方案，设备选型方案，原有设施利用、挖潜和技术改造方案以及主要建设标准的考虑等。

（4）建设可行性条件。包括资金来源，设备供应，建设与安装条件，外部协作条件以及环境保护与节能等。

（5）配套及协调建设项目的建议。如进城通信管道，机房土建，市电引入，空调以及配套工程项目的提出等。

（6）建设进度安排的建议。

（7）维护组织、劳动定员与人员培训。

（8）主要工程量与投资估算。包括主要工程量，投资估算，配套工程投资估算，单位造价指标分析等。

（9）经济评价。包括财务评价和国民经济评价。财务评价是从通信企业或通信行业的角度考察项目的财务可行性，计算的财务评价指标主要有财务内部收益和静态投资回收期等；国民经济评价是从国家角度考察项目对整个国民经济的净效益，论证建设项目的经济合理性，计算的主要指标是经济内部收益率等。当财务评价和国民经济评价的结论发生矛盾时，项目的取舍取决于国民经济评价。

（10）需要说明的有关问题。

可行性研究，是由建设项目的投资主体或主管部门委托勘察设计单位、工程咨询单位按基本建设审批规定的要求进行的研究。

（二）实施阶段

1. 初步设计

设计文件是安排建设项目和组织施工的主要依据，一般由主管部门或建设单位委托设计单位编制。一般建设项目，按初步设计和施工图设计两个阶段进行。对于技术复杂且缺乏经验的项目，经主管部门指定，按初步设计、技术设计和施工图设计 3 个阶段进行。

初步设计是根据批准的可行性研究报告，以及有关的设计标准、规范，并通过现场勘察工作取得的设计基础资料后进行编制的。初步设计的主要任务是确定项目的建设方案、进行设备选型、编制工程项目的总概算。其中，初步设计中的主要设计方案及重大技术措施等应通过技术经济分析，进行多方案比选论证，未采用方案的扼要情况及采用方案的选定理由均应写入设计文件。初步设计和总概算按其规模大小和规定的审批程序，报相应主管部门批准。经批准后，设计部门方可进行施工图阶段设计。

技术设计是对初步设计确定的内容进一步深化，主要明确所采用的工艺过程、建筑和结构的重大技术问题，设备的选型和数量，并编制修正总概算。

2. 编制年度计划

建设项目初步设计和总概算批准后，经资金、物资、设计、施工能力等综合平衡后，即列入国家或企业年度基本建设计划。年度计划包括基本建设拨款计划、设备和主材（采购）储备贷款计划、工期组织配合计划等，是进行工程建设拨款或贷款、分配资源和设备的主要依据。

3. 施工图设计

施工图设计文件应根据批准的初步设计文件和主要设备订货合同进行编制，并绘制施工详图，标明房屋、建筑物、设备的结构尺寸，安装设备的配置关系和布线，施工工艺和提供设备、材料明细表，并编制施工图预算。

4. 施工准备

施工准备是基本建设程序中的重要环节，建设单位应根据建设项目或单项工程的技术特点，适时组成机构，做好以下几项工作。

（1）制定建设工程管理制度，落实管理人员；

（2）汇总拟采购设备、主材的技术资料；

（3）落实施工和生产物资的供货来源；

（4）落实施工环境的准备工作，如征地、拆迁、“三通一平”（水、电、路通和平整土地）等。

5. 施工招标或委托

施工招标是建设单位将建设工程发包，鼓励施工企业投标竞争，从中评定出技术、管理水平高、信誉可靠且报价合理的中标企业。推行施工招标对于择优选择施工企业，确保工程质量和工期具有重要意义。

6. 开工报告

经施工招标，签订承包合同后，建设单位在落实年度资金拨款、设备和主材的供货及工程管理组织后，于开工前一个月会同施工单位、主管部门提出开工报告。

在项目开工报批前，应由审计部门对项目的有关费用计取标准及资金渠道进行审计，然后方可正式开工。

7. 施工

施工是由施工单位按照年度计划、设计文件的规定，确定实施方案，将建设项目的设计，变成可供人们进行生产和生活活动的建筑物、构筑物等固定资产的过程。为确保工程质量，施工必须严格按照施工图纸、施工验收规范等要求进行，按照合理的施工顺序组织施工。通信建设项目的施工应由持有相关资质证书的单位承担。

在施工过程中，对隐蔽工程在每一道工序完成后由建设单位委派的工地代表随工验收，如是采用监理的工程则由监理工程师履行此项职责。验收合格后才能进行下一道工序。

（三）验收投产阶段

1. 初步验收

初步验收通常是单项工程完工后，检验单项工程各项技术指标是否达到设计要求。初步验收一般是由施工企业完成施工承包合同工程量后，依据合同条款向建设单位申请项目完工验收，提出交工报告，由建设单位或由其委托监理公司组织相关设计、施工、维护、档案及质量管理等部门参加。

除小型建设项目外，其他所有新建、扩建改建等基本建设项目以及属于基本建设性质的技术改造项目，都应在完成施工调测之后进行初步验收。初步验收的时间应在原定计划建设工期内进行。初步验收工作包括检查工程质量，审查交工资料，分析投资效益，对发现的问题提出处理意见，并组织相关责任单位落实解决。

2. 试运转

试运转由建设单位负责组织，供货厂商、设计、施工和维护部门参加，对设备、系统的性能、功能和各项技术指标以及设计和施工质量等进行全面考核。经过试运转，如发现有质量问题，由相关责任单位负责免费返修。通信工程建设项目的试运转期一般为 3 个月。试运转期结束后，根据通信网络和系统的运行情况，即可组织竣工验收的准备工作。

3. 竣工验收

竣工验收是工程建设的最后一个环节，是全面考核建设成果、检验设计和工程质量是否符合要求，审查投资使用是否合理的重要步骤。建设项目按批准的设计文件所规定的内容建设完成后，便可以组织竣工验收。验收合格后，施工单位应向建设单位办理工程移交和竣工结算手续，使其由基本建设系统转入生产系统，并交付使用。

4. 建设项目后评价

建设项目后评价是指项目竣工投产运营一段时间后，再对项目的立项决策、设计、施工、竣工投产、生产运营等全过程进行系统评价的一种技术经济活动，是固定资产投资管理的一项重要内容，也是固定资产投资管理的最后一个环节。通过建设项目后评价，可以达到肯定成绩，总结经验，研究问题，提出建议，改进工作，不断提高项目决策水平和达到投资效果的目的。

第二节　工程造价

一、工程造价的含义

工程造价是指建设工程产品的建造价格，工程造价本质上属于价格范畴，在市场经济条件下，工程造价有两种含义，第一种含义是从投资者的角度来定义，建设项目工程造价是指建设项目的建设成本，即建设项目预期开支或实际开支的全部费用，包括建筑工程、安装工程、设备及相关费用；第二种含义是从建设市场的角度来看，是指建设工程的承包价格，即工程价格，是在建设某项工程，预计或实际在土地市场、设备市场、技术劳务市场、承包市场等交易活动中，所形成的工程承包合同价和建设工程总造价。

工程造价的第一种含义是针对投资方、业主、项目法人而言的，表明投资者选定一个投资项目，为了获得预期的效益，就要通过项目评估进行决策，然后进行设计招标、工程监理招标，直至工程竣工验收，在整个过程中，要支付与工程建造有关的各类费用，因此，可以说工程造价就是指工程投资的全部费用。

工程造价的第二种含义是针对承包方、发包方而言的，是以市场经济为前提，以工程、设备、技术等特定商品作为交易对象，通过招标投标或其他交易方式，在各方进行反复测算的基础上，最终由市场形成的价格。各方交易的对象，可以是一个建设项目、一个单项工程，也可以是建设的某一个阶段，如可行性研究报告阶段、设计工作阶段等，还可以是某个建设阶段的一个或几个组成部分，如建设前期的土地开发工程、安装工程、装饰工程、配套设施工程等。在这种含义下，通常把工程造价认定为工程承发包价格，它是在建设市场通过招标，由投资者和建设商共同认可的价格。

以上所谓的工程造价的两种含义是从不同的角度来把握同一事物的本质。从建设工程的投资者来说，面对市场经济条件下的工程造价就是项目的投资，是“购买”项目要付出的价格。对于承包商、供应商和规划、设计等机构来说，工程造价是他们作为市场供给主体，出售商品和劳务的价格的总和。

工程造价的两种含义既是一个统一体，又是相互区别的。它们主要的区别在于需求主体和供给主体，在市场中追求的经济利益不同。从管理性质看，前者属于投资管理范畴，后者属于价格管理范畴。从管理目标看，作为项目投资费用，投资者在进行项目决策和项目实施中，首先追求的是决策的正确性。项目决策中投资数额大小、功能和成本价格比，是投资决策的最重要的依据。投资者关注的是项目功能、工程质量、投资费用、能否按期或提前交付使用。作为工程价格，承包商所关注的是利润和高额利润，他追求的是较高的工程造价。投资者和承包商之间的矛盾正是市场的竞争机制和利益风险机制的必然反映。

二、工程造价的特点

由于工程建设产品和施工的特点，工程造价具有以下特点。

（一）大额性

任何一项建设工程，不仅实物形态庞大，而且造价高昂，需投资几百万、几千万甚至上亿的资金。工程造价的大额性使其关系到有关各方面的重大经济利益，同时也对社会宏观经济产生重大影响。

（二）单个性

任何一项建设工程都有特殊的用途，其功能、用途各不相同。因而，使得每一项工程的结构、造型、平面布置、设备配置和内外装饰都有不同的要求。工程内容和实物形态的个别差异性决定了工程造价的单个性。

（三）动态性

任何一项建设工程从决策到竣工交付使用，都有一个较长的建设期。在这一期间，如工程变更，材料价格、费率、利率、汇率等会发生变化。这种变化必然会导致工程造价的变动，直至竣工决算后才能最终确定工程实际造价。建设周期长，资金的时间价值突出，这体现了建设工程造价的动态性。

（四）层次性

一个建设项目往往含有多个单项工程，一个单项工程又是由多个单位工程组成。与此相适应，工程造价也由多个层次相对应，即建设项目总造价、单项工程造价和单位工程造价。

（五）兼容性

工程造价的兼容性首先表现在它具有两种含义，其次表现在工程造价构成因素的广泛性和复杂性。在工程造价中，首先是成本因素非常复杂。其中为获得建设工程用地所支出的费用、项目可行性研究和规划设计费用、与政府一定时期政策（特别是产业政策和税收政策）相关的费用占有相当的份额。再次，盈利的构成也较为复杂，资金成本较大。

三、工程造价的作用

工程造价涉及国民经济各部门、各行业社会再生产中的各个环节，也直接关系到人民群众的相关利益，所以它的作用范围和影响程度都很大。其作用主要体现在以下几个方面。

1. 建设工程造价是项目决策的工具

建设工程投资大、生产和使用周期长等特点决定了项目决策的重要性。工程造价决定着项目的一次性投资费用。投资者是否有能力并认为值得支付这项费用，是项目决策中要考虑的主要问题。财务能力是一个独立的投资主体必须首先要解决的问题。如果建设工程的投资超过投资者的支付能力，就会迫使他放弃拟建的项目；如果项目投资的效果达不到预期的目标，投资者也会放弃拟建的工程。因此在项目决策阶段，建设工程造价就成为项目财务分析和经济评价的重要依据。

2. 建设工程造价是制定投资计划和控制投资的有效工具

投资计划是按照建设工期、进度和建设工程建造价格等，逐年、分月加以制定的。正确的投资计划有助于合理而有效的使用建设资金。

工程造价在控制投资方面的作用非常显见。工程造价是通过多次性预估，最终通过竣工决算确定下来的。每一次预估的过程就是对造价的控制过程，这种控制是在投资者财务能力的限度内，为取得既定的投资效益所必须的。建设工程造价对投资的控制也表现在利用各类定额、标准和参数，对建设工程造价进行控制。在市场经济利益风险机制的作用下，造价对投资控制作用成为投资的内部约束机制。

3. 建设工程造价是筹集建设资金的依据

投资体制的改革和市场经济的建立，要求项目的投资者必须有很强的筹资能力，以保证工程建设有充足的资金供应。工程造价基本决定了建设资金的需求量，从而为筹集资金提供了比较准确的依据。同时，金融机构也需要依据工程造价来确定给予投资者的贷款数额。

4. 建设工程造价是合理利益分配和调节产业结构的手段

工程造价的高低，涉及国民经济各部门和企业间的利益分配。在市场经济中，工程造价也受供求状况的影响，并在围绕价值的波动中实现对建设规模、产业结构和利益分配的调节。加上政府正确的宏观调控和价格政策导向，工程造价在这方面的作用就会充分发挥出来。

5. 工程造价是评价投资效果的重要指标

建设工程造价是一个包含着多层次工程造价的体系。就一个工程项目来说，它既是建设项目的总造价，又包含单项工程的造价和单位工程的造价，同时也包含单位生产能力的造价，这使工程造价自身形成了一个指标体系，能够为评价投资效果提供多种评价指标，并能够形成新的价格信息，为今后类似建设工程项目的投资提供可靠的参考。

四、工程造价的计价特征

工程造价的特点，决定了工程造价的计价特征。了解这些特征，对工程造价的确定与控制是非常必要的。

（一）计价的单件性特征

产品的差别性决定每项工程都必须依据其差别单独计算造价。这是因为每个建设项目所处的地理位置、地形地貌、地质结构、水文、气候、建筑标准以及运输、材料供应等都有它独特的形式和结构，需要一套单独的设计图纸，并采取不同的施工方法和施工组织，不能像对一般工业产品那样按品种、规格、质量等成批的定价。

（二）计价的多次性特征

建设工程周期长、规模大、造价高，因此要按建设程序分阶段实施，在不同的阶段影响工程造价的各种因素逐步被确定，适时地调整工程造价，以保证其控制的科学性。多次性计价就是一个逐步深入、逐步细化和逐步接近实际造价的过程。工程多次性计价的过程如图 1-2-1 所示。

1. 投资估算

投资估算是指在项目建议书或可行性研阶段，对拟建项目通过编制估算文件确定的项目总投资额，或称估算造价。投资估算是决策、筹资和控制建设工程造价的主要依据。

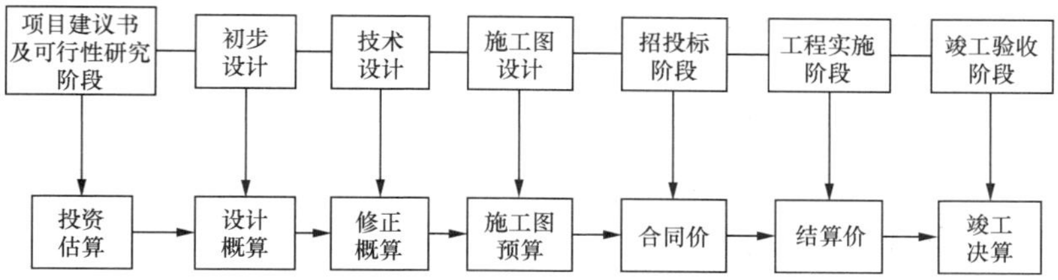

图 1-2-1　工程造价多次计价过程示意

2. 设计概算

设计概算指在初步设计阶段，根据设计意图，通过编制工程概算文件，预先测算和限定的工程造价。概算造价较投资估算造价的准确性有所提高，但它受估算造价的控制。概算造价的层次性十分明显，分为建设项目总概算、单项工程概算和单位工程概算等。

3. 修正概算

修正概算指在采用三阶段设计的技术设计阶段，根据技术设计的要求，通过编制修正概算文件预先测算和限定的工程造价。它对初步设计概算进行修正调整，比概算造价准确，但受概算造价控制。

4. 施工图预算

施工图预算指在施工图设计阶段，根据施工图纸通过编制预算文件，预先测算和限定的工程造价。它比概算造价和修正概算造价更为详尽和准确。但同样要受前一阶段所限定的工程造价的控制。

5. 合同价

合同价指在工程招投标阶段通过签订总承包合同、建筑安装承包合同、设备采购合同，以及技术和咨询服务合同等确定的价格。合同价属于市场价格的性质，它是由承发包双方根据市场行情共同议定和认可的成交价格，但它并不等同于最终决算的实际工程造价。按计价方法不同，建设工程合同有多种类型，不同类型合同价内涵也有所不同。

6. 结算价

结算价是指在合同实施阶段，在工程结算时，按照合同的调价范围和调价方法，对实际发生的工程量增减、设备和材料价差等进行调整后计算和确定的价格。

7. 竣工决算

竣工决算是指在竣工决算阶段，通过为建设项目编制竣工决算，最终确定该工程的实际工程造价。

以上内容说明，多次性计价是一个由粗到细、由浅入深、由概略到精细的过程，也是一个复杂而重要的管理系统工程。

（三）计价的组合性特征

工程造价的计算是分步组合而成，这一特征和建设项目的组合性有关。一个建设项目是一个工程综合体，这个综合体可以分解为许多有内在联系的独立和不能独立的工程。建设项目分解为单项工程，单项工程分解为单位工程，单位工程的造价可以分解出分部、分项工程的造价。从计价和工程管理的角度，分部、分项工程还可以再分解。由上可以看出，建设项目的这种组合性决定了计价的过程是一个逐步组合的过程。这一特征在计算概算造价和预算造价时尤为明显，同时也反映到了合同价和结算价中。

（四）计价方法的多样性特征

为适应多次性计价以及各阶段对造价的不同精确度要求，计算和确定工程造价的方法有综合指标估算法、单位指标估算法、套用定额法、设备系数法等。不同的方法各有利弊，适应条件也不同，所以计价时要加以选择。

（五）计价依据的复杂性特征

由于影响造价的因素多，计价依据复杂，种类繁多，主要可分为以下 7 类。

1. 计算设备和工程量依据。包括项目建设书、可行性研究报告、设计图纸等。
2. 计算人工、材料、机械等实物消耗量依据。包括投资估算指标、概算定额、预算定额等。
3. 计算工程单价的价格依据。包括人工单价、材料价格、机械和仪表台班价格等。
4. 计算设备单价依据。包括设备原价、设备运杂费、进口设备关税等。
5. 计算措施费、间接费和工程建设其他费依据，主要是相关的费用定额和指标。
6. 政府规定的税、费。
7. 物价指数和工程造价指数。

依据的复杂性不仅使计算过程复杂，而且要求计价人员熟悉各类依据，并要正确加以利用。

第三节　工程造价管理

一、工程造价管理的含义

由于工程造价具有的两种含义，工程造价管理也相对应具有两种含义。一是建设工程投资费用的管理，二是工程价格的管理。

工程投资费用管理属于投资管理范畴，是为了实现一定的预期目标，在拟定的规划、设计方案的条件下，预测、计算、确定和监控工程造价及其变动的系统活动。它包括了合理确定和有效控制工程造价的一系列工作。合理确定工程造价，即在建设程序的各个阶段，采用科学的、切合实际的计价依据，合理确定、计算投资估算、设计概算、施工图预算、承包合同价、竣工结算价和竣工决算价。有效控制工程造价，即在投资决策阶段、设计阶段、建设项目发包阶段和实施阶段，把建设工程的造价控制在批准的造价限额以内，随时纠正发生的偏差，以保证项目投资控制目标的实现。

工程价格管理属于价格管理范畴。价格管理可以分为微观层次和宏观层次两个方面。微观层次是指企业在掌握市场价格信息的基础上，为实现管理目标而进行的成本控制、计价、定价和竞价的系统活动。宏观层次是政府根据经济发展的需要，利用法律手段、经济手段和行政手段对价格进行管理和调控以及通过市场管理，规范市场主体价格行为的系统活动。

二、全面造价管理

工程造价管理强调全面造价管理。全面造价管理的含义包括全过程造价管理、全要素造价管理和全方位造价管理。

（一）全过程造价管理

建设工程全过程是指建设工程前期决策、设计、招投标、施工、竣工验收等各个阶段。全过程工程造价管理覆盖建设工程前期决策及实施的各个阶段，包括前期决策阶段的项目策划、投资估算、项目经济评价、项目融资方案分析；设计阶段的限额设计、方案比选、概（预）算编制；招投标阶段的标段划分、承发包模式及合同形式的选择、标底编制；施工阶段的工程计量与结算、工程变更控制、索赔管理；竣工验收阶段的竣工结算与决算等。

（二）全要素造价管理

建设工程造价管理不能单就工程造价本身谈造价管理，因为除工程本身造价之外，工期、质量、安全及环境等因素均会对工程造价产生影响。为此，控制建设工程造价不仅仅是控制建设工程本身的成本，还应同时考虑工期成本、质量成本、安全与环境成本的控制，从而实现工程造价、工期、质量、安全、环境的集成管理。

（三）全方位造价管理

建设工程造价管理不仅仅是业主或承包单位的任务，也应该是政府建设行政主管部门、行业协会、业主方、设计方、承包方以及有关咨询机构的共同任务。尽管各方的地位、利益、角度等有所不同，但只有建立完善的协同工作机制，才能实现建设工程造价的有效控制。

三、工程造价管理的内容

工程造价管理的基本内容就是合理确定建设项目的工程造价和有效控制工程造价，又称为工程造价的计价与控制。两者相互依存、相互制约。首先，工程造价的计价是工程造价控制的基础和载体，没有造价的计价就没有造价的控制；其次，造价的控制贯穿于造价计价的全过程，造价的计价过程也就是造价的控制过程，通过逐项控制、层层控制才能最终合理地确定造价，确定造价和控制造价的最终目标是一致的，两者相辅相成。

四、工程造价的有效控制

建设工程造价的有效控制是工程造价管理的重要组成部分。所谓工程造价控制，就是在投资决策阶段、设计阶段、建设项目发包阶段和建设实施阶段，把建设工程造价的发生控制在批准的造价限额以内，随时纠正发生的偏差，以保证项目管理目标的实现，以求在各个建设项目中能合理使用人力、物力、财力，取得较好的投资效益和社会效益。要做到有效的工程造价控制，要关注以下方面的内容。

1. 工程造价控制目标的合理设置

控制是为确保目标的实现而服务的。一个系统若没有目标，就不需要、也无法进行控制。目标的设置应是很严肃的，应有科学的依据。

工程项目建设过程是一个周期长、数量大的生产消耗过程，而建设者的经验知识是有限的。它不但常常受到科学条件和技术条件的限制，而且也受到客观过程的发展及其表现程度的限制，所以不可能在工程项目伊始，就能设置一个科学的、一成不变的造价控制目标，而只能设置一个大致的造价控制目标，这就是投资估算。随着工程建设实践、认识、再实践、再认识，投资控制目标一步步清晰、准确，这就是设计概算、设计预算、承包合同价和工程结算价等。也就是说，建设工程造价控制目标的设置应是随着工程项目建设实践的不断深入而分阶段进行的。具体来讲，投资估算应是设计方案选择和进行初步设计的建设工程造价控制目标；设计概算应是进行技术设计和施工图设计的工程造价控制目标；施工图预算或建安工程承包合同价则应是施工阶段控制建安工程造价的目标。造价控制目标是有机联系的整体，各阶段目标相互制约、相互补充，前者控制后者，后者补充前者，共同组成工程造价控制的目标系统。

2. 以设计阶段为重点的建设全过程造价控制

工程造价控制贯穿于项目建设全过程，这一点是没有疑义的，而且必须重点突出。很显然，工程造价控制的关键在于施工前的投资决策和设计阶段，而在项目做出投资决策后，控制工程造价的关键就在于设计。

长期以来，我国普遍忽视工程建设项目前期工作阶段的造价控制，而往往把控制工程造价的主要精力放在施工阶段——审核施工图预算，合理结算建安工程款，算细账。这样做尽管也有效果，但毕竟是“亡羊补牢”，事倍功半。要有效地控制建设工程造价，就要坚决地把控制重点转移到建设前期阶段上来，尤其是抓住设计这个关键阶段，未雨绸缪，以取得事半功倍的效果。

3. 采取主动控制措施

人们只把工程造价控制理解为目标值与实际值的比较，以及在实际值与目标值偏离时，分析产生偏离的原因，并确定下一步的策略。这种立足于结果反馈，对比分析，建立在纠偏措施基础上的偏离、纠偏、再偏离、再纠偏的控制方法，只能发现偏离，再进行调整，不能预防可能发生的偏离，因而只能说是被动控制。工程造价控制更需要将控制立足于事先主动地采取措施，尽可能减少目标值与实际指的偏离，这就是主动控制。工程造价控制不仅需要反映投资决策，反映设计、发包和施工的被动工程造价控制，更需要是事前影响投资决策，影响设计、发包和施工的主动工程造价控制。

4. 技术与经济相结合是控制工程造价最有效的手段

要有效地控制工程造价，应从组织、技术、经济、合同与信息管理等多方面采取措施。从组织上采取的措施，包括明确项目组织结构，明确造价控制者及其任务以使造价控制有专人负责，明确管理职能上的分工；从技术上采取措施，包括重视设计多方案选择，严格审查监督初步设计、技术设计、施工图设计、施工组织设计，深入技术领域研究节约投资的可能；从经济上采取措施，包括动态地比较造价的计划值和实际值，严格审核各项费用支出，采取对节约投资的有力奖励措施等。

五、信息通信建设工程项目费用编审人员及其能力要求

信息通信建设工程项目费用编审人员，原指通信建设工程项目造价员或通信工程概（预）算人员，是指达到一定的能力要求或者通过行业相关的能力考核，在中国通信企业协会经过登记，能够从事信息通信建设工程项目造价管理活动的专业人员，是信息通信建设行业特需专业人员之一。

信息通信建设工程项目费用编审人员在建设项目工程造价管理中起着非常重要的作用。每个工程从前期决策到开工、竣工的各个阶段都要求有项目费用编审人员的全程参与。在信息通信工程建设中，无论是建设前期的概（预）算编制审核、施工过程中的工程进度拨款，以及项目验收后的竣工结算，都要求有项目费用编审人员从事工程造价管理的相关工作。因此，在信息通信工程建设中，要求无论工程投资方和工程承包建设方，或者从事与工程造价有关的咨询机构，要达到相关的从业服务能力，必须具有相应数量的项目费用编审人员。

工程造价工作涉及技术、经济、法规及管理理论知识，要求项目费用编审人员既要有过硬的业务能力，又要求很强的敬业精神。因此，加强对信息通信工程项目费用编审人员的管理，健全项目费用编审人员的能力培养和考核认定，规范项目费用编审人员的从业行为和提高其业务水平，也是信息通信行业工程造价管理的重要组成部分。中国通信企业协会对信息通信工程项目费用编审人员的从业经历和业务能力做出了明确要求，也是项目费用编审人员培养的目标和方向。

1. 具有初级以上职称或者同等专业水平，有 2 年以上从事信息通信工程建设的工作经历；
2. 近 2 年内参与过 2 项以上（含 2 项）信息通信建设工程项目；
3. 能够熟悉掌握国家的法律法规及有关工程造价的管理规定，精通本专业理论知识，熟悉工程图纸，掌握工程预算定额及有关政策规定，能正确编制或审核工程概（预）算；
4. 具备审查施工图纸，参加图纸会审和技术交底，依据其记录进行预算调整的能力；
5. 具备工程项目的立项申报，组织招投标，开工前的报批及竣工后的验收工作能力；
6. 具备工程竣工验收后，负责竣工工程的结算工作能力；
7. 具备参与采购工程材料和设备，负责工程材料分析，复核材料价差，收集和掌握技术变更、材料代换记录，并随时做好造价测算，为科学决策提供依据的能力；
8. 具备全面掌握施工合同条款，深入现场了解施工情况的能力；
9. 具备工程结算后，配合审计部门进行工程审计的能力；

10. 具备完成工程造价的经济分析，及时完成工程决算资料归档的能力；

11. 具备协助编制基本建设计划和调整计划，了解基建计划的执行情况的能力。

第四节　工程造价管理中的税务知识

在工程建设项目的各个阶段，无论是业主还是承包商，在进行项目管理的过程中都不可避免的有大量的涉税事务。如何进行各类税金的计算及筹划，关系项目投资成本的管控，涉及建设单位和施工单位的切身利益，同时也是工程造价管理的重要组成部分。作为项目费用编审人员应该掌握计税、纳税的相关知识和相关政策法规，依法合规的进行工程造价计价和控制工作。

一、我国的税收种类

我国的现行税制是新中国成立后经过多次改革，逐步演进发展而来的，主要是经 1994 年税制改革后形成了较完善的税收体系。我国税收种类按征税对象大致可以分为 5 大类。

1. 商品（货物）和劳务税类。包括增值税、消费税和关税，主要在生产、流通或者服务业中发挥调节作用。

2. 所得税类。包括企业所得税、个人所得税。主要是在国民收入形成后，对生产经营者的利润和个人的纯收入发挥调节作用。

3. 财产和行为税类。包括房产税、车船税、印花税、契税，主要是对某些财产和行为发挥调节作用。

4. 资源税类。包括资源税、土地增值税和城镇土地使用税，主要是对因开发和利用自然资源差异而形成的级差收入发挥调节作用。

5. 特定目的税类。包括城市维护建设税、教育附加税、车辆购置税、耕地占用税、船舶吨税和烟叶税等等，主要是为了达到特定目的，对特定对象和特定行为发挥调节作用。

上述 5 大类税种，其中除关税和船舶吨税由海关负责征收管理外，其他税种均由税务机关负责征收管理。现行税种中，除企业所得税、个人所得税、车船税是以国家法律的形式发布实施外，其他各税种都是经全国人民代表大会授权立法，由国务院以暂行条例的形式发布实施的。这些法律法规也就共同组成了我国的税收实体法体系。

在工程造价管理的各个阶段需要涉及以上大部分的税种。在这其中，增值税在工程造价计价过程中需要尤为关注。

二、增值税

（一）增值税的概念

增值税是以商品（包含应税劳务）在流转过程中产生的增值额作为计税依据而征收的一种流转税。从计税原理上说，增值税是对商品生产、流通、劳务服务中多个环节的新增价值或商品的附加值征收的一种流转税。实行价外税，也就是由消费者（购买者）负担。简单的说，就是有增值才征税，没增值不征税。

对于增值税的理解，关键在于增值额。从理论上看，增值额是纳税人经济活动中新创造的价值，其计算方式有两种：加法和减法。从加法的角度来看，增值额相当于利润加上工资；从减法的角度来看，增值额相当于产出减去投入。其计算公式如下。

- 增值额＝工资＋利润＝产出－投入

从宏观层面来看，价值增加值是各生产单位从总产出价值扣除其中所包含的货物劳务消耗价值之后的余额，代表该生产单位汇集各种生产要素在生产过程中新创造的价值。从微观层面来看，增值额可以看做是某一个生产经营个人或单位的购销差价，即因提供货物或劳务而取得的收入（不包括该货物或劳务的购买者付出的增值税）与该货物或劳务外购成本（不包括为购进该货物或劳务付出的增值税）之间的差额。增值税以增值额为计税依据，实际上就是以购销的差额为税基来征收的，这个差额大体上相当于该生产经营单位在经济活动中创造的价值额。

（二）增值税的类型

根据对外购固定资产所含税额扣除方式的不同，增值税可以分为以下 3 种类型。

1. 生产型增值税

生产型增值税指在征收增值税时，只能扣除属于非固定资产项目的那部分生产资料的税款，不允许扣除固定资产价值中所含有的税款。

2. 收入型增值税

收入型增值税指在征收增值税时，只允许扣除固定资产折旧部分所含的税款，未提折旧部分不得计入扣除项目金额。

3. 消费型增值税

消费型增值税指在征收增值税时，允许将固定资产价值中所含的税款全部一次性扣除。这样，就整个社会而言，生产资料都排除在征税范围之外。该类型增值税的征税对象仅相当于社会消费资料的价值，因此称为消费型增值税。

我国实施的就是消费型增值税。采用消费型增值税，可以将用于生产、经营的外购原材料、燃料、购置固定资产等物质和非物质资料价值所含增值税税款全部一次性扣除。

（三）增值税的特点

增值税以其税收中性、设计科学、计算简明而被称为“良税”。从世界各国的增值税实践来看，增值税主要具备以下特点。

1. 税收中性

税收中性是指税收不影响纳税人按市场取向做出的投资和消费决策，不产生税收之外的额外负担，目的在于使税收超额负担最小化。

增值税避免了许多形式的销售税多阶段征税的特点，即消除了在流转的中间环节和最终消费环节对同样的投入重复征税。增值税不仅使企业在税负方面更为平等，而且可以促进企业提高经营和管理效率，同时更能促进经济的增长和保持国际收支的稳定。增值税的内在优势，与税收中性所要求的效率原则和普遍原则是不谋而合的。

2. 差额征税，避免重复征缴

增值税只就货物或劳务销售额中的增值部分征税，避免了征收的重复性。这是增值税最本质的特征，也是增值税区别于其他流转税的一个最显著的特征。这说明了增值税的征收，对任何缴纳增值税的人来说，只就本纳税人在生产经营过程中新创造的价值征税。在增值税没有完全推开的时候，特别是增值税和营业税并行的阶段，增值税仍然会带有一定的征税重复因素。但随着增值税征税范围和允许抵扣范围的扩大，征税的重复性就越来越小，或完全消除。

3. 税源广泛，连续征收

增值税具有征收的广泛性和连续性。这一特征具有流转税的基本特征，和其他流转税相类似，凡是纳入增值税征收范围的，只要流转过程产生了增值额就应征收，实行了普遍征收的原则。从征收面来看，增值税具有征收范围广、纳税人数量多、征收普遍的特征。从连续性来看，货物或劳务的生产、流通和消费是一个连续过程，增值税能对这一连续过程中的每一环节实行征税，使每一环节的增值部分紧密地联系在一起，形成完整的抵扣链条。

4. 征缴一致性、公平性

增值税的征收不因生产或流转环节的变化而影响税收负担，同一货物或劳务只要最后销售的价格相同，不受生产经营环节多少的影响，税收负担始终保持一致。增值税的这种特征，被称为“同一货物或劳务税负的一致性”。

（四）增值税纳税人

增值税纳税人分为一般纳税人和小规模纳税人。

从事货物生产或者提供应税劳务的纳税人，以及以从事货物生产或者提供应税劳务为主，并兼营货物批发或者零售的纳税人，年应征增值税销售额（简称“应税销售额”）超过财政部和国家税务总局规定的小规模纳税人标准的企业和企业性单位，为一般纳税人，不超过的则为小规模纳税人。非企业性单位、不经常发生应税行为的企业可选择按小规模纳税人纳税。所称的以从事货物生产或者提供应税劳务为主，是指纳税人的年货物生产或者提供应税劳务的销售额应占年应税销售额的比重在50%以上。

一般纳税人和小规模纳税人在对企业会计核算的要求、增值税发票的获取和开具、税额的抵扣等方面都有着不同的规定，区别很多。简单来说，一般纳税人按照13%或9%（服务业6%）的税率计算增值税，小规模纳税人按照3%的征收率计算增值税；一般纳税人可以抵扣进项税额，小规模纳税人不能抵扣进项税额；一般纳税人可以开具增值税专用发票，小规模纳税人只能开具增值税普通发票（可以到税务机关代开专用发票）等。

（五）税率与征收率

增值税征收通常包括生产、流通或消费过程中的各个环节。理论上按行业划分，包括农业各个产业领域（种植业、林业和畜牧业）、采矿业、制造业、建筑业、交通和商业服务业等行业。按流通环节则可以划分为原材料采购、生产制造、批发、零售与消费等的各个环节。对于所有的货物和服务，增值税体系采用多种而非单一的增值税率。

1. 基本税率

我国自 2016 年 5 月 1 日起，全面实施增值税。根据《关于深化增值税改革有关政策的公告》（财政部　税务总局　海关总署公告　2019 年第 39 号），现行各行业增值税基本税率见表 1-4-1。

表 1-4-1　所有行业增值税税率

适用行业	税率
货物销售、货物进口、货物租赁	13%
建筑业、交通运输业、基础电信服务、房地产业、农产品	9%
现代服务业、物流业、增值电信服务、金融服务业、生活服务业	6%

2. 零税率

纳税人出口货物，税率为零，国务院另有规定的除外。

3. 简易计税方法征收率

适用简易计税方法，征收率为 3%

（六）应纳税额的计算

对于增值税的征收，在实际纳税实践中，商品新增价值或附加值在生产和流通过程中是很难准确计算的。因此，中国也采用国际上的普遍采用的税款抵扣的办法。即根据销售商品或劳务的销售额，按规定的税率计算出销售税额，然后扣除取得该商品或劳务时所支付的增值税款，也就是进项税额，其差额就是增值部分应缴纳的税额，这种计算方法体现了按增值因素计税的原则。

增值税的计税方法，包括一般计税方法和简易计税方法。

一般纳税人发生应税行为适用一般计税方法计税。一般纳税人发生财政部和国家税务总局规定的特定应税行为，可以选择适用简易计税方法计税，但一经选择，36 个月内不得变更。小规模纳税人发生应税行为适用简易计税方法计税。

1. 一般计税方法

计算公式：

- 应纳税额 = 当期销项税额 − 当期进项税额
- 销项税额 = 销售额 × 税率

- 销售额 = 含税销售额 ÷（1 + 税率）

销项税额是指纳税人销售货物或提供应税服务按照销售额和增值税税率计算的增值税额。

进项税额：是指纳税人购进货物或应税服务，支付或者负担的增值税税额。

当期销项税额小于当期进项税额不足抵扣时，其不足部分可以结转下期继续抵扣。

示例：

A 公司 4 月份购买甲产品，支付货款除税价 10 000 元，增值税进项税额 1 300 元，并取得增值税专用发票。销售甲产品含税销售额为 22 600 元。

进项税额 = 1 300 元

销售额 = 22 600 ÷（1 + 13%）= 2 0000 元

销项税额 = 20 000 × 13% = 2 600 元

应纳税额 = 2 600 – 1 300 = 1 300 元

2. 简易计税方法

纳税人销售货物或者提供应税劳务和应税服务适用简易计税方法的，按照销售额和征收率计算应纳税额，并不得抵扣进项税额。

应纳税额计算公式：

- 应纳税额 = 销售额 × 征收率
- 销售额 = 含税销售额 ÷（1 + 征收率）

示例：

A 公司（小规模纳税人）6 月份取得含税的零售收入 12.36 万元，购进货物 5.85 万元。则：

销售额 = 12.36 ÷（1 + 3%）= 12（万元）

应纳税额 =12 × 3% = 0.36（万元）

3. 进口货物

- 应纳税额 = （关税完税价格 + 关税 + 消费税）× 税率

三、“营改增”政策

（一）什么是“营改增”

“营改增”，全称是营业税改征增值税，即把征收营业税的行业和企业改为征收增值税，申报缴纳营业税的纳税人改为增值税的纳税人。“营改增”是继 2009 年全面实施增值税转型之后，增值税税收制度的又一重大改革，同时也是当前我国结构性减税政策的重要组成部分。看似仅仅涉及两个税种的转变，实际上是一项牵一发而动全身的重大改革，对财政体系、税收制度、税收征管模式以及企业经营管理等，都将产生重大影响。

（二）“营改增”的历史意义

全面实施“营改增”，是国家推动供给侧结构性改革的一项重要举措。全面推进这项改革有利于拉动经济，有利于给企业增加活力，给经济增加动力。用政府收入的“减法”，换取企业效益的“加法”和市场活力的“乘法”。营改增更有利于促进经济的转型升级，可以有力促进产业分工优化，拉长产业链，带动制造业升级。同时，营改增通过统一税制，贯通服务业内部和第二、第三产业之间的抵扣链条，从制度上消除重复征税，使税收的中性作用得以充分发挥。这有利于营造公平竞争的市场环境，对完善我国财税体制有长远意义。从短期看，这会为更多企业减轻税负；从长远看，必将会利国利民。

（三）“营改增”的历程

2012 年 1 月 1 日起，在上海开展交通运输业和部分现代服务业“营改增”试点。

2012 年 9 月 1 日起，试点范围扩大到北京等 8 省市。

2013 年 8 月 1 日起，“营改增”范围推广至全国。

2014 年 1 月 1 日起，将铁路运输和邮政服务业纳入“营改增”试点，至此交通运输业已全部纳入“营改增”范围。

2014 年 6 月 1 日起，将电信业纳入“营改增”试点范围。

2016 年 3 月 24 日，财政部和国家税务总局联合发布了《关于全面推开营业税改征增值税试点的通知》（财税【2016】 36 号），明确从 2016 年 5 月 1 日起，在全国范围内对剩余的行业，包括：房地产、建筑业、金融业和生活服务业纳入“营改增”范围，全面实施“营改增”。

2016 年 5 月 1 日起，营业税这个税种在我国已经完成了它的历史使命，我国全面走入了增值税时代。

第二章 工程造价的构成

工程造价一般是指进行某项工程建设所花费（预期花费或实际花费）的全部费用，即该工程项目有计划地进行固定资产再生产和形成相应的无形资产的一次性费用的总和。要确定合理的工程造价和有效地控制工程造价必须明确和掌握工程造价的构成及构成费用的计算方法。本章对相关内容作了详细介绍。

第一节 概 述

一、建设项目投资的构成

（一）建设项目总投资

建设项目总投资（如图 2-1-1 所示）是指投资主体为获取预期收益，在选定的建设项目上投入所需全部资金的经济行为。生产性建设项目总投资包括固定资产投资和包含铺底流动资金在内的流动资产投资两部分，而非生产性建设项目总投资只有固定资产投资，不含流动资产投资。

建设项目的固定资产投资也就是建设项目的工程造价，二者在量上是等同的；其中建筑安装工程投资也就是建筑安装工程造价，二者在量上也是等同的。项目总投资中的流动资金形成项目运营过程中的流动资产。流动资金是指在工业项目投产前预先垫付，在投产后的生产经营过程中用于购买原材料、燃料动力、备品备件，支付工资和其他费用以及被在产品、半成品、产成品和其他存货占用的周转资金，这些并不构成建设项目工程造价。

（二）静态投资与动态投资

静态投资是以某一基准年、月的建设要素的价格为依据所计算出来的建设项目投资的瞬时值。但它含因工程量误差而引起的工程造价的增减。静态投资包括建筑安装工程费、设备和工器具购置费、工程建设其他费用、基本预备费等。

动态投资是指为完成一个工程项目的建设，预计投资需要量的总和。它除了包括静态投资所含的内容之外，还包括建设期利息、价差预备费、新开征税费以及汇率变动部分。动态投资适应了市场价格运行机制的要求，使投资的计划、估算、控制更加符合实际，符合经济运动规律。

静态投资和动态投资虽然内容有所区别，但二者有密切联系。动态投资包含静态投资，静态投资是动态投资最主要的组成部分，也是动态投资的计算基础。

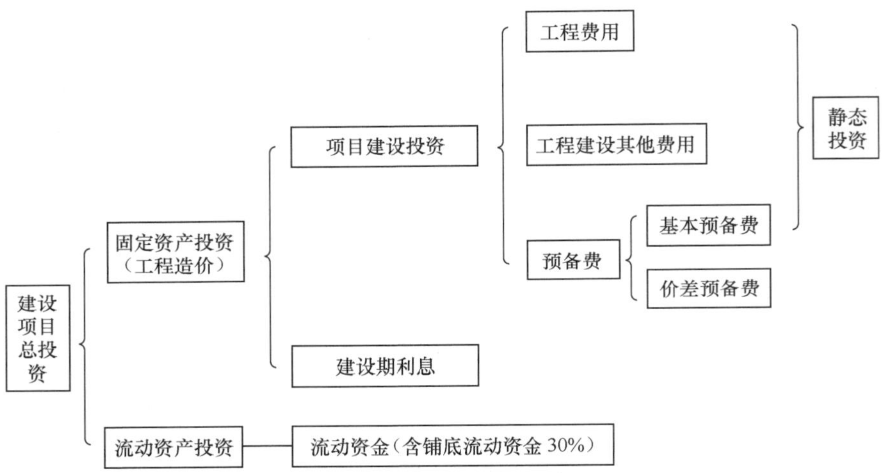

图 2-1-1　建设项目总投资费用构成

二、工程造价的构成

工程造价的构成是按工程项目建设过程中各类费用支出或花费的性质、途径等来确定的，是通过费用划分和汇集所形成的工程造价的费用分解结构。工程造价基本构成中，包括用于购买工程项目所含各种设备的费用，用于建筑施工和安装施工所需支出的费用，用于委托工程勘察设计应支付的费用，用于购置土地所需的费用，也包括用于建设单位自身进行项目筹建和项目管理所花费费用等等。总之，工程造价是工程项目按照确定的建设内容、建设规模、建设标准、功能要求和使用要求等全部建成并验收合格交付使用所需的全部费用。

我国现行工程造价的构成主要划分为设备及工器具购置费用、建筑安装工程费用、工程建设其他费用、预备费、建设期利息等，具体构成内容如图 2-1-2 所示。

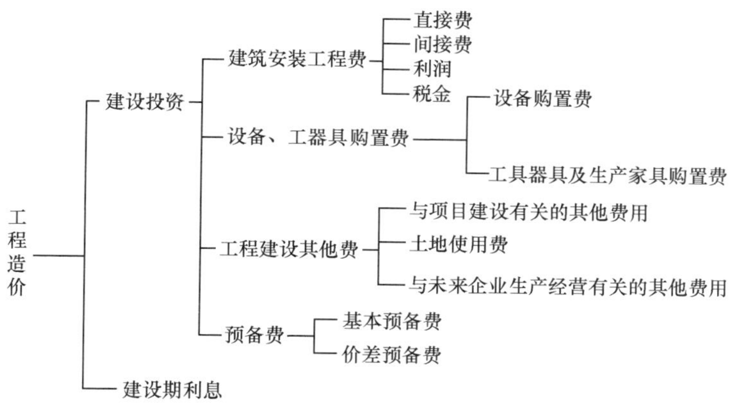

图 2-1-2　工程造价构成

三、信息通信建设工程项目总费用构成

为了适应信息通信建设行业发展的需要，合理有效控制信息通信建设工程投资，工信部通信［2016］451 号文件发布的《信息通信建设工程费用定额》规定了信息通信建设工程项目总费用的构成。信息通信建设工程总费用由各单项工程总费用构成。各单项工程总费用由工程费、工程建设其他费、预备费、建设期利息四部分构成。如图 2-1-3，2-1-4 所示。

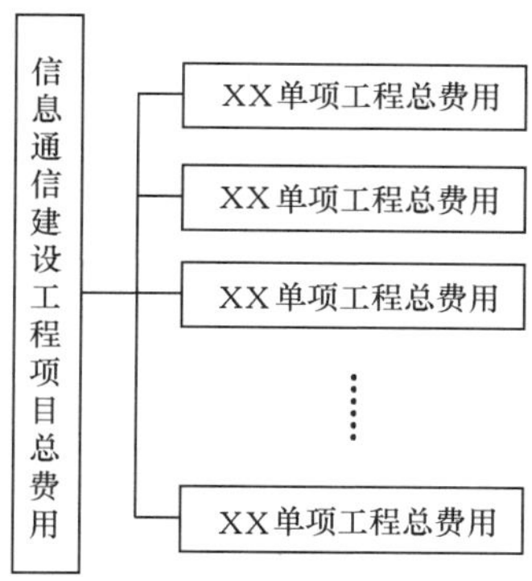

图 2-1-3　通信工程建设项目总费用构成

本章以下各节将以工信部通信［2016］451 号文件发布的《信息通信建设工程费用定额》为依据，分别介绍通信建设单项工程总费用的各组成部分

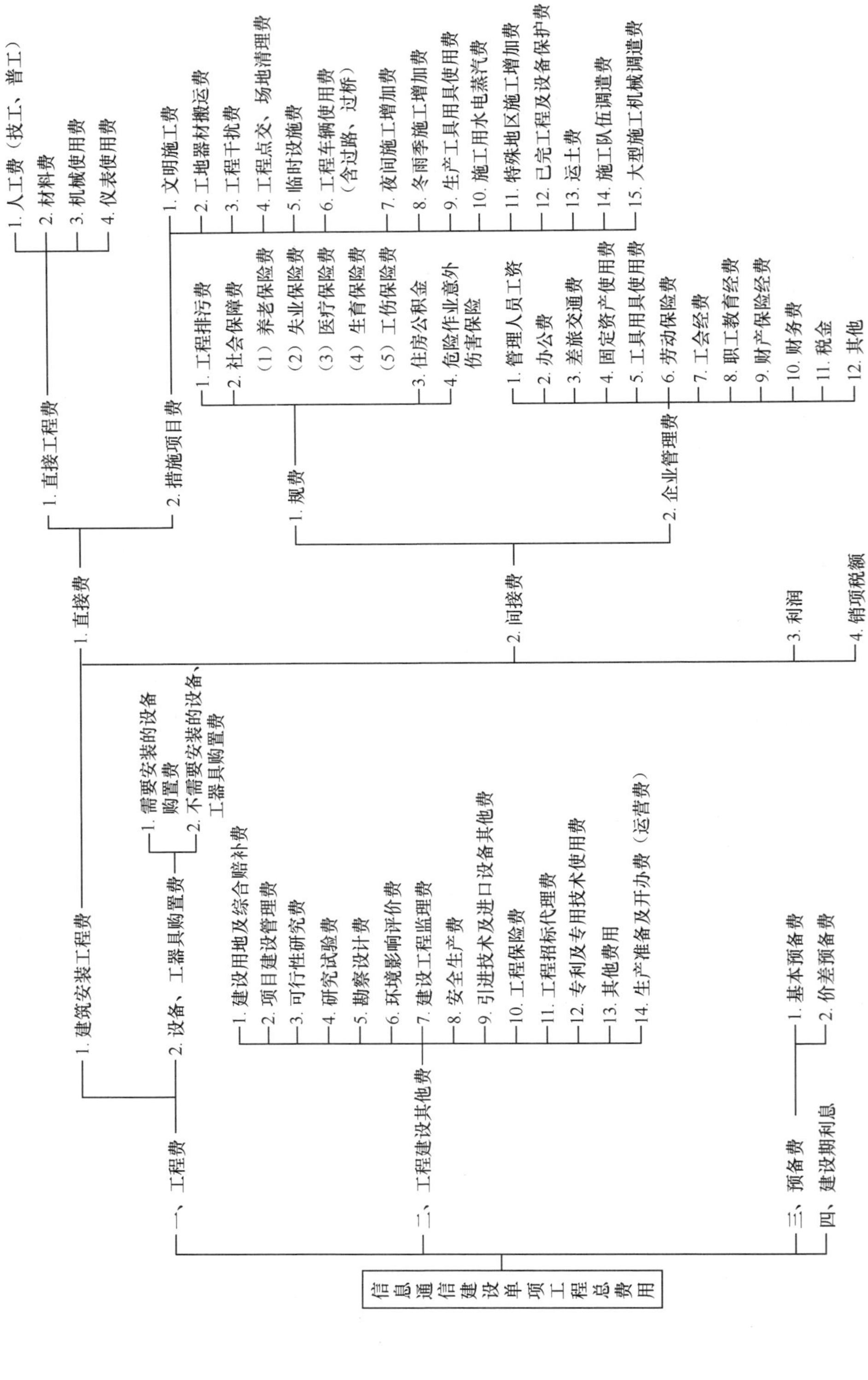

图 2-1-4　信息通信工程建设项目单项工程总费用构成

第二节　设备及工、器具购置费构成与计算

设备、工器具购置费用是由设备购置费用和工器具及家具购置费用组成的，它是固定资产投资中的重要组成部分。目前，在工业建设项目中，设备费用占项目投资有逐渐增加的趋势，这意味着生产技术的进步与资本有机构成的提高。因此，正确地确定该项费用，对于资金的合理使用和项目投资效果，意义十分重大。

一、设备、工器具购置费概念及计算规则

设备、工器具购置费是指为工程建设项目购置或自制的达到固定资产标准的设备、工器具及家具的费用。目前确定固定资产的标准是：使用年限在一年以上、单位价值在 2 000 元以上的资产。新建项目和扩建项目中的新建车间或机房，所购置或自制的全部设备、工器具，不论是否达到固定资产标准，均计入设备、工器具购置费用中。

依据工信部通信［2016］451 号文件发布的《信息通信建设工程费用定额》规定：信息通信工程建设项目设备、工器具购置费是指，根据设计提出的设备（包括必需的备品备件）、仪表、工器具清单，按设备原价、运杂费、采购及保管费、运输保险费和采购代理服务费计算的费用。

信息通信工程建设项目设备、工器具购置费用是由需要安装设备购置费和不需要安装设备、工器具、维护用工具仪表购置费组成。需要安装设备是指必须将其整体或几个部位装配起来，安装在基础上或建筑物支架上才能使用的设备。不需要安装设备是指不必固定在一定位置或支架上就可以使用的设备。

计算规则为：

- 设备、工器具购置费 = 设备原价 + 相关附加费（设备运杂费、运输保险费、采购及保管费、采购代理服务费等）

设备原价是指国产标准设备、国产非标准设备、进口设备的原价。

相关的附加费指除设备原价之外的关于设备采购、运输、保险、途中包装及仓库保管等方面支出的费用。包括设备运杂费、运输保险费、采购及保管费、采购代理服务费等项费用。

二、设备原价的计算

（一）国产设备原价

国产设备原价是指设备制造厂的交货价，即出厂价、供应价、供货地点价，或订货合同价等多种表现形式。它一般根据生产厂商或供应商的询价、报价、合同价来确定，或采用一定的方法通过计算确定。国产设备分为国产标准设备和国产非标准设备。

1. 国产标准设备原价

国产标准设备是指按照主管部门颁布的标准图纸和技术要求，由我国设备生产厂批量生产的，符合国家质量检验标准的设备。国产标准设备原价一般指的是设备制造厂的交货价，即出厂价。如果设备由设备成套公司供应，则以订货合同价为设备原价。有的设备有两种出厂价，即带有备件的出厂价和不带备件的出厂价，在计算设备原价时，一般按带有备件的出厂价计算。

2. 国产非标准设备原价

国产非标准设备是指国家尚无定型标准，不能成批定点生产，只能按一次订货，并根据具体的设计图纸制造的设备。非标准设备原价有多种不同的计算方法，通常有以下几种方法。

（1）成本计算估价法

- 非标准设备原价 = 制造成本 + 利润 + 增值税 + 设计费

（2）扩大定额估价法

- 非标准设备原价 = 材料费 + 加工费 + 其他费 + 设计费

（3）类似设备估价法

在类似或系列设备中，当只有一个或几个设备没有价格时，可根据其邻近已有设备价格按下式确定拟估设备的价格。

（4）概算指标估价法

根据各制造厂或其他有关部门收集的各种类型非标准设备的制造价或合同价资料，经过统计分析综合平均得出每吨设备的价格，再根据该价格进行非标准设备估价的方法，称为指标估价法。

（二）进口设备原价

进口设备原价是指进口设备的抵岸价，即抵达买方国家的边境港口或边境车站，且交完关税后所形成的价格。

1. 进口设备的交货方式

（1）内陆交货类。它是指卖方在出口国内陆的某个地点交货。在交货地点，卖方及时提交合同规定的货物和有关凭证，并负担交货前的费用和风险；买方按时接收货物，交付货款，负担接货后的费用和风险，并自行办理出口手续、装运出口。货物的所有权也在交货后由卖方转移给买方。

（2）目的地交货类。它是指卖方在进口国的港口或者内地交货，主要有目的港船上交货价、目的港船边交货价（FOS 价）、目的港码头交货价（关税已付）和完税后交货价（进口国指定地点）等几种交货价。它们的特点是：买卖双方承担的责任、费用和风险是以目的地约定交货点为分界线，只有当卖方在交货点将货物置于买方控制下，才算交货，才能向买方收取货款。这种交货类别对卖方来说承担的风险较大，在国际贸易中卖方一般不愿采用。

（3）装运港交货类。它是指卖方在出口国装运港交货，主要有装运港船上交货价（FOB 价），也称离岸价、运费在内价（C&F 价）、运费和保险费在内价（CIF 价），也称到岸价等几种交货价。它们的特点是：卖方按照约定的时间在装运港交货，只要卖方把合同规定的货物装船后提供货物运输单便完成交货任务，可凭单据收回货款。

装运港船上交货价（FOB 价）是我国进口设备采用最多的一种货价。采用 FOB 价时卖方的责任是：在规定的期限内，负责在合同规定的装运港口将货物装上买方指定的船只，并及时通知买方；负担货物装船前的一切费用和风险；负责办理出口手续；提供出口国政府或有关方面签发的证件；负责提供有关装运单据。买方的责任是；负责租船或订舱，支付运费，并将船期、船名通知卖方；负担货物装船后的一切费用及风险；负责办理保险及支付保险费，办理在目的港的进口和收货手续；接受卖方提供的有关装运单据，并按合同规定支付货款。

2. 进口设备原价的构成及计算

当进口设备采用的是装运港船上交货价（FOB 价）时，其抵岸价的构成如下。

- 进口设备原价 = 货价（FOB）+ 国际运费 + 运输保险费 + 银行财务费 + 外贸手续费 + 关税 + 增值税 + 消费税 + 海关监管手续费

其中，

（1）货价（FOB 价）：进口设备货价分为原币货价和人民币货价。原币货价一律折算为美元来表示，人民币货价按原币货价乘以外汇市场美元兑换人民币中间价确定。进口设备货价按有关生产厂商询价、报价、订货合同价计算。

（2）国际运费：它是指从装运港（站）到达我国抵达港（站）的运费。我国进口设备大部分采用海洋运输，小部分采用铁路运输，个别采用航空运输。

（3）运输保险费。对外运输保险是由保险人与被保险人订立保险契约，在被保险人交付议定的保险费后，保险人根据保险契约的规定，对货物在运输过程中发生的承保责任范围内的损失予以经济上的补偿，属于财产保险范畴。

以上 3 项费用合计称为设备到岸价（CIF 价），即：

- 到岸价（CIF 价）= 货价（FOB）+ 国际运费 + 运输保险费

（4）银行财务费。它是指中国银行为办理进口商品业务而计取的手续费。

（5）外贸手续费。它是指我国的外贸部门为办理进口商品业务而计取的手续费。

（6）关税。它是指国家海关对引进的成套及附属设备、配件等征收的一种税费，按到岸价格计算。

（7）增值税和消费税。增值税是我国政府对从事进口贸易的单位和个人，在进口商品报关进口后征收的税种。我国规定，进口应税产品均按组成计税价格依税率直接计算应纳税额，不扣除任何项目的金额或已纳税额。消费税作为增值税的辅助税种，对部分进口设备征收，

（8）海关监管手续费。它是指海关对进口减税、免税、保税货物实施监督、管理、提供服务的手续费。对于全额征收进口关税的货物不计本项费用。

三、相关附加费的计算

信息通信工程建设项目设备、工器具购置费中的相关附加费包括设备运杂费、运输保险费、采购及保管费、采购代理服务费等费用。

（一）设备运杂费

国产设备运杂费是指由制造厂仓库或交货地点运至施工工地仓库（或指定堆放地点），所发生的运费、装卸费及杂项费用。进口设备国内运杂费是指进口设备由我国到岸港口或边境车站起到工地仓库止，所发生的运输及杂项费用。

设备运杂费的计算公式为：

- 设备运杂费 = 设备原价 × 设备运杂费费率（见表 2-2-1）

表 2-2-1　设备运杂费费率

运输里程L（km）	取费基础	费率（%）	运输里程L（km）	取费基础	费率（%）
L≤100	设备原价	0.8	1 000<L≤1 250	设备原价	2.0
100<L≤200	设备原价	0.9	1 250<L≤1 500	设备原价	2.2
200<L≤300	设备原价	1.0	1 500<L≤1 750	设备原价	2.4
300<L≤400	设备原价	1.1	1 750<L≤2 000	设备原价	2.6
400<L≤500	设备原价	1.2	L>2 000 km时，每增加250 km增加	设备原价	0.1
500<L≤750	设备原价	1.5			
750<L≤1 000	设备原价	1.7	-	-	-

（二）运输保险费

指设备、工器具自来源地运至工地仓库（或指定堆放地点）所发生的保险费用。

计费标准和计算规则为：

- 运输保险费 = 设备原价 × 保险费费率 0.4%

（三）采购及保管费

采购及保管费是指设备管理部门在组织采购、供应和保管设备过程中所需的各种费用，包括设备采购及保管人员的工资、职工福利费、办公费、差旅交通费、固定资产使用费、检验试验费等。

计费标准和计算规则为：

- 采购及保管费 = 设备原价 × 采购及保管费费率（见表 2-2-2）

表 2-2-2　采购及保管费费率

工程专业	计算基础	费率（%）
需要安装的设备	设备原价	0.82
不需要安装的设备（仪表、工器具）		0.41

（四）采购代理服务费

采购代理服务费是指委托中介采购代理服务的费用。采购代理服务费根据工程项目实际情况按实计列。

第三节　建筑安装工程费构成与计算

建筑安装工程费是指在建设项目实施过程中发生的，列入建筑安装工程施工预算内的各项费用。依据工信部通信［2016］451 号文件发布的《信息通信建设工程费用定额》规定，我国信息通信工程建设项目现行建筑安装工程费用由直接费、间接费、利润及销项税额四大部分构成。

一、直接费

直接费即工程的直接成本，由直接工程费和措施费组成，各项费用均为不包括增值税可抵扣进项税额的税前造价。

（一）直接工程费

直接工程费是指施工过程中耗用的构成工程实体和有助于工程实体形成的各项费用，包括人工费、材料费、机械使用费、仪表使用费。

1. 人工费

人工费指直接从事建筑安装工程施工的生产人员开支的各项费用，内容包括生产工人基本工资、工资性补贴、生产工人辅助工资、职工福利费及劳动保护费。

（1）基本工资：指发放给生产人员的岗位工资和技能工资。

（2）工资性补贴：指规定标准的物价补贴，煤、燃气补贴，交通费补贴，住房补贴，流动施工津贴等。

（3）辅助工资：指在生产人员年平均有效施工天数以外非作业天数的工资，包括职工学习、培训期间的工资，调动工作、探亲、休假期间的工资，因气候影响的停工工资，女工哺乳期间的工资，病假在 6 个月以内的工资及产、婚、丧假期的工资。

（4）职工福利费：指按规定标准计提的职工福利费。

（5）劳动保护费：指规定标准的劳动保护用品的购置费及修理费、徒工服装补贴、防暑降温等保健费用。

人工费标准及计算规则为：

信息通信建设工程不分专业和地区工资类别，综合取定人工费。

- 人工费＝技工费＋普工费
- 技工费＝技工单价 × 概（预）算技工总工日
- 普工费＝普工单价 × 概（预）算普工总工日

2. 材料费

材料费是指为完成建筑安装工程施工过程中所耗用的构成工程实体的原材料、辅助材料、构配件、零件、半成品的费用和周转材料的摊销，以及采购材料所发生的费用总和。

其内容包括材料原价、运杂费、运输保险费、采购及保管费、采购代理服务费。

材料费计费标准及计算规则为：

- 材料费 = 主要材料费 + 辅助材料费
- 主要材料费 = 材料原价 + 运杂费 + 运输保险费 + 采购及保管费 + 采购代理服务费

其中：

（1）材料原价：指供应价或供货地点价；

（2）运杂费：指材料（或器材）自来源地运至工地仓库（或指定堆放地点）所发生的费用。

计费标准及计算规则为：

- 运杂费 = 材料原价 × 器材运杂费费率（见表 2-3-1）

表 2-3-1　器材运杂费费率

运距L（km） \ 费率（%） \ 器材名称	光缆	电缆	塑料及塑料制品	木材及木制品	水泥及水泥构件	其他
L≤100	1.3	1.0	4.3	8.4	18.0	3.6
100<L≤200	1.5	1.1	4.8	9.4	20.0	4.0
200<L≤300	1.7	1.3	5.4	10.5	23.0	4.5
300<L≤400	1.8	1.3	5.8	11.5	24.5	4.8
400<L≤500	2.0	1.5	6.5	12.5	27.0	5.4
500<L≤750	2.1	1.6	6.7	14.7	-	6.3
750<L≤1 000	2.2	1.7	6.9	16.8	-	7.2
1 000<L≤1 250	2.3	1.8	7.2	18.9	-	8.1
1 250<L≤1 500	2.4	1.9	7.5	21.0	-	9.0
1 500<L≤1 750	2.6	2.0	-	22.4	-	9.6
1 750<L≤2 000	2.8	2.3	-	23.8	-	10.2
L>2 000时，每增加250 km增加	0.3	0.2	-	1.5	-	0.6

编制概算时，除水泥及水泥制品的运输距离按 500 km，其他类型的材料运输距离按 1 500 km 计算。

编制预算时，按主要器材的实际平均运距计算（工程中所需器材品种很多，在编制预算时不可能知道所有器材实际运距，运距只能按其中占比例较大的、价值较高的器材运距计算）。

（3）运输保险费：指材料（或器材）自来源地运至工地仓库（或指定堆放地点）所发生的保险费用；

计费标准及计算规则为：

- 运输保险费 = 材料原价 × 保险费率 0.1%

（4）采购及保管费：指为组织材料采购及材料保管过程中所需要的各项费用；

计费标准及计算规则为：

- 采购及保管费 = 材料原价 × 采购及保管费费率（见表 2-3-2）

表 2-3-2　材料采购及保管费费率

工程专业	计算基础	费率（%）
通信设备安装工程	材料原价	1.0
通信线路工程		1.1
通信管道工程		3.0

（5）采购代理服务费：指委托中介采购代理服务的费用。

采购代理服务费按实计列。

（6）辅助材料费：指对施工生产起辅助作用的材料。

计费标准及计算规则为：

- 辅助材料费 = 主要材料费 × 辅助材料费费率（见表 2-3-3）

表 2-3-3　辅助材料费费率

工程专业	计算基础	费率（%）
有线、无线通信设备安装工程	主要材料费	3.0
电源设备安装工程		5.0
通信线路工程		0.3
通信管道工程		0.5

3. 机械使用费

机械使用费是指在建筑安装施工过程中，使用施工机械作业所发生的机械使用费及机械安拆费。内容包括折旧费、大修理费、经常修理费、安拆费、人工费、燃料动力费、税费。

（1）折旧费：指施工机械在规定的使用年限内，陆续收回其原价值及购置资金的时间价值；

（2）大修理费：指施工机械按规定的大修理间隔台班进行必要的大修理，以恢复其正常功能所需的费用；

（3）经常修理费：指施工机械除大修理以外的各级保养和临时故障排除所需的费用。包括为保障机械正常运转外所需替换设备与随机配备工具和附具的摊销、维护费用，机械运转中日常保养所需润滑与擦拭的材料费用及机械停滞期间的维护和保养费用等；

（4）安拆费：指施工机械在现场进行安装与拆卸所需的人工、材料、机械和试运转费用以及机械辅助设施的折旧、搭设、拆除等费用；

（5）人工费：指机上操作人员和其他操作人员在工作台班定额内的人工费；

（6）燃料动力费：指施工机械在运转作业中所消耗的固体燃料（煤、木材）、液体燃料（汽油、柴油）及水、电等；

（7）税费：指施工机械按照国家规定应缴纳的车船使用税、保险费及年检费等。

机械使用费计算标准及计算规则为：

- 机械使用费 = 机械台班单价 × 概算、预算机械台班量
- 概算、预算机械台班量 = 机械定额台班量 × 工程量

4. 仪表使用费

仪表使用费指施工作业中所发生的属于固定资产的仪表使用费。内容包括折旧费、经常修理费、年检费、人工费。

（1）折旧费：指施工仪表在规定的使用年限内，陆续收回其原价值及购置资金的时间价值；

（2）经常修理费：指施工仪表在各级保养和临时故障排除所需的费用，包括为保障仪表正常使用所需备件（备品）的摊销和维护费用；

（3）年检费：指施工仪表在使用寿命期间定期标定与年检费用；

（4）人工费：指施工仪表操作人员在工作台班定额内的人工费。

仪表使用费计算标准及计算规则为：

- 仪表使用费 = 仪表台班单价 × 概算、预算仪表台班量
- 概算、预算仪表台班量 = 仪表定额台班量 × 工程量

（二）措施项目费

措施项目费指为完成工程项目施工，发生于该工程前和施工过程中非工程实体项目的费用。内容如下。

1. 文明施工费

文明施工费指施工现场为达到环保要求及文明施工所需要的各项费用。

计费标准和计算规则为：

- 文明施工费 = 人工费 × 文明施工费费率（见表 2-3-4）

表 2-3-4　文明施工费费率

工程专业	计算基础	费率（%）
无线通信设备安装工程	人工费	1.1
通信线路工程、通信管道工程		1.5
有线通信设备安装工程、电源设备安装工程		0.8

2. 工地器材搬运费

工地器材搬运费指由工地仓库至施工现场转运器材而发生的费用。

计费标准和计算规则为：

- 工地器材搬运费 = 人工费 × 工地器材搬运费费率（见表 2-3-5）

表 2-3-5　工地器材搬运费费率

工程专业	计算基础	费率（%）
通信设备安装工程	人工费	1.1
通信线路工程		3.4
通信管道工程		1.2

注：因施工场地条件限制造成一次运输不能到达工地仓库时，可在此费用中按实计列两次搬运费。

3. 工程干扰费

工程干扰费指信息通信工程由于受市政管理、交通管制、人流密集、输配电设施等影响工效的补偿费用。

计费标准和计算规则为：

- 工程干扰费 = 人工费 × 工程干扰费费率（见表 2-3-6）

表 2-3-6　工程干扰费费率

工程专业	计算基础	费率（%）
通信线路工程（干扰地区）、通信管道工程（干扰地区）	人工费	6.0
无线通信设备安装工程（干扰地区）		4.0

注：干扰地区指城区、高速公路隔离带、铁路路基边缘等施工地带。城区的界定以当地规划部门规划文件为准。

4. 工程点交、场地清理费

工程点交、场地清理费指按规定编制竣工图及资料、工程点交、施工现场清理等发生的费用。

计费标准和计算规则为：

- 工程点交、场地清理费 = 人工费 × 工程点交、场地清理费费率（见表 2-3-7）

表 2-3-7　工程点交、场地清理费费率

工程专业	计算基础	费率（%）
通信设备安装工程	人工费	2.5
通信线路工程		3.3
通信管道工程		1.4

5. 临时设施费

临时设施费指施工企业为进行工程施工所必须设置的生活和生产用的临时建筑物、构筑物和其他临时设施费用等，内容包括临时设施的租用或搭建、维修、拆除费或摊销费。

计费标准和计算规则为：

临时设施费按施工现场与企业的距离划分为 35 km 以内、35 km 以外两档。

- 临时设施费 = 人工费 × 临时设施费费率（见表 2-3-8）

表 2-3-8　临时设施费费率

工程专业	计算基础	费率（%）	
		距离≤35 km	距离>35 km
通信设备安装工程	人工费	3.8	7.6
通信线路工程		2.6	5.0
通信管道工程		6.1	7.6

注：如果建设单位无偿提供临时设施则不计取此项费用。

6. 工程车辆使用费

指工程施工中接送施工人员、生活用车（含过路、过桥）等费用，包括生活用车、接送工人用车和其他零星用车，不含直接生产用车。直接生产用车包括在机械使用费和工地器材搬运费中。

计费标准和计算规则为：

- 工程车辆使用费 = 人工费 × 工程车辆使用费费率（见表 2-3-9）

表 2-3-9 工程车辆使用费费率

工程专业	计算基础	费率（%）
无线通信设备安装工程、通信线路工程	人工费	5.0
有线通信设备安装工程 通信电源设备安装工程、通信管道工程		2.2

7. 夜间施工增加费

夜间施工增加费指因夜间施工所发生的夜间补助费、夜间施工降效、夜间施工照明设备摊销及照明用电等费用。此项费用不考虑施工时段均按相应费率计取。

计费标准和计算规则为：

- 夜间施工增加费 = 人工费 × 夜间施工增加费费率（见表 2-3-10）

表 2-3-10 夜间施工增加费费率

工程专业	计算基础	费率（%）
通信设备安装工程	人工费	2.1
通信线路工程（城区部分）、通信管道工程		2.5

8. 冬雨季施工增加费

冬雨季施工增加费是指在冬季、雨季施工期间，为了确保工程质量，采取的防冻、保温、防雨、防滑等安全措施及因工效降低所增加的费用。

计费标准和计算规则为：

- 冬雨季施工增加费 = 人工费 × 冬雨季施工增加费费率（见表 2-3-11）

表 2-3-11 冬雨季施工增加费费率

工程专业	计算基础	费率（%）		
		Ⅰ类地区	Ⅱ类地区	Ⅲ类地区
通信设备安装工程（室外部分） 通信线路工程、通信管道工程	人工费	3.6	2.5	1.8

表 2-3-12 冬雨季施工地区分类

地区分类	省、自治区、直辖市名称
Ⅰ类地区	黑龙江、青海、新疆、西藏自治区、辽宁、内蒙古、吉林、甘肃
Ⅱ类地区	陕西、广东、广西、海南、浙江、福建、四川、宁夏、云南
Ⅲ类地区	其他地区

注：此项费用在编制预算时不用考虑施工所处季节均按相应费率计取。如工程跨越多个地区分档，按高档计取该项费用。综合布线工程不计取该项费用。

9. 生产工具用具使用费

生产工具用具使用费指施工所需的不属于固定资产的工具用具等的购置、摊销、维修费。

计费标准和计算规则为：

- 生产工具用具使用费 = 人工费 × 生产工具用具使用费费率（见表 2-3-13）

表 2-3-13 生产工具用具使用费费率

工程专业	计算基础	费率（%）
通信设备安装工程	人工费	0.8
通信线路工程、通信管道工程		1.5

10. 施工用水电蒸汽费

施工用水电蒸汽费指施工生产过程中使用水、电、蒸汽所发生的费用。

计费标准和计算规则为：

信息通信建设工程依照施工工艺要求按实计列施工用水电蒸汽费。

在编制概（预）算时，有规定的按规定计算，无规定的根据工程具体情况计算。如果建设单位无偿提供水电蒸汽的则不应计列此项费用。

11. 特殊地区施工增加费

特殊地区施工增加费指在原始森林地区、海拔 2 000 m 以上的高原地区、沙漠地区、山区无人值守站、化工区、核工业区等特殊地区施工所需增加的费用。施工地点同时存在两种及以上情况时，只能计算一次，按高档计取，不得重复计列。

计费标准和计算规则为：

- 特殊地区施工增加费 = 特殊地区补贴金额 × 概算、预算总工日（特殊地区分类及补贴见表 2-3-14）

表 2-3-14 特殊地区分类及补贴

地区分类	高海拔地区		原始森林、沙漠、化工、核工业、山区无人值守站地区
	4 000 m 以下	4 000 m 以上	
补贴金额（元 / 天）	8	25	17

12. 已完工程及设备保护费

已完工程及设备保护费指竣工验收前，对已完工程及设备进行保护所需的费用。

计费标准和计算规则为：

- 已完工程及设备保护费 = 人工费 × 已完工程及设备保护费费率（见表 2-3-15）

表 2-3-15 已完工程及设备保护费费率

工程专业	计算基础	费率（%）
通信线路工程	人工费	2.0
通信管道工程		1.8
无线通信设备安装工程		1.5
有线通信设备及电源设备安装工程（室外部分）		1.8

13. 运土费

运土费指工程施工中，需要从远离施工地点取土或向外倒运出土方所发生的费用。

计费标准和计算规则为：

- 运土费 = 运土工程量（吨 · 千米）× 运费单价（元 / 吨 · 千米）

其中：运土工程量由设计单位按实际发生计列，运费单价按工程所在地运价计取。

14. 施工队伍调遣费

施工队伍调遣费指因建设工程的需要，应支付施工队伍的调遣费用，内容包括调遣人员的差旅费、调遣期间的工资、施工工具与用具等的运费。

计费标准和计算规则为：

施工队伍调遣费按调遣费定额计算；

施工现场与企业的距离在 35 km 以内时，不计取此项费用。

- 施工队伍调遣费 =2× 单程调遣费定额（见表 2-3-16）× 调遣人数（见表 2-3-17）

表 2-3-16 施工队伍单程调遣费定额

调遣里程L（km）	调遣费（元）	调遣里程L（km）	调遣费（元）
35＜L≤100	141	1 600＜L≤1 800	634
100＜L≤200	174	1 800＜L≤2 000	675
200＜L≤400	240	2 000＜L≤2 400	746
400＜L≤600	295	2 400＜L≤2 800	918
600＜L≤800	356	2 800＜L≤3 200	979
800＜L≤1 000	372	3 200＜L≤3 600	1 040
1 000＜L≤1 200	417	3 600＜L≤4 000	1 203
1 200＜L≤1 400	565	4 000＜L≤4 400	1 271
1 400＜L≤1 600	598	L>4 400 km时，每增加200 km增加	48

注：调遣里程依据铁路里程计算，铁路无法到达的里程部分，依据公路、水路里程计算。

表 2-3-17　施工队伍调遣人数定额

通信设备安装工程			
概（预）算技工总工日	调遣人数（人）	概（预）算技工总工日	调遣人数（人）
500工日以下	5	4 000工日以下	30
1 000工日以下	10	5 000工日以下	35
2 000工日以下	17	5 000工日以上，每增加1 000工日增加调遣人数	3
3 000工日以下	24		
通信线路工程、通信管道工程			
概（预）算技工总工日	调遣人数（人）	概（预）算技工总工日	调遣人数（人）
500工日以下	5	9 000工日以下	55
1 000工日以下	10	10 000工日以下	60
2 000工日以下	17	15 000工日以下	80
3 000工日以下	24	20 000工日以下	95
4 000工日以下	30	25 000工日以下	105
5 000工日以下	35	30 000工日以下	120
6 000工日以下	40	30 000工日以上，每增加5 000工日增加调遣人数	3
7 000工日以下	45		
8 000工日以下	50		

15. 大型施工机械调遣费

大型施工机械调遣费指大型施工机械调遣所发生的运输费用。信息通信工程建设项目中称为大型施工机械的机械设备见表 2-3-18。

表 2-3-18　大型施工机械调遣吨位

机械名称	吨位（t）	机械名称	吨位（t）
混凝土搅拌机	2	水下光（电）缆沟挖冲机	6
光（电）缆拖车	5	液压顶管机	5
微管微缆气吹设备	6	微控钻孔敷管设备（25 t以下）	8
气流敷设吹缆设备	8	微控钻孔敷管设备（25 t以上）	12
回旋钻机	11	液压钻机	15
型钢剪断机	4.2	磨钻机	0.5

计费标准和计算规则为：

- 大型施工机械调遣费 = 调遣用车运价 × 调遣运距 ×2

调遣用车吨位及运价见表 2-3-19。

表 2-3-19　调遣用车吨位及运价

名称	吨位	运价（元/千米）	
		单程运距≤100 km	单程运距>100 km
工程机械运输车	5	10.8	7.2
	8	13.7	9.1
	15	17.8	12.5

二、间接费

间接费是指建筑安装企业为组织施工和进行经营管理以及间接为建筑安装生产服务的各项费用。属于建设项目的间接成本。间接费由规费、企业管理费构成。各项费用均为不包括增值税可抵扣进项税额的税前造价。

（一）规费

规费指政府和有关部门规定必须缴纳的费用，包括工程排污费、社会保障费、住房公积金、危险作业意外伤害保险。

计费标准和计算规则为：

- 规费 = 工程排污费 + 社会保障费 + 住房公积金 + 危险作业意外伤害保险费

1. 工程排污费

工程排污费指施工现场按规定缴纳的工程排污费。

工程排污费的计算根据施工所在地政府部门相关规定。

2. 社会保障费

社会保障费指施工企业按照规定标准为职工缴纳的养老保险费、失业保险费、医疗保险费、生育保险费、工伤保险费。

（1）养老保险费：指企业按规定标准为职工缴纳的基本养老保险费。

（2）失业保险费：指企业按照国家规定标准为职工缴纳的失业保险费。

（3）医疗保险费：指企业按照规定标准为职工缴纳的基本医疗保险费。

（4）生育保险费：指企业按照规定标准为职工缴纳的生育保险费。

（5）工伤保险费：指企业按照规定标准为职工缴纳的工伤保险费。

计费标准和计算规则为：

- 社会保障费 = 人工费 ×28.50%

3. 住房公积金

住房公积金指施工企业按照规定标准为职工缴纳的住房公积金。

计费标准和计算规则为：

- 住房公积金 = 人工费 ×4.19%

4. 危险作业意外伤害保险

危险作业意外伤害保险指施工企业为从事危险作业的建筑安装施工人员支付的意外伤害保险费。

计费标准和计算规则为：

- 危险作业意外伤害保险费 = 人工费 ×1.00%

（二）企业管理费

企业管理费指施工企业组织施工生产和经营管理所需费用，包括以下几方面内容。

1. 管理人员工资：指管理人员的基本工资、工资性补贴、职工福利费、劳动保护费等。

2. 办公费：指企业管理办公用的文具、纸张、账表、印刷、邮电、书报、会议、水电、烧水和集体取暖（包括现场临时宿舍取暖）用煤等费用。

3. 差旅交通费：指职工因公出差、调动工作的差旅费，住勤补助费，市内交通费和误餐补助费，职工探亲路费，劳动力招募费，职工离退休、退职一次性路费，工伤人员就医路费，工地转移费以及管理部门使用的交通工具的油料、燃料、养路费及牌照费。

4. 固定资产使用费：指管理和试验部门及附属生产单位使用的属于固定资产的房屋、设备仪器等的折旧、大修、维修或租赁费。

5. 工具用具使用费：指管理使用的不属于固定资产的生产工具、器具、家具、交通工具和检验、测绘、消防用具等的购置、维修和摊销费。

6. 劳动保险费：指由企业支付离退休职工的异地安家补助费、职工退休金，6 个月以上的病假人员工资、按规定支付给离退休干部的各项经费。

7. 工会经费；指企业按职工工资总额计提的工会经费。

8. 职工教育经费：指按职工工资总额的规定比例计提，企业为职工进行专业技术和职业技能培训，专业技术人员继续教育、职工职业技能鉴定、职业资格认定以及根据需要对职工进行各类文化教育所发生的费用。

9. 财产保险费：指施工管理用财产、车辆保险等的费用。

10. 财务费：指企业为施工生产筹集资金或提供预付款担保、履约担保、职工工资支付担保等发生的各项费用。

11. 税金：指企业按规定缴纳的城市维护建设税、教育费附加、地方教育费附加、房产税、车船使用税、土地使用税、印花税等。

12. 其他：包括技术转让费、技术开发费、投标费、业务招待费、绿化费、广告费、公证费、法律顾问费、审计费、咨询费等。

计费标准和计算规则为：

- 企业管理费 = 人工费 × 企业管理费费率（见表 2-3-20）

表 2-3-20　企业管理费费率

工程专业	计算基础	费率（%）
各类信息通信工程	人工费	27.4

三、利润

利润指施工企业完成所承包工程获得的盈利。

计费标准和计算规则为：

- 利润 = 人工费 × 利润率（见表 2-3-21）

表 2-3-21 利润率

工程名称	计算基础	费率（%）
各类信息通信工程	人工费	20.0

四、销项税额

销项税额指按国家税法规定应计入建筑安装工程造价内的增值税销项税额。

销项税额计算公式：

- 销项税额 =（人工费 + 乙供主材费 + 辅材费 + 机械使用费 + 仪表使用费 + 措施费 + 规费 + 企业管理费 + 利润）×9%+ 甲供主材费 × 适用税率

甲供主材适用税率为材料采购税率；乙供主材指建筑服务方提供的材料。

五、基础单价

基础单价，也称为要素价格。它是指根据施工所在地区的具体条件、施工技术及要素来源等，编制人工工日单价、材料价格、机械和仪表台班单价等价格，作为计算直接工程费的基础资料。信息通信工程建设项目的基础单价包括人工工日单价、材料价格、机械台班单价和仪表台班单价 4 项内容，分别对应通信建设工程人工、材料、施工机械、测试仪表 4 类基本资源消耗要素。正确确定基础单价，对于正确确定工程造价非常重要。

基础单价可以分为某地区、某行业或某类专业工程统一的基础单价和某建设项目专用的基础单价两类。统一的基础单价可以用于编制地区或行业的统一的工程计价定额，确定统一的工程单价。而某建设项目专用的基础单价，则用于编制确定该建设项目工程造价。

（一）人工工日单价的确定

人工工日单价，亦称日工资单价，简称人工单价，它是指在工程计价中一个建筑安装生产工人完成一个工作日的工作后，应当获得的全部人工费用，基本上反映的是建筑安装生产工人的工资水平和工人在一个工作日中可以得到的报酬。合理确定人工工日单价是正确计算人工费和工程造价的前提和基础。建筑安装工程费中的人工费就是完成该项工程所消耗的人工工日数量与相应的人工工日单价相乘得到的。

按照我国建设行政主管部门的统一规定，人工工日单价主要由基本工资、工资性津贴、生产工人辅助工资、职工福利费、生产工人劳动保护费组成。同时还有一些影响人工工资单价的因素，主要包括以下几方面。

1. 社会平均工资水平取决于经济发展水平。经济增长速度越快，社会平均工资涨幅也就越大。

2. 生活消费指数的提高会影响人工单价的提高，以减缓生活水平的下降，或维持原来的生活水平。生活消费指数的变动取决于物价的变动，尤其取决于生活消费品物价的变动。

3. 人工单价组成内容中的医疗保险、失业保险、住房消费等都列入人工单价就会提高人工单价。

4. 劳动力市场供需变化。劳动力市场供大于求，人工单价就会下降，反之就会提高。

5. 政府推行的社会保障和福利政策等。

因此，人工工日单价应根据工种、技术等级和劳动力的来源（来源本企业的员工、外聘技工、当地劳务市场招聘的普工）的构成比例，以及根据本企业现状、工程特点及对生产工人的要求和当地劳务市场的劳动力资源的充足程度、技能水平及工资水平综合评价后，进行合理确定。

依据工信部通信［2016］451 号文件发布的《信息通信建设工程费用定额》规定，信息通信建设工程采用统一单价方式，不分专业和地区工资类别，综合取定人工工日单价。

- 人工单价为：技工 114 元 / 工日；普工 61 元 / 工日。

（二）材料价格的确定

材料（包括构配件、零件及半成品等）价格一般可以分为材料的原价和材料的预算价格两种理解方式。材料的原价是指材料的供应价或供货地点价。材料的预算价格是指材料从其来源地（或其交货地点）到达施工工地仓库的出库价格。

依据工信部通信［2016］451 号文件发布的《信息通信建设工程费用定额》规定，通信建设工程材料的预算价格由材料原价、材料运杂费、材料运输保险费、采购及保管费和采购代理服务费等组成。

材料价格一般受以下因素的影响。

1. 市场材料供需的变化会影响材料价格的涨落；

2. 材料生产成本的变动会直接影响材料的价格；

3. 流通环节的多少和材料供应体制也会影响材料价格；

4. 运输距离和运输方法的改变会影响材料运输费用，从而也影响到材料价格；

5. 国际市场行情会对进口材料的价格产生影响，有时也会对国内同类产品价格造成影响。

取得材料供应价格即材料市场价格一般有两种途径：一是市场调查（询价）；二是查询市场材料价格信息。对于大批量或高价格的材料一般采用市场调查的方法取得价格；而小量的、低价值的材料，以及消耗性材料等，一般可采用工程当地的市场价格信息指导机构的价格。

材料的供货方式和供货渠道也会直接影响材料价格的确定。材料的供货方式和供货渠道一般包括业主供货（也称为甲方供材）和承包商供货（也称为乙方供材）两种方式。对于业主供货的材料，业主一般会提供供货材料的价格表。在使用业主提供的材料价格时应确定材料的交货地及材料运输等相关情况。

（三）机械、仪表台班单价的确定

机械使用费和仪表使用费是根据施工中耗用的机械、仪表台班数量和机械、仪表台班单价确定的。机械、仪表台班单价是指一台施工机械或测试仪表，在正常工作运转条件下，一个工作班中所发生的分摊和支出的全部费用，每台班按 8 h 工作制计算。正确制定机械和仪表台班单价，是合理控制工程造价的重要方面。

依据《通信建设工程费用定额》规定，通信建设工程机械台班单价由台班折旧费、台班大修理费、台班经常修理费、台班安拆费、台班人工费、台班燃料动力费、税费等 7 部分组成。仪表台班单价由台班折旧费、台班经常修理费、台班年检费、台班人工费等 4 部分组成。其中折旧费、大修理费、经常修理费、安拆费、年检费等 5 项费用称为第一类费用，它属于分摊性质的费用，亦称为不变费用。机上人工费、燃料动力费、税费 3 项费用称为第二类费用，它属于支出性质的费用，亦称为可变费用。

影响施工机械、测试仪表台班单价变动的因素主要有以下几方面。

1. 施工机械和测试仪表本身的价格是影响台班单价的主要因素。
2. 机械和仪表的使用年限会影响到折旧费、经常修理费、大修理费的开支。
3. 机械和仪表的供求关系、使用效率和管理水平直接影响到台班单价。
4. 政府征收税费的规定等。

工信部通信［2016］451 号文件发布的《信息通信建设工程费用定额》明确给出了通信建设工程中所用到的施工机械和测试仪表的参考台班单价，见表 2-3-22、表 2-3-23。该费用定额作为信息通信行业标准，可以作为信息通信工程建设项目中计算机械使用费和仪表使用费，选择机械台班和仪表台班单价的价格来源和依据。

表 2-3-22　信息通信建设工程施工机械台班单价

编号	机械名称	型号	台班单价（元）
TXJ001	光纤熔接机		144
TXJ002	带状光纤熔接机		209
TXJ003	电缆模块接续机		125
TXJ004	交流弧焊机		120
TXJ005	汽油发电机	10 kW	202
TXJ006	柴油发电机	30 kW	333
TXJ007	柴油发电机	50 kW	446
TXJ008	电动卷扬机	3 t	120
TXJ009	电动卷扬机	5 t	122
TXJ010	汽车式起重机	5 t	516
TXJ011	汽车式起重机	8 t	636
TXJ012	汽车式起重机	16 t	768
TXJ013	汽车式起重机	25 t	947
TXJ014	汽车式起重机	50 t	2 051
TXJ015	汽车式起重机	75 t	5 279
TXJ016	载重汽车	5 t	372

续表

编号	机械名称	型号	台班单价（元）
TXJ017	载重汽车	8 t	456
TXJ018	载重汽车	12 t	582
TXJ019	载重汽车	20 t	800
TXJ020	叉式装载车	3 t	374
TXJ021	叉式装载车	5 t	450
TXJ022	汽车升降机		517
TXJ023	挖掘机	0.6 mm^3	743
TXJ024	破碎锤（含机身）		768
TXJ025	电缆工程车		373
TXJ026	电缆拖车		138
TXJ027	滤油机		121
TXJ028	真空滤油机		149
TXJ029	真空泵		137
TXJ030	台式电钻机	ϕ25 mm	119
TXJ031	立式钻床	ϕ25 mm	121
TXJ032	金属切割机		118
TXJ033	氧炔焊接设备		144
TXJ034	燃油式路面切割机		210
TXJ035	电动式空气压缩机	0.6 m^3/min	122
TXJ036	燃油式空气压缩机	6 m^3/min	368
TXJ037	燃油式空气压缩机（含风镐）	6 m^3/min	372
TXJ038	污水泵		118
TXJ039	抽水机		119
TXJ040	夯实机		117
TXJ041	气流敷设设备（敷设微管微缆）		814
TXJ042	气流敷设设备（敷设光缆）		1 007
TXJ043	微控钻孔敷管设备（套）	25 t以下	1 747
TXJ044	微控钻孔敷管设备（套）	25 t以上	2 594
TXJ045	水泵冲槽设备		645
TXJ046	水下光（电）缆沟挖冲机		677
TXJ047	液压顶管机	5 t	444
TXJ048	缠绕机		137
TXJ049	自动升降机		151

续表

编号	机械名称	型号	台班单价（元）
TXJ050	机动绞磨		170
TXJ051	混凝土搅拌机		215
TXJ052	混凝土振捣机		208
TXJ053	型钢剪断机		320
TXJ054	管子切断机		168
TXJ055	磨钻机		118
TXJ056	液压钻机		277
TXJ057	机动钻机		343
TXJ058	回旋钻机		582
TXJ059	钢筋调直切割机		128
TXJ060	钢筋弯曲机		120

表 2-3-23　信息通信建设工程仪表台班单价

编号	仪表名称	型号	台班单价（元）
TXY001	数字传输分析仪	155 M/622 M	350
TXY002	数字传输分析仪	2.5 G	674
TXY003	数字传输分析仪	10 G	1 181
TXY004	数字传输分析仪	40 G	1 943
TXY005	数字传输分析仪	100 G	2 400
TXY006	稳定光源		117
TXY007	误码测试仪	2 M	120
TXY008	误码测试仪	155 M/622 M	278
TXY009	误码测试仪	2.5 G	420
TXY010	误码测试仪	10 G	524
TXY011	误码测试仪	40 G	894
TXY012	误码测试仪	100 G	1 128
TXY013	光可变衰耗器		129
TXY014	光功率计		116
TXY015	数字频率计		160
TXY016	数字宽带示波器	20 G	428
TXY017	数字宽带示波器	100 G	1 288
TXY018	光谱分析仪		428
TXY019	多波长计		307

续表

编号	仪表名称	型号	台班单价（元）
TXY020	信令分析仪		227
TXY021	协议分析仪		127
TXY022	ATM性能分析仪		307
TXY023	网络测试仪		166
TXY024	PCM通道测试仪		190
TXY025	用户模拟呼叫器		268
TXY026	数据业务测试仪	GE	192
TXY027	数据业务测试仪	10 GE	307
TXY028	数据业务测试仪	40 GE	832
TXY029	数据业务测试仪	100 GE	1 154
TXY030	漂移测试仪		381
TXY031	中继模拟呼叫器		231
TXY032	光时域反射仪		153
TXY033	偏振模色散测试仪	PMD分析	455
TXY034	操作测试终端（电脑）		125
TXY035	音频振荡器		122
TXY036	音频电平表		123
TXY037	射频功率计		147
TXY038	天馈线测试仪		140
TXY039	频谱分析仪		138
TXY040	微波信号发生器		140
TXY041	微波/标量网络分析仪		244
TXY042	微波频率计		140
TXY043	噪声测试仪		127
TXY044	数字微波分析仪（SDH）		187
TXY045	射频/微波步进衰耗器		166
TXY046	微波传输测试仪		332
TXY047	数字示波器	350 M	130
TXY048	数字示波器	500 M	134
TXY049	微波系统分析仪		332
TXY050	视频、音频测试仪		180
TXY051	视频信号发生器		164
TXY052	音频信号发生器		151

续表

编号	仪表名称	型号	台班单价（元）
TXY053	绘图仪		140
TXY054	中频信号发生器		143
TXY055	中频噪声发生器		138
TXY056	测试变频器		153
TXY057	移动路测系统		428
TXY058	网络优化测试仪		468
TXY059	综合布线线路分析仪		156
TXY060	经纬仪		118
TXY061	GPS定位仪		118
TXY062	地下管线探测仪		157
TXY063	对地绝缘探测仪		153
TXY064	光回波损耗测试仪（OLTS）		135
TXY065	PON光功率计		116
TXY066	激光测距仪		119
TXY067	绝缘电阻测试仪		120
TXY068	直流高压发生器	40/60 kV	121
TXY069	高精度电压表		119
TXY070	数字式阻抗测试仪（数字电桥）		117
TXYO71	直流钳形电流表		117
TXYO72	手持式多功能万用表		117
TXYO73	红外线温度计		117
TXYO74	交 / 直流低电阻测试仪		118
TXYO75	全自动变比组别测试仪		122
TXYO76	接地电阻测试仪		120
TXYO77	相序表		117
TXYO78	蓄电池特性容量监测仪		122
TXYO79	智能放电测试仪		154
TXYO80	智能放电测试仪（高压）		227
TXYO81	相位表		117
TXYO82	电缆测试仪		117
TXYO83	振荡器		117
TXYO84	电感电容测试仪		117

续表

编号	仪表名称	型号	台班单价（元）
TXYO85	三相精密测试电源		139
TXYO86	线路参数测试仪		125
TXYO87	调压器		117
TXYO88	风冷式交流负载器		117
TXYO89	风速计		119
TXYO90	移动式充电机		119
TXYO91	放电负荷		122
TXYO92	电视信号发生器		118
TXYO93	彩色监视器		117
TXYO94	有毒有害气体检测仪		117
TXYO95	可燃气体检测仪		117
TXYO96	水准仪		116
TXYO97	互调测试仪		310
TXYO98	杂音计		117
TXYO99	色度色散测试仪	CD分析	442

第四节　工程建设其他费构成与计算

工程建设其他费用是指从工程筹建起到工程竣工验收交付使用止的整个建设期间内，除建筑安装工程费用和设备及工器具购置费用以外的，为保证工程建设顺利完成和交付使用后能够正常发挥效用而发生的，应在建设投资中开支的固定资产其他费用、无形资产费用和其他资产费用。

工程建设其他费用包括许多独立的费用项目，它们的发生有较大的弹性。在不同的建设项目中有些费用可能发生，有些项目可能不会发生；同一项费用在不同的项目建设中发生的概率也会有所差别。不同的行业、不同的建设规模、不同的产品方案和不同的工艺流程，这些因素都会对工程建设其他费用的开支产生影响。此外，工程建设其他费用的内容和费用的多少也和国家经济管理体制以及国家在一定时期所执行的政策密切相关。因此，在计算工程建设其他费时，要充分了解建设项目自身的相关情况和国家、投资方以及施工所在地的相关政策规定，灵活全面的进行考虑。

工程建设其他费用按其内容大体可分为 3 类：第一类指与土地使用相关的费用；第二类指与工程建设有关的其他费用；第三类指与未来企业生产经营有关的其他费用。以下分类列出了工信部通信［2016］451 号文件发布的《信息通信建设工程费用定额》规定的信息通信工程项目工程建设其他费计费项目和计算规则。

一、与土地使用相关的费用

与土地使用相关的费用为建设用地及综合赔补费，指按照《中华人民共和国土地管理法》等规定，建设项目征用土地或租用土地应支付的费用，包括以下几方面。

1. 土地征用及迁移补偿费：经营性建设项目通过出让土地方式购置的土地使用权（或建设项目通过划拨方式取得的无限期的土地使用权）而支付的土地补偿费、安置补偿费、地上附着物和青苗补偿费、余物迁建补偿费、土地登记管理费等；行政事业单位的建设项目通过出让方式取得土地使用权而支付的出让金；建设单位在建设过程中发生的土地复垦费用和土地损失补偿费用；建设期间临时占地补偿费。

2. 征用耕地按规定一次性缴纳的耕地占用税；征用城镇土地在建设期间按规定每年缴纳的城镇土地使用税；征用城市郊区菜地按规定缴纳的新菜地开发建设基金。

3. 建设单位租用建设项目土地使用权而支付的租地费用。

4. 建设单位因建设项目期间租用建筑设施、场地费用；以及因项目施工造成所在地企事业单位或居民的生产、生活干扰而支付的补偿费用。

计费标准和计算规则为：

- 根据应征建设用地面积、临时用地面积，按建设项目所在省、市、自治区人民政府制定颁发的土地征用补偿费、安置补助费标准和耕地占用税、城镇土地使用税标准计算。
- 建设用地上的建（构）筑物如需迁建，其迁建补偿费应按迁建补偿协议计列或按新建同类工程造价计算。

二、与项目建设有关的其他费用

（一）项目建设管理费

指项目建设单位从项目筹建之日起至办理竣工财务决算之日止发生的管理性质的支出。包括不在原单位发工资的工作人员工资及相关费用、办公费、办公场地租赁费、差旅交通费、劳动保护费、工具用具使用费、固定资产使用费、招募生产工人费、技术图书资料费（含软件）、业务招待费、施工现场津贴、竣工验收费和其他管理性质开支。

实行代建制管理的项目，代建管理费按照不高于项目建设管理费标准核定。一般不得同时列支代建管理费和项目建设管理费，的确需同时发生的，两项费用之和不得高于项目建设管理费限额。

计费标准和计算规则为：

- 建设单位可根据《关于印发〈基本建设项目建设成本管理规定〉的通知》（财建［2016］504 号）结合自身实际情况制定项目建设管理费取费规则。
- 如建设项目采用工程总承包方式，其总包管理费由建设单位与总包单位根据总包工作范围在合同中商定，从项目建设管理费中列支。

（二）可行性研究费

指在建设项目前期工作中，编制和评估项目建议书（或预可行性研究报告）、可行性研究报告所需的费用。

计费标准和计算规则为：

- 根据国家发改委《关于进一步放开建设项目专业服务价格的通知》（发改价格［2015］299号）文件要求，可行性研究服务收费实行市场调节价。

（三）研究试验费

指为本建设项目提供或验证设计数据、资料等进行必要的研究试验及按照设计规定在建设过程中必须进行试验、验证所需的费用。

计费标准和计算规则为：

- 根据建设项目研究试验内容和要求进行编制。

研究试验费不包括以下项目。

1. 应由科技3项费用（即新产品试制费、中间试验费和重要科学研究补助费）开支的项目。
2. 应由建筑安装费用中列支的施工企业对材料、构件进行一般鉴定、检查所发生的费用及技术革新的研究试验费；
3. 应由勘察设计费或工程费中开支的项目。

（四）勘察设计费

指委托勘察设计单位进行工程勘察、工程设计所发生的各项费用。

计费标准和计算规则为：

- 根据国家发改委《关于进一步放开建设项目专业服务价格的通知》（发改价格［2015］299号）文件要求，工程勘察设计服务收费实行市场调节价。

（五）环境影响评价费

指按照《中华人民共和国环境保护法》《中华人民共和国环境影响评价法》等规定，为全面、详细评价本建设项目对环境可能产生的污染或造成的重大影响所需的费用，包括编制环境影响报告书（含大纲）、环境影响报告表和评估环境影响报告书（含大纲）、评估环境影响报告表等所需的费用。

计费标准和计算规则为：

- 根据国家发改委《关于进一步放开建设项目专业服务价格的通知》（发改价格［2015］299号）文件要求，环境影响评咨询服务收费实行市场调节价实行市场调节价。

（六）建设工程监理费

指建设单位委托工程监理单位实施工程监理的费用。

计费标准和计算规则为：

- 根据国家发改委《关于进一步放开建设项目专业服务价格的通知》（发改价格

［2015］299 号）文件要求，建设工程监理服务收费实行市场调节价，可参照相关标准作为计价基础。

（七）安全生产费

指施工企业按照国家有关规定和建筑施工安全标准，购置施工防护用具、落实安全施工措施以及改善安全生产条件所需要的各项费用。

计费标准和计算规则为：

- 参照财政部安全监管总局《关于印发〈企业安全生产费用提取和使用管理办法〉的通知》（财企［2012］16 号）、工业和信息化部《关于调整通信工程安全生产费取费标准和使用范围的通知》（工信部通函［2012］213 号）等文件规定执行。
- 安全生产费 = 建筑安装工程费 ×1.5%

（八）引进技术和引进设备其他费

引进技术和引进设备其他费的内容包括以下几个方面。

1. 引进项目图纸资料翻译复制费、备品备件测绘费。
2. 出国人员费用：包括买方人员出国设计联络、出国考察、联合设计、监造、培训等所发生的差旅费、生活费、制装费等。
3. 来华人员费用：包括卖方来华工程技术人员的现场办公费用、往返现场交通费用、工资、食宿费用、接待费用等。
4. 银行担保及承诺费：指引进项目由国内外金融机构出面承担风险和责任担保所发生的费用，以及支付贷款机构的承诺费用。

计费标准和计算规则为：

- 引进项目图纸资料翻译复制费：根据引进项目的具体情况计列或按引进设备到岸价的比例估列。
- 出国人员费用：依据合同规定的出国人次、期限和费用标准计算。生活费及制装费按财政部、外交部规定的现行标准计算，旅费按中国民航公布的国际航线票价计算。
- 来华人员费用：应依据引进合同有关条款规定计算。引进合同价款中已包括的费用内容不得重复计算。来华人员接待费用可按每人次费用指标计算。
- 银行担保及承诺费：应按担保或承诺协议计取。

（九）工程保险费

指建设项目在建设期间根据需要对建筑工程、安装工程及机器设备进行投保而发生的保险费用。包括建筑安装工程一切险、引进设备财产和人身意外伤害险等。

计费标准和计算规则为：

- 不投保的工程不计取此项费用；
- 不同的建设项目可根据工程特点选择投保险种，根据投保合同计列保险费用。

（十）工程招标代理费

指招标人委托代理机构编制招标文件、编制标底、审查投标人资格、组织投标人踏勘现场并答疑，组织开标、评标、定标，以及提供招标前期咨询、协调合同的签订等业务所收取的费用。

计费标准和计算规则为：

- 根据国家发改委《关于进一步放开建设项目专业服务价格的通知》（发改价格［2015］299 号）文件要求，工程招标代理服务收费实行市场调节价。

（十一）专利及专用技术使用费

专利及专用技术使用费的内容包括以下几个方面。

1. 国外设计及技术资料费、引进有效专利、专有技术使用费和技术保密费；
2. 国内有效专利、专有技术使用费等；
3. 商标使用费、特许经营权费等。

计费标准和计算规则为：

- 按专利使用许可协议和专有技术使用合同的规定计列；
- 专有技术的界定应以省、部级鉴定机构的批准为依据；
- 项目投资中只计取需要在建设期支付的专利及专有技术使用费。协议或合同规定在生产期支付的使用费应在成本中核算。

（十二）其他费用

根据建设任务的需要，必须在建设项目中列支的其他费用。

计费标准和计算规则为：根据工程实际计算。

三、与未来企业生产经营有关的其他费用

与未来企业生产经营有关的其他费用为生产准备及开办费，指建设项目为保证正常生产（或营业、使用）而发生的人员培训费、提前进场费以及投产使用初期必备的生产生活用具、工器具等购置费用。

1. 人员培训费及提前进场费：自行组织培训或委托其他单位培训的人员工资、工资性补贴、职工福利费、差旅交通费、劳动保护费、学习资料费等；
2. 为保证初期正常生产、生活（或营业、使用）所必需的生产办公、生活家具用具购置费；
3. 为保证初期正常生产（或营业、使用）必需的第一套不够固定资产标准的生产工具、器具、用具购置费（不包括备品备件费）。

计费标准和计算规则为：

- 新建项目按设计定员为基数计算，改扩建项目按新增设计定员为基数计算；
- 生产准备及开办费 = 设计定员 × 生产准备费指标（元 / 人）；
- 生产准备及开办费指标由投资企业自行测算。

第五节　预备费、建设期利息的计算

一、预备费

预备费包括基本预备费和价差预备费。

（一）基本预备费

基本预备费是指在初步设计文件及概算中难以事先预料，而在建设期间可能发生的工程费用。其内容包括以下几方面。

1. 在技术设计、施工图设计和施工过程中，在批准的初步设计范围内所增加的工程费用，设计变更、局部地基处理等增加的费用。
2. 由一般自然灾害造成的损失和预防自然灾害所采取的预防措施费用。
3. 竣工验收时，竣工验收组织为鉴定工程质量，必须开挖和修复隐蔽工程的费用。

（二）价差预备费

价差预备费是指建设项目在建设期间内由于价格等变化引起工程造价变化的预测预留费用。费用内容包括人工、设备、材料、施工机械的价差费；建筑安装工程费及工程建设其他费用调整，利率、汇率调整等增加的费用。

依据工信部通信［2016］451 号文件发布的《信息通信建设工程费用定额》规定，预备费计费标准和计算规则为：

- 预备费 =（工程费 + 工程建设其他费）× 预备费费率（见表 2-5-1）

表 2-5-1　预备费费率

工程专业	计算基础	费率（%）
通信设备安装工程	工程费+工程建设其他费	3.0
通信线路工程		4.0
通信管道工程		5.0

二、建设期利息

基本建设项目投资的资金来源，由国家预算拨款改为银行贷款后，建设期间贷款应付银行的利息。该项利息及相关财务费用，按规定应列入建设项目投资之内。

建设期贷款利息包括向国内银行和其他非银行金融机构贷款、出口信贷、外国政府贷款、国际商业银行贷款以及在境内外发行的债券等在建设期间内应偿还的借款利息。建设期贷款利息实行复利计算。

计费标准和计算规则为：

- 按银行当期利率计算。

第三章 建设工程定额与工程造价计价

在市场经济条件下，确定合理的工程造价，要有科学的工程造价计价依据和方法。建设工程定额是在工程造价计价中非常重要的基础性的依据。本章将介绍建设工程定额的相关知识及工程造价计价的基本原理和方法。

第一节 定额概述

一、定额的概念

所谓定额，就是规定的额度，是在一定的生产技术和劳动组织条件下，完成单位合格产品在人力、物力、财力的利用和消耗方面应当遵守的标准。

定额是在正常的施工条件下，完成单位合格产品所必需的人工、材料、施工机械设备及其资金消耗的数量标准。不同的产品有不同的质量要求，因此，不能把定额看成是单纯的数量关系，而应看成是质和量的统一体。考察个别的生产过程中的因素不能形成定额，只有从考察总体生成过程中的各生产因素，归结出社会平均必需的数量标准，才能形成定额。同时，定额反映一定时期的社会生产力水平。

建设工程定额是指在正常的施工条件和合理劳动组织、合理使用材料及机械的条件下，完成单位合格产品所必须消耗资源的数量标准。其中的资源主要包括在建设生产过程中所投入的人工、材料、机械和资金等生产要素。建设工程定额反映了工程建设投入与产出的关系，它一般除了规定的数量标准以外，还规定了具体的工作内容、质量标准和安全要求等。

二、定额的作用

定额是管理科学的基础，在工程建设和企业管理中，确定和执行先进合理的定额是技术和经济管理工作中的重要一环。定额的作用主要有以下几个方面。

1. 定额是编制计划的基础

工程建设活动需要编制各种计划来组织与指导生产，而计划编制中又需要各种定额来作为计算人力、物力、财力等资源需要量的依据。定额是编制计划的重要基础。

2. 定额是确定工程造价的依据和评价设计方案经济合理性的尺度

工程造价是根据设计规定的工程规模、工程数量及相应需要的劳动力、材料、机械设备消耗量及其他必须消耗的资金确定的。其中，劳动力、材料、机械设备的消耗量又是根据定额计算出来的，定额是确定工程造价的依据。同时，建设项目投资的大小又反映了各种不同设计方案技术经济水平的高低。因此，定额又是比较和评价设计方案经济合理性的尺度。

3. 定额是组织和管理施工的工具

施工企业要计算、平衡资源需要量、组织材料供应、调配劳动力、签发任务单、组织劳动竞赛、调动人的积极因素、考核工程消耗和劳动生产率、贯彻按劳分配工资制度，计算工人报酬等，都要利用定额。因此，从组织施工和管理生产的角度来说，企业定额又是施工企业组织和管理施工的工具。

4. 定额是总结先进生产方法的手段

定额是在平均先进的条件下，通过对生产流程的观察、分析、综合等过程制定的，它可以最严格地反映出生产技术和劳动组织的先进合理程度。因此，我们就可以以定额方法为手段，对同一产品在同一操作条件下的不同的生产方法进行观察、分析和总结，从而得到一套比较完整的、优良的生产方法，作为生产中推广的范例。

由此可见，定额是实现工程项目，确定人力、物力和财力等资源需要量，有计划地组织生产，提高劳动生产率，降低工程造价，完成和超额完成计划的重要的技术经济工具，是工程管理和企业管理的基础。

三、定额的特点

（一）权威性

建设工程定额具有很大权威，这种权威在一些情况下具有经济法规性质。权威性反映统一的意志和统一的要求，也反映信誉和信赖程度以及反映定额的严肃性。

建设工程定额的权威性的客观基础是定额的科学性。只有科学的定额才具有权威。但是在社会主义市场经济条件下，它必然涉及各有关方面的经济关系和利益关系，赋予工程建设定额以一定的权威性，就意味着在规定的范围内，对于定额的使用者和执行者来说，不论主观上愿意不愿意，都必须按定额的规定执行。在当前市场不规范的情况下，赋予建设工程定额以权威性是十分重要的。但是在竞争机制引入工程建设的情况下，定额的水平必然会受市场供求状况的影响，从而在执行中可能产生定额水平的浮动。

应该指出的是，在社会主义市场经济条件下，对定额的权威性不应该绝对化。定额毕竟是主观对客观的反映，定额的科学性会受到人们认识的局限。与此相关，定额的权威性也就会受到削弱核心的挑战。更为重要的是，随着投资体制的改革和投资主体多元化格局的形成，随着企业经营机制的转换，它们都可以根据市场的变化和自身的情况，自主地调整自己的决策行为。因此在这里，一些与经营决策有关的建设工程定额的权威性特征就弱化了。

（二）科学性

建设工程定额的科学性首先表现在定额是在认真研究客观规律的基础上，自觉地遵守客观规律的要求，实事求是地制定的。因此，它能正确地反映单位产品生产所必需的劳动量，从而以最少的劳动消耗而取得最大的经济效果，促进劳动生产率的不断提高。

定额的科学性还表现在制定定额所采用的方法上，通过不断吸收现代科学技术的新成就，不断完善，形成一套严密的确定定额水平的科学方法。这些方法不仅在实践中已经行之有效，而且还有利于研究产品安装过程中的工时利用情况，从中找出影响劳动消耗的各种主客观因素，设计出合理的施工组织方案，挖掘生产潜力，提高企业管理水平，减少以至杜绝产品安装中的浪费现象，促进生产的不断发展。

（三）统一性

建设工程定额的统一性，主要是由国家对经济发展的有计划的宏观调控职能决定的。为了使国民经济按照既定的目标发展，就需要借助于某些标准、定额、参数等，对工程建设进行规划、组织、调节、控制。而这些标准、定额、参数必须在一定的范围内是一种统一的尺度，才能实现上述职能，才能利用它对项目的决策、设计方案、投标报价、成本控制进行比选和评价。

建设工程定额的统一性按照其影响力和执行范围来看，有全国统一定额、地区统一定额和行业统一定额等；按照定额的制定、颁布和贯彻使用来看，有统一的程序、统一的原则、统一的要求和统一的用途。

在生产资料私有制的条件下，定额的统一性是很难想象的，充其量也只是工程量计算规则的统一和信息提供。我国建设工程定额的统一性和工程建设本身的巨大投入和巨大产出有关。它对国民经济的影响不仅表现在投资的总规模和全部建设项目的投资效益等方面，而且往往还表现在具体建设项目的投资数额及其投资效益方面。因而需要借助统一的建设工程定额进行社会监督。这一点和工业生产、农业生产中的工时定额、原材料定额也是不同的。

（四）稳定性和时效性

工程建设定额中的任何一种都是一定时期技术发展和管理水平的反映，因而在一段时间内都表现出稳定的状态。稳定的时间有长有短，一般在5至10年之间。保持定额的稳定性是维护定额的权威性所必须的，更是有效的贯彻定额所必要的。如果某种定额经常处于修改变动之中，那么必然造成执行中的困难和混乱，使人们感到没有必要去认真对待它，很容易导致定额权威性的丧失。建设工程定额的不稳定也会给定额的编制工作带来极大的困难。

但是工程建设定额的稳定性是相对的。当生产力向前发展了，定额就会与已经发展了的生产力不相适应。这样，它原有的作用就会逐步减弱以至消失，需要重新编制或修订。

（五）系统性

建设工程定额是相对独立的系统。它是由多种定额结合而成的有机整体。它的结构复杂，有鲜明的层次，有明确的目标。

建设工程定额的系统性是由工程建设的特点决定的。按照系统论的观点，工程建设就是庞大的实体系统。建设工程定额是为这个实体系统服务的。因而工程建设本身的多种类、多层次就决定了以它为服务对象的建设工程定额的多种类、多层次。从整个国民经济来看，进行固定资产生产和再生产的工程建设，是一个有多项工程集合体的整体。其中包括农林水利、轻纺、机械、煤炭、电力、石油、冶金、化工、建材工业、交通运输、邮电工程，以及商业物资、科学教育文化、卫生体育、社会福利和住宅工程等等。这些工程的建设都有严格的项目划分，如建设项目、单项工程、单位工程、分部分项工程；在计划和实施过程中有严密的逻辑阶段，如规划、可行性研究、设计、施工、竣工交付使用，以及投入使用后的维修。与此相适应必然形成工程建设定额的多种类、多层次。

四、定额的产生及发展

定额产生于 19 世纪末 20 世纪初，当时处于资本主义企业管理科学的发展初期，高速的工业发展与低水平的劳动生产率相矛盾。虽然科学技术发展很快，机械设备先进，但在管理上仍然沿用传统的经验方法，生产效率低、生产能力得不到充分的发挥，阻碍了社会经济的进一步发展和繁荣，改善管理成了生产发展的迫切要求。在这种背景下，美国工程师泰勒（F. W. Taylor，1856-1915）为了提高工人的劳动效率，通过大量的试验研究，制定出工时定额。泰勒为了减少工时消耗，他还研究改进生产工具设备，并提出一整套科学管理的方法，这就是著名的“泰勒制”。

泰勒提倡科学管理，主要着眼于提高劳动生产率，提高工人的劳动效率。他突破了当时传统管理方法的羁绊，通过科学试验，对工作时间利用进行细致的研究，制定出标准的操作方法；通过对工人进行训练，要求工人改变原来习惯的操作方法，取消那些不必要的操作程序，并且在此基础上制定出较高的工时定额，用工时定额评价工人工作的好坏；为了使工人能达到定额，大大提高工作效率，又制定了工具、机器、材料和作业环境的“标准化原理”；为了鼓励工人努力完成定额，还制定了一种有差别的计件工资制度。如果工人能完成定额，就采用较高的工资率，如果工人完不成定额，就采用较低的工资率，以刺激工人为拿更多的工资去努力工作，去适应标准操作方法的要求。

“泰勒制”是作为资本家榨取工人剩余价值的工具，但它又是以科学方法来研究分析工人劳动中的的操作和动作，从而制定最节约的工作时间——工时定额。“泰勒制”给资本主义企业管理带来了根本性变革，对提高劳动效率做出了显著的科学成就。

五、我国建设工程定额发展过程

新中国成立以来，国家十分重视建设工程定额的制定与管理工作。从发展的过程来看，我国的定额制定与管理工作大体上可分为5个阶段。

（一）第一阶段（1950～1957年）

第一阶段是与计划经济相适应的概（预）算定额制度建立时期。1949年新中国成立后，百废待兴，全国面临着大规模的恢复重建工作，特别是实施第一个五年计划后，为合理确定工程造价，用好有限的基本建设资金。引进了前苏联一套概（预）算定额管理制度，同时也为新组建的国民建筑施工企业建立了企业管理制度。1957年颁布的《关于编制工业与民用建设预算的若干规定》规定各不同设计阶段都应编制概算和预算，明确了概（预）算的作用。在这之前国务院和国家建设委员会还先后颁布了《基本建设工程设计和预算文件审核批准暂行办法》《工业与民用建设设计及预算编制暂行办法》《工业与民用建设预算编制暂行细则》等文件。这些文件的颁布，建立健全了概（预）算工作制度，确立了概（预）算在基本建设工作中的地位，同时对概（预）算编制原则、内容、方法和审批、修正办法、程序等作了规定，确立了对概（预）算编制依据实行集中管理为主的分级管理原则。

（二）第二阶段（1958～1966年）

第二阶段是概（预）算定额管理逐渐被削弱的阶段。1958年开始，“左”的错误指导思想统治了国家政治、经济生活，在中央放权的背景下，概（预）算与定额管理权限也全部下放。1958年6月，基本建设预算编制办法、建筑安装工程预算定额和间接费用定额交各省、自治区、直辖市负责管理，其中有关专业性的定额由中央各部负责修订、补充和管理，造成现在全国工程量计量规则和定额项目在各地区不统一的现象。各级基建管理机构的概（预）算部门被精简，设计单位概（预）算人员减少，只算政治账，不讲经济账，概（预）算逐渐失去对投资的控制和约束作用。

（三）第三阶段（1966～1976年）

第三阶段是概（预）算定额管理工作遭到严重破坏的阶段。概（预）算和定额管理机构被撤销“砸烂”，预算人员改行，大量基础资料被销毁，定额被说成是“管、卡、压”的工具。造成设计无概算，施工无预算，竣工无决算，投资大敞口，吃大锅饭。1967年，建工部直属企业实行经常费制度。工程完工后向建设单位实报实销，从而使施工企业变成了行政事业单位。这一制度实行了6年，于1973年1月1日被迫停止，恢复建设单位与施工单位施工图预算结算制度。1973年制定了《关于基本建设概算管理办法》，但并未能施行。

（四）第四阶段（1976年至90年代初）

第四阶段是造价管理工作整顿和发展的时期。1976年，十年动乱结束后，随着国家经济中心的转移，为恢复与重建造价管理制度提供了良好条件。从1977年，国家恢复重建造价管理机构。1978年9月，国家建委、国家计委、财政部联合颁布了《关于加强基本建设概、预、决算管理工作的几项规定》。这一文件的颁发，是整顿、健全和发展、概（预）算及定额管理制度的重要标志，为以后的工作奠定了一个较好的基础。特别是在80年代后期，中国建设工程造价管理协会成立，全过程工程造价管理概念逐渐为广大造价管理人员所接受。

（五）第五阶段（从 20 世纪 90 年代至今）

第五阶段是建设工程定额管理逐步进行改革的时期。随着我国市场化经济体已经基本形成，建设工程投资多元化趋势已经出现，我国在工程施工发包与承包中开始初步实行招投标制度。企业作为市场的主体，必须是价格决策的主体，并应根据其自身的生产经营状况和市场供求关系决定其产品价格。在这种环境下，仅仅利用建设工程定额已不太适应企业及时、高效的参与招投标活动，建设工程定额的适用范围有所减小。

目前，我国整体的技术发展周期逐渐缩短，建设工程定额管理应随技术的不断更新、升级，及时的进行改革与调整，以适应经济发展的需要。

六、通信工程定额发展过程

我国的通信工程定额制定与管理工作大体上可分为 5 个阶段。

（一）第一阶段（1985 ~ 1990 年）

1985 年至 1996 年，国家计委陆续颁发了统一组织编制的两册基础定额和 15 册《全国统一按照工程预算定额》。在这 15 册定额中，第四册《通信设备安装工程》和第五册《通信线路工程》是由原邮电部编制的，适用于通信工程。与此同时，1986 年原邮电部发布邮部字［1986］629 号《通信建筑安装工程间接费定额及概（预）算编制办法》，与这两册定额配套使用。

（二）第二阶段（1990 ~ 1995 年）

1990 年，原邮电部根据建设部、中国人民建设银行［89］建标字第 248 号《关于改进建筑安装费用项目划分的若干规定》以及中国人民建设银行总行［1989］第 4 号《关于〈建设工程价款建设结算办法〉的通知》，以邮部［1990］433 号文颁布了《通信工程建设概算预算编制办法及费用定额》和《通信工程价款结算办法》。虽然仍是与《通信设备安装工程》和《通信线路工程》两册预算定额及相应补充定额配套使用，但其费用定额和价款结算办法都较过去有所改进。

（三）第三阶段（1995 ~ 2008 年）

1995 年，原邮电部根据建设部、中国人民建设银行建标［1993］894 号《关于印发〈关于调整建筑安装工程费用项目组成的若干规定〉的通知》，以邮部［1995］626 号文颁发了《通信建设工程概（预）算编制办法及费用定额》《通信建设工程价款结算办法》和《信息通信建设工程预算定额》（共 3 册），贯彻了“量价分离”“技普分开”的原则，使通信建设定额改革前进了一步。

（四）第四阶段（2008 ~ 2016 年）

2005 年年底，原信息产业部根据财政部、建设部《关于印发〈建设工程价款结算办法〉的通知》（财建［2004］369 号），颁发了《通信建设工程价款结算暂行办法》（信部规［2005］418 号）。根据建设部、财政部《关于印发〈建筑安装工程费用项目组成〉的通知》（建标［2003］206 号）要求，2008 年 5 月，工业和信息化部颁发了《通信建设工程概算、预算编制办法》及相关定额的通知（工信部规［2008］75 号），文件包括《通信建设工程概（预）算编制办法》《通信建设工程费用定额》《通信建设工程施工机械、仪表台班费用定额》和《信息通信建设工程预算定额》（共 5 册）。2011 年 9 月，为适应当时新技术、新业务发展需要，工业和信息化部发布了《无源光网络（PON）等通信建设工程补充定额》。2014 年 2 月，为更好推进住宅区和住宅建筑内光纤到户国家标准的贯彻实施，规范光纤到户通信设施工程计价工作，工业和信息化部发布了《住宅区和住宅建筑内光纤到户通信设施工程预算定额》。

（五）第五阶段（2016 年至今）

根据建设部、财政部《关于印发〈建筑安装工程费用项目组成〉的通知》（建标［2013］44 号）、工业和信息化部《关于发布〈通信建设工程定额编制管理办法〉的通知》（工信部通［2014］457 号）等文件要求，2016 年 12 月 30 日，工业和信息化部印发了《工业和信息化部关于印发信息通信建设工程预算定额、工程费用定额及工程概（预）算编制规程的通知》（工信部通信［2016］451 号），文件包括新编的《信息通信建设工程概（预）算编制规程》《信息通信建设工程费用定额》和《信息通信建设工程预算定额》（共 5 册）。此版本定额自 2017 年 5 月 1 日起施行。

七、建设工程定额的分类

建设工程定额是一个综合概念，是工程建设中各类定额的总称。为了对建设工程定额有一个全面的了解，可以按照不同的原则和方法对它进行科学的分类。

（一）按照定额专业性质分类

工程建设定额分为全国通用定额、行业通用定额和专业专用定额 3 种。

1. 全国通用定额是指在部门间和地区间都可以使用的定额。
2. 行业通用定额系指具有专业特点的行业部门内可以通用的定额。
3. 专业专用定额是指特殊专业的定额，只能在指定范围内使用。

（二）按照定额反映的物质消耗内容分类

可以把工程建设定额分为劳动消耗定额、材料消耗定额和机械（仪表）消耗定额 3 种。

1. 劳动消耗定额

劳动消耗定额是完成一定的合格产品（工程实体或劳务）规定活劳动消耗的数量标准。在这里，“劳动消耗”的含义仅仅是指劳动的消耗，而不是活劳动和物化劳动的全部消耗。劳动消耗定额又简称劳动定额。为了便于综合和核算，劳动定额大多采用工作时间消耗量来计算劳动消耗的数量。所以劳动定额主要表现形式是时间定额，但同时也表现为产量定额。

2. 材料消耗定额

材料消耗定额是指完成一定合格产品所需消耗材料的数量标准。材料消耗定额又简称材料定额。

材料是指工程建设中使用的原材料、成品、半成品、构配件等。材料作为劳动对象构成工程的实体，需用数量很大，种类繁多。所以材料消耗量多少，消耗是否合理，不仅关系到资源的有效利用，影响市场供求状况，而且对建设工程的项目投资、建筑产品的成本控制都起着决定性影响。材料消耗定额，在很大程度上可以影响材料的合理调配和使用。在产品生产数量和材料质量一定的情况下，材料的供应计划和需求都会受材料定额的影响。重视和加强材料定额管理，制定合理的材料消耗定额，是组织材料的正常供应，保证生产顺利进行，合理利用资源，减少积压和浪费的必要前提。

3. 机械（仪表）消耗定额

我国机械消耗定额是以一台机械一个工作班（8 h）为计量单位，所以又称为机械（仪表）台班定额。机械（仪表）消耗定额是指为完成一定合格产品（工程实体或劳务）所规定的施工机械消耗的数量标准。机械消耗定额的主要表现形式是机械时间定额，但同时也以产量定额表现。

简称机械定额，是指为完成一定合格产品（工程实体或劳务）所规定的施工机械（仪表）消耗的数量标准。机械（仪表）消耗定额的主要表现形式是时间定额，但同时也可以产量定额表现。

机械（仪表）消耗定额和劳动消耗定额一样，在施工定额、预算定额、概算定额、概算指标、估算指标等多种定额中，机械（仪表）消耗定额都是其中的组成部分。

（三）按照定额的编制程序和用途分类

可以把建设工程定额分为施工定额、预算定额、概算定额、投资估算指标和工期定额 5 种。

1. 施工定额

它是施工单位直接用于施工管理的一种定额，是编制施工作业计划、施工预算、计算工料，向班组下达任务书的依据。施工定额主要包括：劳动定额、机械（仪表）台班定额和材料消耗定额等 3 个部分。

施工定额是按照平均先进性原则编制的。它以同一性质的施工过程为对象、规定劳动消耗量、机械（仪表）工作时间（生产单位合格产品所需的机械、仪表工作时间，单位用台班表示）和材料消耗量。

2. 预算定额

它是编制预算时使用的定额，是确定一定计量单位的分部、分项工程或结构构件的人工（工日）、机械（台班）、仪表（台班）和材料的消耗数量标准。

每一项分部、分项工程的定额，都规定有工作内容，以便确定该项定额的适用对象，而定额本身则规定有人工工日数（分等级表示或以平均等级表示）、各种材料的消耗量（次要材料亦可综合的以价值表示）、机械台班数量和仪表台班数量等几个方面的实物指标。

全国统一预算定额里的预算价值，是以某地区的人工、材料和机械台班预算单价为标准计算的，称为预算基价，基价可供设计、预算比较参考。编制预算时，如不能直接套用基价，则应根据各地的预算单价和定额的工料消耗标准，编制地区估价表。

3. 概算定额

它是编制概算时使用的定额，是确定一定计量单位扩大分部、分项工程的工、料、机械台班和仪表台班消耗量的标准，是设计单位在初步设计阶段确定建筑（构筑物）概略价值、编制概算、进行设计方案经济比较的依据。它也可用来概略地计算人工、材料、机械台班、仪表台班的需要数量，作为编制基建工程主要材料申请计划的依据。它的内容和作用与预算定额相似，但项目划分较粗，没有预算定额的准确性高。

4. 投资估算指标

它是在项目建议书可行性研究阶段编制投资估算、计算投资需要量时使用的一种定额，往往以独立的单项工程或完整的工程项目为计算对象。它的概括程度与可行性研究阶段相适应，主要作用是为项目决策和投资控制提供依据。投资估算指标虽然往往根据历史的预、决算资料和价格变动等资料编制，但其编制基础仍然离不开预算定额、概算定额。

5. 工期定额

它是为各类工程规定的施工期限的定额天数，包括建设工期定额和施工工期定额两个层次。

（1）建设工期是指建设项目或独立的单项工程在建设过程中所耗用的时间总量，一般以月数或天数表示。它指从开工建设时起，到全部建成投产或交付使用时为止所经历的时间，但不包括由于计划调整而停缓建所延误的时间。

（2）施工工期一般是指单项工程或单位工程从开工到完工所经历的时间。

施工工期是建设工期中的一部分，如单位工程施工工期，是指从正式开工起至完成承包工程全部设计内容并达到验收标准的全部有效天数。

（四）按主编单位和管理权限分类

工程建设定额可分为全国统一定额、行业统一定额、地区统一定额、企业定额和补充定额 5 种。

1. 全国统一定额是由国家建设行政主管部门，综合全国工程建设中技术和施工组织管理的情况编制，并在全国范围内执行的定额，如全国统一安装工程定额。

2. 行业统一定额是考虑到各行业部门专业工程技术特点，以及施工生产和管理水平编制的定额。一般是只在本行业和相同专业性质的范围内使用的专业定额，如矿井建设工程定额、铁路建设工程定额。

3. 地区统一定额包括省、自治区、直辖市定额。地区统一定额主要是考虑地区性特点和全国统一定额水平做适当调整补充编制的。

4. 企业定额是指由施工企业考虑本企业具体情况，参照国家、部门或地区定额的水平制定的定额。企业定额只在企业内部使用，是企业素质的一个标志。企业定额水平一般应高于国家现行定额，才能满足生产技术发展、企业管理和市场竞争的需要。

5. 补充定额是指随着设计、施工技术的发展，现行定额不能满足需要的情况下，为了补充缺项所编制的定额。补充定额只能在指定的范围内使用，可以作为以后修订定额的基础。

八、现行信息通信工程定额的构成

目前，信息通信建设工程有预算定额、费用定额。由于现在还没有概算定额，在编制概算时，暂时用预算定额代替。信息通信工程现行各种定额执行的文本如下所列。

（一）信息通信建设工程预算定额

工信部通信［2016］451 号《信息通信建设工程预算定额》（共 5 册）。

（二）信息通信建设工程费用定额

工信部通信［2016］451 号《信息通信建设工程费用定额》。

第二节　信息通信建设工程预算定额

一、预算定额的概念

预算定额是在编制施工图预算时计算工程人工（工日）、材料、机械（台班）等消耗量的一种定额。施工图预算需要按照施工图纸和工程量计算规则计算工程量，还需要借助预算定额来计算人工、材料和机械（台班）等的消耗量，并在此基础上计算出资金的需要量，计算出建筑安装工程的价格。

在我国，现行的工程建设概算、预算制度，规定了通过编制概算和预算来确定造价。概算定额、概算指标、预算定额等则为计算人工、材料、机械（台班）的耗用量、提供统一的可靠的参数。同时，现行制度还赋予了概算、预算定额和费用定额以相应的权威性。这些定额和指标成为建设单位和施工企业之间建立经济关系的重要基础。

二、预算定额的作用

预算定额的作用主要有以下几个方面。

1. 预算定额是编制施工图预算、确定和控制建筑安装工程造价的基础。

施工图预算是施工图设计文件之一，是控制和确定建筑安装工程造价的必要手段。编制施工图预算，除设计文件决定的建设工程的功能、规模、尺寸和文字说明是计算分部分项工程量和结构构件数量的依据外，预算定额是确定一定计量单位工程人工、材料、机械消耗量的依据，也是计算分项工程综合单价的基础。

2. 预算定额是对设计方案进行技术经济比较、技术经济分析的依据。

设计方案在设计工作中居于中心地位。设计方案的选择要满足功能、符合设计规范，既要技术先进又要经济合理。根据预算定额对方案进行技术经济分析和比较，是选择经济合理设计方案的重要方法。对设计方案进行比较，主要是通过定额对不同方案所需人工、材料和机械台班消耗量等进行比较。这种比较可以判明不同方案对工程造价的影响。对于新结构、新材料的应用和推广，也需要借助于预算定额进行技术分项和比较，从技术与经济的结合上考虑普遍采用的可能性和效益。

3. 预算定额是施工企业进行经济活动分析的参考依据。

实行经济核算的根本目的，是用经济的方法促使企业在保证质量和工期的条件下，用较少的劳动消耗取得预定的经济效果。中国的预算定额仍决定着企业的收入，企业必须以预算定额作为评价企业工作的重要标准。企业可根据预算定额，对施工中的劳动、材料、机械的消耗情况进行具体的分析，以便找出低工效、高消耗的薄弱环节及其原因。为实现经济效益的增长由粗放型向集约型转变，提供对比数据，促进企业在市场上的竞争力。

4. 预算定额是编制标底、投标报价的基础。

在深化改革中，在市场经济体制下预算定额作为编制标底的依据和施工企业报价的基础作用仍将存在，这是由于它本身的科学性和权威性决定的。

5. 预算定额是编制概算定额和估算指标的基础。

概算定额和估算指标是在预算定额基础上经综合扩大编制的，也需要利用预算定额作为编制依据，这样做不但可以节省编制工作中的人力、物力和时间，收到事半功倍的效果，还可以使概算定额和概算指标在水平上与预算定额一致，以避免造成执行中的不一致。

三、现行信息通信建设工程预算定额的编制依据和基础

现行信息通信建设工程预算定额主要以以下文件和资料作为编制依据和基础。

1. 建设部、财政部《关于印发〈建筑安装工程费用项目组成〉的通知》（建标［2013］44 号）；

2. 国家及行业主管部门颁发的有关通信建设工程设计规范、通信建设工程施工及验收技术规范、通用图、标准图；

3. 工业和信息化部《关于发布〈通信建设工程概算 预算编制办法 > 及相关定额的通知》（工信部规［2008］75 号）；

4. 有关省、自治区、直辖市的通信设计、施工企业及建设单位的专家提供的意见和资料。

四、现行信息通信建设工程预算定额的编制原则

现行信息通信建设工程预算定额的编制主要遵照以下几个原则。

1. 贯彻相关政策精神

贯彻国家和行业主管部门关于修订信息通信建设工程预算定额相关政策精神，结合通信行业的特点进行认真调查研究、细算粗编，坚持实事求是，做到科学、合理、便于操作和维护。

2. 贯彻执行“控制量”、“量价分离”、“技普分开”的原则

（1）控制量：指预算定额中的人工、主材、机械和仪表台班的消耗量是法定的，任何单位和个人不得随意调整。

（2）量价分离：指预算定额中只反映人工、主材、机械和仪表台班的消耗量，而不反映其单价。单价由主管部门或造价管理归口单位另行发布。

（3）技普分开：为适应社会主义市场经济和通信建设工程的实际需要取消综合工。凡是由技工操作的工序内容均按技工计取工日，凡是由非技工操作的工序内容均按普工计取工日。

信息通信设备安装工程，除铁塔安装工程外，均按技工计取工日（即普工为零）。通信线路和通信管道工程分别计取技工工日、普工工日。

五、现行信息通信建设工程预算定额消耗量的确定

（一）关于预算定额子目的人工工日及消耗量的确定

预算定额中人工消耗量是指完成定额规定计量单位所需要的全部工序用工量，一般应包括基本用工、辅助用工和其他用工。

1. 基本用工

由于预算定额是综合性的定额，每个分部、分项定额都综合了数个工序内容，各种工序用工工效应根据施工定额逐项计算，因此完成定额单位产品的基本用工量包括该分项工程中主体工程的用工量和附属于主体工程中各种工程的用工量。它是构成预算定额人工消耗指标的主要组成部分。

信息通信工程预算定额项目基本用工的确定有以下 3 种方法。

（1）对于有劳动定额依据的项目，基本用工一般应按劳动定额的时间定额乘以该工序的工程量计算确定，即：

$$L_{基}=\sum(I \times t)$$

式中，$L_{基}$—定额项目基本用工；

I—工序工程量；

t—时间定额。

（2）对于无劳动定额可依据的项目，基本用工量的确定应参照现行其他劳动定额，通过细算粗编，广泛征求设计、施工、建设等部门的意见，必要时亲临施工现场调查研究的基础上确定。

（3）对于新增加的，且无劳动定额可供参考的定额项目，一般可参考相近的定额项目，结合新增施工项目的特点和技术要求，先确定施工劳动组织和基本用工过程，根据客观条件和人工实际操作水平确定日进度，然后根据该工序的工程量计算确定基本用工。

2. 辅助用工的取定

辅助用工是劳动定额未包括的用工量。包括施工现场某些材料临时加工用工和排除一般障碍、维持必要的现场安全用工等。它是施工生产不可缺少的用工，应以辅助用工的形

式列入预算定额。

施工现场临时材料加工用工量计算，一般是按加工材料的数量乘以相应时间定额确定。

辅助用工一般按预算定额的基本用工量的 18% 计算。

3. 其他用工

其他用工是指劳动定额中未包括而在正常施工条件下必然发生的零星用工量，是预算定额的必要组成部分，编制预算定额时必须计算。其内容包括以下几个方面。

（1）在正常施工条件下各工序间的交叉配合所需的停歇时间；

（2）施工机械在单位工程之间转移及临时水电线路在施工过程中转移所发生的不可避免的工作停歇；

（3）因工程质量检查与隐蔽工程验收而影响工人操作的时间；

（4）因场内单位工程之间操作地点的转移，影响工人操作的时间以及施工过程中工种之间交叉作业的时间；

（5）施工中细小的难以测定的不可避免的工序和零星用工所需的时间等。

其他用工一般按预算定额的基本用工量和辅助用工量之和的 10% 计算。

（二）关于预算定额子目中的主要材料及消耗量的确定

信息通信建设工程预算定额中只反映主要材料，其辅助材料可按费用定额的规定另行处理。

主要材料指在建安工程中或产品构成中形成产品实体的各种材料，通常是根据编制预算定额时选定的有关图纸、测定的综合工程量数据、主要材料消耗定额、有关理论计算公式等逐项综合计算。先算出净用量加损耗量后，以实用量列入预算定额。计算公式为：

$$Q=W+\sum r$$

式中，Q—完成某工程量的主要材料消耗定额（实用量）；

W—完成某工程量实体所需主要材料净用量；

$\sum r$—完成某工程量最低损耗情况下各种损耗量之和。

（1）主要材料净用量

指不包括施工现场运输和操作损耗，完成每一定额计量单位产品所需某种材料的用量。

（2）主要材料损耗量

主要材料损耗量是指材料在施工现场运输和生产操作过程中不可避免的合理消耗量。一般情况下，主要材料损耗量根据材料净用量和相应的材料损耗率进行计算。对于施工过程中多次周转使用的材料，预算定额计取一次摊销材料量。

① 主要材料损耗率

通信工程预算定额的主要材料损耗率的确定是按合格的原材料，在正常施工条件下，以合理的施工方法，结合现行定额水平综合取定的。材料损耗率见预算定额第四册附录二或第五册附录三。

② 周转性材料摊销量

施工过程中多次周转使用的材料，每次施工完成之后还可以再次使用，但在每次用完之后必然发生一定的损耗，经过若干次使用之后，此种材料报废或仅剩残值，这种材料就要以一定的摊销量分摊到分部、分项工程预算定额中，通常称为周转性材料摊销量。

例如：水底电缆敷设船只组装，顶钢管、管道沟挡土板所用木材等，一般按周转 10 次摊销。在预算定额编制过程中，对周转性材料应严格控制周转次数，以促进施工企业合理使用材料，充分发挥周转性材料的潜力，减少材料损耗，降低工程成本。

预算定额的一次摊销材料量的计算公式为：

$$R=\frac{Q(1+P)}{N}$$

式中，R—周转性材料的定额摊销量；

Q—周转性材料分项工程一次施工需要量；

P—材料损耗率；

N—规定材料在施工中所需周转次数。

（三）关于预算定额子目中施工机械、仪表及消耗量的确定

信息通信工程施工中凡是单位价值在 2 000 元以上，构成固定资产的机械、仪表，定额中均给定了台班消耗量。

预算定额中施工机械、仪表台班消耗量标准，是指以一台施工机械或仪表一天（8 h）所完成合格产品数量作为台班产量定额，再以一定的机械幅度差来确定单位产品所需要的机械台班量。其计算公式为：

- 预算定额中施工机械台班消耗量 $=\frac{1}{\text{每台班产量}}$

例如：用一辆 5 t 汽车起重吊车，立 9 m 水泥杆，每台班产量为 25 根，则每根所需台班消耗量应为：

$$\frac{1}{25}=0.04\text{台班}$$

机械幅度差是指按上述方法计算施工机械台班消耗量时，尚有一些因素未包括在台班消耗量内，需增加一定幅度，一般以百分率表示。造成幅度差的主要因素有如下几方面。

（1）初期施工条件限制所造成的功效差；

（2）工程结尾时工程量不饱满，利用率不高；

（3）施工作业区内移动机械所需要的时间；

（4）工程质量检查所需要的时间；

（5）机械配套之间相互影响的时间。

六、现行信息通信建设工程预算定额的构成

（一）预算定额的册构成

现行信息通信建设工程预算定额包括《通信电源设备安装工程》《有线通信设备安装工程》《无线通信设备安装工程》《通信线路工程》和《通信管道工程》共 5 册。

每册包含的工程内容见表 3-2-1 ～ 3-2-5。

表 3-2-1 第一册 通信电源设备安装工程预算定额构成

序号	项目名称	内容构成
1	安装与调试高、低压供电设备	安装与调试高压配电设备
		安装与调试变压器
		安装与调试低压配电设备
		安装与调试直流操作电源屏
		安装与调试控制设备
		安装端子箱、端子板
2	安装与调试发电机设备	安装发电机组
		安装发电机组体外排气系统
		安装发电机组体外燃油箱（罐）、机油箱
		安装发电机组体外冷却系统
		发电机输油管道敷设与连接
		安装油、气管管路保护套管
		发电机组机房降噪
		发电机系统调试
		安装与调试风力发电机
3	安装交直流电源设备、不间断电源设备	安装电池组及附属设备
		安装太阳能电池
		安装与调试交流不间断电源
		安装开关电源设备
		安装配电换流设备
		无人值守供电系统联测
4	机房空调及动力环境监控	安装与调试机房空调
		安装与调试动力环境监控系统
5	敷设电源母线、电力和控制缆线	制作安装铜电源母线
		安装低压封闭式插接母线槽
		布放电力电缆
		制作、安装电力电缆端头
		布放控制电缆
6	接地装置	制作安装接地极、板
		设接地母线及测试接地网电阻
7	安装附属设施	安装电缆桥架
		安装电源支撑架、吊挂
		制作、安装穿墙板
		制作、安装铁构件与箱盒
		铺地漆布、橡胶垫、加固措施

表 3-2-2　第二册　有线通信设备安装工程预算定额构成

序号	项目名称	内容构成
1	安装机架、线缆及辅助设备	安装机架（柜）、机箱
		安装配线架
		安装保安配线箱
		安装列架照明、机台照明、机房信号灯盘
		布放设备线缆、软光纤
		安装防护、加固设施
2	安装、调测光纤数字传输设备	安装测试传输设备
		安装测试波分复用设备、光传输网设备
		安装、调测再生中继及远供电源设备
		安装、调测网络管理系统设备
		调测系统通道
		安装、调测同步网设备
		安装、调测无源光网络设备
3	安装、调测数据通信设备	安装、调测数据通信设备
		安装、调测数据存储设备
		安装、调测网络安全设备
4	安装、调测交换设备	安装、调测交换设备
		安装、调测操作维护中心设备
		调测智能网设备
		安装、调测信令网设备
5	安装、调测视频监控设备	安装支撑物
		布放线缆
		安装调测摄像设备
		安装调测光端设备
		安装调测辅助设备
		安装调测视频控制设备
		安装编解码设备
		安装音频、视频、脉冲分配器
		安装报警设备
		安装显示设备
		系统调测

表 3-2-3　第三册　无线通信设备安装工程预算定额构成

序号	项目名称	内容构成
1	安装机架、缆线及辅助设备	安装室内外缆线走道
		安装机架（柜）、配线架（箱）、防雷接地、附属设备
		布放设备缆线
		安装防护及加固设施
2	安装移动通信设备	安装、调测移动通信天、馈线
		安装、调测基站设备
		联网调测
		安装、调测无线局域网设备（WLAN）
3	安装微波通信设备	安装、调测微波天、馈线
		安装、调测数字微波设备
		微波系统调测
		安装、调测一点多址数字微波通信设备
		安装、调测视频传输设备
4	安装卫星地球站设备	安装、调测卫星地球站天、馈线系统
		安装、调测地球站设备
		地球站设备系统调测
		安装、调测VSAT卫星地球站设备
5	铁塔安装工程	安装铁塔组立
		基础处理工程

表 3-2-4　第四册　通信线路工程预算定额构成

序号	项目名称	内容构成
1	施工测量、单盘检验与开挖路面	施工测量与单盘检验
		开挖路面
2	敷设埋式光（电）缆	挖、填光（电）缆沟及接头坑
		敷设埋式光（电）缆
		埋式光（电）缆保护与防护
		敷设水底光缆
3	敷设架空光（电）缆	立杆
		安装拉线
		架设吊线
		架设光（电）缆

续表

序号	项目名称	内容构成
4	敷设管道、引上及墙壁光（电）缆	敷设管道光（电）缆
		敷设引上光（电）缆
		敷设墙壁光（电）缆
5	敷设其他光（电）缆	气流法敷设光缆
		敷设室内通道光缆
		槽道（地槽）、顶棚内布放光（电）缆
		敷设建筑物内光（电）缆
6	光（电）缆接续与测试	光缆接续与测试
		电缆接续与测试
7	安装线路设备	安装光（电）缆进线室设备
		安装室内线路设备
		安装室外线路设备
		安装分线设备
		安装充气设备

表 3-2-5　第五册 通信管道工程预算定额构成

序号	项目名称	内容构成
1	施工测量与挖、填管道沟及人孔坑	施工测量与开挖路面
		开挖与回填管道沟及人（手）孔坑、碎石底基
		挡土板及抽水
2	铺设通信管道	混凝土管道基础
		塑料管道基础
		铺设水泥管道
		铺设塑料管道
		铺设镀锌钢管管道
		地下定向钻敷管
		管道填充水泥砂浆、混凝土包封及安装引上管
		砌筑通信光（电）缆通道
3	砌筑人（手）孔	砖砌人（手）孔（现场浇筑上覆）
		砖砌人（手）孔（现场吊装上覆）
		砌筑混凝土预制砖人孔（现场吊装上覆）
		砖砌配线手孔
4	管道防护工程及其他	防水
		拆除及其他

（二）每册预算定额的构成

在现行信息通信建设工程预算定额中，每册预算定额均由总说明、册说明、章节说明、定额项目表和附录构成。

1. 总说明

总说明不仅阐述定额的编制原则、指导思想、编制依据和适用范围，同时还说明编制定额时已经考虑和没有考虑的各种因素以及有关规定和使用方法等。在使用定额时应首先了解和掌握这部分内容，以便正确地使用定额。特列举前五册定额总说明如下。

一、信息通信建设工程预算定额（以下简称"预算定额"）是完成规定计量单位工程所需要的人工、材料、施工机械和仪表的消耗量标准。

二、"预算定额"共分五册，包括：

第一册　通信电源设备安装工程（册名代号 TSD）

第二册　有线通信设备安装工程（册名代号 TSY）

第三册　无线通信设备安装工程（册名代号 TSW）

第四册　通信线路工程（册名代号 TXL）

第五册　通信管道工程（册名代号 TGD）

三、"预算定额"是编制通信建设项目投资估算、概算、预算和工程量清单的基础，也可作为通信建设项目招标、投标报价的基础。

四、"预算定额"适用于新建、扩建工程，改建工程可参照使用。用于扩建工程时，其扩建施工降效部分的人工工日按乘以系数 1.1 计取，拆除工程的人工工日计取办法见各册的相关内容。

五、"预算定额"是以现行通信工程建设标准、质量评定标准及安全操作规程等文件为依据，按符合质量标准的施工工艺、合理工期及劳动组织形式条件下进行编制的。

1. 设备、材料、成品、半成品、构件符合质量标准和设计要求。

2. 通信各专业工程之间、与土建工程之间的交叉作业正常。

3. 施工安装地点、建筑物、设备基础、预留孔洞均符合安装要求。

4. 气候条件、水电供应等应满足正常施工要求。

六、定额子目编号原则：

定额子目编号由三部分组成：第一部分为册名代号，由汉语拼音（字母）缩写而成；第二部分为定额子目所在的章号，由一位阿拉伯数字表示；第三部分为定额子目所在章内的序号，由三位阿拉伯数字表示。

七、关于人工：

1. 定额人工分为技工和普工。

2. 定额人工消耗量包括基本用工、辅助用工和其他用工。

基本用工：完成分项工程和附属工程实体单位的加工量。

辅助用工：定额中未说明的工序用工量。包括施工现场某些材料临时加工、排除故障、维持安全生产的用工量。

其他用工：定额中未说明的而在正常施工条件下必然发生的零星用工量。包括工序间搭接、工种间交叉配合、设备与器材施 工现场转移、施工现场机械（仪表）转移、质量检查配合以及不可避免的零星用工量。

八、关于材料：

1. 材料分为主要材料和辅助材料。定额中仅计列构成工程实体的主要材料，辅助材料以费用的方式表现，其计算方法按《信息通信建设工程费用定额》的相关规定执行。

2. 定额中的主要材料消耗量包括直接用于安装工程中的主要材料净用量和规定的损耗量。规定的损耗量指施工运输、现场堆放和生产过程中不可避免的合理损耗量。

3. 施工措施性消耗部分和周转性材料按不同施工方法、不同材质分别列出一次使用量和一次摊销量。

4. 定额不含施工用水、电、蒸汽消耗量，此类费用在设计概算、预算中根据工程实际情况在建筑安装工程费中按相关规定计列。

九、关于施工机械：

1. 施工机械单位价值在 2 000 元以上，构成固定资产的列入定额的机械台班。

2. 定额的机械台班消耗量是按正常合理的机械配备综合取定的。

十、关于施工仪表：

1. 施工仪器仪表单位价值在 2 000 元以上，构成固定资产的列入定额的仪表台班。

2. 定额的施工仪表台班消耗量是按通信建设标准规定的测试项目及指标要求综合取定的。

十一、“预算定额”适用于海拔高程 2 000 m 以下，地震烈度为七度以下的地区，超过上述情况时，按有关规定处理。

十二、在以下地区施工时，定额按下列规则调整：

1. 高原地区施工时，定额人工工日、机械台班消耗量乘以下表列出的系数。

海拔高程（m）		2 000以上	3 000以上	4 000以上
调整系数	人工	1.13	1.30	1.37
	机械	1.29	1.54	1.84

2. 原始森林地区（室外）及沼泽地区施工时人工工日、机械台班消耗量乘以系数 1.30。

3. 非固定沙漠地带，进行室外施工时，人工工日乘以系数 1.10。

4. 其他类型的特殊地区按相关部分规定处理。

以上四类特殊地区若在施工中同时存在两种以上情况时，只能参照较高标准计取一次，不应重复计列。

十三、“预算定额”中带有括号表示的消耗量，系供设计选用；“*”表示由设计确定其用量。

十四、凡是定额子目中未标明长度单位的均指“mm”。

十五、“预算定额”中注有“XX 以内”或“XX 以下”者均包括“XX”本身；“XX 以外”或“XX 以上”者则不包括“XX”本身。

十六、本说明未尽事宜，详见各章节和附注说明。

2. 册说明

册说明阐述该册的内容，编制基础和使用该册应注意的问题及有关规定等。特列举《第

四册　通信线路工程》说明如下。

一、《通信线路工程》预算定额适用于通信光（电）缆的直埋、架空、管道、海底等线路的新建工程。

二、通信线路工程，当工程规模较小时，人工工日以总工日为基数按下列规定系数进行调整：

1. 工程总工日在100工日以下时，增加15%;

2. 工程总工日在100 ~ 250工日时，增加10%。

三、本定额中以分数表示的消耗量，系供设计选用。

四、本定额拆除工程，不单立子目，发生时按下表规定执行。

序号	拆除工程内容	占新建工程定额的百分比（%）	
		人工工日	机械台班
1	光（电）缆（不需清理入库）	40	40
2	埋式光（电）缆（清理入库）	100	100
3	管道光（电）缆（清理入库）	90	90
4	成端电缆（清理入库）	40	40
5	架空、墙壁、室内、通道、槽道、引上光（电）缆（清理入库）	70	70
6	线路工程各种设备以及除光（电）缆外的其他材料（清理入库）	60	60
7	线路工程各种设备以及除光（电）缆外的其他材料（不需清理入库）	30	30

五、敷设光（电）缆工程量计算时，应考虑敷设的长度和设计中规定的各种预留长度。

3. 章说明

章说明主要说明分部、分项工程的工作内容，工程量计算方法和本章节有关规定、计量单位、起讫范围，应扣除和应增加的部分等。这部分是工程量计算的基本规则，必须全面掌握。特列举《第二册　有线通信设备安装工程》中第一章说明如下。

一、本章定额子目中未列出主材消耗量的，由设计按实计列；与设备成套供应的材料不再单独计列主材。

二、安装电缆槽道、走线架：

1. 安装电缆槽道定额包括主、过桥、汇流槽道、垂直槽道、对墙槽道等内容。

2. 安装电缆走线架定额按成套供应、单层结构考虑，如为双层，按本定额乘以系数2.0计算；若为非成套供应，施工时需要现场加工制作，则按本定额人工乘以系数3.0计算。

三、本章布放电缆定额适用于通信设备之间的电缆（不包括设备内部布线）。

四、布放电缆和导线定额只适用于在机房内线缆承载设备内布放。

五、中间配线架塑料跳线长度计算如下表：

项目	单位	架数									
中间配线架	架	1	2	3	4	5	6	7	8	9	10
平均跳线长度	米/百条	190	220	250	280	310	340	370	400	430	460

4. 定额项目表

定额项目表是预算定额的主要内容，项目表不仅给出了详细的工作内容，还列出了在此工作内容下的分部分项工程所需的人工、主要材料、机械台班、仪表台班的消耗量，并在定额项目表下注释应调整、换算的内容和方法。特列举《第四册 通信线路工程》中《第六章 光（电）缆接续与测试》的《第一节 光缆接续与测试》内的一个定额项目为例说明，如图 3-2-1 所示。

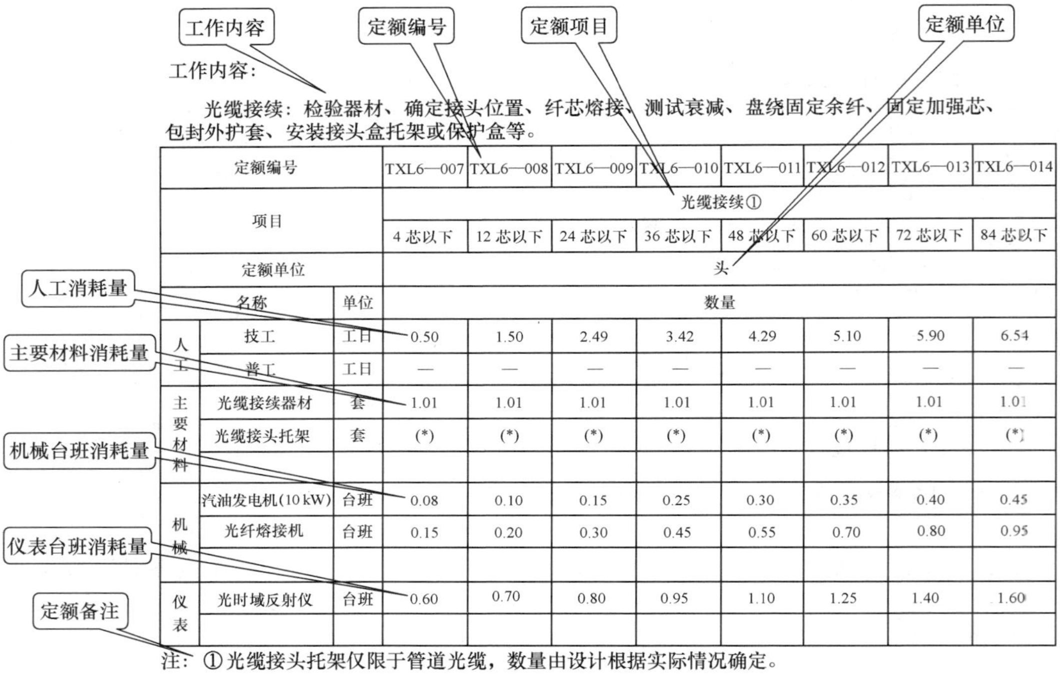

工作内容：

光缆接续：检验器材、确定接头位置、纤芯熔接、测试衰减、盘绕固定余纤、固定加强芯、包封外护套、安装接头盒托架或保护盒等。

定额编号			TXL6—007	TXL6—008	TXL6—009	TXL6—010	TXL6—011	TXL6—012	TXL6—013	TXL6—014
项目			光缆接续①							
			4 芯以下	12 芯以下	24 芯以下	36 芯以下	48 芯以下	60 芯以下	72 芯以下	84 芯以下
定额单位			头							
名称		单位	数量							
人工	技工	工日	0.50	1.50	2.49	3.42	4.29	5.10	5.90	6.54
	普工	工日	—	—	—	—	—	—	—	—
主要材料	光缆接续器材	套	1.01	1.01	1.01	1.01	1.01	1.01	1.01	1.01
	光缆接头托架	套	(*)	(*)	(*)	(*)	(*)	(*)	(*)	(*)
机械	汽油发电机(10 kW)	台班	0.08	0.10	0.15	0.25	0.30	0.35	0.40	0.45
	光纤熔接机	台班	0.15	0.20	0.30	0.45	0.55	0.70	0.80	0.95
仪表	光时域反射仪	台班	0.60	0.70	0.80	0.95	1.10	1.25	1.40	1.60

注：①光缆接头托架仅限于管道光缆，数量由设计根据实际情况确定。

图 3-2-1　定额项目表主要内容举例

5. 定额子目编号规则

定额子目编号由 3 部分组成：第一部分为册名代号，表示信息通信建设工程的各个专业，由关键字汉语拼音（首字母）缩写组成；第二部分为定额子目所在的章号，由一位阿拉伯数字表示；第三部分为定额子目所在章内的序号，由三位阿拉伯数字表示，具体表示方法如图 3-2-2 所示。

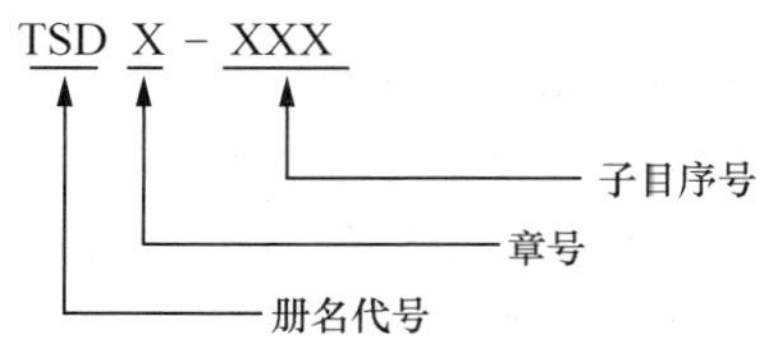

图 3-2-2　子目编号说明示意

册名代号具体规则如下。

TSD——通信电源设备安装工程　　TSY——有线通信设备安装工程

TSW——无线通信设备安装工程　　TXL——通信线路工程

TGD——通信管道工程

6. 附录

信息通信建设工程预算定额的最后列有附录，供使用预算定额时参考。其中各册附录情况详见表 3-2-6。

表 3-2-6 信息通信建设工程预算定额附录汇总

定额册数	编号	附录名称
第一册～第三册		无附录
第四册	附录一	土壤及岩石分类表
	附录二	主要材料损耗率及参考容重表
	附录三	光（电）缆工程成品预制件材料用量表
	附录四	光（电）缆交接箱体积计算表
	附录五	不同孔径最大可敷设的管孔数参考表
第五册	附录一	土壤及岩石分类表
	附录二	开挖土（石）方工程量计算
	附录三	主要材料损耗率及参考容重表
	附录四	水泥管管道每百米管群体积参考表
	附录五	通信管道水泥管块组合图
	附录六	100 m长管道基础混凝土体积一览表
	附录七	定型人孔体积参考表
	附录八	开挖管道沟土方体积一览表
	附录九	开挖100 m长管道沟上口路面面积
	附录十	开挖定型人孔土方及坑上口路面面积
	附录十一	水泥管通信管道包封用混凝土体积一览表
	附录十二	不同孔径最大可敷设的管孔数参考表

第三节 工程造价计价的基本原理与方法

一、工程造价计价的基本原理

工程造价计价，即是对投资项目造价（或价格）的计算，也称之为工程估价。由于工程项目的技术经济特点，如单件性、组合性、项目体积大、生产周期长、价值高以及交易在先、生产在后等，使得工程项目造价的形成过程与机制和其他普通商品有很大的不同，不能批量生产、批量定价或按整个建设项目确定单一价格，只能以特殊的计价程序和计价方法，逐步计算、多次计价。

工程造价计价的基本原理是建设项目的分解与组合。首先要将整个建设项目进行分解，划分为一个个可以按一些技术经济参数进行价格测算的基本单元子项，也就是一些既能够用较为简单的施工过程完成，又可以用适当的计量单位计量工程量，并便于测定或计算单位工程造价的基本构成要素。然后，就可以采用一定的计价方法，再进行逐步的分部组合汇总，最终，计算出建设项目的全部工程造价。

因此，工程造价计价过程的主要特点就是按工程分解结构进行，将一个建设项目逐步分解至容易计算费用的基本子项。一个建设项目可以分解为一个或几个单项工程。单项工程又可以分解为单位工程，单位工程再分解分部、分项工程。一般来说，分解结构层次越多，基本子项也越细，计算也更精确。

二、工程造价计价的基本方法

工程造价计价的形式和方法有多种，各不相同，但工程造价计价的基本过程和原理是相同的，就是一个分解到组合的过程。因此，工程造价计价的顺序一般就是：分部分项工程单价—单位工程造价—单项工程造价—建设项目总造价。

（一）单价价格

在这个过程中，影响工程造价的主要因素是两个，即基本构成要素的单位价格和基本构成要素的实物工程数量，可用下列基本计算式表达。

$$工程造价=\sum_{i=1}^{n}（工程实物量\times单位价格）$$

式中，i—第 i 个基本子项；

n—建设项目分解得到的基本子项数目。

在进行工程计价时，基本子项的实物工程数量大，工程造价也就大。基本子项的单位价格高，工程造价也就高。

基本子项的实物工程量可以通过工程量计算规则和设计图纸统计计算得到，它直接反映工程项目的规模和内容。在进行工程计价时，基本子项就是指建设项目分解的最小单元，一般是指项目分部分项工程项目。

基本子项的单位价格则主要有两种形式。

1. 直接费单价：如果分部分项工程单位价格仅仅考虑人工、材料、机械、仪表等资源要素的消耗量和价格而形成的单价，就是直接费单价。其计算公式是：

$$直接费单价=\sum（分部分项工程的资源要素消耗量\times资源要素的价格）$$

分部分项工程的资源要素消耗量与企业劳动生产率、社会生产力水平、技术和管理水平都密切相关。在市场经济体制下，业主方在编制工程概（预）算时，一般会从反映社会平均水平的行业或地区统一工程建设定额中获取资源要素消耗量。而工程项目承包方进行计价时，往往会采用反映的是该企业技术与管理水平的企业定额。

资源要素的价格也是影响工程造价的关键因素。在市场经济体制下，工程造价计价时采用的资源要素的价格应该是市场价格。

2. 综合单价：是指完成单位的分部分项工程所需的人工费、材料费、机械、仪表台班使用费、企业管理费、利润，以及一定范围内的风险费用的总和。由于规费和税金等不可竞争费用不包括在综合单价构成中，因此，综合单价仍然是一种不完全的综合单价。

（二）计价方法

不同的单价形式形成不同的计价方法。计价方法主要有定额计价法和工程量清单计价法。定额计价法一般采用分部分项工程的直接费单价。工程量清单计价法则采用分部分项工程的综合单价。

1. **定额计价法**

定额计价法是一种传统的确定工程造价的方法。定额计价法的最基本的依据是建设工程定额。定额计价法的基本过程概括地说，就是造价人员依据一个工程项目的设计图纸、施工组织设计、工程量计算规则等，完成统计工程量，再套用概（预）算定额以及相应的费用定额和工程资源要素的价格，汇总计算而成工程项目价格。

长期以来，我国发承包计价、定价以工程预算定额作为主要依据。因为预算定额是我国几十年实践的总结，具有一定的科学性和实践性，所以用这种方法确定工程造价计算过程简单、快速、比较准确，也有利于工程造价管理部门的管理。但预算定额是按照国家和行业统一管理的要求制定、发布、贯彻执行的工、料、机的消耗量，是根据“社会平均水平”综合测定的，费用标准是根据不同地区平均测算的，因此企业报价时就会表现为平均主义，企业不能结合项目具体情况、自身技术管理水平自主报价，不能充分调动企业加强管理的积极性，也不能充分体现市场公平竞争。

目前信息通信建设工程在编制建设项目概（预）算时一般是采用的是定额计价法。

2. **工程量清单计价法**

工程量清单计价是改革和完善工程价格的管理体制的一个重要的组成部分。工程量清单计价法相对于传统的定额计价方法是一种新的计价模式，或者说是一种市场定价模式，是由建设产品的买方和卖方在建设市场上根据供求状况、信息状况进行自由竞价，从而最终能够签订工程合同价格的方法。在工程量清单的计价过程中，工程量清单为建设市场的交易双方提供了一个平等的平台，其内容和编制原则的确定是整个计价方式改革中的重要工作。

招标投标实行工程量清单计价，是指招标人公开提供工程量清单，投标人自主报价或招标人编制标底及双方签订合同价款、工程竣工结算等活动。工程量清单计价结果，应包括完成招标文件规定的工程量清单项目所需的全部费用，包括分部分项工程费、措施项目费、其他项目费和规费、税金等；其中计算分部分项工程费用则需要采用分部分项工程的综合单价完成。综合单价的产生是使用工程量清单计价方法的关键。投标报价中使用的综合单价应由企业编制的企业定额产生。

定额计价法和工程量清单计价法这两种工程造价的计价方法也不是完全孤立、或者相互对立的关系，而是两者各有侧重、相互补充，有着密不可分的联系。

在本教材第四章，将详细介绍用定额计价法编制信息通信建设工程概（预）算的过程。本教程的第五章、第六章将分别介绍建设工程招投标组织及工程量清单和工程量清单计价的相关内容。

三、工程造价计价依据

确定合理的工程造价，要有科学的工程造价依据。在市场经济条件下，工程造价的依据会变得越来越复杂，但其必须定性描述清晰，便于计算，符合实际。掌握和收集大量的工程造价依据资料，将有利于更好地确定和控制工程造价，从而提高投资的经济效益。

工程造价计价依据是计算工程造价的各类基础资料的总称。由于影响工程造价的因素很多，每一项工程的造价都要根据工程的用途、类别、规模尺寸、结构特征、建设标准、所在地区和坐落地点、市场价格信息和涨幅趋势以及政府的产业政策、税收政策和金融政策等做具体计算。因此就需要与确定上述各项因素相关的各种量化的资料等作为计价的基础。

工程造价计价依据的内容包括以下几方面。

1. 计算设备数量和工程量的依据

计算设备数量和工程量的依据包括可行性研究资料；初步设计、技术设计、施工图设计的图纸和资料；工程量计算规则；通用图、标准图；施工组织设计或施工方案；工程施工规范、验收规范等。

2. 计算分部分项工程人工、材料、机械、仪表台班消耗量及相关费用的依据

计算分部分项工程人工、材料、机械台班消耗量及费用的依据包括概算指标、概算定额、预算定额、费用定额、企业定额；人工费单价、材料预算单价、机械、仪表台班单价；相关合同、协议等。

3. 计算设备费的依据

计算设备费的依据包括设备相关技术指标、设备采购合同、协议等。

4. 计算工程造价相关的法规和政策

计算工程造价相关的法规和政策包括在工程造价内的税种、税率；与产业政策、能源政策、环境政策、技术政策和土地等资源利用政策有关的取费标准；利率和汇率；其他计价依据等。

第四章
建设工程概（预）算的编制

建设工程设计概（预）算是初步设计概算和施工图设计预算的统称，是建设项目在设计阶段的工程造价计价结果，是工程造价的预期价格。如何控制和管理好工程项目设计概（预）算，是建设项目投资控制过程中的一个重要环节。本章介绍工程概（预）算的概念及通信建设工程概（预）算编制的相关知识。

第一节　建设工程概（预）算的概念

一、概（预）算的含义

建设工程概（预）算是设计文件的重要组成部分，它是根据不同设计阶段的深度和建设内容，以初步设计和施工图设计为基础，按照设计图纸、说明以及相关专业的预算定额、费用定额、费用标准、器材价格、编制方法等有关资料，对建设工程预先计算和确定从筹建至竣工交付使用所需全部费用的文件。

建设工程概（预）算应按不同的设计阶段进行编制。

1. 工程采用三阶段设计时，初步设计阶段编制设计概算，技术设计阶段编制修正概算，施工图设计阶段编制施工图预算；

2. 工程采用二阶段设计时，初步设计阶段编制设计概算，施工图设计阶段编制施工图预算；

3. 工程采用一阶段设计时，编制施工图预算，但施工图预算应反映全部费用内容，即除工程费和工程建设其他费之外，还应计列预备费、建设期利息等费用。

在设计阶段编制编制概（预）算是整个建设过程中工程造价控制的重点。因此，设计人员在设计过程中，应强化工程造价意识，充分考虑技术与经济的统一，编制出技术上满足设计任务书要求，造价又受控于决策阶段的投资估算额度的概（预）算文件。

二、概（预）算的作用

（一）设计概算的作用

设计概算是用货币形式综合反映和确定建设项目从筹建至竣工验收的全部建设费用。设计概算主要有以下几方面的作用。

1. 设计概算是确定建设项目，各单项工程及各单位工程投资的依据。按照规定报请有关部门或单位批准的初步设计及总概算，一经批准即作为建设项目静态投资的最高限额，不得任意突破，必须突破须报原审批部门（单位）批准。

2. 设计概算是编制投资计划的依据。计划部门根据批准的设计概算编制建设项目年度固定资产投资计划，并严格控制投资计划的实施。若建设项目实际投资数额超过总概算，必须在原设计单位和建设单位共同提出追加投资的申请报告基础上，经上级计划部门审核批准后，方能追加投资。

3. 设计概算是进行拨款和贷款的依据。银行根据批准的设计概算和年度投资计划，进行拨款和贷款，并严格实行监督控制。对超出概算部分，未经计划部门批准，银行不得追加拨款和贷款。

4. 设计概算是进行考核设计方案的经济合理性和控制施工图预算的依据。设计单位根据设计概算进行技术经济分析和多方案评价，以提高设计质量和经济效果。同时，保证施工图预算在设计概算的范围内。

5. 设计概算是进行各种施工准备、设备供应指标、加工订货及落实各项技术经济责任制的依据。

6. 设计概算是控制项目投资、考核建设成本，提高项目实施阶段工程管理和经济核算水平的必要手段。

（二）施工图预算的作用

施工图预算是设计概算的进一步具体化，其主要作用有以下几方面。

1. 施工图预算是考核工程成本，确定工程造价的主要依据。在施工图设计阶段，根据工程的施工图纸计算出实物工程量，然后按现行工程预算定额、费用定额以及材料价格等资料，计算出工程预算造价。这是设计阶段控制工程造价的重要环节，是考核施工图设计不突破设计概算的重要措施。

2. 施工图预算是签订工程承、发包合同的依据。建设单位与施工企业的经济费用往来，可以依据施工图预算和双方签订的合同。对于实行施工招标的工程，施工图预算是建设单位确定标底的主要依据之一。对于不实行施工招标的工程，可以采用施工图预算加系数包干的承包方式签订工程承包合同。即建设单位和施工单位双方经过协商，以施工图预算为基础，再按照一定的系数进行调整，以此作为确定合同价款的依据。

3. 施工图预算是工程价款结算的主要依据。项目竣工验收点交之后，除按概（预）算加系数包干的工程外，都要编制项目结算，以结清工程价款。结算工程价款是以施工图预算为基础进行的，即以施工图预算中的工程量和基础单价，再根据施工中设计变更后的实际情况，以及实际完成的工程量情况编制项目结算。

4. 施工图预算是考核施工图设计技术经济合理性的主要依据。施工图预算要根据设计文件的编制程序编制，它对确定单项工程造价具有特别重要的作用。施工图预算的工料统计表列出的各类人工、材料、施工机械和仪表的需要量等是施工企业编制施工计划、做施工准备和进行统计、核算等不可缺少的依据。

三、概（预）算的构成

（一）初步设计概算的构成

建设项目在初步设计阶段编制设计概算。设计概算的组成是根据建设规模的大小确定的，一般由建设项目总概算、单项工程概算组成。

单项工程概算由工程费、工程建设其他费、预备费、建设期利息 4 部分组成。建设项目总概算等于各单项工程概算之和，它是一个建设项目从筹建到竣工验收的全部投资，其构成如图 4-1-1 所示。

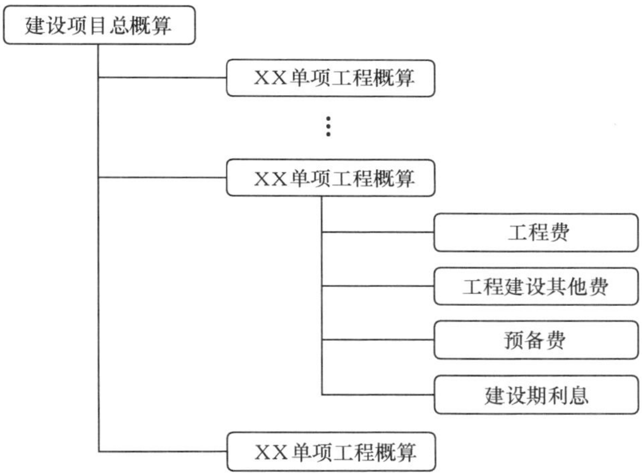

图 4-1-1　建设项目总概算构成

（二）施工图设计预算的构成

建设项目在施工图设计阶段编制预算。施工图预算一般由单位工程预算、单项工程预算、建设项目总预算的层次结构组成。

单位工程预算汇总应包括建筑安装工程费和设备、工器具购置费。

单项工程施工图预算应包括工程费、工程建设其他费和建设期利息。单项工程预算可以是一个独立的预算也可以由该单项工程中包含的所有单位工程预算汇总而成，其构成如图 4-1-2 所示。

图 4-1-2 中“工程建设其他费”是以单项工程作为计取单位的。若因为投资或固定资产核算等原因需要分摊到各单位工程中，亦可分别摊入单位工程预算中，但工程建设其他费的各项费用计算时不能以单位工程中的费用额度作为计算基数。

建设项目总预算则是汇总所有单项工程预算而成，其构成如图 4-1-3 所示。

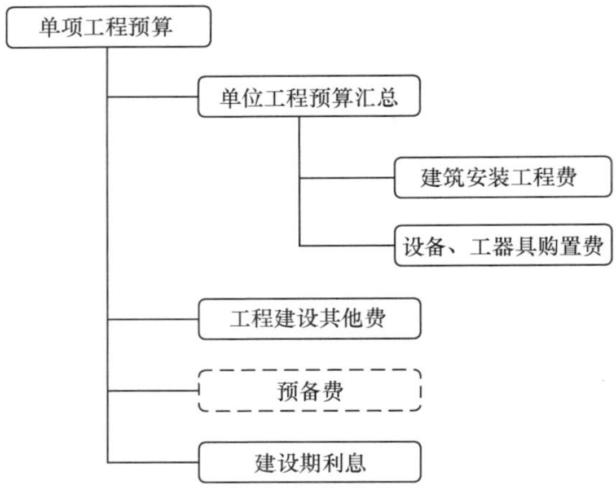

注：虚线框表示一阶段设计时编制施工图预算还应计入的费用。

图 4-1-2　单项工程施工图预算构成

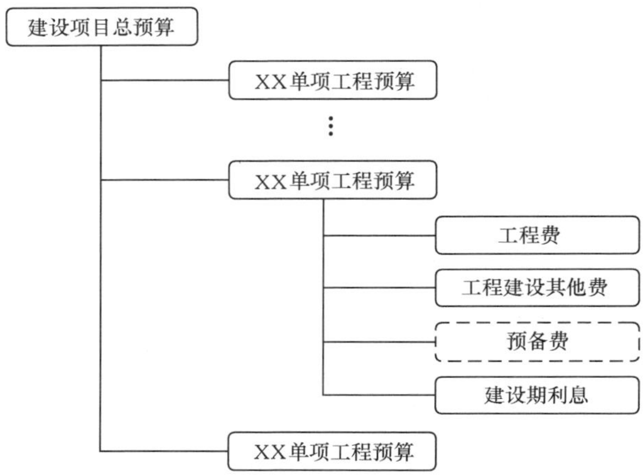

注：虚线框表示一阶段设计时编制施工图预算还应计入的费用。

图 4-1-3　建设项目总预算构成

第二节　通信建设工程概（预）算的编制

一、概（预）算编制原则

1. 信息通信建设工程概（预）算应按工业和信息化部印发的《工业和信息化部关于印发信息通信建设工程预算定额、工程费用定额及工程概（预）算编制规程的通知》（工信部通信［2016］451 号）等标准进行编制。

2. 设计概算是初步设计文件的重要组成部分，编制设计概算应在投资估算的范围内进行。施工图预算是施工图设计文件的重要组成部分，编制施工图预算应在批准的设计概算范围内进行。对于一阶段设计所编制的施工图预算，应在投资估算的范围内进行。

3. 当一个通信建设项目有几个设计单位共同设计时，总体设计单位应负责统一概（预）算的编制原则，并汇总建设项目的总概算。分设计单位负责本设计单位所承担的单项工程概（预）算的编制。

4. 工程概（预）算是一项重要的技术经济工作，应按照规定的设计标准和设计图纸计算工程量，正确地使用各项计价标准，完整、准确地反映设计内容、施工条件和实际价格。

二、概（预）算的编制依据

（一）设计概算的编制依据

设计概算的编制主要依据以下资料。

1. 批准可行性研究报告；
2. 初步设计图纸及有关资料；
3. 国家相关部门发布的有关法律、法规、标准规范；
4. 《信息通信建设工程预算定额》《信息通信建设工程费用定额》及有关文件；
5. 建设项目所在地政府发布的有关土地征用和赔补费用等有关规定；
6. 与项目采购有关的合同、协议等。

（二）施工图预算的编制依据

施工图预算编制主要依据以下资料。

1. 批准的初步设计概算或可行性研究报告及有关文件；
2. 施工图、通用图、标准图及说明；
3. 国家相关部门发布的有关法律、法规、标准规范；
4. 《信息通信建设工程预算定额》《信息通信建设工程费用定额》及有关文件；
5. 建设项目所在地政府发布的有关土地征用和赔补费用等有关规定；
6. 与项目采购有关的合同、协议等。

三、引进通信设备安装工程概（预）算的编制

（一）引进设备安装工程概（预）算编制依据

引进设备安装工程概（预）算的编制依据，除参照上条所列依据外，还应依据国家和相关部门批准的引进设备工程项目订货合同、细目及价格，以及国外有关技术经济资料和相关文件等。

（二）引进设备购置费的计算

引进设备购置费用的计算，除按订货合同所规定的计价货币计算引进设备价款外，还应以引进设备到岸价折成人民币的价格，计算入关各项手续费和国内运输及保管等费用，具体计算公式为：

- 引进设备购置费 = 到岸价 + 入关各项手续费 + 国内运输及保管费

其中：

- 到岸价 = 货价 + 国际运费 + 国际运输保险费
- 入关各项手续费 = 关税 + 增值税 + 工商统一费 + 海关监管费 + 外贸手续费 + 银行手续费
- 国内运输及保管等费用 = 国内运杂费 + 国内运输保险费 + 采购保管费 + 采购代理服务费

（三）货币表示

编制引进设备安装工程概（预）算，在计算设备安装费和费用定额所规定的相关费用时，与国产设备安装工程的概（预）算编制方法相同，但引进设备安装工程的概（预）算应用外币和人民币两种货币形式表现，其外币表现形式可用美元或订货合同标注的计价货币。

四、概（预）算文件的组成

概（预）算文件由编制说明和概（预）算表组成。

（一）编制说明

编制说明主要包括以下内容。

1. 工程概况

说明项目规模和用途、概（预）算总价值、生产能力、公用工程及项目外工程的主要情况等。

2. 编制依据

主要说明编制时所依据的技术、经济文件、各种定额、材料设备价格、地方政府的有关规定和主管部门未作统一规定的费用计算依据和说明。

3. 投资分析

主要说明各项投资的比例及与类似工程投资额的比较、分析投资额高低的原因、工程设计的经济合理性、技术的先进性及适宜性等。

4. 其他需要说明的问题

如建设项目的特殊条件和特殊问题、需要上级主管部门和有关部门帮助解决的其他有关问题。

（二）概（预）算表格

1. 概（预）算表格的组成

通信建设工程概（预）算表格式安装费用结构的划分，由建筑安装工程费用系列表格、设备购置费用表格（包括需要安装和不需要安装的设备）、工程建设其他费用表格及概（预）算总表组成，各表格格式如下（全套共 10 类表）。

建设项目总____算总表（汇总表）

建设项目名称：　　　　　　　　　　建设单位名称：　　　　　　　　　　表格编号：　　　　　　第　页

序号	表格编号	费用名称	小型建筑工程费	需要安装的设备费	不需要安装的设备、工器具费	建筑安装工程费	其他费用	预备费	总价值				生产准备及开办费
			（元）						除税价（元）	增值税（元）	含税价（元）	其中外币（ ）	（元）
I	II	III	IV	V	VI	VII	VIII	IX	X	XI	XII	XIII	XIV

设计负责人：　　　　　　　　审核：　　　　　　　　编制：　　　　　　　　编制日期：　　年　　月

工程____算总表（表一）

建设项目名称

工程名称：　　　　建设单位名称：　　　　表格编号：　　　　第　页

序号	表格编号	费用名称	小型建筑工程费	需要安装的设备费	不需要安装的设备、工器具费	建筑安装工程费	其他费用	预备费	总价值			
			（元）						除税价（元）	增值税（元）	含税价（元）	其中外币（ ）
Ⅰ	Ⅱ	Ⅲ	Ⅳ	Ⅴ	Ⅵ	Ⅶ	Ⅷ	Ⅸ	Ⅹ	Ⅺ	Ⅻ	XIII

设计负责人：　　　　审核：　　　　编制：　　　　编制日期：　　年　　月

建筑安装工程费用____算表（表二）

工程名称：　　建设单位名称：　　表格编号：　　第　页

序号	费用名称	依据和计算方法	合计（元）	序号	费用名称	依据和计算方法	合计（元）
I	II	III	IV	I	II	III	IV
	建安工程费（含税价）			7	夜间施工增加费		
	建安工程费（除税价）			8	冬雨季施工增加费		
一	直接费			9	生产工具用具使用费		
（一）	直接工程费			10	施工用水电蒸汽费		
1	人工费			11	特殊地区施工增加费		
（1）	技工费			12	已完工程及设备保护费		
（2）	普工费			13	运土费		
2	材料费			14	施工队伍调遣费		
（1）	主要材料费			15	大型施工机械调遣费		
（2）	辅助材料费			二	间接费		
3	机械使用费			（一）	规费		
4	仪器仪表使用费			1	工程排污费		
（二）	措施项目费			2	社会保障费		
1	文明施工费			3	住房公积金		
2	工地器材搬运费			4	危险作业意外伤害保险费		
3	工程干扰费			（二）	企业管理费		
4	工程点交、场地清理费			三	利润		
5	临时设施费			四	销项税额		
6	工程车辆使用费						

设计负责人：　　审核：　　编制：　　编制日期：　　年　　月

建筑安装工程量____算表（表三）甲

工程名称：　　　　建设单位名称：　　　　表格编号：　　　　第　页

序号	定额编号	项目名称	单位	数量	单位定额值（工日）		合计值（工日）	
					技工	普工	技工	普工
Ⅰ	Ⅱ	Ⅲ	Ⅳ	Ⅴ	Ⅵ	Ⅶ	Ⅷ	Ⅸ

设计负责人：　　　　审核：　　　　编制：　　　　编制日期：　　年　　月

建筑安装工程机械使用费____算表（表三）乙

工程名称：　　　　建设单位名称：　　　　表格编号：　　　　第　页

序号	定额编号	项目名称	单位	数量	机械名称	单位定额值		合计值	
						消耗量（台班）	单价（元）	消耗量（台班）	合价（元）
I	II	III	IV	V	VI	VII	VIII	IX	X

设计负责人：　　　　审核：　　　　编制：　　　　编制日期：　　年　　月

建筑安装工程仪器仪表使用费____算表（表三）丙

工程名称：　　　　建设单位名称：　　　　表格编号：　　　　第　页

序号	定额编号	项目名称	单位	数量	仪表名称	单位定额值		合计值	
						消耗量（台班）	单价（元）	消耗量（台班）	合价（元）
Ⅰ	Ⅱ	Ⅲ	Ⅳ	Ⅴ	Ⅵ	Ⅶ	Ⅷ	Ⅸ	Ⅹ

设计负责人：　　　　审核：　　　　编制：　　　　编制日期：　　年　　月

国内器材____算表（表四）甲

（　　　　　　）表

工程名称：　　　　　　　　建设单位名称：　　　　　　　　表格编号：　　　　　　第　页

序号	名称	规格程式	单位	数量	单价（元）	合计（元）			备注
					除税价	除税价	增值税	含税价	
I	II	III	IV	V	VI	VII	VIII	IX	X

设计负责人：　　　　　　　　审核：　　　　　　　　编制：　　　　　　　　编制日期：　　年　　月

进口器材____算表（表四）乙

（　　　　　　）表

工程名称：　　　　　　　　建设单位名称：　　　　　　　　表格编号：　　　　　　第　页

序号	中文名称	外文名称	单位	数量	单价		单位定额值			
					外币（　）	折合人民币（元）	外币（　）	折合人民币（元）		
						除税价		除税价	增值税	含税价
I	II	III	IV	V	VI	VII	VIII	IX	X	XI

设计负责人：　　　　　　　　审核：　　　　　　　　编制：　　　　　　　　编制日期：　　年　　月

工程建设其他费____算表（表五）甲

工程名称：　　　　建设单位名称：　　　　表格编号：　　　　第　页

序号	费用名称	计算依据及方法	金额（元）			备注
			除税价	增值税	含税价	
I	II	III	IV	V	VI	VII
1	建设用地及综合赔补费					
2	项目建设管理费					
3	可行性研究费					
4	研究试验费					
5	勘察设计费					
6	环境影响评价费					
7	建设工程监理费					
8	安全生产费					
9	引进技术及引进设备其他费					
10	工程保险费					
11	工程招标代理费					
12	专利及专用技术使用费					
13	其他费用					
	总计					
14	生产准备及开办费（运营费）					

设计负责人：　　　　审核：　　　　编制：　　　　编制日期：　　年　　月

进口设备工程建设其他费用____算表（表五）乙

工程名称： 建设单位名称： 表格编号： 第 页

序号	费用名称	计算依据及方法	金额				备注
			外币（ ）	折合人民币（元）			
				除税价	增值税	含税价	
I	II	III	IV	V	VI	VII	VIII

设计负责人： 审核： 编制： 编制日期： 年 月

2. 概（预）算表格填写说明

（1）表格总说明

① 本套表格供编制工程项目概算或预算使用，各类表格的标题“______”应根据编制阶段明确填写“概”或“预”。

② 本套表格的表首填写具体工程的相关内容。

③ 表格中“增值税”栏目中的数值，均为建设方应支付的进项税额。在计算乙供主材时，表四中的“增值税”及“含税价”栏可不填写。

④ 本套表格的编码规则见表 4-2-1、表 4-2-2。

表 4-2-1　表格编码

<table>
<tr><th colspan="2">表格名称</th><th>表格编号</th></tr>
<tr><td colspan="2">汇总表</td><td>专业代码-总</td></tr>
<tr><td colspan="2">表一</td><td>专业代码-1</td></tr>
<tr><td colspan="2">表二</td><td>专业代码-2</td></tr>
<tr><td rowspan="3">表三</td><td>表三甲</td><td>专业代码-3甲</td></tr>
<tr><td>表三乙</td><td>专业代码-3乙</td></tr>
<tr><td>表三丙</td><td>专业代码-3丙</td></tr>
<tr><td rowspan="3">表四甲</td><td>主材表</td><td>专业代码-4甲A</td></tr>
<tr><td>设备表</td><td>专业代码-4甲B</td></tr>
<tr><td>不需要安装设备、仪表工器具表</td><td>专业代码-4甲C</td></tr>
<tr><td rowspan="3">表四乙</td><td>主材表</td><td>专业代码-4乙A</td></tr>
<tr><td>设备表</td><td>专业代码-4乙B</td></tr>
<tr><td>不需要安装设备、仪表工器具表</td><td>专业代码-4乙C</td></tr>
<tr><td colspan="2">表五甲</td><td>专业代码-5甲</td></tr>
<tr><td colspan="2">表五乙</td><td>专业代码-5乙</td></tr>
</table>

表 4-2-2　专业代码编码

专业名称	专业代码
通信电源设备安装工程	TSD
有线通信设备安装工程	TSY
无线通信设备安装工程	TSW
通信线路工程	TXL
通信管道工程	TGD

（2）汇总表填写说明

① 本表供编制建设项目总概算（预算）使用，建设项目的全部费用在本表中汇总。

② 第Ⅱ栏填写各工程对应的总表（表一）编号。

③ 第Ⅲ栏填写各工程名称。

④ 第Ⅳ—Ⅸ栏填写各工程概算或预算表（表一）中对应的费用合计，费用均为除税价。

⑤ 第Ⅹ栏填写第Ⅳ—Ⅸ栏的各项费用之和。

⑥ 第Ⅺ栏填写Ⅳ—Ⅸ栏各项费用建设方应支付的进项税之和。

⑦ 第Ⅻ栏填写Ⅹ、Ⅺ之和。

⑧ 第 XIII 栏填写以上各列费用中以外币支付的合计。

⑨ 第 XIV 栏填写各工程项目需单列的“生产准备及开办费”金额。

⑩ 当工程有回收金额时，应在费用项目总计下列出“其中回收费用”，其金额填入第Ⅷ栏。此费用不冲减总费用。

（3）表一填写说明

① 本表供编制单项（单位）工程概算（预算）使用。

② 表首“建设项目名称”填写立项工程项目全称。

③ 第Ⅱ栏填写本工程各类费用概算（预算）表格编号。

④ 第Ⅲ栏填写本工程概算（预算）各类费用名称。

⑤ 第Ⅳ—Ⅸ栏填写各类费用合计，费用均为除税价。

⑥ 第Ⅹ栏填写第Ⅳ—Ⅸ栏之和。

⑦ 第Ⅺ栏填写Ⅳ—Ⅸ栏各项费用建设方应支付的进项税额之和。

⑧ 第Ⅻ栏填写Ⅹ、Ⅺ之和。

⑨ 第 XIII 栏填写本工程引进技术和设备所支付的外币总额。

⑩ 当工程有回收金额时，应在费用项目总计下列出“其中回收费用”，其金额填入第Ⅷ栏。此费用不冲减总费用。

（4）表二填写说明

① 本表供编制建筑安装工程费使用。

② 第Ⅲ栏根据《信息通信建设工程费用定额》相关规定，填写第Ⅱ栏各项费用的计算依据和方法。

③ 第Ⅳ栏填写第Ⅱ栏各项费用的计算结果。

（5）表三填写说明

①（表三）甲填写说明

a. 本表供编制工程量，并计算技工和普工总工日数量使用。

b. 第Ⅱ栏根据《信息通信建设工程预算定额》，填写所套用预算定额子目的编号。若需临时估列工作内容子目，在本栏中标注“估列”两字；“估列”条目达到两项，应编写“估列”序号。

c. 第Ⅲ、Ⅳ栏根据《信息通信建设工程预算定额》分别填写所套定额子目的名称、单位。

d. 第Ⅴ栏填写对应该子目的工程量数值。

e. 第Ⅵ、Ⅶ栏填写所套定额子目的单位工日定额值。

f. 第Ⅷ栏为第Ⅴ栏与第Ⅵ栏的乘积。

g. 第Ⅸ栏为第Ⅴ栏与第Ⅶ栏的乘积。

②（表三）乙填表说明

a. 本表供计算机械使用费使用。

b. 第Ⅱ、Ⅲ、Ⅳ和Ⅴ栏分别填写所套用定额子目的编号、名称、单位，以及对应该子目的工程量数值。

c. 第Ⅵ、Ⅶ栏分别填写定额子目所涉及的机械名称及机械台班的单位定额值。

d. 第Ⅷ栏填写根据《信息通信建设工程施工机械、仪表台班单价》查找到的相应机械台班单价值。

e. 第Ⅸ栏填写第Ⅶ栏与第Ⅴ栏的乘积。

f. 第Ⅹ栏填写第Ⅷ栏与第Ⅸ栏的乘积。

③（表三）丙填写说明

a. 本表供计算仪表使用费使用。

b. 第Ⅱ、Ⅲ、Ⅳ和Ⅴ栏分别填写所套用定额子目的编号、名称、单位，以及对应该子目的工程量数值。

c. 第Ⅵ、Ⅶ栏分别填写定额子目所涉及的仪表名称及仪表台班的单位定额值。

d. 第Ⅷ栏填写根据《信息通信建设工程施工机械、仪表台班单价》查找到的相应仪表台班单价值。

e. 第Ⅸ栏填写第Ⅶ栏与第Ⅴ栏的乘积。

f. 第Ⅹ栏填写第Ⅷ栏与第Ⅸ栏的乘积。

（6）表四填写说明

①（表四）甲填表说明

a. 本表供编制本工程的主要材料、设备和工器具费使用。

b. 本表可根据需要拆分成主要材料表、需要安装的设备表和不需要安装的设备、仪表、工器具表。表格标题下面括号内根据需要填写“主要材料”“需要安装的设备”“不需要安装的设备、仪表、工器具”字样。

c. 第Ⅱ、Ⅲ、Ⅳ、Ⅴ、Ⅵ栏分别填写名称、规格程式、单位、数量、单价。第Ⅵ栏为不含税单价。

d. 第Ⅶ栏填写第Ⅵ栏与第Ⅴ栏的乘积。第Ⅷ、Ⅸ栏分别填写合计的增值税及含税价。

e. 第Ⅹ栏填写需要说明的有关问题。

f. 依次填写上述信息后，还需计取下列费用。

（a）小计；

（b）运杂费；

（c）运输保险费；

（d）采购及保管费；

（e）采购代理服务费；

（f）合计。

g. 用于主要材料表时，应将主要材料分类后按上述第 6 点计取相关费用，然后进行总计。

②（表四）乙填表说明

a. 本表供编制进口的主要材料、设备和工器具费使用。

b. 本表可根据需要拆分成主要材料表、需要安装的设备表和不需要安装的设备、仪表、工器具表。表格标题下面括号内根据需要填写“主要材料”“需要安装的设备”“不需要安

装的 设备、仪表、工器具”字样。

c. 第Ⅵ、Ⅶ、Ⅷ、Ⅸ、Ⅹ、Ⅺ栏分别填写对应的外币金额及折算人民币的金额，并按引进工程的有关规定填写相应费用。其他填写方法与（表四）甲基本相同。

（7）表五填写说明

①（表五）甲填写说明

a. 本表供编制国内工程计列的工程建设其他费使用。

b. 第Ⅲ栏根据《信息通信建设工程费用定额》相关费用的计算规则填写。

c. 第Ⅷ栏填写需要补充说明的内容事项。

②（表五）乙填写说明

a. 本表供编制进口设备工程所需计列的工程建设其他费。

b. 第Ⅲ栏根据国家及主管部门的相关规定填写。

c. 第Ⅳ、Ⅴ、Ⅵ、Ⅶ栏分别填写各项费用的外币与人民币数值。

d. 第Ⅷ栏根据需要填写补充说明的内容事项。

五、概（预）算的编制办法

信息通信建设工程概（预）算采用实物工程量法编制。实物工程量法是首先根据工程设计图纸分别计算出分项工程量，然后套用相应的人工、材料、机械台班、仪表台班的定额用量，再以工程所在地或所处时段的基础单价计算出人工费、材料费、机械使用费和仪表使用费，进而计算出直接工程费；根据信息通信建设工程费用定额给出的各项取费的计费原则和计算方法计算其他各项，最后汇总单项或单位工程总费用。

实物法编制工程概（预）算的步骤如图 4-2-1 所示。

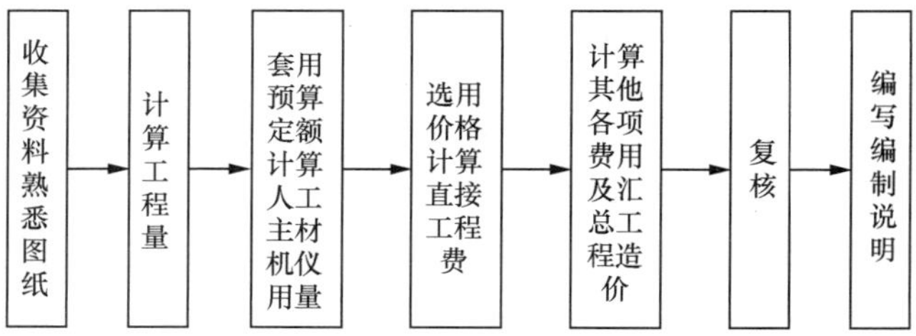

图 4-2-1 实物法编制概（预）算步骤

（一）收集资料、熟悉图纸

在编制概（预）算前，针对工程具体情况和所编概（预）算内容收集有关资料，包括概（预）算定额、费用定额以及材料、设备价格等，并对施工图进行一次全面详细的检查，查看图纸是否完整，明确设计意图，检查各部分尺寸是否有误以及有无施工说明。

（二）计算工程量

工程量计算是一项繁重而又十分细致的工作。工程量是编制概（预）算的基本数据，计算的准确与否直接影响到工程造价的准确度。计算工程量时要注意以下几点。

1. 首先要熟悉图纸的内容和相互关系，注意搞清有关标注和说明。
2. 计算单位应与所要依据的定额单位相一致。
3. 计算过程一般可依照施工图顺序由下而上，由内而外，由左而右依次进行。
4. 要防止误算、漏算和重复计算。
5. 最后将同类项加以合并，并编制工程量汇总表。

（三）套用定额，计算人工、材料、机械台班、仪表台班用量

工程量经核对无误方可套用定额。套用相应定额时，由工程量分别乘以各子目人工、主要材料、机械台班、仪表台班的定额消耗量，计算出各分项工程的人工、主要材料、机械台班、仪表台班的工程用量，然后汇总得到整个工程各类实物的消耗量。套用定额时应核对工程内容与定额内容是否一致，以防误套。

（四）选用价格计算直接工程费

用当时、当地或行业标准的基础单价乘以相应的人工、材料、机械台班、仪表台班的消耗量，计算人工费、材料费、机械使用费、仪表使用费，并汇总得到直接工程费。

（五）计算其他各项费用及汇总工程造价

按照工程项目的费用构成和通信建设工程费用定额规定的费率及计费基础，分别计算各项费用，然后汇总出工程总造价，并以《信息通信建设工程概（预）算编制规程》所规定的表格形式，编制出全套概算或预算表格。

（六）复核

对上述表格内容进行一次全面检查，检查所列项目、工程量计算结果、套用定额、选用单价、取费标准以及计算数值等是否正确。

（七）编写编制说明

复核无误后，进行对比、分析，写出编制说明。凡是概（预）算表格不能反映的一些事项以及在编制中必须说明的问题，都应用文字表达出来，以供审批单位审查。

在上述步骤中，3、4、5 是形成全套概算或预算表格的过程，根据单项工程费用的构成，各项费用与表格之间的嵌套关系如图 4-2-2 所示。

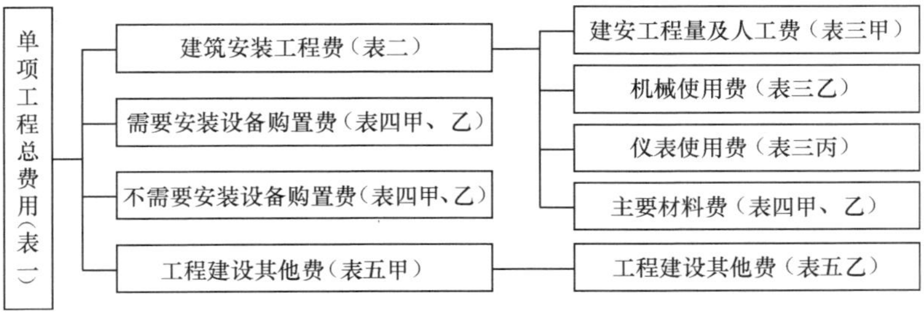

图 4-2-2　单项工程概（预）算表格间的关系

根据图 4-2-2 的结构层次，在编制全套表格的过程中应按图 4-2-3 的顺序进行。

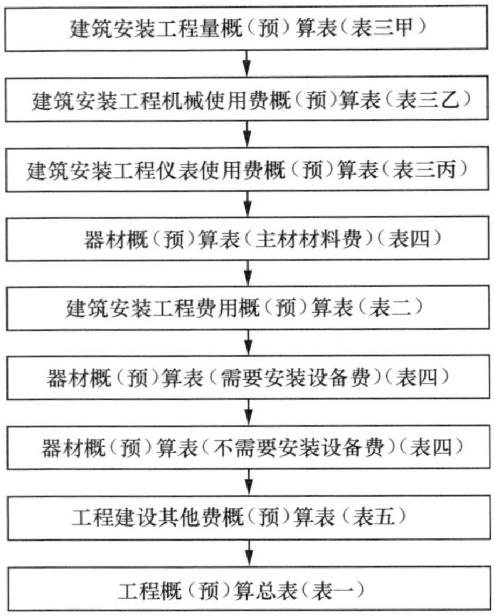

图 4-2-3　概（预）算表格填写顺序

第三节　信息通信建设工程识图

一、工程识图

信息通信工程图纸是通过图形符号、文字符号、文字说明及标注表达的。要读懂图纸就必须了解和掌握图纸中各种图形符号、文字符号等所代表的含义。

将图形符号、文字符号等按不同专业的要求画在一个平面上就组成一张信息通信工程图纸。专业人员可通过图纸了解工程规模、工程内容，统计出工程量，编制出工程概（预）算。阅读图纸、统计工程量的过程就称为识图。

二、信息通信工程制图的要求

1. 工程制图应根据表述对象的性质、论述的目的与内容，选取适宜的图纸及表达手段，以便完整地表述主题内容。

2. 图面应布局合理，排列均匀，轮廓清晰且便于识别。

3. 图纸中应选用合适的图线宽度，避免图中线条过粗或过细。

4. 应正确使用国家标准和行业标准规定的图形符号。派生新的符号时，应符合国家标准符号的派生规律，并在合适的地方加以说明。

5. 在保证图面布局紧凑和使用方便的前提下，应选择合适的图纸幅面，使原图大小适中。

6. 应准确地按规定标注各种必要的技术数据和注释，并按规定进行书写或打印。

7. 工程图纸应按规定设置图衔，并按规定的责任范围签字，各种图纸应按规定顺序编号。

三、信息通信工程制图的统一规定

（一）图幅尺寸

1. 工程图纸幅面和图框大小应符合国家标准 GB/T 6988.1-2008《电气技术用文件的编制 第1部分：规则》的规定，应采用 A0、A1、A2、A3、A4 及其 A3、A4 加长的图纸幅面。当上述幅面不能满足要求时，可按照 GB/T 14689-2008《技术制图图纸幅面和格式》的规定加大幅面。也可在不影响整体视图效果的情况下分割若干张图绘制。

2. 应根据表述对象的规模大小、复杂程度、所要表达的详细程度、有无图衔及注释的数量来选择较小的合适幅面。

（二）图线型式及应用

1. 线型分类及用途应符合表 4-3-1 的规定。

表 4-3-1 线型分类及用途

图线名称	图线型式	一般用途
实线	————	基本线条：图纸主要内容用线，可见轮廓线
虚线	-------------	辅助线条：屏蔽线、机械连接线、不可见轮廓线、计划扩展内容用线
点划线	—·—·—	图框线：表示分界线、结构图框线、功能图框线、分级图框线
双点划线	—··—··—	辅助图框线：表示更多的功能组合或从某种图框中区分不属于它的功能部件

2. 图线宽种类不宜过多，通常宜选用两种宽度的图线。粗线的宽度宜为细线宽度的两倍，主要图线采用粗线，次要图线采用细线。对复杂的图纸也可采用粗、中、细三种线宽，线的宽度按 2 的倍数依次递增。图线宽度应从以下系列中选取用：0.25mm，0.35mm，0.5mm，0.7mm，1.0mm，1.4mm。

3. 使用图线绘图时，应使图形的比例和配线协调恰当，重点突出，主次分明。在同一张图纸上，按不同比例绘制的图样及同类图形的图线粗细应保持一致。

4. 应使用细实线作为最常用的线条。在以细实线为主的图纸上，粗实线应主要用于图纸的图框及需要突出的部分。指引线、尺寸标注线应使用细实线。

5. 当需要区分新安装的设备时，宜用粗线表示新建，细线表示原有设施，虚线表示规划预留部分，原机架内扩容部分宜用粗线表达。

6. 平行线之间的最小间距不宜小于粗线宽度的两倍，且不得小于 0.7 mm。

（三）比例

1. 对于平面布置图、管道及光（电）缆线路图、设备加固图及零件加工图等图纸，应按比例绘制；方案示意图、系统图、原理图、图形图例等可不按比例绘制，但应按工作顺序、线路走向、信息流向排列。

2. 对于平面布置图、线路图和区域规划性质的图纸，宜采用以下比例：

1:10，1:20，1:50，1:100，1:200，1:500，1:1 000，1:2 000，1:5 000，1:10 000，1:50 000 等。

3. 对于设备加固图及零件加工图等图纸宜采用的比例为 2:1，1:1，1:2、1:4，1:10 等。

4. 应根据图纸表达的内容深度和选用的图幅，选择合适的比例。对于通信线路及管道类的图纸，为了更方便地表达周围环境情况，可采用沿线路方向按一种比例，而周围环境的横向距离宜采用另外的比例，或示意性绘制。

（四）尺寸标注

1. 一个完整的尺寸标注应由尺寸数字、尺寸界线、尺寸线及其终端等组成。

2. 图中的尺寸数字，应注写在尺寸线的上方或左侧，也可注写在尺寸线的中断处，但同一张图样上注法应一致。具体标注应符合以下要求。

（1）尺寸数字顺着尺寸线方向书写并符合视图方向，数字高度方向和尺寸线垂直，并不得被任何图线通过。当无法避免时，应将图线断开，在断开处填写数字。对有角度非水平方向的图线，其数字可顺尺寸线标注在尺寸线的中断处，数字的标注方向与尺寸线垂直，且字头朝向斜上方。对垂直水平方向的图线，其数字可可顺尺寸线标注在尺寸线的中断处，数字的标注方向与尺寸线垂直，且字头朝向左。

（2）尺寸数字的单位除标高、总平面图和管线长度以米（m）为单位外，其他尺寸均应以毫米（mm）为单位。按此原则标注尺寸可为不加单位的文字符号。在同一张图纸中，不宜采用两种计量单位混用。

3. 尺寸界线应用细实线绘制，且宜由图形的轮廓线、轴线或对称中心线引出，也可利用轮廓线、轴线或对称中心线作尺寸界线。尺寸界线应与尺寸线垂直。

4. 尺寸线的终端，可采用箭头或斜线两种形式，但同一张图中只能采用一种尺寸线终端形式，不得混用。具体标注应符合以下要求。

（1）采用箭头形式时，两端应画出尺寸箭头，指到尺寸界线上，表示尺寸的起止。尺寸箭头宜采用实心箭头，箭头的大小应按可见轮廓线选定，且其大小在图中应保持一致。

（2）采用斜线形式时，尺寸线与尺寸界线必须相互垂直。斜线应用细实线，且方向及长短应保持一致。斜线方向应采用以尺寸线为准，逆时针方向旋转 45°，斜线长短约等于尺寸数字的高度。

5. 有关建筑用尺寸标注，可按 GB/T 50104-2010《建筑制图标准》的要求执行。

（五）字体及写法

1. 图中书写的文字（包括汉字、字母、数字、代号等）均应字体工整、笔画清晰、排列整齐、间隔均匀有度。其书写位置应根据图面妥善安排，文字多时宜放在图的下面或右侧。

文字书写应自左向右水平方向书写，标点符号占一个汉字的位置。中文书写时，应采用国家正式颁布的汉字，字体宜采用宋体或仿宋体。

2. 图中的“技术要求”“说明”或“注”等字样，应写在具体文字的右上方，并使用比文字内容大一号的字体书写。具体内容多于一项时，应按下列顺序号排列。

1. 2. 3.……

（1）（2）（3）……

①②③ ……

3. 图中涉及数量的数字，均应用阿拉伯数字表示；计量单位应使用国家颁布的法定计量单位。

（六）图衔

1. 信息通信工程图纸应有图衔，图衔的位置应在图面的右下角。

2. 信息通信工程常用标准图衔为长方形，大小宜为 30 mm×180 mm（高 × 长）。图衔应包括图纸名称、图纸编号、单位名称、单位主管、部门主管、总负责人、单项负责人、设计人、审校核人、制图日期等内容。

3. 设计图纸编号的编排应尽量简洁，应符合以下要求。

（1）设计及施工图纸编号的组成应按以下规则执行。

工程项目编号——设计阶段代号——专业代号——图纸编号

同工程项目编号、同设计阶段、同专业而多册出版时，为避免编号重复可按以下规则执行：

工程项目编号——（A）——设计阶段代号——专业代号——（B）——图纸编号

（2）工程项目编号应由设计单位根据工程建设方的任务委托和工程设计管理办法统一给定。

（3）设计阶段代号应符合表 4-3-2 的要求。

表 4-3-2　设计阶段代号

设计阶段	代号	设计阶段	代号	设计阶段	代号
可行性研究	K	初步设计	C	技术设计	J
规划设计	G	方案设计	F	设计投标书	T
勘察报告	KC	初设阶段的技术规范书	CJ	竣工图	JG
咨询	ZX	施工图设计、一阶段设计	S/Y	修改设计	在原代号后加 X
施工图	JG				

（4）常用专业代号，应符合表 4-3-3 的要求。

表 4-3-3　常用专业代号

名称	代号	名称	代号
光缆线路	GL	电缆线路	DL
海底光缆	HGL	通信管道	GD
传输系统	CS	移动通信	YD
无线接入	WJ	有线接入	YJ
数据通信	SJ	业务网	YW
网管系统	WG	微波通信	WB
卫星通信	WD	铁塔	TT
同步网	TB	信令网	XL
通信电源	DY	监控	JK
核心网	HX	业务支撑系统	YZ

注：1. 用于大型工程中分省、分业务区编制时的区分标识，可采用数字1、2、3或拼音、字母的字头等。
2. 用于区分统一单项工程中不同的设计分册（如不同的站册），宜采用数字（分册号）、站名拼音字头或相应汉字表示。

（5）图纸编号：为工程项目编号、设计阶段代号、专业代号相同的图纸间的区分号，应采用阿拉伯数字简单顺序编制（同一图号的系列图纸用括号内加分数表示）。

（七）注释、标志和技术数据

1. 当含义不便于用图示方法表达时，可采用注释。当图中出现多个注释或大段说明性注释时，应把注释按顺序放在边框附近。注释可放在需要说明的对象附近；当注释不再需要放在说明的对象附近时，应使用指引线（细实线）指向说明对象。

2. 标志和技术数据应该放在图形符号的旁边；当数据很少时，技术数据也可放在图形符号的方框内（如继电器的电阻值）；数据多时可采用分式表示，也可用表格形式列出。

当使用分式表示时，可采用以下模式。

$$N\frac{A-B}{C-D}F$$

其中，N 为设备编号，应靠前或靠上放；A、B、C、D 为不同的标注内容，可增减；F 为敷设方式，应靠后放。

当设计中需要表示本工程前后有变化时，可采用斜杠方式：(原有数)/(设计数)；当设计中需要表示本工程前后有增加时，可采用加号方式：(原有数)+(增加数)。

常用的标注方式见表 4-3-4，插图中的文字代号应以工程中的实际数据代替。

3. 在通信工程设计中，由于文件名称和图纸编号多已明确，在项目代号和文字标注方面可适当简化，推荐如下。

（1）平面布置图中可主要使用位置代号或用顺序号加表格说明；

（2）系统方框图中可使用图形符号或用方框加文字符号来表示，必要时也可二者兼用；

（3）接线图应符合 GB/T 6988.1-2008《电气技术用文件的编制 第一部分：规则》的规定；

表 4-3-4　常用标注方法

序号	标注方式	说　明
1	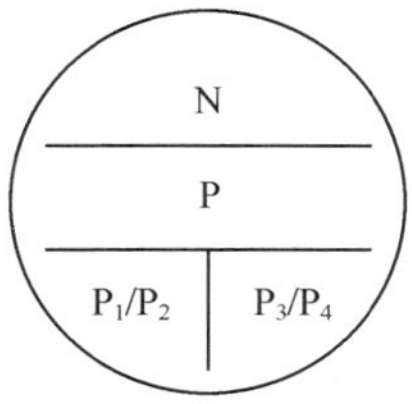	对直接配线区的标注方式 注：图中的文字符号应以工程数据代替（下同） 其中： N-主干电缆编号，例如：0101表示01电缆上第一个直接配线区； P-主干电缆容量（初设为对数，施设为线序）； P_1-现有局号用户数； P_2-现有专线用户数，当有不需要局号的专线用户时，再用+（对数）表示； P_3-设计局号用户数； P_4-设计专线用户数
2	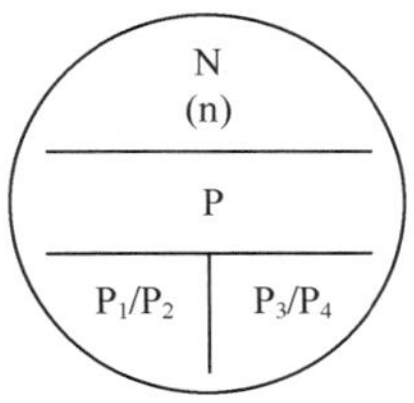	对交接配线区的标注方式 注：图中的文字符号应以工程数据代替（下同） 其中： N-交接配线区编号，例如：J22001表示22局第一个交接箱配线区； n-交接箱容量，例如：2 400（对）； P_1、P_2、P_3、P_4-含义同1注
3	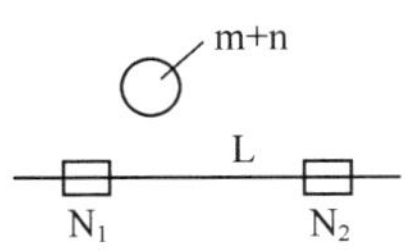	对管道扩容的标注 其中： m-原有管孔数，可附加管孔材料符号； n-新增管孔数，可附加管孔材料符号； L-管道长度； N_1、N_2-人孔编号
4	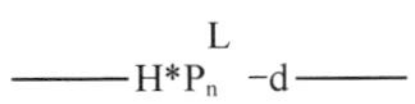	对市话电缆的标注 其中： L-电缆长度；H^*-电缆型号； P_n-电缆百对数；d-电缆芯线线径
5	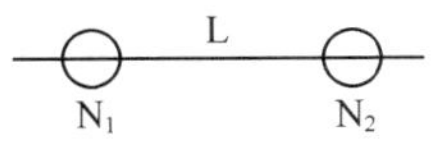	对架空杆路的标注 其中： L-杆路长度； N_1、N_2-起止电杆的编号（可加注杆材类别的代号）
6	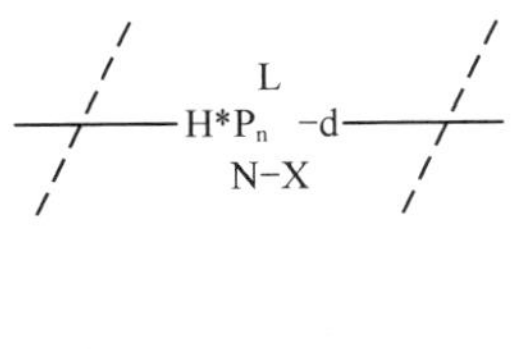	对管道电缆的简化标注 其中： L-电缆长度；H*-电缆型号； P_n-电缆百对数；d-电缆芯线线径； X-线序； 斜向虚线-人孔的简化画法； N_1、N_2-表示起止人孔号； N-主干电缆编号

续表

序号	标注方式	说　明
7	$\frac{N\text{-}B}{C}\Big\vert\frac{d}{D}$	分线盒的标注方式 其中： N-编号；B-容量；C-线序； d-现有用户数；D-设计用户数
8	$\frac{N\text{-}B}{C}\Big\Vert\frac{d}{D}$	分线箱标注方式 注：字母含义同7
9	$\frac{WN\text{-}B}{C}\Big\Vert\frac{d}{D}$	壁龛式分线箱标注方式 注：字母含义同7

4. 对安装方式的标注应符合表 4-3-5 的要求。

表 4-3-5　安装方式标注

序号	代号	安装方式
1	W	壁装式
2	C	吸顶式
3	R	嵌入式
4	DS	管吊式

5. 线缆敷设部位的标注应符合表 4-3-6 的要求。

表 4-3-6　敷设部位标注

序号	代号	安装方式	序号	代号	安装方式
1	M	钢索敷设	7	BC	暗敷设在梁内
2	AB	沿梁或跨梁敷设	8	CLC	暗敷设在柱内
3	AC	沿柱或跨柱敷设	9	BW	墙内敷设
4	WS	沿墙壁敷设	10	F	地板或地板下敷设
5	CE	沿天棚面顶板面敷设	11	CC	暗敷设在屋面或顶板内
6	SC	吊顶内敷设			

（八）图形符号的使用

1. 信息通信工程图形符号可参照使用 YD/T 5015-2015《电信工程制图与图形符号规定》中的图形符号示例。

2. 上述规定中对同一项目给出几种图形符号形式时，选用时应遵守以下规则。

（1）优先使用“优选形式”；

（2）在满足需要的前提下，宜选用最简单的形式（例如“一般符号”）；

（3）在同一种图纸上应使用同一种形式。

3. 对同一项目宜采用同样大小的图形符号；特殊情况下，为了强调某方面或便于补充信息，可使用不同大小的符号和不同粗细的线条。

4. 绝大多数图形符号的取向是任意的，为了避免导线的弯折或交叉，在不引起错误理解的前提下，可将符号旋转或取镜像形态，但文字和指示方向不得倒置。

5. 上述规定中图形符号的引线是作为示例绘制的，在不改变符号含义的前提下，引线可取不同的方向。

6. 为了保持图面符号的布置均匀，围框线可不规则绘制，但是围框线不应与元器件相交。

7. 上述规定中只是给出了图形符号有限的示例，如果某些特定的设备或项目中未作规定，允许根据已规定的符号组图规律进行派生。

8. 派生图形符号，是利用原有符号加工形成新的图形符号，应遵守以下规律。

（1）（符号要素）+（限定符号）→（设备的一般符号）；

（2）（一般要素）+（限定符号）→（特殊设备的符号）；

（3）（利用 2 ～ 3 个简单符号→（特殊设备的符号）；

（4）一般符号缩小后可作限定符号使用。

9. 对急需的个别符号，可暂时使用方框中加注文字符号的方式。

第四节　信息通信建设工程量计算规则

一、概述

1. 工程量计算规则是指对分项项目工程量的计算规定。工程量项目的划分、计量单位的取定、有关系数的调整换算等，都应按相关专业的计算规则要求来确定。

2. 工程量的计量单位有物理计量单位和自然计量单位。物理计量单位应按国家法定计量单位表示，工程量的计量单位必须与预算定额项目的计量单位相一致。

（1）以长度计算的项目计量单位：“米”“千米”；

（2）以重量计算的项目计量单位：“克”“千克”“吨”；

（3）以体积计算的项目计量单位：“立方米”；

（4）以面积计算的项目计量单位：“平方米”；

（5）以自然计量单位计算的项目计量单位：台、套、盘、部、架、个、组、处等；

（6）以技术配置为项目计量单位：端、端口、系统、方向、载频、中继段、数字段、再生段、站等；

（7）各专业还有一些专用的特殊计量单位。

3. 工程量计算应以设计图纸以及设计规定的所属范围和设计分界线为准，缆线布放和部件设置以施工验收技术规范为准。

4. 分项项目工程量应以完成后的实体安装工程量净值为准，在施工过程中实际消耗的材料用量不能作为安装工程量。因为在施工过程中所用材料的实际消耗数量是在工程量的基础上又包括材料的各种损耗量。

二、通信设备安装工程量计算规则

通信设备安装工程共分为 3 大类：通信电源设备安装工程、有线通信设备安装工程和无线通信设备安装工程。

这 3 个大类工程的工程量计算规则主要从以下几个方面考虑。

（一）设备机柜、机箱的安装工程量计算

所有设备机柜、机箱的安装可分为 3 种情况计算工程量。

1. 以设备机柜、机箱整架（台）的自然实体为一个计量单位，即机柜（箱）架体、架内组件、盘柜内部的配线、对外连接的接线端子以及设备本身的加电检测与调试等均作为一个整体来计算工程量。本系列的多数设备安装属于这种情况。

2. 设备机柜、机箱按照不同的组件分别计算工程量，即机柜架体与内部的组件或附件不作为一个整体的自然单位进行计量，而是将设备结构划分为若干组合部分，分别计算安装的工程量。这种情况一般常见于机柜架体与内部组件的配置成非线性关系的设备，例如定额项目“TSD1-053 安装蓄电池屏”所描述的内容是：屏柜安装不包括屏内蓄电池组的安装，也不包括蓄电池组的充放电过程。整个设备安装过程需要分 3 个部分分别计算工程量，即安装蓄电池屏（空屏）、安装屏内蓄电池组（根据设计要求选择电池容量和组件数量）、屏内蓄电池组充放电（按电池组数量计算）。

3. 设备机柜、机箱主体和附件的扩装，即在原已安装设备的基础上进行增装内部盘、线。这种情况主要用于扩容工程，例如定额“TSD3-070、071/072 安装高频开关整流模块”，是为了满足在已有开关电源架的基础上进行扩充生产能力的需要，所以是以模块个数作为计量单位统计工程量。与前面将设备划分为若干组合部分分别计算工程的概念所不同的是，已安装设备主体和扩容增装部件的项目是不能在同一期工程中同时列项的，否则属于重复计算。

以上设备的 3 种工程量计算方法需要认真了解定额项目的相关说明和工作内容，避免工程量漏算、重算、错算。

4. 几个需要特别说明的设备安装工程量计算规则。

（1）安装测试 PCM 设备工程量：单位为“端”，由复用段一个 2 Mbit/s 口、支路侧 32 个 64 kbit/s 口为一端，如图 4-4-1 所示。

（2）安装测试光纤数字传输设备（PDH、SDH）工程量：分为基本子架公共单元盘和接口单元盘两个部分。基本子架包括交叉、网管、公务、时钟、电源等除群路、支路、光放盘以外的所有内容的机盘，已“套”为单位；接口单元盘包括群路侧、支路侧接口盘的安装和本机测试，以“端口”为单位。例如 SDH 终端复用器 TM 有各种速率的端口配置，如图 4-4-2 所示，计算工程量时按不同的速率分别统计端口数量，一收一发为 1 个端口。

图 4-4-1　PCM 数字传输设备

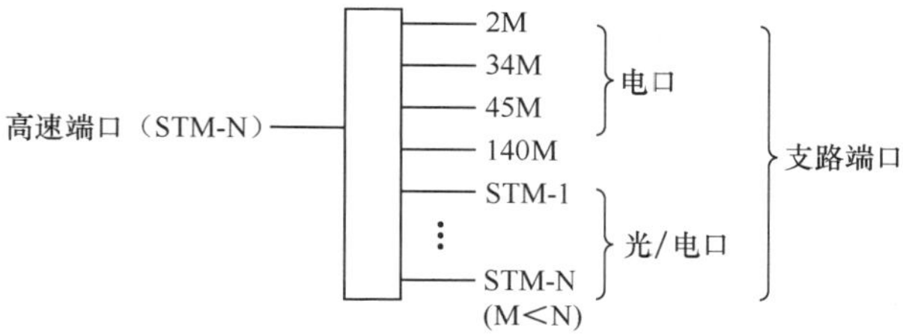

图 4-4-2　终端复用设备 TM

安装分插复用器 ADM、数字交叉连接设备 DXC 均以此类推。

（3）WDM 波分复用设备的安装测试分为基本配置和增装配置。基本配置含相应波数的合波器、分波器、功放、预放；增装配置是在基本配置的基础上增加相应波数的合波器、分波器并进行本机测试。

（二）设备缆线布放工程量计算

缆线的布放包括设备机柜与外部的连线、设备机架内部跳线两种情况。

1. 设备机柜与外部的连线

设备机柜与外部的连线也分为两种计算方法。

（1）布放缆线计算工程量时需分为两步：先放绑后成端。这种计算方法用于通信设备连线中需要使用芯线较多的电缆，其成端工作量因电缆芯数的不同，会有很大差异。计算步骤如下。

第一步：计算放绑设备电缆工程量。

按布放长度计算工程量，单位为“百米条”，数量为

$$N=\sum_{l}^{k}\frac{Lini}{100}$$

其中，$\sum_{l}^{k}Lini$—k 个放线段内同种型号设备电缆的总放线量（米条）；

Li—第 i 个放线段的长度（m）；

ni—第 i 个放绑段内同种电缆的条数。

应按电缆类别（局用音频电缆、局用高频对称电缆、音频隔离线、SYV 类射频同轴电缆、数据电缆）分别计算工程量。

第二步：计算编扎、焊（绕、卡）接设备电缆工程量。

按长度放绑电缆后，再按电缆终端的制作数量计算成端的工程量，每条电缆终端制作工程量主要与电缆的芯数有关，不同类别的电缆要分别统计终端处理的工程量。

（2）布放缆线计算工程量时放绑、成端同时完成。这种计算方法用于通信设备中使用电缆芯数较少或单芯的情况，其成端工程量比较固定，布放缆线的工程内容包含终端头处理的工作。

布放缆线工程量：单位为“十米条”，数量为

$$N=\sum_{l}^{k}\frac{Lini}{10}$$

其中：$\sum_{l}^{k} Lini$—k 个布放段内同种型号电缆总的布放量（米条）；

Li—第 i 个布放段的长度（m）；

ni—第 i 个布放段内同种类型电缆条数。

2. 设备机架内部跳线

设备机架内部跳线主要是指配线架内布放跳线，对于其他通信设备内部配线均已包括在设备安装工程量中，不再单独计算缆线工程量（有特殊情况需单独处理除外）。

配线架内布放跳线的特点是长度短、条数多，统计工程量时以处理端头的数量为主，放线内容包含在其中应按照不同类别线型、芯数分别计算工程量。

（三）安装附属设施的工程量计算

安装设备机柜、机箱定额子目除已说明包含附属设施内容的，均应按工程技术规范书的要求安装相应的防震、加固、支撑、保护等设施，各种构件分为成品安装和材料加工并安装两类，计算工程量时应按定额项目的说明区别对待。

（四）系统调测

通信设备安装后大部分需要进行本机测试和系统测试。除设备安装定额项目注明已包括设备测试工作的，其他需要测试的设备均需统计各自的测试工程量，并且对所有完成的系统都需要进行系统性能的调测。系统调测的工程量计算规则按不同的专业确定。

1. 所有的供电系统（高压供电系统、低压供电系统、发电机供电系统、供油系统、直流供电系统、UPS 供电系统）都需要进行系统调试。调试多以“系统”为单位，“系统”的定义和组成按相关专业的规定，例如发电机组供油系统调测是以每台机组为一个系统计算工程量。

2. 光纤传输系统性能调测包括两部分。

（1）线路段光端对测：工程量计算单位为“方向 · 系统”。所谓“系统”是指一发一收的两根光纤；“方向”是指某一个站和相邻站之间的传输段关系，有几个相邻的站就有几个方向，如图 4-4-3 所示。

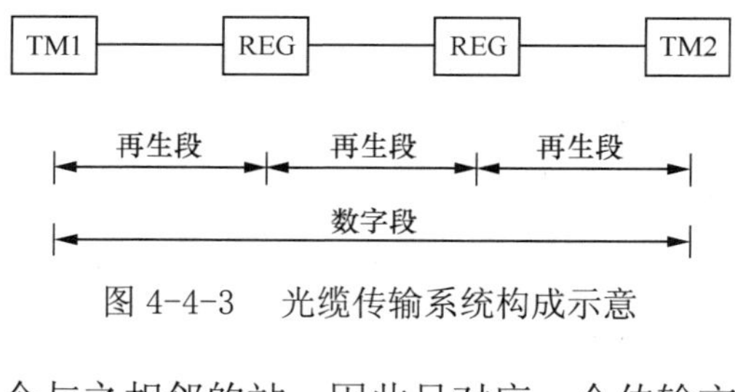

图 4-4-3　光缆传输系统构成示意

终端站 TM1 只有一个与之相邻的站，因此只对应一个传输方向，终端站 TM2 也是如此。再生中继站 REG 有两个与之相邻的站，它完成的是与两个方向之间的传输。

（2）复用设备系统调测：工程量计量单位为“端口”。所谓“端口”即各种数字比特率的“一收一发”为“一个端口”。统计工程量时应包括所有支路端口。

3. 移动通信基站系统调测分为 GSM 和 CDMA 两种站型。

（1）GSM 基站系统调测工程量：按“载频”的数量分别统计工程量，例如：“8 个载频的基站”可分解成“6 载频以下”及 2 个“每增加一个载频”的工程量。

（2）CDMA 基站系统调测工程量：按“扇 · 载”为计量单位（即扇区数量乘以载频数量）计算工程量。

4. 微波系统调测分为中继段调测和数字段调测，这两种调测是按“段”的两端共同参与调测考虑的，在计算工程量时可以按站分摊计算。

（1）微波中继段调测工程量：单位为“中继段”。每个站分摊的“中继段调测”工程量分别为 1/2 中继段；中继站是两个中继段的连接点，所以同时分摊的两个“中继段调测”工程量，及 1/2 段 ×2=1 段。

（2）数字微波段调测工程量：单位为 “数字段”。各站分摊的“数字段调测”工程量分别为 1/2“数字段”。

5. 卫星地球站系统调测。

（1）地球站内环测、地球站系统调测工程量：单位为“站”，应按卫星天线直径大小统计工程量。

（2）VSAT 中心站站内环测工程量：单位为“站”；网内系统对测工程量：单位为“系统”，“系统”的范围包括网内所有的端站。

三、通信线路工程工程量计算规则

（一）通信线路工程

1. 施工测量长度计算

光（电）缆工程施工测量长度 = 室外路由长度

2. 光（电）缆接头坑个数取定

（1）埋式光缆接头坑个数：初步设计按 2 km 标准盘长或每 1.7 ～ 1.85 km 取一个接头坑；施工图设计按实取定。

（2）埋式电缆接头坑个数：初步设计按 1 km 取 5 个接头坑；施工图设计按实际取定。

3. 挖、填光（电）缆沟长度计算

挖、填光（电）缆沟长度 = 图末长度 − 图始长度 −（截流长度 + 过路顶管长度）

4. 敷设光（电）缆工程量的取定

敷设光（电）缆工程量 = ［施工丈量长度 ×（1+k）+ 各种设计预留长度］

其中，k 为自然弯曲系数，取决于施工的自然条件和敷设方式，一般由设计人员根据

设计规范要求取定。

5. 光（电）缆沟土石方开挖工程量（或回填量）的取定

（1）土质光（电）缆沟和石质光（电）缆沟示意分别如图 4-4-4、图 4-4-5 所示。

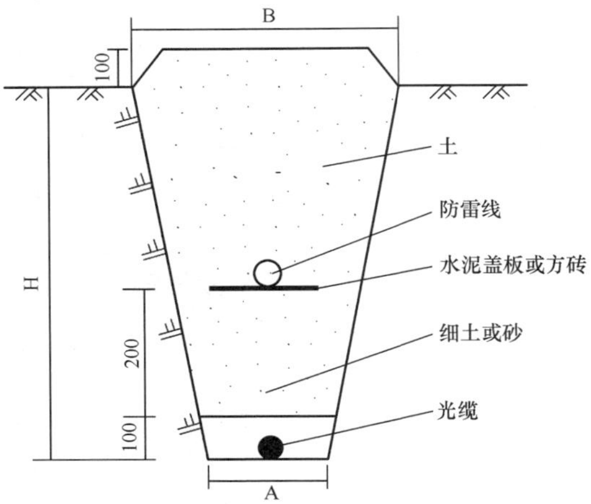

图 4-4-4　土质光（电）缆沟

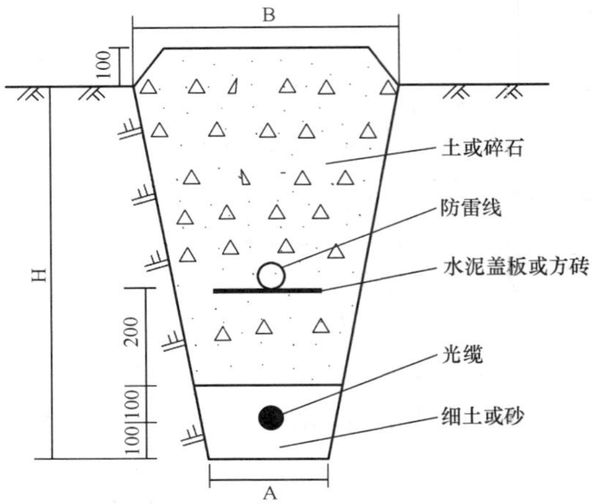

图 4-4-5　石质光（电）缆沟

（2）工程量计算公式

$$光（电）缆沟土石方开挖工程量 = \frac{A+B}{2}HL$$

其中，B- 缆沟上口宽度（m）；

A- 缆沟下底宽度（m，人工挖沟一般取 0.4 m）；

H- 光（电）缆沟深度（m）；

L- 光（电）缆沟长度（m）。

（3）埋式光（电）缆沟土（石）方回填量等于开挖量，光（电）缆体积忽略不计。

6. 护坎体积的计算

（1）护坎示意如图 4-4-6 所示。

（2）护坎体积计算方法一（近似公式）

$$V=HAB$$

其中，V- 护坎体积（m^3）；

H- 护坎总高（m，地面以上坎高 + 光缆沟深）；

A- 护坎平均厚度（m）；

B- 护坎平均宽度（m）。

（3）护坎体积计算方法二（精确公式）

$$V=\frac{H}{6}[a_1b_1+a_2b_2+(a_1+a_2)(b_1+b_2)]$$

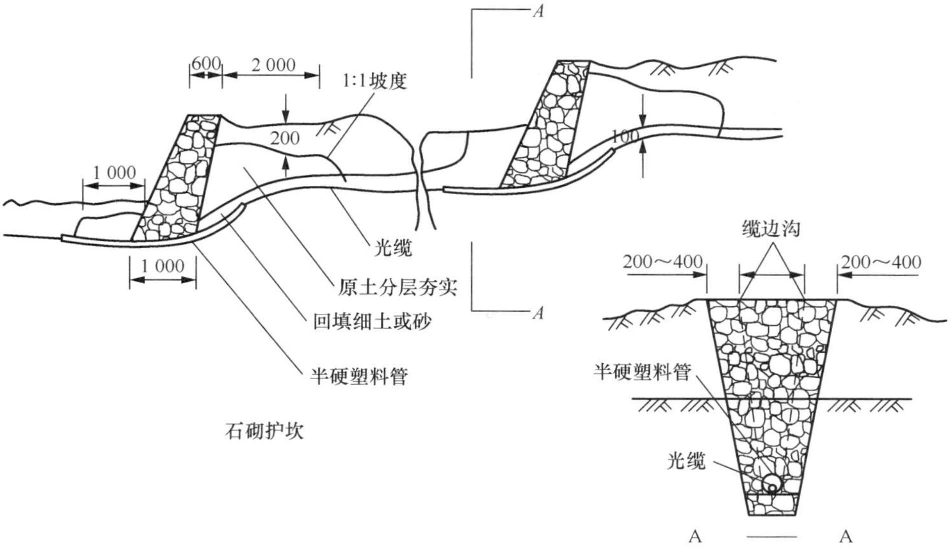

图 4-4-6　护坎示意

其中，V- 护坎体积（m^3）；

a_1- 护坎上宽（m）；

b_1- 护坎上厚（m）；

a_2- 护坎下宽（m）；

b_2- 护坎下厚（m）；

H- 护坎总高（m）。

（4）护坎的工程量计算要按“石砌”“三七土”分别计算。

7. 护坡体积的计算

$$V=HLB$$

其中，V- 护坡体积（m^3）；

H- 护坡高度（m）；

L- 护坡宽度（m）；

B- 平均厚度（m）。

8. 堵塞体积的计算

（1）堵塞示意如图 4-4-7 所示。

（2）堵塞体积计算方法一（近似公式）

$$V=HAB$$

其中，V- 堵塞体积（m^3）；

H- 光缆沟深（m）；

A- 堵塞平均厚（m）；

B- 堵塞平均宽（m）。

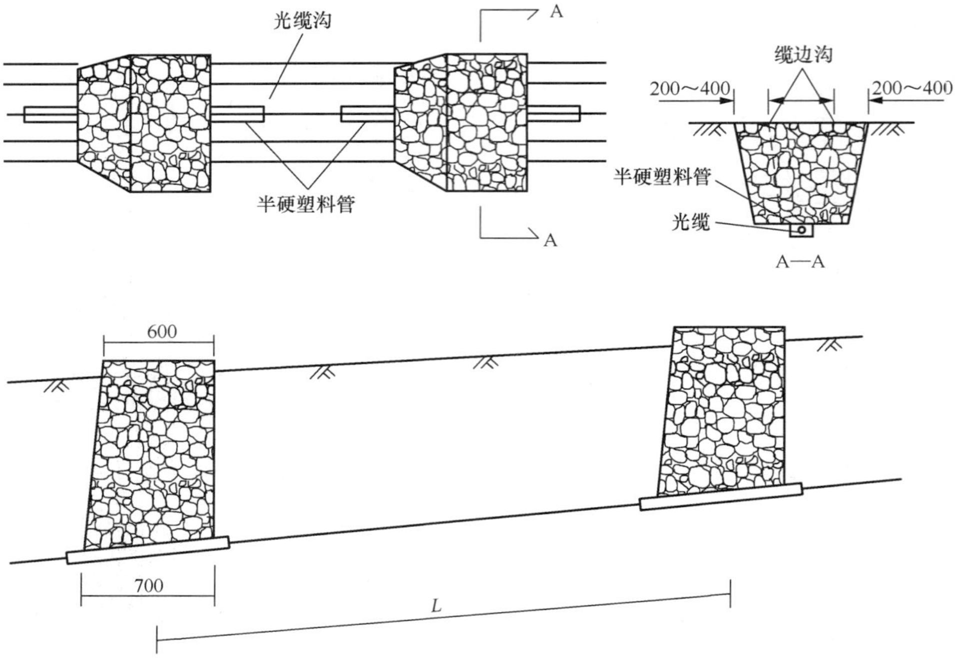

图 4-4-7　光（电）缆沟堵塞示意

（3）堵塞体积计算方法二（精确公式）

$$V=\frac{H}{6}[a_1b_1+a_2b_2+(a_1+a_2)(b_1+b_2)]$$

其中，V- 堵塞体积（m^3）；

a_1- 堵塞上宽（m）；

b_1- 堵塞上厚（m）；

a_2- 堵塞下宽（m）；

b_2- 堵塞下厚（m）；

H- 堵塞高（m，相当于光缆埋深）。

9. 水泥砂浆封石沟体积的计算

（1）水泥砂浆封石沟的示意如图 4-4-8 所示。

（2）水泥砂浆封石沟的体积

$$V=haL$$

其中，V- 水泥砂浆封石沟体积（m^3）；

h- 水泥砂浆厚度（m）；

a- 封石沟宽度（m）；

L- 封石沟长度（m）。

10. 漫水坝体积的计算

（1）漫水坝的示意如图 4-4-9 所示。

（2）漫水坝的体积

$$V=\frac{a+b}{2}HL$$

其中，V- 漫水坝体积（m^3）；

H- 漫水坝坝高度（m）；

a- 漫水坝脚厚度（m）；

b- 漫水坝顶厚度（m）；

L- 漫水坝长度（m）。

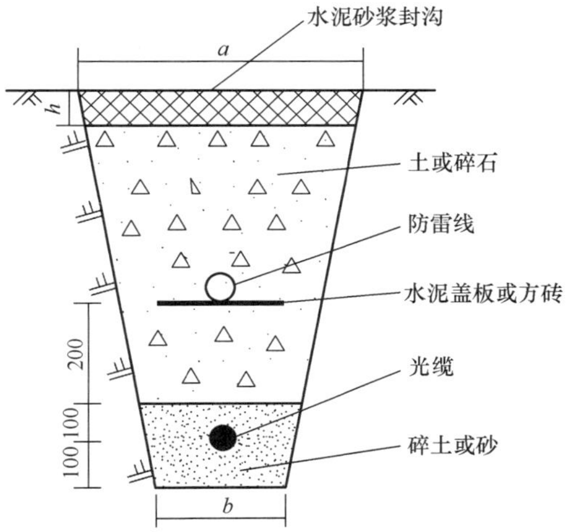

图 4-4-8　水泥砂浆封石沟示意

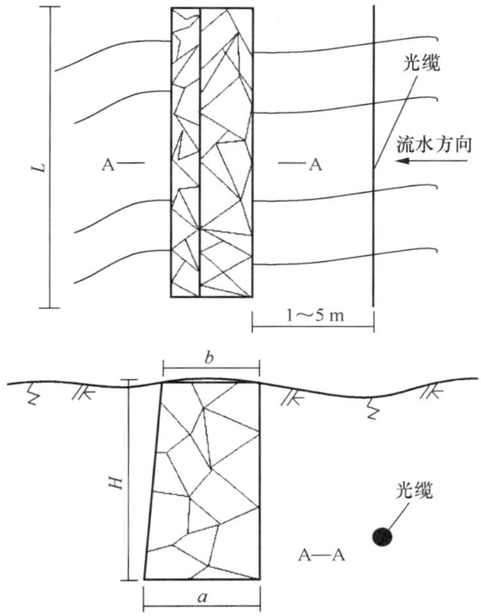

图 4-4-9　漫水坝示意

（二）通信管道工程

1. 施工测量长度的计算

管道工程施工测量长度 = 路由长度

2. 人孔坑挖深的计算

（1）通信人孔设计示意如图 4-4-10 所示。

（2）人孔坑挖深

$$H=h_1-h_2+g-d$$

其中，H- 人孔坑挖深（m）；

h_1- 人孔口圈顶部高程（m）；

h_2- 人孔基础顶部高程（m）；

g- 人孔基础厚度（m）；

d- 路面厚度（m）。

3. 管道沟深的计算

（1）管道沟挖深示意和通信管道设计示意分别如图 4-4-11、图 4-4-12 所示。

（2）管道沟深

$$V=\frac{1}{2}\left[(h_2-h_2+g)_{\text{人孔}1}+(h_1-h_2+g)_{\text{人孔}2}\right]-d'$$

其中，H- 管道沟深（m，平均埋深，不含路面厚度）；

h_1- 人孔口圈顶部高程（m）；

h_2- 管道基础顶部高程（m）；

g- 管道基础厚度（m）；

d'- 路面厚度（m）。

注：应在沟的两端分别计算后，求平均沟深，再减去路面厚度。

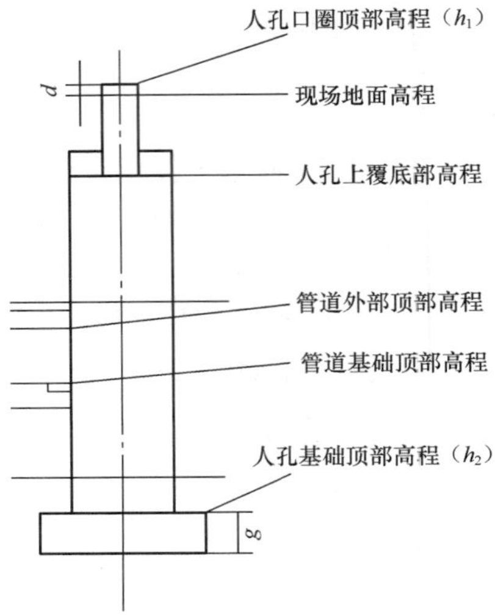

图 4-4-10　通信人孔设计示意

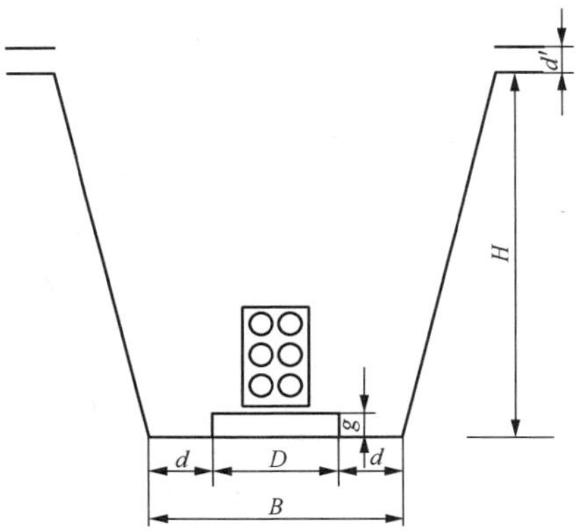

图 4-4-11　管道沟挖深示意

图 4-4-12　通信管道设计示意

4. 开挖路面面积的计算

（1）开挖管道沟路面面积（不放坡）：

$$A=BL$$

其中，A- 路面面积（m^2）；

B- 沟底宽度（m，沟底宽度 B= 管道基础宽度 D+ 施工余度 2d）；

L- 管道沟路面长度（m，两相邻人孔坑边间距）；

（2）开挖管道沟路面面积（放坡）：

$$A=(2Hi+B)L$$

其中，A- 路面面积（m^2）；

H- 沟深（m）；

B- 沟底宽度（m，沟底宽度 B= 管道基础宽度 D+ 施工余度 2d）；

i- 放坡系数（由设计按规范确定）；

L- 管道沟路面长度（两相邻人孔坑边间距）（m）。

（3）开挖人孔坑路面面积（不放坡）

人孔坑开挖土石方示意如图 4-4-13 所示。

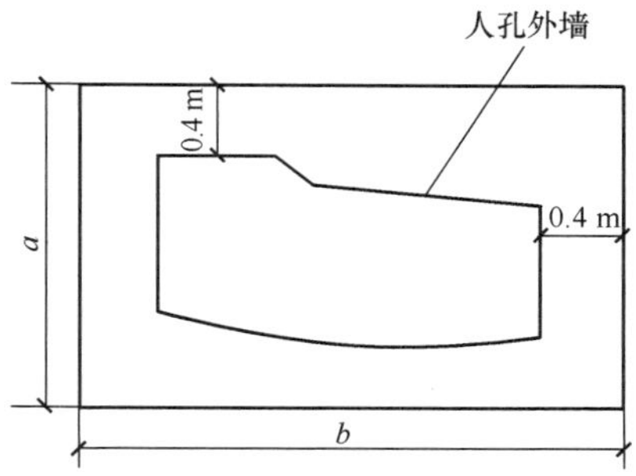

图 4-4-13 人孔开挖土石方示意

人孔坑路面面积：

$$A=ab$$

其中，A- 人孔坑面积（m^2）；

a- 人孔坑长度（m，坑底长度 = 人孔外墙长度 +0.8 m= 人孔基础长度 +0.6 m）；

b- 人孔坑底宽度（m，坑底宽度 = 人孔外墙宽度 +0.8 m= 人孔基础宽度 +0.6 m）。

（4）开挖人孔坑路面面积（放坡）：

$$A=(2Hi+a)(2Hi+b)$$

其中，A- 人孔坑路面面积（m^2）；

H- 坑深（m）；

i- 放坡系数（由设计按规范确定）；

a- 人孔坑底长度（m）；

b- 人孔坑底宽度（m）。

（5）开挖路面总面积：

总面积 = 各人孔开挖路面总和 + 各管道沟开挖路面面积总和

5. 开挖土方体积的计算

（1）挖管道沟土方体积（不放坡）：

$$V=BHL$$

其中，V- 挖管道沟体积（m^3）；

B- 沟底宽度（m）；

H- 沟深度（m，不含路面厚度）；

L- 沟长度（m，两相邻人孔坑坑口边间距）。

（2）挖管道沟土方体积（放坡）：

$$V=(Hi+B)HL$$

其中，V- 挖管道沟体积（m^3）；

H- 平均沟深度（m，不含路面厚度）；

i- 放坡系数（m，由设计按规范确定）；

B- 沟底宽度（m）；

L- 沟长度（m，两相邻人孔坑坑坡中点间距）。

（3）挖人孔坑土方体积（不放坡）：

$$V=abH$$

其中，V- 人孔坑土方体积（m^3）；

a- 坑底长度（m）；

b- 坑底宽度（m）；

H- 坑深度（m，不含路面厚度）。

（4）挖人孔坑土方体积（放坡）：

$$V=\frac{H}{3}\left[ab+(a+2Hi)(b+2Hi)+\sqrt{ab(a+Hi)(b+2Hi)}\right]$$

其中，V- 人孔坑土方体积（m^3）；

H- 人孔坑深（m，不含路面厚度）；

a- 人孔坑底长度（m）；

b- 人孔坑底宽度（m）；

i- 放坡系数。

（5）总开挖土方体积在无路面情况下

总开挖土方体积 = 各人孔开挖土方总和 + 各段管道沟开挖土方总和

6. 通信管道工程回填土（石）方体积

（通信管道工程回填土（石）方体积）=（挖管道沟土（石）方体积）+（挖人孔坑土（石）方体积）-（管道建筑体积（基础、管群、包封））-（人孔建筑体积）

按每段管道沟或每个人孔坑确定抽水工程量；段为两相邻人孔坑间的距离，人孔个数不分其大小。

7. 通信管道包封混凝土体积的计算

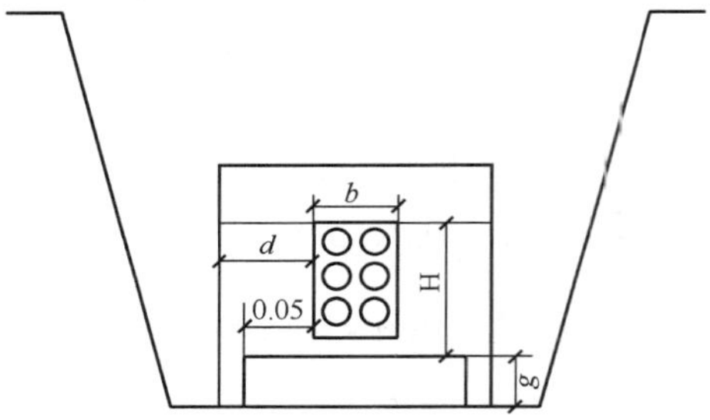

图 4-4-14　管道包封示意

（1）通信管道包封示意如图 4-4-14 所示。

（2）通信管道包封混凝土体积：

$$n=(V_1+V_2+V_3)。$$

其中：

V_1 为管道基础侧包封混凝土体积（m^3），计算公式：

$$V_1=2(d-0.05)gL$$

其中，d- 包封厚度（m）；

0.05- 基础每侧外露宽度（m）；

g- 管道基础厚度（m）；

L- 管道基础长度（m，相邻两人孔外壁间距）。

V_2 为基础以上管群侧包封混凝土体积（m^3），计算公式：

$$V_2=2dHL$$

其中，d- 包封厚度（m）；

H- 管群侧高（m）；

L- 管道基础长度（m，相邻两人孔外壁间距）。

V_3 为管道顶包封混凝土体积（m^3），计算公式：

$$V_3=(b+2d)HL$$

其中，b- 管道宽度（m）；

d- 包封厚度（m）；

L- 管道基础长度（m，相邻两人孔外壁间距）。

第五章 建设工程招标投标与工程合同管理

招标投标是一种商品交易行为，是市场经济的要求，是一种竞争性采购方式。建设工程采用招投标方式，择优选择工程承包单位和设备材料供应单位，意味着将竞争体制引入到建设工程管理体制中，打破了部门垄断和地区分隔，促使建设市场参与的各个单位都能主动的改善经营管理，提高应变能力和竞争能力，合理的确定合同价格和降低工程造价。合同管理贯穿于工程建设的全过程，在项目建设的各个阶段都必须用合同的形式约束各方的责任、权利和义务。本章将介绍建设工程招投标和建设工程合同管理的相关知识。

第一节 建设工程招标投标

一、建设工程招标投标的概念

招投标是商品经济中的一种竞争方式，通常适用于大宗交易。它的特点是由唯一的买主（或卖主）设定标的，招请若干个卖主（或买主）通过秘密报价进行竞争，从中选择优胜者与之达成交易协议，随后按协议实现标的。从交易的过程来看，招投标必然包括招标和投标两个最基本且相互对应的环节。

建设工程的招标投标是国际上广泛采用的业主择优选择工程承包商的一种交易方式，是招标人（业主）在工程项目发包之前制定招标文件，公开招引或邀请投标人（承包商），投标人根据招标文件的规定和要求编写投标文件，在指定的时间里递交投标书并当场开标，然后进行评标，择优选定并最终确定中标人的一种市场经济活动。

建设项目的招标的目的是为计划兴建的工程项目选择适当的承包商，将全部工程或其中某一部分工作委托这个（些）承包商负责完成。承包商则通过投标竞争，决定自己的生产任务和销售对象，也就是使产品得到社会的承认，从而完成生产计划并实现盈利计划。为此，承包商必须具备一定的条件，才有可能在投标竞争中获胜，为业主所选中。这些条件主要是一定的技术、经济实力和管理经验，是能胜任承包的任务、效率高、价格合理以及信誉良好。

建设项目招投标制是在市场经济条件下产生的，因而必然受竞争机制、供求机制、价格机制的制约。招投标意在鼓励竞争，防止垄断。

二、工程项目招标投标的特点

市场经济的一个重要特点，就是要充分发挥竞争机制的作用，使市场主体在平等条件下公平竞争，优胜劣汰，从而实现资源的优化配置。而招投标这种择优竞争的采购方式完全符合市场经济的上述要求，它通过事先公布采购条件和要求，众多的投标人按照同等条件进行竞争，招标人按照规定的程序从中选择中标人这一系列程序，真正实现“公开、公平、公正”的市场竞争原则。

招标投标一般具有以下特点。

（一）程序规范

在招投标活动中，从招标、评标、定标到签订合同，每个环节都有严格的程序、规则。按照目前国际惯例，招标投标程序和条件由招标人事先拟定，是在招标投标双方之间具有法律效力的规则，一般不能随意改变。当事人必须严格按既定的程序和条件进行招投标活动。

（二）编制招标、投标文件

在招标投标活动中，招标人必须编制招标文件，投标人根据招标文件编制投标文件参加投标，招标人组织评标委员会对投标文件进行评审和比较，从中选出中标人。因此，是否编制招标、投标文件，是区别招投标与其他采购方式的最主要特征之一。

（三）全方位开放，透明度高

招标的目的是在尽可能广的范围内寻找合乎要求的中标者，一般情况下，邀请供应商或承包商的参与是无限制的。招投标活动的各个环节均体现了“公开、公平、公正”的基本原则，招标人一般要在指定或选定的报刊或其他媒体刊登招标通告，邀请所有潜在的投标人参加投标；招标人提供给供应商或承包商的招标文件必须对拟采购的货物、工程或服务做出详细的说明，使供应商和承包商有共同的依据来编写投标文件；招标人事先要向供应商或承包商充分透露评价和比较投标文件以及选定中标者的标准；在提交投标文件的最后截止日公开开标；严格禁止招标人与投标人就投标文件的实质性内容单独谈判。这样，招标投标活动完全置于公开的社会监督之下，可以防止不正当的交易行为。

（四）公平、客观

招投标全过程自始至终按照事先规定的程序和条件，本着公平竞争的原则进行，在招标公告或投标邀请书发出后，任何有能力或有资格的投标者均可参加投标。招标方不得有任何歧视某一投标者的行为。同样，评标委员会在组织评标时也必须公平客观地对待每一个投标者。

（五）交易双方一次成交

一般交易往往进行多次谈判之后才能成交。工程招标则不同，在投标人递交投标文件后到确定中标人之前，招标人不得与投标人就投标价格等实质性内容进行谈判，禁止双方面对面的讨价还价。也就是说，投标者只能应邀进行一次性报价，并以此报价作为签订合同的基础。

基于以上特点，招标投标对于获取最大限度的竞争，使参与投标的供应商或承包商获得公平、公正的待遇，以及提高公共采购的透明度和客观性，促进采购资金的节约和采购效益的最大化，杜绝腐败和滥用职权，都具有至关重要的作用。

三、工程项目招标投标的基本原则

《招标投标法》规定“招标投标活动应当遵循公开、公平、公正和诚实信用的原则”。

（一）公开原则

公开原则，是指招标投标的程序要有透明度，招标人应当将招标信息公布于众，以招引投标人做出积极反应。在招标采购制度中，公开原则贯穿于整个招标投标程序中。有关招标投标的法律和程序应当公布于众。依法必须进行招标的项目的招标人采用公开招标方式的，应当通过国家指定的报刊、信息网络或者其他媒介发布招标公告。招标人须对潜在的投标人进行资格审查，应当明确资格审查的标准，国家对投标人的资格条件有规定的，依照其规定。

（二）公平原则

公平原则，是指所有投标人在招标投标活动中，机会都是平等的，所有的投标人享有同等的权利，要一视同仁，不得对投标人实行歧视待遇。

（三）公正原则

公正原则，是要求客观地按照事先公布的条件和标准对待各投标人。招标人实行资格预审的，招标人应当按照资格预审文件载明的标准和方法对潜在的投标人进行评审和比较。总之，公正原则是指对待所有的投标人的条件和标准要公正。只有这样，对各投标人才是公平的。

（四）诚实信用原则

诚实信用原则，是市场经济交易当事人应当严格遵守的道德准则。在我国，诚实信用原则是民法、合同法的一项基本原则，它是指民事主体在从事民事活动时，应当诚实守信，以善意的方式履行其义务，不得滥用权利及规避法律或者合同规定的义务。另外，诚实信用原则要求维持当事人之间的权益以及当事人权益与社会权益的平衡。

四、工程项目招标的分类和范围

从各国情况来看，由于政府及公共部门的资金主要来源于税收，因此，提高资金的使用效率是纳税人对政府和公共部门提出的必然要求。我国是以公有制为基础的社会主义国家，建设资金主要来源于国有资金，为切实保护国有资产，发挥最佳经济效益，通过立法把使用国有资金的建设项目纳入强制招标的范围，是切实保护国有资产的重要措施。

（一）工程项目招标投标的分类

工程项目招标投标，可分为整个建设过程各个阶段的全部工作，称工程建设总承包招标或全过程总体招标，或是其中某个阶段的招标，或是某一个阶段中的某一专项招标等层次。一般可分为建设项目总承包招投标、工程勘察设计招投标、工程施工招投标、工程建设项目监理招投标和货物（设备材料）招投标等。如图 5-1-1 所示。

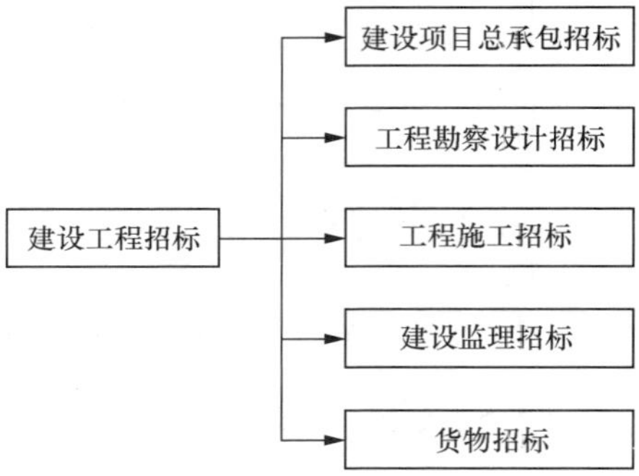

图 5-1-1　工程项目招标的分类

1. 建设项目总承包招投标又叫建设项目全过程招投标，在国外称之为“交钥匙”工程招投标。它是指从项目建议书开始，包括可行性研究、勘察设计、设备材料询价与采购、工程施工、生产准备、投料试车，直至竣工投产、交付使用全面实行招标。工程总承包单位根据建设单位（业主）所提出的工程要求，对项目建议书、可行性研究、勘察设计、设备询价选购、材料订货、工程施工、职工培训、试生产、竣工投产等实行全面报价投标。

2. 工程勘察设计招投标是指招标单位就拟建工程的勘察和设计任务发布通告，以法定方式吸引勘察单位或设计单位参加竞争，经招标单位审查获得投标资格的勘察、设计单位，按照招标文件的要求，在规定的时间内向招标单位填报投标书，招标单位从中择优确定中标单位完成工程勘察或设计任务。

3. 工程施工招投标则是针对工程施工阶段的全部工作开展的招投标，根据工程施工范围大小及专业不同，可分为全部工程招标、单项工程招标和专业工程招标等。

4. 监理招投标的标的是“监理服务”，与工程建设中其他各类招标的最大区别表现为监理单位不承担物质生产任务，只是受招标人委托对生产建设过程提供监督、管理、协调、咨询等服务。鉴于标的的特殊性，招标人选择中标人的基本原则是“基于能力的选择”，即要求投标的监理单位能最大限度满足招标项目的服务要求。

5. 货物招标是指与工程建设项目有关的重要设备、材料的招标，是业主针对设备、材料供应及设备安装调试等工作进行的招标。

（二）工程项目招标投标的范围

在我国，强制招标的范围着重于工程建设项目，而且是工程建设项目全过程，包括从勘察、设计、施工、监理到设备、材料的采购。

1.《招标投标法》规定必须招标的范围

根据《招标投标法》的规定，在中华人民共和国境内进行的下列工程项目必须进行招标。

（1）大型基础设施、公用事业等关系社会公共利益、公众安全的项目。

（2）全部或者部分使用国有资金或者国家融资的项目。

① 使用预算资金 200 万元人民币以上，并且该资金占投资额 10% 以上的项目；

② 使用国有企业事业单位资金，并且该资金占控股或者主导地位的项目。

（3）使用国际组织或者外国政府贷款、援助资金的项目。

2. 上述规定范围内的各类工程建设项目，达到下列标准之一的，必须进行招标。

（1）施工单项合同估算价在 400 万元人民币以上的；

（2）重要设备、材料等货物采购，单项合同估算价在 200 万元人民币以上的；

（3）勘察、设计、监理等服务采购，单项合同估算价在 100 万元人民币以上的。同一项目中可以合并进行的勘察、设计、施工、监理以及与工程建设有关的重要设备、材料等的采购，合同估算价合计达到前款规定标准的，必须招标。

3. 可以不进行招标的范围。

按照《招标投标法》和有关规定，属于下列情形之一的，经县级以上地方人民政府建设行政主管部门批准，可以不进行招标。

（1）涉及国家安全、国家秘密的工程；

（2）抢险救灾工程；

（3）用扶贫资金实行以工代赈、需要使用农民工等特殊情况；

（4）建筑造型有特殊要求的设计；

（5）采用特定专利技术、专有技术进行设计或施工；

（6）停建或者缓建后恢复建设的单位工程，且承包人未发生变更的；

（7）施工企业自建自用的工程，且施工企业资质等级符合工程要求的；

（8）在建工程追加的附属小型工程或者主体加层工程，且承包人未发生变更的；

（9）法律、法规、规章规定的其他情形。

五、工程项目招标投标的方式

《招标投标法》第 10 条规定，招标分为公开招标和邀请招标。

（一）公开招标

公开招标是指招标人在指定的报刊、电子网络或其他媒体上发布招标公告，吸引众多的投标人参加投标竞争，招标人从中择优选择中标单位的招标方式。公开招标是一种无限制的竞争方式，按竞争程度又可以分为国际竞争性招标和国内竞争性招标。公开招标可以保证招标人有较大的选择范围，可在众多的投标人中选定报价合理、工期较短、信誉良好的承包商，有助于打破垄断，实行公平竞争。

（二）邀请招标

邀请招标也称选择性招标或有限竞争招标，是指招标人以投标邀请书的方式邀请特定的法人或者其他组织投标，选择一定数目的法人或其他组织（不少于 3 家）。邀请招标的优点在于：经过选择的投标单位在施工经验、技术力量、经济和信誉上都比较可靠，因而一般能保证进度和质量要求。此外，参加投标的承包商数量少，因而招标时间相对缩短，招标费用也较少。

由于邀请招标在价格、竞争的公平方面仍存在一些不足之处，因此《招标投标法》规定，国家重点项目和省、自治区、直辖市的地方重点项目不宜进行公开招标的，经过批准后可以进行邀请招标。

（三）公开招标与邀请招标在招标程序上的主要区别

1. 招标信息的发布方式不同。公开招标是利用招标公告发布招标信息，而邀请招标则是采用向 3 家以上具备实施能力的投标人发出投标邀请书，请他们参与投标竞争。

2. 对投标人资格预审的时间不同。进行公开招标时，由于投标响应者较多，为了保证投标人具备相应的实施能力，以及缩短评标时间，突出投标的竞争性，通常设置资格预审程序。而邀请招标由于竞争范围小，且招标人对邀请对象的能力有所了解，不需要再进行资格预审，但评标阶段还要对各投标人的资格和能力进行审查和比较，通常称为“资格后审”。

3. 邀请的对象不同。邀请招标邀请的是特定的法人或者其他组织，而公开招标则是向不特定的法人或者其他组织邀请投标。

六、工程项目招投标对工程造价的影响

建设工程招投标制是我国建设行业和固定资产投资管理体制改革的主要内容之一，也是我国建设市场走向规范化、完善化的重要举措之一。建设工程招投标制的推行，使计划经济条件下建设任务的发包从以计划分配为主转变到以投标竞争为主，使我国发包承包方式发生了质的变化。推行招投标制，对降低工程造价，进而使工程造价得到合理控制具有非常重要的影响。这种影响主要表现在以下几方面。

（一）市场定价机制

推行招投标制基本形成了由市场定价的价格机制，使工程造价更趋于合理。推行招投标制最明显的表现是若干投标人之间出现激烈的竞争，即相互间的竞标。这种竞争最直接、最集中的表现就是在价格上的竞争。通过竞争确定工程价格，使其趋于合理，将有利于节约投资、提高投资效益。

（二）便于相互选择

推行招投标制便于供求双方更好地相互选择，使工程价格更加符合价值规律，进而更好地控制造价。在招投标过程中，由于供求双方各自的出发点不同，存在利益矛盾，因而单纯采用“一对一”的选择方式，成功的可能性较小。采用招投标方式，就可以为供求双方在较大范围内进行相互选择创造条件，为招标人与投标者在需求与供给的最佳点上提供可能。需求者（招标人）对供给者（投标人）选择的基本出发点是“择优选择”，即选择那些报价较低、工期较短、具有良好业绩和管理水平的供给者，这样便为合理控制造价奠定了基础。

（三）规范价格行为

推行招投标制有利于规范价格行为，使公开、公平、公正的原则得以贯彻。《招标投

标法》中明确规定了招投标活动，尤其是关系到国计民生的项目，必须接受行政监督部门的监督，并且规定了严格的招投标程序，同时配备专家支持系统、工程技术人员的全体评估与决策，从而可以有效避免盲目过度的竞争和营私舞弊现象的发生。对建筑领域中腐败现象也是强有力的遏制，使价格形成的过程变得较为透明而规范。

（四）减少交易费用

推行招投标制能够减少交易费用，节省人力、财力、物力，使工程造价有所降低。我国目前从招标、投标、开标、评标直至定标，均有一些法律、法规规定，2001 年 7 月，国家计委等七部委联合发布《评标委员会和评标办法暂行规定》，2013 年 4 月进行了修订，表明我国的招投标已逐渐进入制度化操作。招投标过程中，若干投标人在同一时间、地点报价竞争，通过专家评标定标，必然减少交易过程中的费用，也就意味着招标人收益的增加，对工程造价的控制必然产生积极的影响。

七、工程项目招标投标流程

工程项目招投标一般要经历招标准备阶段、招标阶段和决标成交阶段，如图 5-1-2 所示。与邀请招标相比，公开招标程序仅是在招标准备阶段多了发布招标公告、进行资格预审的内容。

（一）招标准备阶段的主要工作

招标准备阶段的工作由招标人单独完成，投标人不参与。主要工作包括以下几个方面。

1. 招标组织工作

建设项目的立项文件获得批准后，招标人需向建设行政主管部门履行建设项目报建手续。只有报建申请批准后，才可以开始项目的建设。应当招标的工程建设项目，办理报建登记手续后，凡已满足招标条件的，均可组织招标，办理招标事宜。招标人组织招标必须具有相应的组织招标的资质。

根据招标人是否具有招标资质，可以将组织招标分为两种情况。

（1）招标人自己组织招标。由于工程招标是一项经济性、技术性较强的专业民事活动，因此招标人自己组织招标，必须具备一定的条件，设立专门的招标组织，经招标投标管理机构审查合格，确认其具有编制招标文件和组织评标的能力，能够自己组织招标后，发给招标组织资质证书。招标人只有持有招标组织资质证书的，才能自己组织招标、自行办理招标事宜。

（2）招标人委托招标代理人代理组织招标、代为办理招标事宜。招标人未取得招标组织资质证书的，必须委托具备相应资质的招标代理人代理组织招标、代为办理招标事宜。这是为保证工程招标的质量和效率，适应市场经济的快速发展而采取的管理措施，也是国际上的通行做法。招标人书面委托具有相应资质的招标代理人后，就可开始组织招标、办理招标事宜。招标人委托招标代理人代理招标，必须与之签订招标代理合同（协议）。招标人自己组织招标、自行办理招标事宜或者委托招标代理人代理组织招标、代为办理招标事宜的，应当向有关行政监督部门备案。

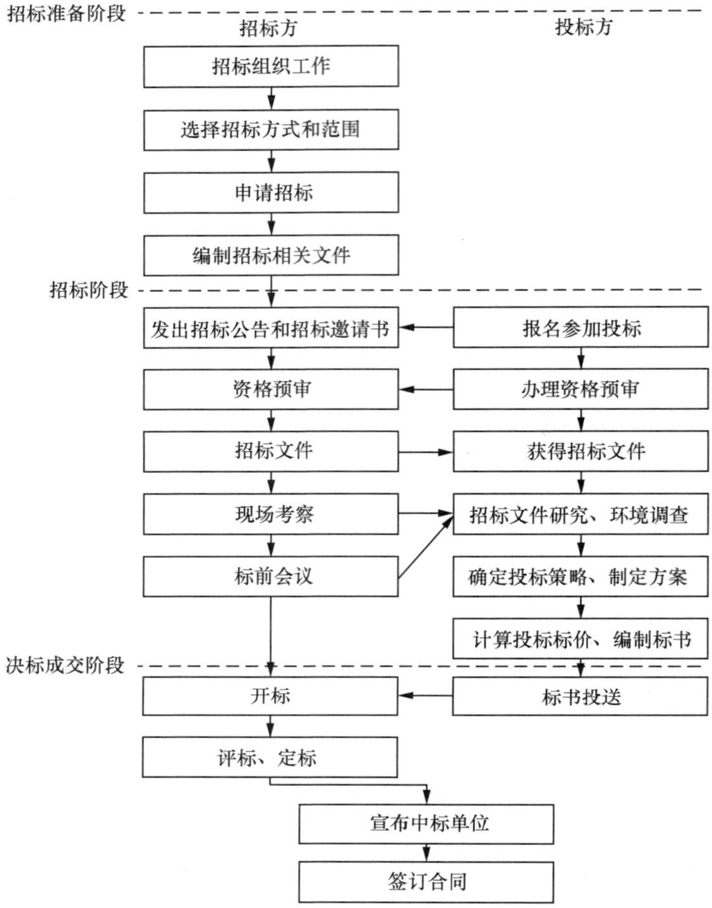

图 5-1-2 工程项目招标投标流程

2. 选择招标方式、范围

（1）根据工程特点和招标人的管理能力确定发包范围。

（2）依据工程建设总进度计划确定项目建设过程中的招标次数和每次招标的工作内容。如监理招标、设计招标、施工招标、设备供应招标等。

（3）按照每次招标前准备工作的完成情况，选择合同的计价方式。如施工招标时，已完成施工图设计的中小型工程，可采用总价合同；若为初步设计完成后的大型复杂工程，则应采用单价合同。

（4）依据工程项目的特点、招标前准备工作的完成情况、合同类型等因素的影响程度，最终确定招标方式。

3. 申请招标

招标人向建设行政主管部门办理申请招标手续。申请招标文件应说明招标工作范围，招标方式，计划工期，对投标人的资质要求，招标项目的前期准备工作的完成情况，自行招标还是委托代理招标等内容。

4. 编制招标有关文件

招标准备阶段应编制好招标过程中可能涉及的有关文件，保证招标活动的正常进行。这些文件大致包括招标公告、资格预审文件、招标文件、合同协议书以及资格预审和评标的方法。经招标投标管理机构对有关文件进行审查认定后，就可发布招标公告或发出投标邀请书。

（二）招标阶段的主要工作

公开招标时，从发布招标公告开始，若为邀请招标，则从发出投标邀请函开始，到投标截止日期为止的期间称为招标阶段。在此阶段，招标人应做好招标的组织工作，投标人则按招标有关文件的规定程序和具体要求进行投标报价竞争。招标人应当合理确定投标人编制投标文件所需的时间，自招标文件开始发出之日起到投标截止日止，最短不得少于20天。

1. 发布招标公告或者发出招标邀请书

招标人要在报刊、杂志、广播、电视等大众传媒或工程交易中心公告栏上发布招标公告。招标公告的目的是让潜在投标人获得招标信息，确定是否参与竞争。招标公告或投标邀请函的具体格式可由招标人自定，内容一般包括：招标单位名称；建设项目资金来源；工程项目概况和本次招标工作范围的简要介绍；购买资格预审文件的地点、时间和价格等有关事项。

2. 资格预审

资格预审是指工程项目正式投标前，对投标人进行的资信调查，也就是资格审查，以确定投标人是否有能力承担并完成该工程项目。资格预审对于那些不具备竞标条件、将来肯定会被淘汰的投标人来说也是有好处的，这样可使他们节省不必要的投标报价的费用。同时，资格预审也能使有能力的投标人参加投标，确保投标具有竞争性。通过评审优选出综合实力较强的投标人，再请他们参加投标竞争，以减小评标的工作量。

资格预审表是以应答方式给出的调查文件。所有申请参加投标竞争的潜在投标人都可以购买资格预审文件，由其按要求填报后作为投标人的资格预审文件。招标人向经审查合格的投标人分发招标文件及有关资料，投标人应缴纳工本费。

3. 招标文件

招标人根据招标项目特点和需要编制招标文件，它是投标人编制投标文件和报价的依据，因此应当包括招标项目的技术要求、对投标人资格审查的标准、投标报价的要求和评标标准等所有实质性要求和条件，以及拟签订合同的主要条款。

招标项目如果需要划分标段、有工期要求时，也需在招标文件中载明。招标文件通常分为投标须知、合同条件、技术规范、设计图纸和技术资料、工程量清单等几大部分内容。

招标文件发出后，招标人不得擅自变更其内容。确需进行必要的澄清、修改或补充的，应当在招标文件要求提交投标文件截止时间至少15天前，书面通知所有获得招标文件的投标人，以便于他们修改投标书。该澄清、修改或补充的内容是招标文件的组成部分，对招标人和投标人都有约束力。

4. 现场考察

招标人在投标须知规定的时间组织投标人自费进行现场考察。现场考察的主要目的是让投标人了解工程现场和周围环境情况，获取必要的信息。

5. 标前会议

标前会议，又称交底会、投标预备会。投标人研究招标文件和现场考察后会以书面形式提出某些质疑问题，招标人可以及时给予书面解答，也可以通过投标预备会进行解答，同时将解答内容送达所有获得招标文件的投标人，以保证招标的公开和公平，但不必说明问题的来源。回答问题的函件（答疑纪要）作为招标文件的组成部分，如果书面解答的问题与招标文件中的规定不一致，以函件的解答为准。经过现场踏勘和标前会议后，投标人可以着手编制投标文件。

（三）决标成交阶段的主要工作

从开标日到签订合同这一期间称为决标成交阶段，是对各投标文件进行评审比较，最终确定中标人的过程。

1. 开标

公开招标和邀请招标均应举行开标会议，体现招标的公平、公正和公开原则。开标应当在招标文件确定的提交投标文件截止时间的同一时间公开进行，开标地点应当为招标文件中预先确定的地点。所有投标人均应参加开标会议。

参加开标会议的人员，包括招标人或其代表人、招标代理人、投标人的法定代表人或其委托代理人、招标投标管理机构的监管人员和招标人自愿邀请的公证机构的人员，并可邀请项目有关主管部门、当地计划部门、经办银行等代表出席。评标委员会成员不参加开标会议。开标时投标人或其推选的代表检验投标文件的密封情况。确认无误后，如果有标底应首先公布，然后由工作人员当众拆封，宣读投标人名称、投标价格和投标文件的其他主要内容。所有在投标致函中提出的附加条件、补充声明、优惠条件、替代方案等均应宣读。开标过程应当记录，并存档备查。开标后，任何投标人都不允许更改投标书的内容和报价，也不允许再增加优惠条件。投标书经启封后不得再更改评标和定标的办法。

2. 评标

评标是对各投标书优劣的比较，以便最终确定中标人，由评标委员会负责评标工作；对投标文件进行综合评价与比较。评标应当按照招标文件确定的评标标准和方法，按照平等竞争、公开合理的原则，对投标人的报价、工期、质量、主要材料用量、施工方案或组织设计、以往业绩和履行合同的情况、社会信誉、优惠条件等方面进行综合评价和比较，并与标底进行对比分析，通过进一步查清、答辩和评审，公正合理地择优选定中标候选人。

3. 定标

确定中标人前，招标人不得与投标人就投标价格、投标方案等实质性内容进行谈判。招标人应该根据评标委员会提出的评标报告和推荐的中标候选人确定中标人，也可以授权评标委员会直接确定中标人。中标人确定后，招标人向中标人发出中标通知书，同时将中标结果通知所有未中标的投标人并退还未中标投标人的投标保证金或保函。中标通知书对招标人和中标人具有法律效力，招标人改变中标结果或中标人拒绝签订合同均要承担相应的法律责任。

中标人收到中标通知书后，招标人、中标人双方应具体协商谈判签订合同事宜，形成合同草案。合同草案一般需要先报招标投标管理机构审查。经审查后，招标人与中标人应当自中标通知书发出之日起30天内，按照招标文件和中标投标人的投标文件正式签订书面合同。招标人和中标人不得再另行订立背离合同实质性内容的其他协议。同时，双方要按照招标文件的约定相互提交履约保证金或者履约保函，招标人还要退还中标人的投标保证金。招标人如拒绝与中标人签订合同需赔偿有关损失。中标人如拒绝在规定的时间内提交履约担保和签订合同，招标人报请招标投标管理机构批准同意后取消其中标资格，按规定不退还其投标保证金，并考虑在其余投标人中重新确定中标人，与之签订合同，或重新招标。

依法必须进行招标的项目，招标人应当自确定中标人之日起15日内，向有关行政监督部门提交招标投标情况的书面报告。合同订立后，应将合同副本分送有关部门备案，以便合同受到保护和监督。至此，招投标工作全部结束。招投标工作结束后，应将有关文件资料整理归档，以备考查。

八、常用评标方法介绍

评标是遵循相关招标投标法规和要求，对投标文件进行的审查、评审和比较，是审查确定中标单位的必经程序和保护招标成功的重要环节。评标是工程招投标程序中的一项关键的工作，也是工程合同管理的开始，其目的是为招标单位选择一家报价合理、响应性好、施工方案可行、投资风险最小的合格投标单位。

评标的标准和方法在招标准备阶段制定并随招标文件一起发出，评标标准是否客观、公正、科学、规范，直接关系到工程招标投标的预期目标能否顺利实现，评标方法不仅影响到具体项目的评标结果和投资效益，而且影响到建筑工程市场的正常秩序。因此，在招标过程中选择适合的评标方法，意义重大，是招投标工作能否成功的关键。

评标工作由招标单位组织的评标委员会或评标小组秘密进行，评标委员会成员名单一般应于开标前确定，在中标结果确定前保密。评标委员会具有一定的权威性，一般由业主按照招标投标法和其他相关规定组建。评标委员会应根据招标文件规定的评标标准和方法，对投标文件进行系统的评审和比较，招标文件中没有规定的标准和方法，不得作为评标的依据；招标文件中规定的评标标准和方法应当合理，不得含有倾向或排斥潜在投标单位的内容，不得妨碍或限制投标单位之间的竞争。

最常用的评标方法包括经评审的最低投标价法和综合评估法。

（一）经评审的最低投标价法

经评审的最低投标价法要求中标单位能满足招标文件的实质性要求，并且经评审的投标报价最低，但低于成本的除外。经评审的最低投标报价法一般适用于具有通用技术、性能标准或者招标单位对其技术、性能没有特殊要求的招标项目。采用经评审的最低投标报价法时，在实质性响应招标文件的投标文件中，经评审为最低报价的投标单位，应为中标单位或应当推荐为第一中标候选单位。

1. 评审步骤

经评审的最低价法评审步骤一般包括资格预审、技术标评审和商务标评审 3 个方面。

（1）资格预审：主要是了解投标申请人的企业素质、财务状况、技术力量以及有无类似工程的施工经验等。经评审的最低价法针对的工程一般是采用通用技术、无较大技术难点的工程项目，有时在资格预审时就对投标单位的技术实力进行评审，忽略后面评标时的技术标的评审。

（2）技术标的评审：应用经评审的最低价法进行评审，主要针对投标单位的营业执照、经营范围、企业资质登记证书、施工经历、财务实力、资金状况、工期及质量承诺目标、施工组织设计的先进合理性以及企业拥有的工程技术人员、管理人员和施工机械设备等是否符合规定要求，合理甄别，筛选出技术实力强大的投标单位，然后进行投标报价比较评审。评标委员会根据招标文件确定的评标办法对各投标文件进行评审，对其中技术标确定为不合格的投标人将被淘汰，不再进行商务标的评审。

（3）商务标的重点评审：评审内容包括评标价计算；总体报价水平分析；个别成本分析和个别最低成本是否低于成本认定等。通过对投标报价的分析比选，确定经评审投标报价最低的单位，最终选择综合实力强、报价低的投标人为中标候选人。

2. 经评审的最低投标价法的特点和应用

近年来，经评审的最低投标价法深受业内单位关注，越来越多的建筑工程项目评标采用此种评标办法。经评审的最低投标价法的推广和应用显示了其较大的优越性，主要表现在以下几方面。

（1）操作简单、目标明了，可节省评标时间、提高招标工作的效率；

（2）该评标办法对招标、投标的导向性比较强，有利于促进投标单位提高项目管理水平、加强管理、降低成本、增加效益；

（3）经评审的最低评标价法对工程造价的控制作用积极有效；

（4）在招标过程中不设置标底，充分体现了公开原则和透明度原则，有利于减少“暗箱操作”现象，最大限度地遏制招标过程中的不正当行为；

（5）摒弃了繁琐的评标程序，节省了评标时间，提高招标工作效率；

（6）最大限度地消除了评标过程中的单位和人的影响。

同时，在实际操作中也反映出在具体实施过程中的一些需要改进的地方：评标过程难以量化，评标没有一个明确的标准，容易“唯价格论”。一方面，若招标文件对标书技术参数表述不准确或评标专家对技术细节的考察出现偏差，极易出现投标单位以最低价中标的现象，很多投标单位就利用这一点，先以低价中标，再通过降低标准、偷工减料、更换材料等手段将工程风险转嫁给业主，使最低价中标成为空谈；另一方面，要正确审核并选择出不低于成本价的合理最低价的投标方，其前提是评标专家对工程中的各项成本有较深的了解，然而种种原因使评标专家很难有充分根据评估投标报价是否低于工程成本价，因此，当报价中没有明显偏差时，评标专家会将最低投标报价的投标单位推荐为中标单位，这种做法实质上根本没有贯彻真正意义上的经评审的最低评标价法。另外还存在着适用范围相对狭窄，工程成本价或最低合理价难以确定，存在投标单位以低于成本价抢标的现象。而且由于工程投标报价仅是招标工程的一个静态价格，工程质量、技术方案、售后服务水平等都将对工程全寿命期的动态价格和工程效益产生影响，因此将投标价格作为唯一评价因素有较大的局限性，不适用于工程量难度较大、技术复杂的工程项目。

（二）综合评估法

综合评估法要求中标单位能够最大限度地满足招标文件中规定的各项评价标准，不宜采用经评审的最低投标价法的招标项目，一般采用综合评估法进行评审。综合评估法的基本原理是：招标单位在全面了解各个投标单位标书内容的基础上，对工程造价、施工组织设计（或施工方案）、项目经理的资历和业绩、质量目标、工期安排、信誉、业绩和先进性技术、新材料、新工艺、新设备的应用等因素进行综合评价，并逐一对各指标打分，再乘以权重后累加，确定最高得分者为中标单位，也就是说能最大限度满足招标文件规定的各项评价标准的投标单位，应当推荐为中标人。

当采用综合评估法时，由于工程项目特点不同、工程所在地环境不同、招标单位要求不同，评标方法也相应灵活多样。衡量投标文件是否最大限度地满足招标文件的各项评价标准，可以采取折算为货币、逐项打分等多种方法，需要量化的因素及其权重应当在招标文件中明确规定。

综合评估法评标一般分为两种方式：一是开标后对商务标和技术标同时展开评审；二是先评审技术标后评审商务标的两阶段评标方法，此种评标方法一般适用于有一定施工难度的项目。综合评估法的技术标可采用暗标，即要求投标文件的技术标部分不能有投标单位的任何名称、记号和暗示；开标后即对技术标作保密处理，由评标委员会成员对技术标评审后，再当众开商务标对商务标进行评审，同时公布技术标的评审结果。

第二节　建设工程合同管理

一、合同概述

（一）《中华人民共和国合同法》与合同的概念

1.《中华人民共和国合同法》

我国《宪法》规定，“国家实行社会主义市场经济”。制定统一的《中华人民共和国合同法》（以下简称《合同法》），是我国社会主义法制建设的一件大事。《合同法》是规范我国社会主义市场交易的基本法律，是民商法的重要组成部分。《合同法》中第一条明确规定了制定此法的目的："为了保护合同当事人的合法权益，为了维护社会主义经济持续发展，促进社会主义现代化建设，制定本法。"

2. 合同的概念

合同又称为"契约"。《合同法》第二条明确规定：合同是平等主体的自然人、法人、其他组织设立、变更、终止民事权利义务关系的协议。

民法中的合同有广义和狭义之分。广义的合同是指两个以上（含两个）的民事主体之间设立、变更、终止民事权利义务关系的协议；狭义的合同是指债权合同，即两个以上的民事主体之间设立、变更、终止债权债务关系的协议。广义的合同中除了民法中的债权合同之外，还包括物权合同、身份合同，以及行政法中的行政合同和劳动法中的劳动合同等。《合同法》中所指的合同是指狭义上的合同。《合同法》第二条第二款中还明确规定：婚姻、收养、监护等有关身份关系的合同，适用其他法律的规定。

总之，合同是指具有平等民事主体资格的当事人，为了达到一定的目的，经过自愿、平等、协商一致而设立、变更、终止民事权利义务关系而达成的协议。它调整合同当事人之间的法律关系，保护各自合法权益，维护社会主义市场经济秩序，保障国民经济和社会的发展。

3. 合同的法律特征

（1）合同本质上是双方一致的意思表示。有 3 层含义。

① 互相独立的当事人进行交换；

② 这种交换是建立在平等、自愿协商的基础上；

③ 合同是作为协商的结果，反映了当事人共同的真实意志。

这些特征使合同关系区别于基于命令与服从的行政关系，也是评判合同效力的基本依据。

（2）合同以设立、变更、终止民事权利义务关系为目的。

当事人订立合同都有一定的目的和宗旨，这就是说，订立合同都要发生、变更、终止民事权利义务关系。无论当事人订立合同旨在达到何种目的，只要当事人达成的协议依法成立并生效，就会对当事人产生法律约束力，当事人也必须依照法律规定享有权利和履行义务。

（3）合同双方当事人地位平等。

合同当事人，无论是自然人与法人之间、法人与其他组织之间、自然人与其他组织之间，虽然他们的性质不同，经济实力可能存在差异，但只要他们彼此以合同当事人的身份加入到合同法律关系中去，那么他们之间就处于平等互利的法律地位，任何一方当事人都不能享有任何形式的特权，或以大压小，或以小骗大等。

（4）有效合同受法律保障，具有强制执行力。

合同区别于一般的约定、约会，在于合同是一种法律行为，能产生相应的法律效果，表现为国家赋予合同强制执行力，权利必须保障，义务必须履行，当事人权利义务对等。一方当事人不履行义务时，国家依法保障受害方的利益，依其要求追究违约方的法律责任。

（二）合同的形式和内容

1. 合同的形式

合同的形式，是指当事人双方对合同的内容、条款经过协商，作出共同的意思表示的具体方式。

《合同法》第十条明确规定：当事人订立合同，有书面形式，口头形式和其他形式。法律，行政法规规定采用书面形式的，应该采用书面形式。当事人约定采用书面形式的，应当采用书面形式。

合同立法的主要宗旨就是保护交易的安全、有序和便捷，在社会活动中，采用书面合同形式更具有安全性，发生纠纷时，签有书面合同的可以此为凭。但订立书面合同时，要按特定的程序，草拟文书和合同条文，认真审查，经签字盖章后，方可具有法律效力。

《合同法》明确规定：法律，行政法规或当事人规定采用书面形式的，当事人未采用书面形式，但一方已经履行主要义务，对方接受时，该合同成立。

《合同法》明确规定：书面形式是指合同书、信件和数据电文（包括电报、电传、传真、电子数据交换和电子邮件）等可以有形地表现所记载内容的形式。

合同书是指记载合同内容的文书，合同书有标准合同书与非标准合同书之分。标准合同书指合同条款由当事人一方预先拟订，对方只能表示全部同意或者不同意的合同书；非标准合同指合同条款完全由当事人双方协商一致签订的合同书。

信件是指当事人就要约与承诺所作的意思表示的普通文字信函。信件的内容一般记载于书面纸张上，因而与通过电脑及其网络手段而产生的信件不同，后者被称为电子邮件。

数据电文是指与现代通信技术相联系，包括电报、电传、传真、电子数据交换和电子邮件等。电子数据交换是一种由电子计算机及其通信网络处理业务文件的技术，作为一种新的电子化贸易工具，又称为电子合同。

2. 合同的内容

合同的内容是指合同当事人约定的合同条款。当事人订立合同，其目的就是要设立、变更或者终止权利义务关系，必然涉及彼此的具体的权利和义务，因此，当事人只有对合同内容具体条款协商一致，合同方可成立。

《合同法》明确规定，合同的内容由当事人约定，一般包括以下条款。

（1）当事人的名称或姓名和住所；

（2）标的；

（3）数量；

（4）质量；

（5）价款或者报酬；

（6）履行的期限、地点和方式；

（7）违约责任；

（8）解决争议的方法。

当事人可以参照各类合同的示范文本订立合同。

3. 关于合同的一般条款解释

（1）当事人的名称或姓名和住所

当事人的名称或姓名是指法人和其他组织的名称或自然人的姓名，住所是指他们的主要办事机构所在地。

（2）标的

标的是指合同当事人双方权利和义务共同指向的事物，即合同法律关系的客体。标的可以是货物、劳务、工程项目或者货币等。依据合同种类的不同，合同的标的也各有不同。比如：买卖合同的标的是货物；建筑工程合同的标的是工程建设项目；货物运输合同的标的是运输劳务；借款合同的标的是货币；委托合同的标的是委托人委托受托人处理的委托事务等。

标的是合同的核心，它是合同当事人权利和义务的焦点。尽管当事人双方签订合同的主观感意向各有不同，但是必须集中在一个标的上。因此当事人双方签订合同时，首先要明确合同的标的。没有标的或者标的不明确，必然会导致合同无法履行，甚至产生纠纷。

（3）数量

数量是计算标的的尺度。它把标的定量化，以便确立合同当事人之间的权利和义务的量化指标，从而计算价款或报酬。国家颁布了在我国统一实行法定计量单位的命令，根据命令的规定，签订合同时，必须使用国家法定计量单位，做到计量标准化、规范化。如果计量单位不统一，一方面会降低工作效率，另一方面也会因发生误解而引起纠纷。

（4）质量

质量是标的物内在特殊物质属性和一定的社会属性，是标的物性质差异的具体特征。它是标的物价值和使用价值的集中表现，并决定着标的物的经济效益和社会效益，还直接关系到生产安全和人身健康等。因此，当事人签订合同时，必须对标的物的质量作出明确的规定。标的物的质量，有国家标准的按国家标准签订；没有国家标准但有行业标准的按行业标准签订，或者有地方标准的按地方标准签订；如果标的物是没有上述标准的新产品时，可按企业新产品鉴定的标准（如产品说明书、合格证载明的），写明相应的质量标准。国家鼓励企业采用国际质量标准。

（5）价款或者报酬

价款通常是指当事人一方为取得对方出让的标的物，而支付给对方一定数额的货币；报酬通常是指当事人一方为对方提供劳务、服务等，从而向对方收取一定数额的货币报酬。在建立社会主义市场经济过程中，当事人签订合同时，应接受有关部门的监督，不得违反有关规定，扰乱社会经济秩序。

（6）履行期限、地点和方式

① 履行期限。是指当事人交付标的和支付价款或报酬的日期，也就是依据合同的约定，权利人要求义务人履行义务的请求权发生的时间。合同履行期限是一项重要条款，当事人必须写明具体的履行起止日期，避免因履行期限不明确而产生纠纷。倘若合同当事人在合同中没有约定履行期限，只能按照有关规定处理。

② 履行地点。是指当事人交付标的和支付价款或报酬的地点。它包括标的的交付、提取地点；服务、劳务或工程项目建设的地点；价款或报酬结算的地点等。合同履行地也是

一项重要条款，它不仅关系到当事人实现权利和承担义务的发生地，还关系到人民法院受理合同纠纷案件的管辖地问题。因此，合同当事人双方签订合同时，必须将履行地点写明，并且要写得具体、准确，以免发生差错而引起纠纷。

③ 履行方式。是指合同当事人双方约定以哪种方式转移标的物和结算价款，履行方式应视所签订的合同的类别而定。例如，买卖货物、提供服务、完成工作合同，其履行方式均有所不同。此外，在某些合同中还应当写明包装、结算等方式，以便合同的完善履行。

（7）违约责任

违约责任是指合同当事人约定一方或双方不履行或不完全履行合同义务时，必须承担的法律责任。违约责任包括支付违约金、偿付赔偿金以及发生意外事故的处理等其他责任。法律有规定责任范围的按规定处理；法律没有规定责任范围的，由合同当事人双方协商议定办理。违约责任条款是一项非常重要又往往被人们忽视的条款，它对合同当事人正常履行合同具有法律保障作用，是一项制裁性条款，因而对当事人履行合同具有约束力。当事人签订合同时必须写明违约责任，否则主管机关不予登记、公证机构不予公证。

（8）解决争议的方法

解决争议的方法是指合同当事人选择解决合同纠纷的方式、地点等。根据我国法律的有关规定，当事人解决合同争议时，实行"或仲裁或审制"，即当事人可以在和合同中约定选择仲裁机构或人民法院解决争议，当事人可以就仲裁机构或审判机关的管辖进行议定选择。当事人如果在合同中既没有约定仲裁条款，事后又没有达成新的仲裁协议，那么当事人只能通过诉讼的途径解决合同纠纷。但是如果一旦选定仲裁，仲裁实行的是一裁终局制度。所谓一裁终局制度是指当事人之间的纠纷，一经仲裁审理和裁决即告终结，该裁决具有终局的法律效力。裁决作出后，当事人就同一纠纷再申请仲裁或者向人民法院起诉的，仲裁委员会或者人民法院不予受理。如果当事人一方不履行裁决的，另一方当事人可以依照《民事诉讼法》的有关规定向人民法院申请执行。

（三）合同示范文本与格式条款合同

1. 合同示范文本

《合同法》明确规定当事人可以参照各类合同的示范文本订立合同。合同示范文本是指由一定机关事先拟定的对当事人订立相关合同起示范作用的合同文本。此类合同文本中的合同条款有些内容是拟定好的，有些内容是没有拟定而需要当事人双方协商一致填写的。合同的示范文本只对当事人订立合同时起参考作用，因此，合同示范文本与格式条款合同不同。

2. 格式条款合同

格式条款合同是指合同当事人一方（例如，某些垄断性企业）为了重复使用而事先拟定出一定格式的文本。文本中的合同条款在未与另一方协商一致的前提下已经确定且不可更改。《合同法》为了维护公平原则，确保格式条款合同文本中相对人的合法权益，对格式条款合同作了专门的限制性规定。

（1）采用格式条款订立合同的，提供格式条款的一方应当遵循公平原则，确定当事人之间的权利和义务，并采取合理的方式提请对方注意免除或者限制其责任的条款，应按照对方的要求，对该条款予以说明。

（2）格式条款合同中具有《合同法》第五十二条和第五十三条规定情形的，或者提供格式条款合同一方免除其责任、加重对方责任、排除对方主要权利的，该条款无效。

（3）对格式条款的理解发生争议的，应当按照通常理解予以解释。对格式条款有两种以上解释的，应当作出不利于提供格式条款合同一方的解释。格式条款和非格式条款不一致的，应当采用非格式条款。

二、建设工程涉及的主要合同关系

工程建设是一个极为复杂的社会生产过程，它分别经历可行性研究、勘察设计、工程施工和运行等阶段；有建筑、土建、水电、机械设备、通信等专业设计和施工活动；需要各种材料、设备、资金和劳动力的供应。由于现代社会化大生产和专业化分工，许多单位会参与到工程建设之中，一个稍大一点的工程项目其参加单位就有十几个、几十个，甚至成百上千个，它们之间形成各式各样的经济关系。而各类合同则是维系这些参与单位之间关系的纽带，所以就有各式各样的合同，形成一个复杂的合同体系。在建设工程项目合同体系中，业主和承包商是两个最主要的节点。

（一）业主的主要合同关系

业主作为工程的所有者，它可能是政府、企业、其他投资者，或几个企业的组合（合资或联营），或政府与企业的组合（例如合资项目，BOT 项目）。

业主根据对工程的需求，确定工程项目的总目标。工程总目标是通过许多工程活动的实施实现的，如工程的勘察、设计、各专业工程施工、设备和材料供应、咨询（可行性研究、技术咨询、招标工作）与项目管理等工作。业主通过签订合同将建设工程项目寿命期内有关活动委托给相应的专业承包单位或专业机构，以实施项目，实现项目的总目标。按照不同的项目实施策略，业主签订的合同种类和形式是丰富多彩的，签订合同的数量变化也很大。

1. 工程承包合同

工程承包合同是任何一个建设工程项目所必需的合同。业主采用的承发包模式不同，决定了不同类别的工程承包合同。业主通常签订的工程承包合同主要有以下几种类型。

（1）“设计—采购—施工”总承包合同（EPC 承包合同）。是指业主将建设工程项目的设计、设备与材料采购、施工任务全部发包给一个承包商。业主仅面对一个工程承包商。

（2）工程施工合同。是指业主将建设工程项目的施工任务发包给一家或者多家承包商。根据其所包括的工作范围不同，工程施工合同又可分为以下 3 种类型。

① 施工总承包合同。是指业主将建设工程项目的施工任务全部发包给一家承包商，包括土建工程施工和机电设备安装等。

② 单位工程施工承包合同。业主可以将专业性很强的单位工程（如土木工程施工、电气与机械工程施工等）分别委托给不同的承包商。这些承包商之间为平行关系。

③ 特殊专业工程施工合同，例如管道工程、土方工程、桩基础工程等的施工合同。

2. 工程勘察合同

工程勘察合同是指业主与工程勘察单位签订的合同。

3. 工程设计合同

工程设计合同是指业主与工程设计单位签订的合同。

4. 供应合同

对由业主负责提供的材料和设备，它必须与有关的材料和设备供应单位签订供应（采购）合同。在一个工程中，业主可能签订许多供应合同，也可以把材料供应委托给工程承包商，把整个设备供应委托给一个成套设备供应企业。

5. 项目管理合同

在现代工程中，项目管理的模式是丰富多彩的。如业主自己管理，或聘请工程师管理，或业主代表与工程师共同管理，或采用 CM 模式。项目管理合同的工作范围可能有可行性研究、设计监理、招标代理、造价咨询和施工监理等某一项或几项，或全部工作，即由一个项目管理公司负责整个项目管理工作。

6. 借贷合同

借贷合同是指业主为了筹集项目建设资金的不足部分，以及为了解决工程前期资金的紧张与金融机构签订的合同。

7. 其他合同

如业主与保险公司签订的工程保险合同、土地使用权出让和转让合同以及房屋预售、销售和租赁合同等。

（二）承包商的主要合同关系

承包商是工程承包合同的执行者，完成承包合同所确定的工程范围的设计、施工、竣工和保修任务，为完成这些工程提供劳动力、施工设备、材料和管理人员。任何承包商都不可能，也不必具备承包合同范围内所有专业工程的施工能力、材料和设备的生产和供应能力，它同样必须将许多专业工程或工作委托出去。所以承包商常常又有自己复杂的合同关系。

1. 工程分包合同

工程分包合同是指承包商为将工程承包合同中某些专业工程施工交由另一承包商（分包商）完成而与其签订的合同。承包商在承包合同下可能订立许多工程分包合同，分包商仅对承包商负责，与业主没有合同关系。承包商向业主担负全部工程责任，负责工程的管理和所属各分包商工作之间的协调，以及各分包商之间合同责任界面的划分，同时承担协调失误造成损失的责任。

2. 采购合同

承包商为获得工程所必需的设备、材料，需要与设备、材料供应商签订采购合同。

3. 运输合同

运输合同是指承包商为解决所采购设备、材料的运输问题而与运输单位签订的合同。

4. 加工合同

承包商将建筑构配件、特殊构件的加工任务委托给加工单位时，需要与其签订加工合同。

5. 租赁合同

在建筑工程中承包商需要许多施工设备、运输设备、周转材料。当有些设备、周转材料在现场使用率较低，或承包商不具备自己购置设备的资金实力时，可以采用租赁方式，与租赁单位签订租赁合同。

6. 劳务分包合同

劳务分包合同是指承包商与劳务供应商签订的合同。

7. 保险合同

承包商按照法律法规及工程承包合同要求进行投保时，需要与工程保险公司签订保险合同。

在主合同范围内承包商签订的这些合同被称为分合同。它们都与工程承包合同相关，都是为了完成承包合同责任而签订的。

（三）其他合同关系

在实际工程中还可能有以下几种合同关系。

1. 设计单位、各供应单位也可能存在各种形式的分包。

2. 如果承包商承担工程（或部分工程）的设计（如“设计—采购—施工”总承包），则它有时也必须委托设计单位，签订设计合同。

3. 如果工程付款条件苛刻，要求承包商带资承包，它也必须借款，与金融单位订立借（贷）款合同。

4. 在许多大工程中，尤其是业主要求总承包的工程中，承包商经常是几个企业的联营体，即联营承包。若干家承包商（最常见的是设备供应商、土建承包商、安装承包商、勘察设计单位）之间订立联营承包合同，联合投标，共同承接工程。联营承包已成为许多承包商经营战略之一，国内外工程中很常见。

5. 在一些大工程中，工程分包商也需要材料和设备的供应，也可能租赁设备，委托加工，需要材料和设备的运输，需要劳务。所以它又有自己复杂的合同关系。

（四）建设工程勘察、设计、施工合同

根据我国《合同法》，建设工程合同是指承包人进行工程建设，发包人支付价款的合同。

建设工程合同主要包括工程勘察、设计、施工合同。

发包人可以与总承包人订立建设工程合同，也可以分别与勘察人、设计人、施工人订立勘察、设计、施工承包合同。发包人不得将应当由一个承包人完成的建设工程肢解成若干部分发包给几个承包人。

总承包人或者勘察、设计、施工承包人经发包人同意，可以将自己承包的部分工作交由第三人完成。第三人就其完成的工作成果与总承包人或者勘察、设计、施工承包人向发包人承担连带责任。承包人不得将其承包的全部建设工程转包给第三人，或者将其承包的全部建设工程肢解以后以分包的名义分别转包给第三人。

1. 建设工程勘察、设计合同

（1）工程勘察、设计合同的内容。

工程勘察、设计合同的内容包括提交有关基础资料和文件（包括概（预）算）的期限、质量要求、费用以及其他协作条件等条款。

（2）发包人的责任。

因发包人变更计划，提供的资料不准确，或者未按照期限提供必需的勘察、设计工作条件而造成勘察、设计的返工、停工或者修改设计，发包人应当按照勘察人、设计人实际消耗的工作量增付费用。

（3）勘察、设计人的责任。

勘察、设计的质量不符合要求或者未按照期限提交勘察、设计文件拖延工期，造成发包人损失的，勘察人、设计人应当继续完善勘察、设计，减收或者免收勘察、设计费并赔偿损失。

2. 建设工程施工合同

（1）工程施工合同的内容。

工程施工合同的内容包括工程范围、建设工期、中间交工工程的开工和竣工时间、工程质量、工程造价、技术资料交付时间、材料和设备供应责任、拨款和结算、竣工验收、质量保修范围和质量保证期、双方相互协作等条款。

（2）发包人的权利和义务

① 发包人在不妨碍承包人正常作业的情况下，可以随时对作业进度、质量进行检查。

② 因施工人的原因致使建设工程质量不符合约定的，发包人有权要求施工人在合理期限内无偿修理或者返工、改建。经过修理或者返工、改建后，造成逾期交付的，施工人应当承担违约责任。

③ 因发包人的原因致使工程中途停建、缓建的，发包人应当采取措施弥补或者减少损失，赔偿承包人因此造成的停工、窝工、倒运、机械设备调迁、材料和构件积压等损失和实际费用。

④ 建设工程竣工后，发包人应当根据施工图纸及说明书、国家颁发的施工验收规范和质量检验标准及时进行验收。验收合格的，发包人应当按照约定支付价款，并接收该建设工程。建设工程竣工经验收合格后，方可交付使用；未经验收或者验收不合格的，不得交付使用。

（3）承包人的权利和义务

① 隐蔽工程在隐蔽以前，承包人应当通知发包人检查。发包人没有及时检查的，承包人可以顺延工程日期，并有权要求赔偿停工、窝工等损失。

② 因承包人的原因致使建设工程在合理使用期限内造成人身和财产损害的，承包人应当承担损害赔偿责任。

③ 发包人未按照约定的时间和要求提供原材料、设备、场地、资金、技术资料的，承包人可以顺延工程日期，并有权要求赔偿停工、窝工等损失。

④ 发包人未按照约定支付价款的，承包人可以催告发包人在合理期限内支付价款。发包人逾期不支付的，除按照建设工程的性质不宜折价、拍卖的以外，承包人可以与发包人协议将该工程折价，也可以申请人民法院将该工程依法拍卖。建设工程的价款就该工程折价或者拍卖的价款优先受偿。

三、建设工程合同的类型及其选择

（一）建设工程合同的类型

按计价方式不同，建设工程合同可以划分为总价合同、单价合同和成本加酬金合同3大类。工程勘察、设计合同一般为总价合同，工程施工合同则根据招标准备情况和建设工程项目的特点不同，可选用其中的任何一种。以下仅以工程施工承包为例，说明总价合同、单价合同和成本加酬金合同的特点。

（二）总价合同

所谓总价合同，是指根据合同规定的工程施工内容和有关条件，业主应付给承包商的款额是一个规定的金额，即明确的总价。总价合同也称作总价包干合同，即根据施工招标时的要求和条件，当施工内容和有关条件不发生变化时，业主付给承包商的价款总额就不发生变化。

总价合同又分为固定总价合同和可调总价合同。

1. 固定总价合同

承包商按投标时业主接受的合同价格一笔包死。在合同履行过程中，如果业主没有要求变更原定的承包内容，承包商在完成承包任务后，不论其实际成本如何，均应按合同价获得工程款的支付。

固定总价合同的价格计算是以图纸及规定、规范为基础，工程任务和内容明确，业主的要求和条件清楚，合同总价一次包死，固定不变，即不再因为环境的变化和工程量的增减而变化。在这类合同中，承包商承担了全部的工作量和价格的风险。因此，承包商在报价时应对一切费用的价格变动因素以及不可预见因素都做充分的估计，并将其包含在合同价格之中。

在国际上，这种合同被广泛接受和采用，因为有比较成熟的法规和先例的经验；对业主而言，在合同签订时就可以基本确定项目的总投资额，对投资控制有利；在双方都无法预测的风险条件下和可能有工程变更的情况下，承包商承担了较大的风险，业主的风险较小。但是，工程变更和不可预见的困难也常常引起合同双方的纠纷或者诉讼，最终导致其他费用的增加。

当然，在固定总价合同中还可以约定，在发生重大工程变更、累计工程变更超过一定幅度或者其他特殊条件下可以对合同价格进行调整。因此，需要定义重大工程变更的含义、累计工程变更的幅度以及什么样的特殊条件才能调整合同价格，以及如何调整合同价格等。

采用固定总价合同，双方结算比较简单，但是由于承包商承担了较大的风险，因此报价中不可避免地要增加一笔较高的不可预见风险费。承包商的风险主要有两个方面：一是价格风险，二是工作量风险。价格风险有报价计算错误、漏报项目、物价和人工费上涨等；工作量风险有工程量计算错误、工程范围不确定、工程变更或者由于设计深度不够所造成的误差等。

采用固定总价合同时，承包商要考虑承担合同履行过程中的主要风险，因此，投标报价较高。固定总价合同的适用条件一般为以下几种。

（1）工程招标时的设计深度已达到施工图设计的深度，合同履行过程中不会出现较大的设计变更，以及承包商依据的报价工程量与实际完成的工程量不会有较大差异；

（2）工程规模较小，技术不太复杂的中小型工程或承包工作内容较为简单的工程部位。这样，可以使承包商在报价时能够合理地预见到实施过程中可能遇到的各种风险；

（3）工程合同期较短（一般为一年之内），双方可以不必考虑市场价格浮动可能对承包价格的影响。

2. 可调总价合同

这类合同与固定总价合同基本相同，但合同期较长（一年以上），只是在固定总价合同的基础上，增加合同履行过程中因市场价格浮动对承包价格调整的条款。由于合同期较长，承包商不可能在投标报价时合理地预见一年后市场价格的浮动影响，因此，应在合同内明确约定合同价款的调整原则、方法和依据。常用的调价方法有文件证明法、票据价格调整法和公式调价法。

可调总价合同，合同价格是以图纸及规定、规范为基础，按照时价进行计算，得到包括全部工程任务和内容的暂定合同价格。它是一种相对固定的价格，在合同执行过程中，由于通货膨胀等原因而使所使用的工、料成本增加时，可以按照合同约定对合同总价进行相应的调整。当然，一般由于设计变更、工程量变化和其他工程条件变化所引起的费用变化也可以进行调整。因此，通货膨胀等不可预见因素的风险由业主承担，对承包商而言，其风险相对较小，但对业主而言，不利于其进行投资控制，突破投资的风险就增大了。

根据《建设工程施工合同（示范文本）》，合同双方可约定，在以下条件下可对合同价款进行调整。

（1）法律、行政法规和国家有关政策变化影响合同价款。

（2）工程造价管理部门公布的价格调整。

（3）一周内非承包人原因停水、停电、停气造成的停工累计超过 8 h。

（4）双方约定的其他因素。

由上述可知，采用总价合同时，对承、发包工程的内容及其各种条件都应基本清楚、明确，否则，承、发包双方都有蒙受损失的风险。因此，一般是在施工图设计完成，施工任务和范围比较明确，业主的目标、要求和条件都清楚的情况下才采用总价合同。但对业主来说，由于设计花费时间长，因而开工时间较晚，开工后的变更容易带来索赔，而且在设计过程中也难以吸收承包商的建议。

总价合同有以下 7 个特点。

① 发包单位可以在报价竞争状态下确定项目的总造价，可以较早确定或者预测工程成本。

② 业主的风险较小，承包人将承担较多的风险。

③ 评标时易于迅速确定最低报价的投标人。

④ 在施工进度上能极大地调动承包人的积极性。

⑤ 发包单位能更容易、更有把握地对项目进行控制。

⑥ 必须完整而明确地规定承包人的工作。

⑦ 必须将设计和施工方面的变化控制在最小限度内。

总价合同和单价合同有时在形式上很相似，例如，在有的总价合同的招标文件中也有工程量表，也要求承包商提出各分项工程的报价，与单价合同在形式上很相似，但两者在性质上是完全不同的。总价合同是总价优先，承包商报总价，双方商讨并确定合同总价，最终也按总价结算。

（三）单价合同

当施工发包的工程内容和工程量一时尚不能十分明确、具体地予以规定时，则可以采用单价合同形式，即根据计划工程内容和估算工程量，在合同中明确每项工程内容的单位价格（如每米、每平方米或者每立方米的价格），实际支付时则根据每一个子项的实际完成工程量乘以该子项的合同单价计算该项工作的应付工程款。承包商所填报的单价应为计及各种摊销费用后的综合单价，而非直接费单价。

单价合同的特点是单价优先，例如 FIDIC 土木工程施工合同中，业主给出的工程量清单表中的数字是参考数字，而实际工程款则按实际完成的工程量和合同中确定的单价计算。虽然在投标报价、评标以及签订合同中，人们常常注重总价格，但在工程款结算中单价优先，对于投标书中明显的数字计算错误，业主有权力先作修改再评标，当总价和单价的计算结果不一致时，以单价为准调整，但单价金额小数点有明显错误的除外。

由于单价合同允许随工程量变化而调整工程总价，业主和承包商都不存在工程量方面的风险，因此对合同双方都比较公平。另外，在招标前，发包单位无需对工程范围作出完整的、详尽的规定，从而可以缩短招标准备时间，投标人也只需对所列工程内容报出自己的单价，从而缩短投标时间。

采用单价合同对业主的不足之处是，业主需要安排专门力量来核实已经完成的工程量，需要在施工过程中花费不少精力，协调工作量大。另外，用于计算应付工程款的实际工程量可能超过预测的工程量，即实际投资容易超过计划投资，对投资控制不利。

单价合同又分为固定单价合同和变动单价合同。

固定单价合同条件下，无论发生哪些影响价格的因素都不对单价进行调整，因而对承包商而言就存在一定的风险。当采用变动单价合同时，合同双方可以约定一个估计的工程量，当实际工程量发生较大变化时可以对单价进行调整，同时还应该约定如何对单价进行调整；当然也可以约定，当通货膨胀达到一定水平或者国家政策发生变化时，可以对哪些工程内容的单价进行调整以及如何调整等。因此，承包商的风险就相对较小。

在工程实践中，采用单价合同有时也会根据估算的工程量计算一个初步的合同总价，作为投标报价和签订合同之用。但是，当上述初步的合同总价与各项单价乘以实际完成的工程量之和发生矛盾时，则以后者为准，即单价优先。实际工程款支付也将以实际完成工程量乘以合同单价进行计算。

单价合同大多用于工期长、技术复杂、实施过程中发生各种不可预见因素较多的大型土建工程，以及业主为了缩短工程建设周期，初步设计完成后就进行施工招标的工程。单价合同的工程量清单内所开列的工程量为估计工程量，而非准确工程量。

单价合同较为合理地分担了合同履行过程中的风险。因为承包商据以报价的清单工程量为初步设计估算的工程量，如果实际完成工程量与估计工程量有较大差异时，采用单价合同可以避免业主过大的额外支出或承包商的亏损。此外，承包商在投标阶段不可能合理准确预见的风险可不必计入合同价内，有利于业主取得较为合理的报价。单价合同按照合同工期的长短，也可以分为固定单价合同和可调价单价合同两类，调价方法与总价合同的调价方法相同。

（四）成本加酬金合同

成本加酬金合同也称为成本补偿合同，这是与固定总价合同正好相反的合同，工程施工的最终合同价格将按照工程的实际成本再加上一定的酬金进行计算。在合同签订时，工程实际成本往往不能确定，只能确定酬金的取值比例或者计算原则。

采用这种合同，承包商不承担任何价格变化或工程量变化的风险，这些风险主要由业主承担，对业主的投资控制很不利。而承包商则往往缺乏控制成本的积极性，常常不仅不愿意控制成本，甚至还会期望提高成本以提高自己的经济效益，因此这种合同容易被那些不道德或不称职的承包商滥用，从而损害工程的整体效益。所以，应该尽量避免采用这种合同。

1. 成本加酬金合同特点

成本加酬金合同是将工程项目的实际造价划分为直接成本费和承包商完成工作后应得酬金两部分。工程实施过程中发生的直接成本费由业主实报实销，另按合同约定的方式付给承包商相应报酬。

成本加酬金合同大多适用于边设计、边施工的紧急工程或灾后修复工程。由于在签订合同时，业主还不可能为承包商提供用于准确报价的详细资料，因此，在合同中只能商定酬金的计算方法。在成本加酬金合同中，业主需承担工程项目实际发生的一切费用，因而也就承担了工程项目的全部风险。而承包商由于无风险，其报酬往往也较低。

对业主而言，这种合同形式有以下几种优点。

（1）可以通过分段施工缩短工期，而不必等待所有施工图完成才开始招标和施工。

（2）可以减少承包商的对立情绪，承包商对工程变更和不可预见条件的反应会比较积极和快捷。

（3）可以利用承包商的施工技术专家，帮助改进或弥补设计中的不足。

（4）业主可以根据自身力量和需要，较深人地介入和控制工程施工和管理。

（5）也可以通过确定最大保证价格，约束工程成本不超过某一限值，从而转移一部分风险。

对承包商来说，这种合同比固定总价的风险低，利润比较有保证，因而比较有积极性。其缺点是合同的不确定性，由于设计未完成，无法准确确定合同的工程内容、工程量以及合同的终止时间，有时难以对工程计划进行合理安排。

2. 成本加酬金合同的形式

按照酬金的计算方式不同，成本加酬金合同的形式有成本加固定酬金合同、成本加固定百分比酬金合同、成本加浮动酬金合同和目标成本加奖罚合同等。

（1）成本加固定酬金合同。

根据双方讨论同意的工程规模、估计工期、技术要求、工作性质及复杂性、所涉及的风险等来考虑确定一笔固定数目的报酬金额作为管理费及利润，对人工、材料、机械台班等直接成本则实报实销。如果设计变更或增加新项目，当直接费超过原估算成本的一定比例时，固定的报酬也要增加。在工程总成本一开始估计不准，可能变化不大的情况下，可采用此合同形式，有时可分几个阶段谈判付给固定报酬。这种方式虽然不能鼓励承包商降低成本，但为了尽快得到酬金，承包商会尽力缩短工期。有时也可在固定费用之外根据工程质量、工期和节约成本等因素，给承包商另加奖金，以鼓励承包商积极工作。

（2）成本加固定百分比酬金合同。

工程成本中直接费加一定比例的报酬费，报酬部分的比例在签订合同时由双方确定。这种方式的报酬费用总额随成本加大而增加，不利于缩短工期和降低成本。一般在工程初期很难描述工作范围和性质，或工期紧迫，无法按常规编制招标文件招标时采用。

（3）成本加浮动酬金合同。

奖金是根据报价书中的成本估算指标制定的，在合同中对这个估算指标规定一个底点和顶点，分别为工程成本估算的 60% ～ 85% 和 110% ～ 135%。承包商在估算指标的顶点以下完成工程则可得到奖金，超过顶点则要对超出部分支付罚款。如果成本在底点之下，则可加大酬金值或酬金百分比。采用这种方式通常规定，当实际成本超过顶点对承包商罚款时，最大罚款限额不超过原先商定的最高酬金值。在招标时，当图纸、规范等准备不充分，不能据以确定合同价格，而仅能制定一个估算指标时，可采用这种形式。

（4）目标成本加奖罚合同。

在工程成本总价合同基础上加固定酬金费用的方式，即当设计深度达到可以报总价的深度，投标人报一个工程成本总价（目标成本）和一个固定的酬金（包括各项管理费、风险费和利润）。如果实际成本超过合同中规定的目标成本，由承包商承担所有的额外费用，若实施过程中节约了成本，节约的部分归业主，或者由业主与承包商分享，在合同中要确定节约分成比例。

（五）建设工程合同类型的选择

在传统承包模式下，不同计价方式的合同比较见表 5-2-1。

以施工合同为例，建设工程施工合同的形式繁多、特点各异，业主应综合考虑以下因素选择不同计价模式的合同。

表 5-2-1　合同类型比较

<table>
<tr><th rowspan="2">合同类型</th><th rowspan="2">总价合同</th><th rowspan="2">单价合同</th><th colspan="4">成本加酬金合同</th></tr>
<tr><th>成本加
百分比酬金</th><th>成本加
固定酬金</th><th>成本加
浮动酬金</th><th>成本加奖罚</th></tr>
<tr><td>应用范围</td><td>广泛</td><td>广泛</td><td colspan="3">有局限性</td><td>酌情</td></tr>
<tr><td>业主方造价控制</td><td>易</td><td>较易</td><td>最难</td><td>难</td><td>不易</td><td>有可能</td></tr>
<tr><td>承包商风险</td><td>风险大</td><td>风险小</td><td colspan="2">基本无风险</td><td>风险不大</td><td>有风险</td></tr>
</table>

1. 工程项目的复杂程度

规模大且技术复杂的工程项目，承包风险较大，各项费用不易准确估算，因而不宜采用固定总价合同。最好是有把握的部分采用总价合同，估算不准的部分采用单价合同或成本加酬金合同。有时，在同一工程项目中采用不同的合同形式，是业主和承包商合理分担施工风险因素的有效办法。

2. 工程项目的设计深度

施工招标时所依据的工程项目设计深度，经常是选择合同类型的重要因素。招标图纸和工程量清单的详细程度能否使投标人进行合理报价，取决于已完成的设计深度。表 5-2-2 中列出了不同设计阶段与合同类型的选择关系。

表 5-2-2　合同类型选择参考

合同类型	设计阶段	设计主要内容	设计应满足的条件
总价合同	施工图设计	1. 详细的设备清单 2. 详细的材料清单 3. 施工详图 4. 施工图预算 5. 施工组织设计	1. 设备、材料的安排 2. 非标准设备的制造 3. 施工图预算的编制 4. 施工组织设计的编制 5. 其他施工要求
单价合同	技术设计	1. 较详细的设备清单 2. 较详细的材料清单 3. 工程必须的设计内容 4. 修正概算	1. 设计方案中重大技术问题的要求 2. 有关试验方面确定的要求 3. 有关设备制造方面的要求
成本加酬金合同或单价合同	初步设计	1. 总概算 2. 设计依据、指导思想 3. 建设规模 4. 主要设备选型和配置 5. 主要材料需求量 6. 主要建筑物、构筑物型式和估计工程量 7. 公共辅助设施 8. 主要技术经济指标	1. 主要材料、设备订购 2. 项目总造价控制 3. 技术设计的编制 4. 施工组织设计的编制

3. 工程施工技术的先进程度

如果工程施工中有较大部分采用新技术和新工艺，当业主和承包商在这方面过去都没有经验，且在国家颁布的标准、规范、定额中又没有可作为依据的标准时，为了避免投标人盲目地提高承包价款，或由于对施工难度估计不足而导致承包亏损，不宜采用固定价合同，而应选用成本加酬金合同。

4. 工程施工工期的紧迫程度

有些紧急工程（如灾后恢复工程等）要求尽快开工且工期较紧时，可能仅有实施方案，还没有施工图纸，因此，承包商不可能报出合理的价格，宜采用成本加酬金合同。

对于一个建设工程项目而言，究竟采用何种合同形式不是固定不变的。即使在同一个工程项目中，各个不同的工程部分或不同阶段，也可以采用不同类型的合同。在划分标段、进行合同策划时，应根据实际情况，综合考虑各种因素后再作出决策。

第六章 工程量清单及清单计价

工程量清单计价方式，是在建设工程招投标中，招标人自行或委托具有资质的中介机构编制反映工程实体消耗和措施性消耗的工程量清单，并作为招标文件的一部分提供给投标人，由投标人依据工程量清单自主报价的计价方式。在工程招标中采用工程量清单计价是国际上较为通行的做法。本章结合《建设工程工程量清单计价规范》（GB 50500-2013）、《通信建设工程量清单计价规范》（YD 5192-2009）、工信部通信［2016］451 号等相关文件，介绍工程量清单及工程量清单计价的相关知识。

第一节 工程量清单计价模式概述

一、工程量清单计价的相关概念

（一）工程量清单计价模式

工程量清单计价模式相对于传统的定额计价模式是一种新的计价模式，或者说是一种由市场定价的计价模式，具体是指在建设工程招标投标中，招标人按照国家统一的工程量计算规则提供工程数量，由投标人依据招标人提供的工程量清单自主报价，并按照经评审地最低投标价中标的工程造价计价模式。在工程量清单计价模式中，工程量清单作为建设市场交易双方共同依据的一个平等的平台，其内容和编制原则的确定，是计价模式改革的重要方面。工程量清单计价模式的操作过程一般分为两个阶段：工程量清单编制和工程量清单计价编制。

（二）工程量清单的概念

工程量清单是由招标人发出的，包含了拟建工程的全部工程内容以及为实现这些内容而进行的全部工作的一套清单表格及其说明。工程量清单由表现拟建工程的分部分项工程项目、措施项目、其他项目名称和相应数量，以及规费和税金项目等内容的明细清单构成；是由招标人按照招标文件和施工设计图纸要求，依据《建设工程工程量清单计价规范》规定将拟建招标工程的全部项目和内容，依据统一的项目编码、项目名称、计量单位和工程量计算规则进行计算、编制的；是招标投标活动中，对招标人和投标人都具有约束力的重要文件，是招标投标活动的依据。

工程量清单应由具有编制能力的招标人或受其委托，具有相应资质的工程造价咨询人或招标代理人编制。采用工程量清单方式招标，招标工程量清单必须作为招标文件的组成部分，其准确性和完整性由招标人负责。

（三）工程量清单计价的概念

工程量清单计价是指投标人计算和确定完成由招标人提供的工程量清单项目所需全部费用的过程，包括计算和确定分部分项工程费、措施项目费、其他项目费、规费和税金等内容。此外，招标人依据工程量清单编制招标控制价也是工程量清单计价的重要内容。

二、建设工程定额计价法与工程量清单计价法的对比

随着市场经济在我国的确立和逐步深化，我国建设工程计价也逐渐转向以工程量清单计价为主、定额计价为辅的模式。由于我国地域辽阔，各地的经济发展状况不一致，市场经济的程度存在差异，此外，各个不同行业的建设市场也存在着相当的差异性，“一刀切”的将定额计价立即转变为工程量清单计价也还存在一定困难。因此，工程量清单计价在我国还需要有一个适应和完善的过程。同时，定额计价模式在一定时期内，在一定行业内还会继续发挥其不可替代的作用。

工程量清单计价和定额计价两种计价模式存在着密不可分的联系，同时从多方面进行比较，都存在有着明显的区别，表 6-1-1 简要列出了两者之间的不同。

表 6-1-1　定额计价法与工程量清单计价法的比较

不同点	定额计价法	工程量清单计价法
工程量编制单位不同	招标单位和投标单位按照设计图纸分别计算	招标单位或委托有工程造价咨询资质单位统一计算。“工程量清单”是招标文件的重要组成部分，各投标单位根据招标人提供的“工程量清单”，根据自身技术装备、施工经验、企业成本、企业定额和管理水平自主填写报价
反映的定价方式不同	介于国家定价和国家指导价之间。工程价格或直接由国家决定，或由国家给出一定的指导性标准，承包人可以在标准的允许幅度内实现有限竞争	反映市场定价。其价格的形成可以不受价格管理部门的直接干预，工程造价是根据市场的具体情况，竞争形成，具有自发波动和自发调节的特点
适用阶段不同	主要用于项目建设前期各阶段对建设投资的预测和估计；在工程建设交易阶段，通常只能作为建设产品价格形成的辅助依据	主要适用于合同价格形成及后继合同价格管理阶段

续表

不同点	定额计价法	工程量清单计价法
项目设置不同	定额项目一般按施工工序、工艺进行设置。定额项目包括的工程内容一般是单一的	工程量清单项目的设置是以一个“综合实体”考虑，“综合实体”一般包括多个子目工程内容
计算依据不同	按工程造价管理机构发布的有关规定及定额中的基价定价	按照工程量清单的要求，企业依照企业定额自主报价，反映市场决定价格
计价费用构成不同	由工程费、工程建设其他费、预备费和建设期利息组成	由分部分项工程费、措施项目费、其他项目费、规费、安全生产费和税金构成
单价构成不同	采用定额子目基价，只包括定额编制时期的人工费、材料费、机械费和仪表费，并不包括利润和各种风险因素带来的影响	采用综合单价，包括人工费、材料费、机械费、仪表费、管理费和利润，且各项费用均由投标人根据企业自身情况和考虑各种风险因素自行编制
价差调整方式不同	按工程发、承包双方约定的价格与定额价对比，调整价差	按工程发、承包双方约定价格直接计算，除招标文件规定外，综合单价不存在价差调整问题
计价过程不同	招标方只负责编写招标文件，不设置工程项目内容，也不计算工程量。工程计价的子目和相应的工程量由投标方根据文件确定。项目设置、工程量计算、工程计价等工作在一个阶段内完成	招标方需设置清单项目并计算清单工程工程量，同时在清单中对清单项目的特征和包括的工程内容必须清晰、完整地告诉投标人，以便投标人报价
工、料、机、仪消耗量计算不同	人工、材料、机械、仪表消耗量按社会平均水平编制	人工、材料、机械、仪表消耗量由投标人根据企业定额并结合实际情况制定
工程量计算规则不同	定额工程量计算规则	清单工程量计算规则
价格表现形式不同	采用工、料、机、仪单价，表现为总价合同，分部分项工程费不具有单独存在的意义	主要为分部分项工程综合单价，是投标、评标和结算的依据，单价一般不调整
使用范围不同	编审标底、设计概算、施工图预算等造价文件，工程造价鉴定	全部使用国有资金投资或国有资金投资为主并使用工程量清单方式招标、投标的建设项目
风险分担不同	工程量由投标人计算和确定，差价一般可调整，故投标人一般只承担工程量计算风险，不承担材料价格风险	招标人编制工程量清单，数量不准会被投标人发现并利用，招标人要承担工程量差异的风险；投标人报价应考虑多种因素，由于单价通常不调整，故投标人要承担组成价格的全部因素风险
体现价格水平不同	社会平均价格水平	企业个别价格水平
评标方法不同	综合评估法	一般采用合理低价中标法，既要对总价评分，又要对综合单价进行分析评分
工程结算及合同价调整方式不同	定额价格+取费方式。价格调整方式有变更签证、定额解释、政策性调整	实物工程量×综合单价+索赔、变更方式，综合单价通过投标中报价形式体现，一旦中标，报价作为签订施工合同依据固定下来，结算时按实际完成工程量乘以综合单价计算

三、实行工程量清单计价的目的和意义

实行工程量清单计价的根本目的在于改变原来定额计价模式中政府定价的性质，让工程造价通过招投标在市场竞争中形成。实行工程量清单计价对于促进建设市场有序竞争和企业健康发展具有重要的意义，主要体现在以下几个方面。

1. 推行工程量清单计价有利于深化工程造价管理改革、推进建设领域市场化。

长期以来，工程预算定额是我国承发包计价、定价的主要依据。预算定额中规定的消耗量和有关施工措施性费用是按社会平均水平编制的，以此为依据形成的工程造价基本上也属于社会平均价格。这种价格可作为市场竞争的参考价格，但是，不能全面地体现企业技术装备水平、管理水平和劳动生产率的差异，不能反映参与竞争企业的实际消耗，在一定程度上限制了企业的公平竞争。推行工程量清单计价有利于实现从政府定价到市场定价的过渡，对计价依据改革具有推动作用。特别是对施工企业，通过采用工程量清单计价，有利于施工企业编制自己的企业定额，从而改变了过去企业过分依赖国家发布定额的状况，通过市场竞争自主报价。

2. 推行工程量清单计价有利于公平竞争，避免暗箱操作。

采用施工图预算来投标报价，由于设计图纸的缺陷，不同施工企业的人员理解不一，计算出的工程量也不同，报价就更相去甚远，也容易产生纠纷。而工程量清单报价就为投标者提供了一个平等竞争的条件，所有的投标人在同一工程量基础上，由企业根据自身的实力来填不同的单价，充分体现了公平竞争的原则。同时，投标人的这种自主报价，使企业的优势体现到投标报价中，可在一定程度上规范建筑市场秩序，避免工程招标中的弄虚作假、暗箱操作等不规范的招标行为，确保工程质量。

3. 推行工程量清单计价有利于实现风险合理分担。

工程量清单计价，将改变以往招标人不承担经济风险的状况。投标单位只对自己所报的成本、单价的合理性负责，而对工程量的变更或计算错误等不负责任；相应的这一部分风险则应由招标单位承担，这种格局符合风险合理分担与责权利关系对等的一般原则，同时也必将促进各方面管理水平的提高。

4. 推行工程量清单计价有利于提高工程计价效率，真正实现快速报价。

采用工程量清单计价方式，避免了传统计价方式中招标人与投标人在工程量计算上的重复工作，促使投标人尽快编制和完善自己的企业定额，加强对工程造价数据及信息的积累，满足现代工程建设中快速报价的要求。

5. 推行工程量清单计价有利于控制工程款项的波动和工程造价的最终结算。

中标后，业主与中标人签订施工合同，中标价就是确定合同的基础，按照计价规范要求一般采用固定单价合同，投标报价中的综合单价是拨付工程款的基础依据。业主根据施工企业完成的工程量，可以很容易确定进度款的拨付额。工程竣工后根据设计变更、工程量增减等，业主也很容易确定工程的最终造价，可在某种程度上减少业务与施工单位之间的纠纷。

6. 推行工程量清单计价有利于提高施工企业的技术和管理水平。

中标企业可以根据中标价及投标文件中的承诺，通过对单位工程成本、利润进行分析，统筹考虑、精心选择施工方案，合理确定人工、材料、施工机械要素的投入与配置，优化

组合，合理控制现场费用和施工技术措施费用等，以便更好地履行承诺，保证工程质量和工期，促进技术进步，提高经营管理水平和劳动生产率。

7. 推行工程量清单计价有利于建设单位合理控制投资，提高资金使用效益。

投标单位不必在工程量计算上煞费苦心，可以减少投标标底的偶然性技术误差，让投标企业有足够的余地选择合理标价的下浮幅度；同时，也增加了综合实力强、社会信誉好的企业的中标机会，更能体现招标投标的宗旨。此外，通过竞争，按照工程量招标确定的中标价格，在不提高设计标准情况下与最终结算价是基本一致的，这样可为建设单位的工程成本控制提供准确、可靠的依据，科学合理地控制投资，提高资金使用效益。

8. 推行工程量清单计价有利于我国工程造价政府职能的转变。

政府对工程造价管理的模式正进行相应的改变，推行政府宏观调控、企业自主报价、市场形成价格、社会全面监督的工程造价管理思路。实行工程量清单计价，由过去的政府控制指令性定额转变为制定适应市场经济发展规律的工程量清单计价方法，由行政干预转变为对工程造价进行依法监督，将有效强化政府对工程造价的宏观调控。

第二节　工程量清单计价规范

一、“工程量清单计价规范”简介

《建设工程工程量清单计价规范》是根据《中华人民共和国招标投标法》、建设部相关文件，遵照国家宏观调控、市场竞争形成价格的原则，并参照国际惯例，结合我国实际情况制定的统一工程量清单编制、规范工程量清单计价行为的国家标准，也是调整建设工程工程量清单计价活动中发包人与承包人各种关系的规范性文件，一般简称为“计价规范”。

2003 年 2 月 17 日，国家建设部以 119 号公告发布了《建设工程工程量清单计价规范》（GB 50500-2003）（以下简称“03 版计价规范”），提出了建设市场以工程量清单计价模式来确定工程造价。2008 年 7 月 9 日，住房及城乡建设部对“03 版计价规范”进行了修订，颁布了《建设工程工程量清单计价规范》（GB 50500-2008）（以下简称“08 版计价规范”）。2013 年 7 月 1 日，住房及城乡建设部再次对规范做出修订，颁布了《建设工程工程量清单计价规范》（GB 50500-2013）（以下简称“13 版计价规范”）。随着我国建筑市场的快速发展，招投标制、合同制的全面推广，也加之“清单计价规范”的颁布实行和不断完善，工程造价计价模式改革也不断深化，工程量清单计价法已得到各级工程造价管理部门和各有关单位的赞同，也在工程建设项目中越来越广泛的得到应用。

为与建设工程工程量清单计价相接轨，指导通信建设市场在工程招标投标中采用工程量清单计价模式，工业与信息化部通信行业主管部门组织专家依据《建设工程工程量清单计价规范》（GB 50500-2008），结合通信建设工程招投标计价管理的行业特点和相关规定在 2009 年 12 月 19 日发布了信息通信行业的《通信建设工程程量清单计价规范》（YD 5192-2009）（以下简称“通信清单计价规范”），并于 2010 年 3 月 1 日起施行。为信息通信建设市场的招标投标活动健康、有序发展提供了依据。本节后续内容将以“通信清单计价规范”为基础，介绍“计价规范”的主要内容和使用方法。

二、编制“计价规范”的指导思想和原则

工程量清单计价规范编制的指导思想是：按照政府宏观调控、市场竞争形成价格，创造公平、公正、公开竞争的环境，以建立全国统一、有序的建设市场，既要与国际接轨，又要结合我国现状。

“计价规范”编制原则主要体现在3个方面。

1. 企业自主报价、市场竞争形成价格。

为规范承发包双方的计价行为，工程量清单计价规范明确了工程量清单计价的原则、方法和必须遵守的规则，包括统一编码、项目名称、计量单位、工程量计算规则等。工程价格最终由工程项目的招标人和投标人按照国家法律、法规和工程建设的各项规章制度以及工程计价的有关规定，通过市场竞争形成。

2. 与现行预算定额体系既有联系又有区别。

“通信工程清单计价规范”的编制过程中，即是参照工信部发布的信息通信工程建设相关定额和标准，并尽可能与预算定额进行衔接。

3. 既考虑我国工程造价管理的实际又力求与国际惯例接轨。

工程量清单计价体系的编制是根据我国当前工程建设市场发展的形势、积极稳妥地推行工程量清单计价的需要，同时又是适应与国际接轨的需要。因此，“计价规范”的编制既借鉴了世界银行、菲迪克（FIDIC）及其他行业的一些做法，也结合我国工程造价管理的实际情况。

三、“工程量清单计价规范”的主要特点

“工程量清单计价规范”的特点主要表现为以下几个方面。

（一）强制性

1. “计价规范”是由建设主管部门按照强制性国家标准的要求批准颁布，规定全部使用国有资金投资或国有资金投资为主并使用工程量清单方式招标、投标的建设项目，必须采用工程量清单计价；

2. “计价规范”是通过制定统一的建设工程工程量清单计价方法、统一的工程量计算规则、统一的工程量清单项目设置规则达到规范计价行为的目的，这些规则和办法是强制性的，建设各方都应遵守；

3. “计价规范”明确了工程量清单是招标文件的组成部分，并规定了招标人在编制工程量时必须遵守的规则。

（二）统一性

统一性主要是指使用“计价规范”的招标人在编制工程量清单时必须做到五个统一，即统一项目编码、统一项目名称、统一项目特征、统一计量单位、统一工程量计算规则。

（三）竞争性

竞争性主要表现在“计价规范”将工程消耗量定额中的人工、材料、机械价格和利润、管理费全面放开，投标人既可以根据企业的定额和市场价格信息，也可以参照建设行政主管部门发布的计价定额进行报价，最终由市场的供求关系自行确定价格；同时工程量清单中的“措施项目”是编制人根据项目的具体情况，考虑常用的、一般情况下可能发生的措施项目列出的，具体采用什么措施，投标人可以根据施工组织设计及企业自身情况调整措施项目及其内容进行报价。

（四）实用性

实用表现为在“计价规范”中规定的工程量清单项目及工程量计算规则的项目名称体现的是工程实体，名称清晰、计算规则简单明了，易用好用。

（五）通用性

通用性表现为“计价规范”与国际惯例接轨，符合工程量计量方法标准化、工程量计算规则统一化、工程造价确定市场化的要求。

四、《通信建设工程量清单计价规范》的主要内容

《通信建设工程程量清单计价规范》是由工业及信息化建设部颁布，于 2010 年 3 年 1 日起正式施行的通信行业标准，编号为 YD 5192-2009。

“通信清单计价规范”由正文和附录两大部分组成，二者具有同等效力。

第一部分为正文，共五章。包括总则、术语、工程量清单编制、工程量清单计价、工程量清单及其计价表格等内容，正文分别就《计价规范》的适用范围、编制工程量清单应遵循的原则、工程量清单计价活动的规则、工程量清单及其计价表格格式等作了明确规定，其中以黑体字标志的条文为强制性条文，必须严格执行。

第二部分为附录，分别为附录一至附录五。

以下本节对“通信清单计价规范”中总则、术语的主要内容，以及附录使用的相关内容作简要介绍。规范中其他内容，在后续章节中再作介绍。

（一）总则

总则部分主要规定了“通信清单计价规范”的制定目的、依据、工程量清单计价使用的工程范围、工程量清单计价活动的承担主体、工程量清单计价活动应遵循的原则、附录适用的工程范围等几方面的内容。

“通信清单计价规范”是为了规范通信工程造价计价行为，统一通信建设工程工程量清单的编制和计价方法，根据《中华人民共和国合同法》《中华人民共和国招标投标法》《中华人民共和国建筑法》等法律法规，以及《建设工程工程量清单计价规范》（GB 50500-2008），并结合通信行业建设项目招标、投标的实际情况制定的。

“通信清单计价规范”适用于通信建设工程工程量清单计价活动。这里所指的工程量

清单计价活动包括：工程量清单的编制、工程量清单招标控制价编制、工程量清单投标报价的编制、工程合同价款约定、竣工结算的办理以及工程施工过程中工程计量与工程价款的支付、索赔、现场签证、工程价款的调整和工程计价争议处理等活动。基本涉及工程建设施工阶段的全过程。

“通信清单计价规范”强制规定：全部使用国有资金投资或国有资金投资为主并使用工程量清单方式招标、投标的通信建设项目，必须采用工程量清单计价。

通信建设工程工程量清单计价活动应遵循客观、公正、公平的原则，除应遵守“通信清单计价规范”外，还应符合国家有关法律、法规及相关标准的规定。

（二）术语

“通信清单计价规范”术语中一共涉及 25 个术语，可以分为 5 类。

1. 工程量清单及构成要件；
2. 工程量清单计价造价组成；
3. 合同外费用项目；
4. 工程量清单计价活动主体；
5. 工程造价价格 4 种形式。

主要内容见表 6-2-1。

表 6-2-1 “通信清单计价规范”主要术语

序号	术语	术语含义
1	工程量清单	建设工程的分部分项工程项目、措施项目、其他项目、规费项目、税金项目和安全生产费项目的名称和相应数量等的明细清单
2	项目编码	分部分项工程量清单项目名称的标识
3	项目特征	构成分部分项工程量清单项目、措施项目自身价值的特有属性和本质特性。
4	综合单价	完成一个规定计量单位的分部分项工程量清单项目或措施清单项目所需的人工费、材料费、机械使用费、仪表使用费、企业管理费和利润，以及一定范围内的风险费用
5	措施项目	为完成工程项目施工，发生于该工程施工准备和施工过程中技术、生活、环境保护等方面的非工程实体项目
6	暂列金额	招标人在工程量清单中暂定并包括在合同价款中的一笔款项。用于施工合同签订时尚未确定或者不可预见的所需材料、设备、服务的采购，施工中可能发生的设计变更、合同约定调整因素出现时的工程价款调整以及发生的索赔、现场签证确认等的费用
7	暂估价	招标人在工程量清单中提供的用于支付必须发生但暂时不能确定价格的材料的单价以及配套专业工程的金额
8	计日工	在施工过程中，完成发包人提出的施工图纸以外的零星项目或工作，按合同中约定的综合单价计价
9	总承包服务费	总承包人为配合协调发包人进行的工程分包和自行采购的设备、材料等进行管理、服务以及施工现场管理、竣工资料汇总整理等服务所需的费用

续表

序号	术语	术语含义
10	索赔	在合同履行过程中，对于非己方的过错而应由对方承担责任的情况造成的损失，向对方提出补偿的要求
11	现场签证	发包人现场代表与承包人现场代表就施工过程中涉及的责任事件所作的签认证明
12	企业定额	施工企业根据本企业的施工技术和管理水平而编制的人工、材料、机械台班、仪表台班等的消耗标准
13	规费	根据国家有关部门规定必须缴纳并计入建筑安装工程造价内的费用
14	税金	依据国家税法的规定应计入建筑安装工程造价内，由承包人负责缴纳的增值税等
15	发包人	具有工程发包主体资格和支付工程价款能力的当事人以及取得该当事人资格的合法继承人
16	承包人	被发包人接受的具有工程施工承包主体资格的当事人以及取得该当事人资格的合法继承人
17	工程造价咨询人	具有相应资质，接受委托从事通信建设工程造价编制的单位
18	持证概（预）算工程师	取得《通信建设工程概（预）算人员资格证书》，在一个单位从事通信建设工程造价活动，且具有中级及以上技术职称的专业人员①
19	招标控制价	招标人根据国家或通信行业主管部门颁发的有关计价依据和办法，按设计施工图纸计算的，对招标工程限定的最高工程造价
20	投标价	投标人按照招标文件要求，根据工程特点，结合本企业技术、装备和管理水平，依据有关计价的规定自主确定的投标报价
21	合同价	发、承包双方以施工合同的形式确定的工程承包价格
22	竣工结算价	承包项目依法组织竣工验收后，依据国家、通信行业主管部门有关法律、法规和相关标准规定，发、承包双方按合同约定的工程合同价、合同价款调整以及索赔和现场签证等事项确定的最终工程造价
23	配套专业工程	与通信建设项目有关的同期建设的附属配套工程
24	文明生产费	文明生产费在工程量清单计价规范中是“文明施工费、环境保护费”的统称
25	安全生产费	根据国家有关部门规定应计入工程造价内，用于安全生产的专项资金

注：① 国家取消了《通信建设工程概（预）算人员资格证书》和相关资格认定。当前通信工程项目费用编审人员通常可以认为是“持证概（预）算工程师”。

（三）附录

“通信清单计价规范”附录是编制信息通信工程的工程量清单的依据。附录参照信息通信预算定额分册划分体系，按照不同通信专业共划分为 5 个部分，即是附录一至附录五。

附录一：通信电源工程工程量清单项目及计算规则。

附录二：有线通信设备安装工程工程量清单项目及计算规则。

附录三：无线通信设备安装工程工程量清单项目及计算规则。

附录四：通信线路工程工程量清单项目及计算规则。

附录五：通信管道工程工程量清单项目及计算规则。

以上每一个附录中包括了对应专业工程的清单项目名称、项目编码、项目特征、计量单位、工程量计算规则和工程内容。其中项目编码、项目名称、计量单位、工程量计算规则作为 4 个统一的内容，要求招标人在编制工程量清单时必须采纳执行。

表 6-2-2 为“通信清单计价规范”附录四“通信线路工程工程量清单项目及计算规则”中的第一章“施工测量与开挖路面工程”的工程清单项目的基本格式，其他附录中的形式与其类似。

表 6-2-2　施工测量与开挖路面工程（编码：TX41）

项目编码	项目名称	项目特征	计量单位	工程量计算规则	工程内容
TX41001	敷设光（电）缆施工测量	光（电）缆敷设方式	km	按室外的路由长度计算	1. 核对图纸 2. 复查路由位置 3. 定点划线、做标记等
TX41002	GPS 定位	地形地貌	点	按设计图示数量计算	1. 校表、测量 2. 记录数据等
TX41003	人工开挖路面	1. 路面类型 2. 路面厚度	m^2	按设计图示宽度×长度计算	1. 机械切割路 2. 人工开挖路面 3. 弃渣分类堆放沟边

附录是编制工程量清单的依据，主要体现在工程量清单的 10 位编码中，其中的前 7 位应按附录中的编码确定。工程量清单中的项目名称、计量单位、工程数量应依据附录中的相应的项目名称和项目特征、计量单位、计算规则来设置和确定。

“通信清单计价规范”附录的编制，是以现行通信工程预算定额为基础，特别是项目划分、计量单位、工程量计算规则等方面，均尽可能多地与现行定额的相关规定衔接，是预算定额中相应定额子目的整合、汇总确定的。

第三节　工程量清单编制

一、工程量清单编制的一般规定

工程量清单是招标人依据国家标准、招标文件、设计文件以及施工现场实际情况编制的，随招标文件发布供投标报价的工程量清单，包括说明和表格。

工程量清单是工程量计价的基础，应作为编制招标控制价、投标报价、计算工程量、支付工程款、调整合同价款、办理竣工结算以及工程索赔等的依据之一。工程量清单应由分部分项工程量清单、措施项目清单、其他项目清单、规费项目清单、税金项目清单、安全生产费项目清单组成。

采用工程量清单方式招标，工程量清单必须作为招标文件的组成部分，其准确性和完整性由招标人负责。工程量清单应由具有编制招标文件能力的招标人或受其委托具有相应资质的工程造价咨询人编制。

二、通信建设工程工程量清单编制依据

通信建设工程工程量清单编制主要依据有以下几个方面。

1.《通信建设工程工程量计价规范》（YD 5192-2009）；

2. 国家或通信行业主管部门颁布的计价依据和办法；

3. 工程设计文件及相关资料；

4. 与工程有关的标准、规范、技术资料；

5. 拟定的招标文件；

6. 施工现场情况、工程特点及常规施工方案；

7. 其他有关资料。

通信建设工程工程量清单项目的划分及计算规则应依据“通信清单计价规范”中的附录一至附录五进行。

三、工程清单编制原则

工程量清单的编制必须遵循“五个统一、三个自主、两个分离”的原则。

（一）五个统一

工程量清单编制必须满足项目编码统一、项目名称统一、项目特征统一、计量单位统一、工程量计算规则统一的原则。项目编码是清单计价规范规定的内容，编制工程量清单时必须严格按照规范执行；项目名称基本上按照形成项目实体命名。工程量清单项目特征是按照不同的工作部位、施工工艺或材料品种、规格等分别列项，对项目进行描述，是各项清单计算的依据，描述得是否详细、准确是直接影响项目价格的一个主要因素。计量单位是按照能够准确反映该项目工作内容的原则确定。工程量数量的计算是按照相关专业工程量计算规范中工程量计算规则计算的，比以往采用预算定额增加了多项组合步骤，在计算时要注意计算规则的变化，还要注意新组合后项目名称的计量单位。

（二）三个自主

三个“自主”是指投标人在投标报价时自主确定工、料、机、仪表消耗量，自主确定工、料、机、仪表单价，自主确定措施项目费及其他项目的内容和费率。

（三）两个分离

两个“分离”即量与价分离、清单工程量与定额计价工程量分离。工程量清单计价由于采用自主确定工料机仪表消耗和单价，量价是分离的。清单工程量根据“通信建设工程工程量清单计价规范”编制的，定额计价工程量是根据所选的消耗量定额计算的，一项清

单工程量可能要对应几项消耗量定额，两者的计算规则也不一定相同，因此清单工程量与定额计价工程量要分离。

四、工程清单编制准备工作

招标工程量清单编制的相关工作在收集资料包括编制依据的基础上，需熟悉清单计价规范及相关文件；熟悉设计文件；熟悉招标文件、招标图纸。踏勘现场，了解施工现场的自然环境、施工条件，拟定常规施工组织设计，计算人、材、机、仪表等资源使用量。

五、工程清单编制内容

（一）分部分项工程项目清单

分部分项工程量清单所反映的是拟建工程分项实体工程项目名称和相应数量的明细清单，招标人负责包括项目编码、项目名称、项目特征、计量单位和工程量在内的5项内容。

分部分项工程量清单中所列工程量应按《通信建设工程工程量计价规范》规定的工程量计算规则计算。工程量的计算是一项繁杂而细致的工作，为了计算的快速准确并尽量避免漏算或重算，必须依据一定的计算原则及方法。

- 计算口径一致。根据施工图列出的工程量清单项目，必须与计量规范中相应清单项目的口径相一致。
- 按工程量计算规则计算。工程量计算规则是综合确定各项消耗指标的基本依据，也是具体工程测算和分析资料的基准。
- 按图纸计算。工程量按每一分项工程，根据设计图纸进行计算，计算时采用的原始数据必须以施工图纸所表示的尺寸或施工图纸能读出的尺寸为准进行计算，不得任意增减。
- 按一定顺序计算。计算分部分项工程量时，可以按照定额编目顺序或按照施工图专业顺序依次进行计算。

1. 项目编码

项目编码是分部分项工程量清单项目名称的标识，编制工程量清单时必须严格按照规范执行。通信建设工程分部分项工程项目清单编码应根据“通信清单计价规范”规定的两个大写字母TX和8位阿拉伯数字共10位组成，其中第一、二位大写字母TX表示通信建设工程代码，第三位数字表示通信工程专业附录顺序，第四位数字表示分部工程顺序码，第五至七位数字表示分项工程项目名称顺序码，第8至10位数字表示清单项目名称顺序码，由清单编制人结合拟建工程的工程量清单项目特征实际情况编制。编制工程量清单时应注意对项目编码的设置不得有重码。如：TX41001敷设光（电）缆施工测量。

对于工程量计算规范附录中的缺项，在编制清单时，编制人应做补充并报工信部通信工程造价管理机构备案。补充项目的编码由TXB加7位阿拉伯数字共10位组成，第4至7位从0001起按顺序编制，后三位根据拟建工程的项目特征设置，同一招标工程的项目不得重码。补充的工程量清单需附有补充项目的名称、项目特征、计量单位、工程量计算规则、工作内容。不能计量的措施项目，需附有补充项目的名称、工作内容及包含范围。

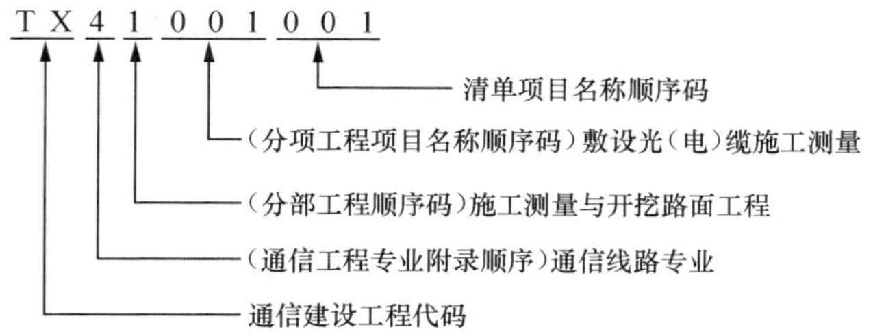

图 6-3-1　通信建设工程分部分项工程项目清单编码

2. 项目名称

项目名称应按“通信清单计价规范”工程量计算规范的规定，根据拟建工程实际填写。在实际填写过程中，“项目名称”有两种填写方法：一是完全保持“通信清单计价规范”的项目名称不变；二是根据工程实际在工程量计算规范项目名称下另行确定详细名称，就是根据拟建工程施工图纸，要做到“因图制宜”。这样，就会使工程量清单项目名称具体化、细化，更能反映出影响工程造价的主要因素。

3. 项目特征

项目特征是按照不同的工作部位、施工工艺或材料品种、规格等分别列项，对项目进行描述。构成分部分项工程量清单项目、措施费项目自身价值的特有属性和本质特征。如：TX41001，项目特征是“光（电）缆敷设方式”，在填写分部分项工程量清单与计价表的“项目特征描述”，可填写“敷设架空光缆施工测量”。

4. 计量单位

计量单位是按照能够准确反映该项目工作内容的原则确定。信息通信工程计量单位应按《通信建设工程工程量清单计价规范》（YD 5192-2009）规定的计量单位填写。有些项目工程量计算规范中有两个或两个以上计量单位，应根据拟建工程项目的实际选择。

5. 工程量计算规则

工程量计算规则是指通信建设工程各个分部分项工程实物数量计算过程中应遵守的方法和原则。这些规定在实际工作中都是必须遵守的原则。清单项目计价的通信建设工程分部分项工程量计算规则，均应按《通信建设工程工程量清单计价规范》（YD 5192-2009）中的规定执行。

6. 工作内容

工作内容是指完成清单项目可能发生的具体工作和操作程序。如 TX41001 的工作内容是核对图纸、复查路由位置、定点划线、做标记等。

（二）措施项目清单

措施项目清单是指为完成工程项目施工，发生于该工程施工准备和施工过程中的技术、生活、安全、环境保护等方面的项目。措施项目清单可在“通信清单计价规范”中有关措施项目的规定中选择，投标人可根据施工组织设计中采取的措施增加项目。

措施项目清单的设置，首先要参考拟建工程的施工组织设计，以确定文明施工、材料的二次搬运等项目；其次参阅施工技术方案，以确定夜间施工增加费、大型机械调遣费等项目。参阅相关工程施工规范及工程质量验收规范，可以确定施工技术方案没有表达的，但是为了实现施工规范及工程验收规范要求而必须发生的技术措施。

措施项目中可以计算工程量的项目清单宜采用分部分项工程量清单的方式编制，列出项目编码、项目名称、项目特征、计量单位和工程量计算规则；不能计算工程量的项目清单，以“项”为计量单位。

“通信清单计价规范”将实体性项目划为分部分项工程量清单，非实体性项目划为措施项目。非实体性项目，一般来说，其费用的发生和金额的大小与使用时间、施工方法或者两个以上工序相关，与实际完成的实体工程量的多少关系不大，典型的是大型施工机械、文明施工和安全防护、临时设施等。但有的非实体性项目，则是可以计算工程量的项目，用分部分项工程量清单的方式采用综合单价，更有利于措施费的确定和调整，更有利于合同管理。

措施项目清单适用于以“项”计价的措施项目，见表 6-3-1。

表 6-3-1　措施项目清单

序号	项目名称
1	文明施工费
2	工地器材搬运费
3	工程干扰费
4	工程点交、场地清理费
5	临时设施费
6	工程车辆使用费
7	夜间施工增加费
8	冬雨季施工增加费
9	生产工具用具使用费
10	施工用水、电、蒸汽费
11	特殊地区施工增加费
12	已完工程及设备保护费
13	运土费
14	施工队伍调遣费
15	大型施工机械调遣费

（三）其他项目清单

其他项目清单是指分部分项工程量清单、措施项目清单所包含的内容以外，因招标人的特殊要求而发生的与拟建工程有关的其他费用项目和相应数量的清单。工程建设标准的高低、工程的复杂程度、工程的工期长短、工程的组成内容、发包人对工程管理要求等都直接影响其他项目清单的具体内容。其他项目清单包括暂列金额、暂估价（包括材料暂估单价、工程设备暂估单价、专业工程暂估价）、计日工、总承包服务费。

1. 暂列金额

暂列金额是招标人在工程量清单中暂定并包括在合同价款中的一笔款项。清单计价规范中明确规定暂列金额用于施工合同签订时尚未确定或者不可预见的所需材料、设备、服务的采购，施工中可能发生的工程变更、合同约定调整因素出现时的工程价款调整以及发生的索赔、现场签证确认等的费用。

暂列金额列入合同价格不等于就属于承包人所有，即使是总价包干合同，也不等于列入合同价格的所有金额就属于承包人，是否属于承包人应得金额取决于具体的合同约定，只有按照合同约定程序实际发生后，才能成为承包人的应得金额，纳入合同结算价款中。扣除实际发生金额后的暂列金额余额仍属于发包人所有。

2. 暂估价

暂估价是指招标阶段直至签订合同协议时，招标人在招标文件中提供的用于支付必然发生但暂时不能确定价格的材料以及专业工程的金额。暂估价包括材料暂估单价、工程设备暂估单价和专业工程暂估价，在招标阶段预见肯定要发生，只是因为标准不明确或者需要由专业承包人完成，暂时无法确定价格。暂估价数量和拟用项目应当结合工程量清单中的“暂估价表”予以补充说明。

为方便合同管理，需要纳入分部分项工程项目清单综合单价中的暂估价应只是材料费、工程设备费，以方便投标人组价。

3. 计日工

计日工是为解决现场发生的零星工作的计价而设立的，为额外工作和变更的计价提供了一个方便快捷的途径。计日工适用的所谓零星工作一般是指合同约定之外的或者因变更而产生的、工程量清单中没有相应项目的额外工作，尤其是时间不允许事先商定价格的额外工作。计日工以完成零星工作所消耗的人工工时、材料数量、机械台班进行计量，并按照计日工表中填报的适用项目的单价进行计价支付。

4. 总承包服务费

总承包服务费是为了解决招标人在法律、法规允许的条件下进行专业工程发包，以及自行供应材料、设备，并需要总承包人对发包的专业工程提供协调和配合服务，对供应的材料、设备提供收、发和保管服务以及进行施工现场管理时发生，并向总承包人支付的费用。招标人应预计该项费用并按投标人的投标报价向投标人支付该项费用。

（四）规费项目清单

规费是根据省级及以上政府和有关权力部门规定必须缴纳的，应计入建筑安装工程造价的费用。规费作为政府和有关权力部门规定必须缴纳的费用，政府和有关权力部门可根据形势发展的需要，对规费项目进行调整，因此，清单编制人对“建筑安装工程费用项目组成”中未包括的规费项目，在编制规费项目清单时应根据省级政府或省级有关权力部门的规定列项。

规费项目清单应按照下列内容列项。

1. 社会保险费：养老保险、失业保险、医疗保险、生育保险、工伤保险；

2. 住房公积金；

3. 危险作业意外伤害保险费；

4. 工程排污费。

（五）税金

目前我国全面实行营业税改增值税，2017 版信息通信建设工程费用定额将建筑安装工程费的税金改为销项税额，将城市建设维护税、教育费附加和地方教育费附加纳入企业管理费中。销项税额 =（分部分项工程费 + 措施项目费 + 其他项目费 + 规费 - 按规定不计税的工程设备金额）× 税率。

（六）安全生产费项目清单

安全生产费是指施工企业按照《关于调整通信工程安全生产费取费标准和使用范围的通知》工信部通函［2012］213 文及财政部、国家安全生产监督管理总局印发的《企业安全生产费用提取和使用管理办法》（财企［2012］16 号）和建筑施工企业安全标准规定，购置施工防护用具、落实安全施工措施、改善安全生产条件所需要的各项费用。

在中华人民共和国境内从事公用电信网新建、改建、扩建等活动及实施通信工程建设工程的企业及其他经济组织应当遵守安全生产管理规定，建立安全生产费用管理制度。

建筑安装企业将安全生产费列入工程造价，投标时不允许竞争。总包单位应该将安全生产费用按比例直接支付给分包单位，分包单位不再重复提取。

（七）工程量清单总说明的编制

工程量清单编制总说明包括以下内容。

1. 工程概况。工程概况中要对建设规模、工程特征、计划工期、施工现场实际情况、自然地理条件、环境保护要求等作出描述。

2. 工程招标及分包范围。

3. 工程量清单编制依据。

4. 工程质量、材料、施工等的特殊要求。

5. 其他需要说明的事项。

（八）招标工程量清单出版

在分部分项工程量清单、措施项目清单、其他项目清单、规费和税金项目清单编制完成以后，经审查复核，与工程量清单封面及总说明汇总并装订，由相关责任人签字和盖章，形成完整的招标工程量清单文件。

第四节　工程量清单计价

一、工程量清单计价基本原理

工程量清单计价的基本原理就是以招标人提供的工程量清单为平台，投标人根据自身的技术、财务、管理能力进行投标报价，招标人根据具体的评标细则进行优选，这种计价方式是市场定价体系的具体表现形式。

工程量清单计价的基本过程可以描述为：在统一工程量计算规则的基础上，制定工程量清单项目设置规则，根据具体工程的施工图纸计算出各个清单项目的工程量，再根据各种渠道所获得的工程造价信息和经验数据计算得到工程造价。其基本过程如图 6-4-1 所示。

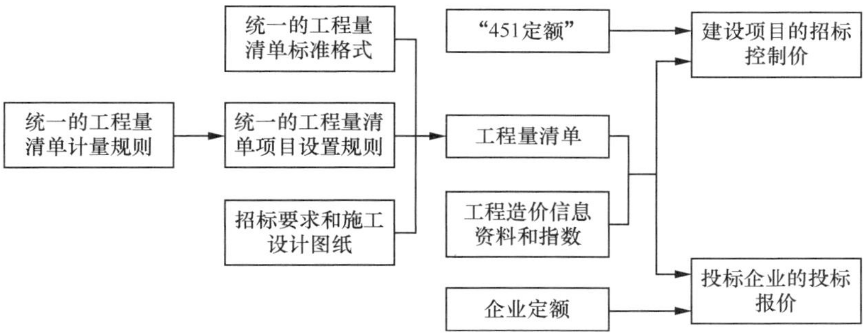

图 6-4-1　工程量清单计价的基本过程示意

从图中可以看出，工程量清单编制过程可以分为两个阶段：工程量清单格式的编制和利用工程量清单来编制投标报价。投标报价是在业主提供的工程量计算结果的基础上，根据企业自身所掌握的各种信息、资料，结合企业定额编制的。

二、工程量清单计价程序

工程量清单计价按照以下程序进行。

1. 准备资料，熟悉施工图纸。广泛搜集、准备各种资料，包括施工图纸、设计要求、施工现场实际情况、施工组织设计、施工方案、现行的建筑安装工程预算定额（或企业定额）、取费标准和地区材料预算价格等。其中，关键而重要的一环是熟悉施工图纸，它是了解设计意图和工程全貌，从而准确测定综合单价的基础资料；

2. 测定分部分项工程量清单项目的综合单价，计算分部分项工程费；

3. 计算措施项目费；

4. 计算其他项目费；

5. 计算规费和税金；

6. 计算安全生产费；

7. 填写工程量清单计价格式。工程量清单计价采用统一格式，随招标文件发送至投标人，由投标人填写。

三、工程量清单计价的一般规定

工程量清单计价应包括按招标文件规定、完成工程量清单所列项目的全部费用，包括分部分项工程费、措施项目费、其他项目费和规费、税金、安全生产费。招标文件中的工程量清单标明的工程量是投标人投标报价的共同基础，竣工结算的工程量按发、承包双方在合同中约定应予计量且实际完成的工程量确定。

措施项目清单计价应根据拟建工程的施工组织设计，可以计算工程量的措施项目，应按分部分项工程量清单的方式采用综合单价计价；其余的措施项目可以“项”为单位的方式计价，应包括除规费、税金外的全部费用。措施项目清单中的文明施工费应按国家或通信行业主管部门的规定计价，不得作为竞争性费用。

规费、税金和安全生产费其费用内容和计取标准都不是发、承包人能自主确定的，更不是由市场竞争决定的。因而“通信清单计价规范”规定：“规费和税金必须按国家或省级、行业建设主管部门的规定计算，不得作为竞争性费用”。

工程量清单应采用综合单价计价，它包括完成工程量清单中一个规定计量单位项目所需的人工费、材料费、机械使用费、仪表使用费、管理费和利润，并考虑风险因素。综合单价不仅适用于分部分项工程量清单，也适用于措施项目清单和其他项目清单。采用工程量清单计价的工程，应在招标文件或合同中明确风险内容及其范围和幅度，不得采用无限风险、所有风险或类似语句规定风险内容及其范围和幅度。

工程量清单计价采用统一计价规则。工程量清单计价通过制定统一的建设工程工程量清单计价方法、统一的工程量计量规则、统一的工程量清单项目设置规则，达到规范计价行为的目的。这些规则和办法是强制性的，建设各方面都应该遵守。

四、招标控制价的编制

（一）相关规定

招标控制价是指根据国家、行业或省级建设行政主管部门颁发的有关计价依据和办法，依据拟定的招标文件和招标工程量清单，结合工程具体情况发布的招标工程最高投标限价。

“通信清单计价规范”规定全部使用国有资金投资或国有资金投资为主的通信工程建设项目采用工程量清单招标时，应编制招标控制价。招标控制价超过批准的概（预）算时，招标人应将其报原概（预）算审批部门审核。投标人的投标报价高于招标控制价的，其投标应予以拒绝。

招标控制价应由具有编制能力的招标人或受其委托、具有相应资质的工程造价咨询人编制。工程造价咨询人不得同时接受招标人和投标人对同一工程的招标控制价和投标报价的编制。

招标控制价应在招标文件中公布，对所编制的招标控制价不得进行上浮或下调。在公布控制价时，除公布招标控制价的总价外，还应公布各单位工程的分部分项工程费、措施项目费、其他项目费、规费和税金。

招标控制价超过批准的概算时，招标人应将其报原概算审批部门审核。

（二）招标控制价的编制依据

招标控制价的编制依据是指在编制招标控制价时需要进行工程量计量、价格确认、工程计价的有关参数、率值的确定等工作时所需的基础性资料，主要包括以下几个方面。

1. 现行国家标准《建设工程工程量清单计价规范》（GB 50500—2013）和《通信建设工程工程量计价规范》（YD 5192-2009）。

2. 通信行业主管部门颁布的计价定额和计价办法（信息通信建设工程费用定额、信息通信建设工程预算定额、信息通信建设工程概（预）算编制规程）。

3. 建设工程设计文件及相关资料。

4. 拟定的招标文件及招标工程量清单。

5. 与建设项目相关的标准、规范、技术资料。

6. 施工现场情况、工程特点及常规施工方案。

7. 工业和信息化部通信工程造价管理机构发布的工程造价信息、地方建设工程造价管理机构发布的“地方市场价格信息”，未发布的工程造价信息参照市场价。

8. 其他的相关资料。

（三）招标控制价的编制内容

招标控制价的编制内容包括分部分项工程费、措施项目费、其他项目费、规费和税金，各个部分有不同的计价要求。

1. 分部分项工程费的编制要求

（1）分部分项工程费应根据招标文件中的分部分项工程量清单及有关要求，按《建设工程工程量清单计价规范》（GB 50500-2013）和《通信建设工程工程量计价规范》（YD 5192-2009）的有关规定确定综合单价计价。

（2）依据招标文件中提供的分部分项工程量清单确定工程量。

（3）招标文件提供了暂估单价的材料，应按暂估的单价计入综合单价。

（4）为使招标控制价与投标报价所包含的内容一致，综合单价中应包括招标文件中要求投标人所承担的风险内容及其范围（幅度）产生的风险费用。

2. 措施项目费的编制要求

（1）措施项目费中的安全文明施工费应当按照国家或省级、行业建设主管部门的规定标准计价，该部分不得作为竞争性费用。

（2）措施项目应按招标文件中提供的措施项目清单确定，措施项目分为以“项”计算和以“量”计算两种。对于不可精确计量的措施项目，则以“项”为单位，采用费率法按有关规定综合取定，采用费率法时需确定某项费用的计费基数及其费率，结果应是包括除规费、税金以外的全部费用，计入“措施项目清单与计价表（一）”。对于可精确计量的措施项目，以“量”计算，即按其工程量用与分部分项工程工程量清单单价相同的方式确定综合单价，计入“措施项目清单与计价表（二）”。

3. 其他项目费的编制要求

（1）暂列金额。暂列金额可根据工程的复杂程度、设计深度、工程环境条件（包括地质、水文、气候条件等）进行估算。

（2）暂估价。暂估价中的材料单价应按照工程造价管理机构发布的工程造价信息中的材料单价计算，工程造价信息未发布的材料单价，其单价参考市场价格估算；暂估价中的专业工程暂估价应分不同专业，按有关计价规定估算。

（3）计日工。在编制招标控制价时，对计日工中的人工单价和施工机械台班单价应按省级、行业建设主管部门或其授权的工程造价管理机构公布的单价计算；材料应按工程造价管理机构发布的工程造价信息中的材料单价计算，工程造价信息未发布单价的材料，其价格应按市场调查确定的单价计算。

（4）总承包服务费。总承包服务费应按照省级或行业建设主管部门的规定计算，在计算时可参考以下标准。

① 招标人仅要求对分包的专业工程进行总承包管理和协调时，按分包的专业工程估算造价的 1.5% 计算。

② 招标人要求对分包的专业工程进行总承包管理和协调，并同时要求提供配合服务时，根据招标文件中列出的配合服务内容和提出的要求，按分包的专业工程估算造价的 3% ～ 5% 计算。

③ 招标人自行供应材料的，按招标人供应材料价值的 1% 计算。

4. 规费、税金和安全生产费的编制要求

规费税金项目清单应按照规定的内容列项。信息通信建设工程的规费以人工费为计算基础；税金执行“营改增“的最新文件，具体项目要具体对待，计算时要注意主要材料和设备是否是甲方提供；将安全生产费纳入表中，计算基础是建筑安装工程费。此三项内容都属于不可竞争费用。

5. 编制招标控制价总说明和招标控制价

五、投标报价编制

投标报价是在工程招标发包过程中，由投标人按照招标文件的要求，根据工程特点，并结合自身的施工技术、装备和管理水平，依据有关计价规定自主确定的工程造价，是投标人希望达成工程承包交易的期望价格，它不能高于招标人定的招标控制价。

（一）投标报价的编制原则

报价是投标的关键性工作，报价是否合理不仅直接关系到投标的成败，还关系到中标后企业的盈亏。投标报价编制原则如下。

1. 投标报价由投标人自主确定，但必须执行“通信清单计价规范”的强制性规定。投标价应由投标人或受其委托，真有相应资质的工程造价咨询人员编制。

2. 投标人的投标报价不得低于成本。

3. 投标报价要以招标文件中设定的发承包双方责任划分，作为考虑投标报价费用项目和费用计算的基础，根据工程发承包模式考虑投标报价的费用内容和计算深度。

4. 以施工方案、技术措施等作为投标报价计算的基本条件；以反映企业技术和管理水平的企业定额作为计算人工、材料和机械、仪表台班消耗量的基本依据；充分利用踏勘现场、考察调研成果、市场价格信息和行情资料，编制基础标价。

（二）投标报价的编制依据

投标报价应根据下列依据编制和复核。

1.《建设工程工程量清单计价规范》和《通信建设工程工程量计价规范》。

2. 国家或省级、行业建设主管部门颁发的计价办法。

3. 企业定额，国家或省级、行业建设主管部门颁发的计价定额和计价办法。

4. 招标文件、招标工程量清单及其补充通知、答疑纪要。

5. 建设工程设计文件及相关资料。

6. 施工现场情况、工程特点及投标时拟定的施工组织设计或施工方案。

7. 与建设项目相关的标准、规范等技术资料。

8. 市场价格信息或工程造价管理机构发布的工程造价信息。

9. 其他的相关资料。

（三）投标报价的编制方法和内容

投标报价的编制过程，应首先根据招标人提供的工程量清单编制分部分项工程和措施项目计价表、其他项目计价表、规费、税金项目计价表，计算完毕之后，汇总得到单位工程投标报价汇总表，再层层汇总，分别得出单项工程投标报价汇总表和工程项目投标总价汇总表。

在编制过程中，投标人应按招标人提供的工程量清单填报价格。填写的项目编码、项目名称、项目特征、计量单位、工程量必须与招标人提供的一致。

1. 分部分项工程量清单与计价表的编制

承包人投标价中的分部分项工程费应按招标文件中分部分项工程量清单与计价表的特征描述确定综合单价计算。综合单价包括完成一个规定清单项目所需的人工费、材料和机械仪表使用费、企业管理费、利润，并考虑风险费用的分摊。是根据企业定额、技术能力、装备水平和管理能力进行综合测算的。

综合单价 = 人工费 + 材料费 + 机械使用费 + 仪表使用费 + 企业管理费 + 利润（含风险费用）。其中：

（1）人工费 = 完成单位清单项目所需要的人工工日数量 × 人工工日单价

（2）材料费 =∑完成单位清单项目所需要各种材料、设备 × 各种材料、设备单价

（3）机械使用费 =∑完成单位清单项目所需要各种机械台班数量 × 各种机械的台班单价

（4）仪表使用费 =∑完成单位清单项目所需要各种仪表台班数量 × 各种仪表的台班单价

当招标人提供的其他项目清单中列示了材料暂估价时，应根据招标人提供的价格计算材料费，并在分部分项工程量清单与计价表中表现出来。

（5）企业管理费 =（人工费 + 材料费 + 机械使用费 + 仪表使用费）× 企业管理费费率

（6）利润 =（人工费 + 材料费 + 机械使用费 + 仪表使用费 + 企业管理费）× 利润率

2. 工程量清单综合单价分析表的编制

为表明综合单价的合理性，投标人应对其进行单价分析，以作为评标时的判断依据。综合单价分析表的编制应反映上述综合单价的编制过程，并按照规定的格式进行。

3. 措施项目清单与计价表的编制

以单价计算的措施项目费应按招标文件中单价措施项目清单与计价表的特征描述确定措施费综合单价，填写措施项目清单与计价表（二）。

对于不能精确计量的措施项目，应编制总价措施项目清单与计价表。投标人对措施项目中的总价项目投标报价应遵循以下原则。

（1）措施项目的内容应依据招标人提供的措施项目清单和投标人投标时拟定的施工组织设计或施工方案。

（2）措施项目费由投标人自主确定，但其中文明施工费必须按照国家或省级、行业建设主管部门的规定计价，不得作为竞争性费用。信息通信建设工程将安全生产费单独拿出列入到“规费、税金和安全生产费项目清单与计价表”中。

4. 其他项目清单与计价表的编制

其他项目费主要包括暂列金额、暂估价、计日工以及总承包服务费组成。投标人对其他项目费投标报价时应遵循以下原则。

（1）暂列金额应按照招标人提供的其他项目清单中列出的金额填写，不得变动。

（2）暂估价不得变动和更改。暂估价中的材料、工程设备暂估价必须按照招标人提供的暂估单价计入清单项目的综合单价；专业工程暂估价必须按照招标人提供的其他项目清单中列出的金额填写；材料、工程设备暂估单价和专业工程暂估价均由招标人提供，为暂估价格，在工程实施过程中，对于不同类型的材料与专业工程采用不同的计价方法。

（3）计日工应按照招标人提供的其他项目清单列出的项目和估算的数量，自主确定各项综合单价并计算费用。

（4）总承包服务费应根据招标人在招标文件中列出的分包专业工程内容和供应材料、设备情况，按照招标人提出的协调、配合与服务要求和施工现场管理需要自主确定。

5. 规费、税金项目清单与计价表的编制

规费和税金应按国家或省级、行业建设主管部门的规定计算，不得作为竞争性费用。这是由于规费和税金的计取标准是依据有关法律、法规和政策规定制定的，具有强制性。因此，投标人在投标报价时必须按照国家或省级、行业建设主管部门的有关规定计算规费和税金。

6. 投标价的汇总

投标人的投标总价应当与组成工程量清单的分部分项工程费、措施项目费、其他项目费和规费、税金的合计金额相一致，即投标人在进行工程量清单招标的投标报价时，不能进行投标总价优惠（或降价、让利），投标人对投标报价的任何优惠（或降价、让利）均

应反映在相应清单项目的综合单价中。

第五节　通信建设工程工程量清单计价表格

一、计价表格组成

《通信建设工程工程量计价规范》（YD 5192-2009）中计价表格共包括 4 种封面、20 种表样。

1. 封面
（1）工程量清单：封—1
（2）招标控制价：封—2
（3）投标总价：封—3
（4）竣工结算总价：封—4
2. 总说明：表—01
3. 汇总表：
（1）工程项目招标控制价 / 投标报价汇总表：表—02
（2）单项（单位）工程招标控制价 / 投标报价汇总表：表—03
（3）工程项目竣工结算汇总表：表—04
（4）单项（单位）工程竣工结算汇总表：表—05
4. 分部分项工程量清单表：
（1）分部分项工程量清单与计价表：表—06
（2）工程量清单综合单价分析表：表—07
5. 措施项目清单表：
（1）措施项目清单与计价表（一）：表—08
（2）措施项目清单与计价表（二）：表—09
6. 其他项目清单表：
（1）其他项目清单与计价汇总表：表—10
（2）暂列金额明细表：表—10—1
（3）材料暂估单价表：表—10—2
（4）配套专业工程暂估价表：表—10—3
（5）计日工表：表—10—4
（6）总承包服务费计价表：表—10—5
（7）索赔与现场签证计价汇总表：表—10—6
（8）费用索赔申请（核准）表：表—10—7
（9）现场签证表：表—10—8
7. 规费、税金和安全生产费项目清单与计价表：表—11
8. 工程款支付申请（核准）表：表—12

________________________________工程

工程量清单

招标人：________________（单位盖章）________________

招标法定代表人或其授权人：________（签字或盖章）________

工程造价咨询人：____________（单位盖章）____________

咨询法定代表人或其授权人：________（签字或盖章）________

编制人：（签字或盖章）　　　　审核人：（签字或盖章）

编制时间：　　年　月　日　　　　审核时间：　　年　月　日

（封—1）

______________________________工程

招标控制价

招标控制价（小写）：______________________________

（大写）：______________________________

招 标 人：__________（单位盖章）__________

招标法定代表人或其授权人：__________（签字或盖章）__________

工程造价咨询人：__________（单位盖章）__________

咨询法定代表人或其授权人：__________（签字或盖章）__________

编制人：（签字或盖章）　　　　审核人：（签字或盖章）

编制时间：　　年　月　日　　　　审核时间：　　年　月　日

（封—2）

投 标 总 价

招标人：______________________________

工程名称：______________________________

投标总价（小写）：______________________________

（大写）：______________________________

投标人：______________（单位盖章）______________

法定代表人或其授权人：__________（签字或盖章）__________

编制人：______________（签字或盖章）______________

编制时间：　　年　　月　　日

（封—3）

________________________________工程

竣工结算总价

中标价（小写）：________________ （大写）：____________________

结算价（小写）：________________ （大写）：____________________

发包人：（单位盖章） 承包人：（单位盖章） 工程造价咨询人：（单位盖章）

法定代表人或其授权人：________ 法定代表人或其授权人：________ 法定代表人或其授权人：________

编制人：（签字或盖章） 核对人：（签字或盖章）

编制时间： 年 月 日 审核时间： 年 月 日

（封—4）

总 说 明

工程名称： 第 页 共 页

（表—01）

工程项目招标控制价/投标报价汇总表

工程名称：　　　　　　　　　　　　　　　　　　　　　　　　第　　页 共　　页

序号	单项（单位）工程名称	金额（元）	其中			
			暂估价（元）	文明施工费（元）	规费（元）	安全生产费（元）
合计						

注：本表适用于工程项目招标控制价或投标报价的汇总。

（表—02）

单项（单位）工程招标控制价/投标报价汇总表

工程名称：　　　　　　　　　　标段：　　　　　　　　　　　　第　　页 共　　页

序号	汇总内容	金额（元）	其中：暂估价（元）
1	分部分项工程		
1.1			
1.2			
1.3			
1.4			
1.5			
2	措施项目		
2.1	文明施工费		
3	其他项目		
3.1	暂列金额		
3.2	配套专业工程暂估价		
3.3	计日工		
3.4	总承包服务费		
4	规费		
5	税金		
6	安全生产费		
招标控制价合计=1+2+3+4+5+6			

注：本表适用于单项工程或单位工程招标控制价或投标报价的汇总。

（表—03）

工程项目竣工结算汇总表

工程名称：　　　　　　　　　　　　　　　　　　　　　　　　　　　　第　　页共　　页

序号	单项（单位）工程名称	金额（元）	其中		
			文明施工费（元）	规费（元）	安全生产费（元）
合计					

（表—04）

单项（单位）工程竣工结算汇总表

工程名称：　　　　　　　　　　　　标段：　　　　　　　　　　　　　　　第　　页 共　　页

序号	汇总内容	金额（元）
1	分部分项工程	
1.1		
1.2		
1.3		
1.4		
1.5		
2	措施项目	
2.1	文明施工费	
3	其他项目	
3.1	配套专业工程结算价	
3.2	计日工	
3.3	总承包服务费	
3.4	索赔与现场签证	
4	规费	
5	税金	
6	安全生产费	
竣工结算总价合计=1+2+3+4+5+6		

注：本表适用于单项工程或单位工程竣工结算的汇总。

（表—05）

分部分项工程量清单与计价表

工程名称：　　　　　　　　　　　　标段：　　　　　　　　　　　　第　　页　共　　页

序号	项目编码	项目名称	项目特征描述	计量单位	工程量	金额（元）		
						综合单价	合计	其中：暂估价
本页小计								
合计								

注：根据工业和信息化部“关于发布《通信建设工程概算、预算编制办法》及相关定额的通知”的规定，为计取规费等费用，可在表中增设其中：“人工费”或“建筑安装工程费”。

（表—06）

工程量清单综合单价分析表

工程名称：　　　　　　　　　　　　　　标段：　　　　　　　　　　　　　　第　页　共　页

<table>
<tr><td colspan="2">项目编码</td><td colspan="2"></td><td colspan="2">项目名称</td><td colspan="3"></td><td colspan="2">计量单位</td><td colspan="3"></td></tr>
<tr><td colspan="14">清单综合单价组成明细</td></tr>
<tr><td rowspan="2">定额编号</td><td rowspan="2">定额名称</td><td rowspan="2">定额单位</td><td rowspan="2">数量</td><td colspan="5">单价</td><td colspan="5">合价</td></tr>
<tr><td>人工费</td><td>材料费</td><td>机械费</td><td>仪表费</td><td>管理费和利润</td><td>人工费</td><td>材料费</td><td>机械费</td><td>仪表费</td><td>管理费和利润</td></tr>
<tr><td></td><td></td><td></td><td></td><td></td><td></td><td></td><td></td><td></td><td></td><td></td><td></td><td></td><td></td></tr>
<tr><td></td><td></td><td></td><td></td><td></td><td></td><td></td><td></td><td></td><td></td><td></td><td></td><td></td><td></td></tr>
<tr><td></td><td></td><td></td><td></td><td></td><td></td><td></td><td></td><td></td><td></td><td></td><td></td><td></td><td></td></tr>
<tr><td colspan="2">人工单价</td><td colspan="7">小计</td><td></td><td></td><td></td><td></td><td></td></tr>
<tr><td colspan="2">技工：元/工日
普工：元 / 工日</td><td colspan="7">未计价材料费</td><td colspan="5"></td></tr>
<tr><td colspan="9">清单项目综合单价</td><td colspan="5"></td></tr>
<tr><td rowspan="7">材料费明细</td><td colspan="5">主要材料名称、规格、型号</td><td>单位</td><td>数量</td><td>单价（元）</td><td>合价（元）</td><td colspan="2">暂估单价（元）</td><td colspan="2">暂估合价（元）</td></tr>
<tr><td colspan="5"></td><td></td><td></td><td></td><td></td><td colspan="2"></td><td colspan="2"></td></tr>
<tr><td colspan="5"></td><td></td><td></td><td></td><td></td><td colspan="2"></td><td colspan="2"></td></tr>
<tr><td colspan="5"></td><td></td><td></td><td></td><td></td><td colspan="2"></td><td colspan="2"></td></tr>
<tr><td colspan="5"></td><td></td><td></td><td></td><td></td><td colspan="2"></td><td colspan="2"></td></tr>
<tr><td colspan="5">其他材料费</td><td></td><td></td><td></td><td></td><td colspan="2"></td><td colspan="2"></td></tr>
<tr><td colspan="5">材料费小计</td><td></td><td></td><td></td><td></td><td colspan="2"></td><td colspan="2"></td></tr>
</table>

注：1. 如不使用工业和信息化部发布的计价依据，可不填定额项目、编号等。

2. 招标文件提供了暂估单价的材料，按暂估的单价填入表内“暂估单价”栏并计算“暂估合价日”栏数值。

（表—07）

措施项目清单与计价表（一）

工程名称：　　　　　　　　　　　　标段：　　　　　　　　　　　　　　　第　　页 共　　页

序号	项目名称	计算基础	费率（%）	金额（元）
1	文明施工费			
2	工地器材搬运费			
3	工程干扰费			
4	工程点交、场地清理费			
5	临时设施费			
6	工程车辆使用费			
7	夜间施工增加费			
8	冬雨季施工增加费			
9	生产工具用具使用费			
10	施工用水电蒸汽费			
11	特殊地区施工增加费			
12	已完工程及设备保护费			
13	运土费			
14	施工队伍调遣费			
15	大型施工机械调遣费			
合计				

注：本表适用于以“项”计价的措施项目。

（表—08）

措施项目清单与计价表（二）

工程名称：　　　　　　　　标段：　　　　　　　　第　页 共　页

序号	项目编码	项目名称	项目特征描述	计量单位	工程量	金额（元）	
						综合单价	合价
本页小计							
合计							

注：本表适用于以综合单价形式计价的措施项目。

（表—09）

其他项目清单与计价汇总表

工程名称：　　　　　　　　标段：　　　　　　　　第　页 共　页

序号	项目名称	计量单位	金额（元）	备注
1	暂列金额			明细详见表—10—1
2	暂估价			
2.1	材料暂估价			明细详见表—10—2
2.2	配套专业工程暂估价			明细详见表—10—3
3	计日工			明细详见表—10—4
4	总承包服务费			明细详见表—10—5
合计				

注：材料的暂估单价计入清单项目综合单价，此处不汇总。

（表—10）

暂列金额明细表

工程名称：　　　　　　　　　　　　标段：　　　　　　　　　　　　　　　　第　　页　共　　页

序号	项目名称	计量单位	暂定金额（元）	备注
合计				—

注：此表由招标人填写，如不能详列，也可只列暂定总额，投标人应将上述暂列金额计入投标总价中。

（表—10—1）

材料暂估单价表

工程名称：　　　　　　　　　　　　标段：　　　　　　　　　　　　　　　　第　　页　共　　页

序号	材料名称、规格、型号	计量单位	单价（元）	备注
合计				—

注：1. 此表由招标人填写，并在备注栏说明暂估价的材料拟用在哪些清单项目上，投标人应将上述材料暂估单价计入工程量清单综合单价报价中。

2. 材料包括原材料、燃料、构配件以及按规定应计入建筑安装工程费中摊销的材料。

（表—10—2）

配套专业工程暂估价表

工程名称：　　　　　　　　　　标段：　　　　　　　　　　　　　　　　第　　页　共　　页

序号	工程名称	工程内容	金额（元）	备注
合计				—

注：此表由招标人填写，投标人应将上述配套专业工程暂估价计入投标总价中。

（表—10—3）

计日工表

工程名称：　　　　　　　　　　标段：　　　　　　　　　　　　　　　　第　　页　共　　页

序号	项目名称	单位	暂定数额	综合单价	合价
一	人工				
1					
2					
人工小计					
二	材料				
1					
2					
材料小计					
三	施工机械				
1					
2					
施工机械小计					
四	施工仪表				
1					
2					
施工仪表小计					
合计					—

注：此表项目名称、数量由招标人填写，编制招标控制价时，单价由招标人按有关计价规定确定；投标时，单价由投标人自主报价，计入投标总价中。

（表—10—4）

总承包服务费计价表

工程名称：　　　　　　　　　　标段：　　　　　　　　　　　　　　　第　　页　共　　页

序号	项目名称	项目价值（元）	服务内容	费率（%）	金额（元）
1	发包人发包配套专业工程				
2	发包人供应材料				
合计					—

（表—10—5）

索赔与现场签证计价汇总表

工程名称：　　　　　　　　　　标段：　　　　　　　　　　　　　　　第　　页　共　　页

序号	签证及索赔项目名称	计量单位	数量	单价（元）	合价（元）	索赔及签证依据
本页小计						
合计						—

注：签证及索赔依据是指经双方认可的签证单和索赔依据的编号。

（表—10—6）

费用索赔申请（核准）表

工程名称： 标段： 编号：

<table>
<tr><td colspan="2">致：________________________________（发包人全称）
根据施工合同条款第______条的约定，由于________原因，我方要求索赔金额（大写）________
______________元，（小写）__________________元，请予核准。
附：1. 费用索赔的详细理由和依据；2. 索赔金额的计算；3. 证明材料。
承包人（章）
承包人代表__________
日　　期__________</td></tr>
<tr><td>复核意见：
根据施工合同条款第______条的约定，你方提出的费用索赔申请经复核：
□不同意此项索赔，具体意见见附件。
□同意此项索赔，索赔金额的计算，由持证概（预）算工程师复核。
监理工程师__________
日　　期__________</td><td>复核意见：
根据施工合同条款第______条的约定，你方提出的费用索赔申请经复核，索赔金额为（大写）__________元，（小写）__________元。
持证概（预）算工程师______
日　　期__________</td></tr>
<tr><td colspan="2">审核意见：
□不同意此项索赔。
□同意此项索赔，与本期进度款同期支付。
发包人（章）
发包人代表__________
日　　期__________</td></tr>
</table>

注：1. 在选择栏中的“□”内作标识“√”。

2. 本表一式四份，由承包人填报，发包人、监理人、工程造价咨询人、承包人各存一份。

（表—10—7）

现场签证表

工程名称：　　　　　　　　　　　　标段：　　　　　　　　　　　　编号：

<table>
<tr><td>施工单位</td><td></td><td>日期</td><td></td></tr>
<tr><td colspan="4">致：______________________（发包人全称）
根据________（指令人姓名）____年____月____日的口头指令或你方________（或监理人）____年____月____日的书面通知，我方要求完成此项工作应支付价款金额为（大写）__________元，（小写）__________元，请予核准。
附：1. 签证事由及原因；2. 附图及计算公式。
承包人（章）
承包人代表__________
日　　期__________</td></tr>
<tr><td colspan="2">复核意见：
你方提出的此项签证申请经复核：
□不同意此项索赔，具体意见见附件。
□同意此项索赔，索赔金额的计算，由持证概（预）算工程师复核。
监理工程师__________
日　　期__________</td><td colspan="2">复核意见：
□此项签证按承包人中标的计日工单价计算，金额为（大写）__________元，（小写）__________元。
□此项签证因无计日工单价，金额为（大写）__________元，（小写）__________元。
持证概（预）算工程师__________
日　　期__________</td></tr>
<tr><td colspan="4">审核意见：
□不同意此项索赔。
□同意此项索赔，与本期进度款同期支付。
发包人（章）
发包人代表__________
日　　期__________</td></tr>
</table>

注：1. 在选择栏中的“□”内作标识“√”。
2. 本表一式四份，由承包人在收到发包人（监理人）的口头或书面通知后填写发包人、监理人、工程造价咨询人、承包人各存一份。

（表—10—8）

规费、税金和安全生产费项目清单与计价表

工程名称：　　　　　　　　　　　　　　标段：　　　　　　　　　　　　编号：

序号	项目名称	计算基础	费率（%）	金额（元）
1	规费			
1.1	工程排污费			
1.2	社会保障费	人工费		
（1）	养老保险费	人工费		
（2）	医疗保险费	人工费		
（3）	失业保险费	人工费		
（4）	工伤保险费	人工费		
（5）	生育保险费	人工费		
1.3	住房公积金	人工费		
1.4	危险作业意外伤害保险费	人工费		
2	税金	分部分项工程费+措施项目费+规费		
3	安全生产费	建筑安装工程费		
合　计				

（表—11）

工程款支付申请（核准）表

工程名称：　　　　　　　　　　　　　　　　标段：　　　　　　　　　　　　编号：

致：________________________________（发包人全称）

我方于________至________期间已完成了________工作，根据施工合同的约定，现申请支付本期的工程款额为（大写）__________元，（小写）__________元，请予核准。

序号	名称	金额（元）	备注
	累计已完成的工程价款		
	累计已实际支付的工程价款		
	本周期已完成的工程价款		
	本周期完成的计日工金额		
	本周期应增加和扣减的变更金额		
	本周期应增加和扣减的索赔金额		
	本周期应抵扣的预付款		
	本周期应扣减的质保金		
	本周期应增加或扣减的其他金额		
	本周期实际应支付的工程价款		

发包人（章）

发包人代表__________

日　　期__________

复核意见：

□与实际施工情况不相符，修改意见见附件。

□与实际施工情况相符，具体金额由持证概（预）算工程师复核。

监理工程师__________

日　　期__________

复核意见：

你方提出的支付申请经复核，本期间已完成的工程款额为（大写）__________元，（小写）__________元。本期间应支付金额为（大写）__________元，（小写）__________元。

持证概（预）算工程师__________

日　　期__________

审核意见：

□不同意。

□同意，支付时间为本表签发后的15天内。

发包人（章）

发包人代表__________

日　　期__________

注：1. 在选择栏中的“□”内作标识“√”。

2. 本表一式四份，由承包人填报，发包人、监理人、工程造价咨询人、承包人各存一份。

（表—12）

二、表格使用规定

采用工程量清单计价方式进行计价的过程分为 3 个阶段：一是由招标人对拟建工程进行工程量清单的编制阶段（如有控制价，还需编制招标控制价表）；二是投标人根据招标人提供的工程量清单计算价格的阶段；三是承包人按工程进度，根据施工合同以及施工过程中发生的实际情况编制竣工结算的阶段。这 3 个阶段的文件分别由相应的表格形式组成。

（一）工程量清单表格编制说明

工程量清单作为招标文件的组成部分应全面、准确的反映拟建工程的各类信息明细，其主要内容应包括："工程量清单封面""总说明""分部分项工程量清单""措施项目清单""其他项目清单""规费、税金和安全生产费项目清单"。工程量清单的组成如图 6-5-1 所示。

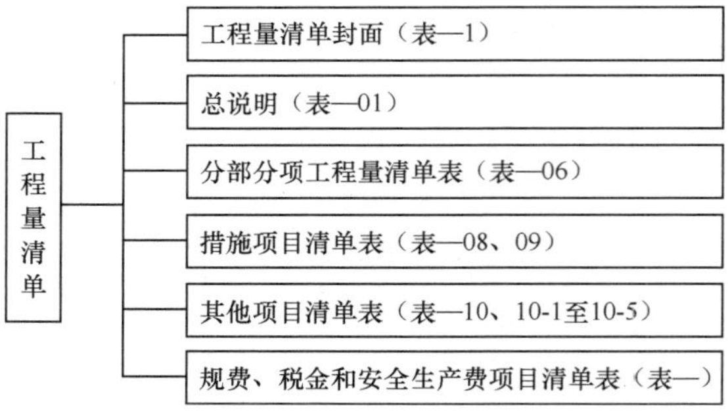

图 6-5-1　工程量清单计价文件的组成

1."工程量清单"封面（封—1）填写说明

招标人自行编制工程量清单时，封面中内容由招标人和编制、审核人员按表中要求分别填写、签字、盖章。招标人委托工程造价咨询人编制工程量清单时，封面中的各项内容分别由招标人和工程造价咨询人以及编制、审核人员按表中要求填写、签字、盖章。

2.总说明（表—01）填写说明

工程量清单总说明主要用于招标人说明拟招标工程的综合信息，内容有以下几个方面。

（1）工程概况：如建设地址、建设规模、工程特征、计划工期、施工现场实际情况、自然地理条件、环保要求等；

（2）工程招标和分包范围；

（3）工程量清单编制依据：如采用的标准、施工图纸、标准图集等；

（4）工程质量、材料、施工等的特殊要求；

（5）其他需要说明的问题。

3.分部分项工程量清单（表—06）填写说明

（1）表头的"工程名称"栏应填写具体的工程称谓。这里可以是单项工程名称，也可以是单项工程中进一步划分的单位工程名称。对于通信线路和通信管道工程，若划分标段则需要在标段"栏填写标段名称（以下其他表格的表头填写与此一致）。

（2）"项目编码"栏应按附录规定的"TX"加 5 位编码再加招标人自行定义的 3 位扩展码（阿拉伯数字）填写。

（3）"项目名称"栏应以附录中的项目名称为主，结合拟建工程的实际特征将名称进一步细化。

（4）“项目特征”栏应按附录规定根据拟建工程实际予以描述。

（5）“计量单位”栏应按附录规定填写。

（6）“工程量”栏应按附录规定的工程量计算规则进行计算并填写。

4. 措施项目清单表（表—08、表—09）填写说明

措施项目清单表有两种表格形式。

（1）措施项目清单表（一）（表—08）适用于以“项”计价的措施项目。在编制工程量清单时，表中的项目除“文明生产费”必须按本规范的强制性规定保留外，其余项目可根据工程实际情况进行增减。

（2）措施项目清单表（二）（表—09）适用于以分部分项工程量清单项目综合单价方式计价的措施项目。

5. 其他项目清单表（表—10、表—10—1 至表—10—5）填写说明

其他项目清单表包括 5 张表（表—10—1 至表—10—5）和 1 张汇总表（表—10），编制工程量清单时，先填写各项分表，然后进行汇总表的填写。

（1）暂列金额明细表（表—10—1）：“暂列金额”在实际履约过程中可能发生，也可能不发生。该表要求招标人将暂列金额与拟用项目列出明细，但如确实不能详列也可只列暂列金额总额，以便投标人将上述暂列金额计入投标总价中。

（2）材料暂估单价表（表—10—2）：暂估价是在招标阶段预见肯定要发生，只是因为计价标准不明确或者需要由专业承包人完成，暂时无法确定具体价格。本表要求招标人针对每一类暂估价给出相应的材料名称，并且应当在本表备注栏补充说明材料暂估价的数量和拟用项目，便可将材料暂估价纳入到项目的综合单价中。

（3）配套专业工程暂估价表（表—10—3）：配套专业工程暂估价是指分包人实施配套专业分包工程的价格，招标人应在表内填写工程名称、工程内容、暂估金额，以便投标人将上述金额计入投标总价中。

（4）计日工表（表—10—4）：招标人编制工程量清单填写此表时，应填写“项目名称”“单位”“暂估数量”，以便投标人确定单价并计算出合价。

（5）总承包服务费计价表（表—10—5）：编制工程量清单时，招标人应将拟定进行专业分包的配套专业工程、自行采购的材料等，在本表中填写项目名称、项目价值、服务内容，以便投标人根据总承包服务的内容，自主决定报价。

（6）其他项目清单与计价汇总表（表—10）：编制工程量清单时，招标人完成上述分项表格的填写后，应将“暂列金额明细表（表—10—1）”的合计填入汇总表的“暂列金额”，将“配套专业工程暂估价表（表—10—3）”的合计填入汇总表的“配套专业工程暂估价”。“材料暂估价表”的单价无需汇入到本表，而是由投标人在计价阶段计入清单项目的综合单价。

6. 规费、税金和安全生产费项目清单（表—11）填写说明

本表是按通信行业主管部门颁布的工程造价费用结构中列出的规费、税金和安全生产费项目列项，招标人仅填写该表表头内容即可，表格中计价部分由招标控制价和投标报价的编制人在计价阶段填写。

（二）工程量清单计价文件表格编制说明

工程量清单计价文件表格包括招标控制价计价表格和投标报价计价表格两个部分。招标控制价计价表格由招标人或招标人委托的工程造价咨询人进行编制填写，并作为招标工程的最高限价。投标报价由投标人根据项目清单所列内容以及企业自身的技术条件、管理水平等进行各项表格报价计价表格部分的填写，从而完成投标报价的编制。值的注意的是，如果投标人对招标人提供的工程量清单与计价表中应填写的单价和合价没有全部填写，那么未填单价和合价部分将被视为此项费用已包含在其他项目的价格中，施工过程中以及竣工结算时招标人将不再支付这部分费用。招标控制价 / 投标报价的工程量清单计价表格组成如图 6-5-2 所示。

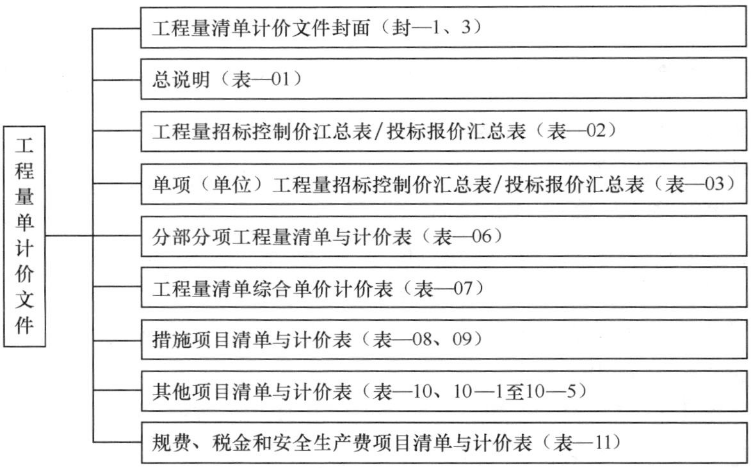

图 6-5-2　工程量清单计价招标控制价 / 投标报价文件组成

1. 计价表格封面填写说明

“招标控制价”封面（封—2）：招标人自行编制招标控制价时，封面中的内容由招标人和编制、审核人员按表中要求分别填写、签字、盖章。招标人委托工程造价咨询人编制招标控制价时，封面中的各项内容分别由招标人和工程造价咨询人以及编制、审核人员按表中要求填写、签字、盖章。

“投标总价”封面（封—3）：投标人编制投标报价时，封面中的内容由投标人、编制和审核人员按表中要求分别填写、签字、盖章。

2. 总说明（表—01）填写说明

招标控制价总说明的内容应包括以下几个方面。

（1）采用的计价依据；

（2）采用的施工组织设计；

（3）采用的材料价格来源；

（4）综合单价中风险因素、风险范围（幅度）；

（5）其他需要说明的问题。

投标报价总说明的内容应包括以下几个方面。

（1）采用的计价依据；

（2）采用的施工组织设计；

（3）综合单价中包含的风险因素、风险范围（幅度）；

（4）措施项目的依据；

（5）其他有关内容的说明等。

3. 工程项目招标控制价／投标报价汇总表（表—02）填写说明

本表可作为整个工程项目或一个单项工程（由多个单位工程组成时）的招标控制价或投标报价汇总表。

（1）表中“单项（单位）工程名称”栏的每一行对应填写一个“单项（单位）工程招标控制价投标报价汇总表”（表—03）的工程名称；

（2）表中的“金额”栏应填写“单项（单位）工程招标控制价／投标报价汇总表”（表—03）中最后一行的合计数值；

（3）表中的“其中：暂估价、文明生产费、规费、安全生产费”按“单项（单位）工程招标控制价／投标报价汇总表”（表—03）中所对应的项目金额填写。

由于编制招标控制价和投标报价包含的内容相同，只是对价格的处理不同，因此，对招标控制价和投标报价的汇总表使用同一表格形式。

4. 单项（单位）工程招标控制价／投标报价汇总表（表—03）填写说明

当一个单项工程划分为多个单位工程时，本表可作为每一个单位工程的汇总；当单项工程没有划分为若干个单位工程时，本表作为一个单项工程的汇总表。

（1）表中的“分部分项工程”下的每一行对应填写一个“分部分项工程量清单与计价表”（表—6）中的分部工程名称；

（2）表中的“金额栏”应分别填写“分部分项工程量清单与计价表”（表—06）、“措施项目清单与计价表”（表—08、表—09）、“其他项目清单与计价汇总表”（表—10）的合计金额以及相应的分项金额；

（3）表中的“规费、税金、安全生产费”的金额栏按（表—11）计算结果填写。

该表对于编制招标控制价或投标报价来说表格形式相同，对价格的处理不同。

5. 分部分项工程量清单与计价表（表—06）填写说明

编制招标控制价时，招标人按照已编制好的项目清单逐项计算“综合单价”“合价”以及“其中：暂估价”并填入本表。“其中：暂估价”是根据招标文件中提供的。“材料暂估单价表”（表—10—2）的暂估单价和分部分项工程中该材料使用的数量进行计算，其计算的金额计入“综合单份”。

为了计取措施费、规费、安全生产费等费用，可在表中合计之后增设“其中：人工费”或“其中：建筑安装工程费”作为计费基础。“建筑安装工程费”是指“分部分项工程费＋措施项目费＋其他项目费＋规费＋税金”的合计。

6. 工程量清单综合单价分析表（表—07）填写说明

工程量清单综合单价分析表是评标委员会评审和判断综合单价组成和价格完整性、合理性的主要基础，也是因工程变更调整综合单价必不可少的基础价格数据来源。该分析表集中反映构成每一个清单项目综合单价的各个价格要素以及“工、料、机、仪”的消耗量。投标人在投标报价时，需要对每一个清单项目进行组价，为了使组价工作具有可追溯性（回复评标质疑时尤其需要），需要表明每一个数据的来源。该分析表实际上是投标人投标组价工作的一个阶段性成果。

该分析表一般随投标文件一同提交，作为竞标价的工程量清单的组成部分，以便中标后，作为合同文件的附属文件。在实际招标工作中，投标人是否提供工程量清单综合单价分析表要根据招标文件的要求而定。由于工程量清单综合单价分析表数量较多，招标人可在招标文件中仅要求投标人在投标文件正本中附工程量清单综合单价分析表。

（1）编制招标控制价，应使用通信行业主管部门颁布的工程造价计价定额和相关标准编制本表。

（2）编制投标报价，填写本表时既可使用通信行业主管部门颁布的工程造价计价定额和相关标准，也可以使用企业定额或自主确定报价。

7. 措施项目清单与计价表（表—08、09）填写说明

（1）编制招标控制价，措施项目计费应按通信行业主管部门颁布的计费标准和计算方法计取。

（2）编制投标报价，除“文明生产费”必须按本规范的强制性规定，按国家或主管部门的规定计取外，其他措施项目均可根据投标施工组织设计自主报价，并可增补措施项目。

8. 其他项目清单与计价表（表—10、10—4、10—5）填写说明

招标人提供的暂列金额明细表（表—10—1）、材料暂估单价表（表—10—2）、配套专业工程暂估价表（表—10—3）不需要投标人填写，只需要对计日工表（表—10—4）总承包服务费计价表（表—10—5）进行填写，然后将两表中的合计金额汇入其他项目清单与计价汇总表（表—10）。

（1）编制招标控制价，应按有关计价规定估算“计日工”和“总承包服务费”。

（2）编制投标报价，“计日工”和“总承包服务费”由投标人自主确定报价。

9. 规费、税金与安全生产费项目清单与计价表（表—11）填写说明

本表中的内容按本规范的相关规定和通信行业主管部门颁布的相关标准及计价方法进行编制。在通信工程施工实践中，有的规费项目，如工程排污费，并非每个工程都会发生，此项费用可按实际发生与否进行处理。

（三）竣工结算表格编制说明

竣工结算表格的编制除了按合同文件中所签订的价格，还应根据工程实施过程中发生的超出施工合同范围的工程变更情况调整价格，确定工程的最终结算费用。竣工结算表格

的组成如图 6-5-3 所示。

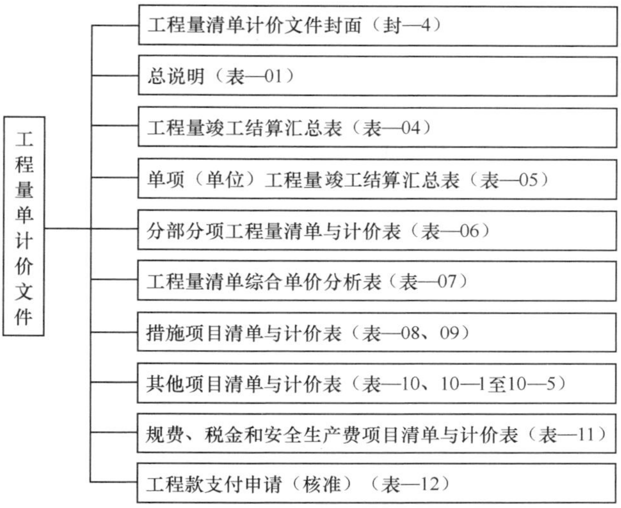

图 6-5-3　竣工结算文件的组成

1. “竣工结算总价”封面（封—4）填写说明

（1）承包人自行编制竣工结算总价，填写竣工结算总价封面中的中标价和结算价，加盖承包人单位公章、法定代表人或其授权人签字或盖章、编制人签字或盖章。

（2）发包人自行核对竣工结算时，由发包人盖单位公章、法定代表人或法定代表人或授权人签字或盖章。

（3）发包人委托有资质的工程造价咨询机构核对竣工结算时，发包人盖单位公章、法定代表人或其授权人签字或盖章；工程造价咨询机构盖单位资质专用章、法定代表人或其授权人签字或盖章；持证人员在核对栏签字或盖章。

除非出现发包人拒绝或不答复承包人竣工结算书的特殊情况，竣工结算办理完毕后，竣工结算总价封面发、承包双方的签字、盖章应当齐全。

2. 总说明（表—01）填写说明

竣工结算总说明的内容应包括以下几个方面。

（1）工程概况；

（2）编制依据；

（3）工程变更；

（4）工程价款调整；

（5）索赔；

（6）其他需要说明的问题。

3. 工程项目竣工结算汇总表（表—04）填写说明

本表可作为整个工程项目或一个单项工程的竣工结算汇总表。

（1）表中“单项（单位）工程名称”栏的每一行对应填写一个“单项（单位）工程竣工结算汇总表”（表—05）的工程名称；

（2）表中的“金额”栏应填写“单项（单位）工程竣工结算汇总表“（表—05）中最后一行的合计数值；

（3）表中的“其中：文明生产费、规费、安全生产费”按“单项（单位）工程竣工结算汇总表”（表—05）中所对应的项目金额填写。

4. 单项（单位）工程竣工结算汇总表（表—05）填写说明

当一个单项被划分为多个单位工程时，本表可作为每一个单位工程的汇总表；当单项工程没有被划分为若干个单位工程时，本表作为一个单项工程的汇总表。表中的“分部分项工程”下的每一行对应填写一个“分部分项工程量清单与计价表”（表—06）中的分部分项工程名称。

（1）表中的“金额”栏应分别填写“分部分项工程量清单与计价表”（表—06）、“措施项目清单与计价表”（表—08、09）、“其他项目清单与计价汇总表”的合计金额以及相应的分项金额；

（2）表中的“规费、税金、安全生产费”按规定计算并填入“金额”栏。

5. 分部分项工程量清单与计价表（表—06）填写说明

编制竣工结算表格时，其中“暂估价”已按实际结算价格进入综合单价，需要再填写该栏。表中其他各项内容的填写方法与编制投标报价文件的填表方法相同。

6. 工程量清单综合单价分析表（表—07）填写说明

编制竣工结算表格时，材料费明细中相关的“其中“暂估单价”已按实际结算单价计算，不需要再填写“暂估单价”和“暂估合价”栏。表中，其他各项内容的填写方法与编制投标报价文件的填表方法相同。

7. 措施项目清单与计价表（表—08、09）填写说明

与编制投标报价文件的填表方法相同。

8. 其他项目清单与计价表填写说明

编制或核对竣工结算，其他项目清单与计价汇总表（表—10）中的“配套专业工程暂估价”按实际分包结算价填写，“计日工”“总承包服务费”按双方认可的费用填写。如发生“索赔”或“现场签证”费用，按双方认可的金额计入该表。

索赔与现场签证计价汇总表（表—10—6）是对发、承包双方签证认可的“费用索赔申请（核准）表”和“现场签证表”的汇总

费用索赔申请（核准）表）（表 10—7）将索赔申请与核准设置于一张表。使用时，承包人代表应按合同条款的约定，阐述索赔原因，附上索赔证据、索赔费用的计算，报发包人，经监理工程师或发包人现场代表复核，经持证工程师复核具体费用，发包人审核后生效。

现场签证表（表—10—8）是对“计日工”的具体化。招标时招标人对计日工项目的预估难免有遗漏，导致实际施工发生后无相应的计日工单价，现场签证时连单价一并处理。在汇总时有计日工单价的就归并于计日工，无计日工单价的就归并于现场签证，以示区别。

9. 规费、税金和安全生产费项目清单与计价表（表—11）填写说明

与编制投标报价文件的填表方法相同。

10. 工程款支付申请（核准）表（表—12）填写说明

工程款支付申请（核准）表将工程款支付申请与核准设置于一张表，由承包人在每个计量周期结束后，向发包人提出，由发包人授权的现场代表或监理工程师复核工作量，有发包人授权的持证工程师复核应付款，经发包人批准实施。

第七章 工程结算与竣工决算

本章主要结合信部规［2005］418 号《关于发布〈通信建设工程价款结算暂行办法〉的通知》及《通信建设工程量清单计价规范》介绍工程建设项目施工阶段的工程结算和竣工验收阶段的竣工决算的相关知识。

第一节 工程变更与索赔

一、工程变更

工程变更是合同工程实施过程中由发包人提出或由承包人提出经发包人批准的对合同工程的工作内容、工程数量、质量要求、施工顺序与时间、施工条件、施工工艺或其他特征及合同条件等的改变。工程变更指令发出后，应当迅速落实指令，全面修改相关的各种文件。承包人也应当抓紧落实，如果承包人不能全面落实变更指令则扩大的损失应当由承包人承担。

（一）工程变更范围

工程变更的范围和内容包括以下内容。

1. 取消合同中任何一项工作，但被取消的工作不能转由发包人或其他人实施。
2. 改变合同中任何一项工作的质量或其他特性。
3. 改变合同中任何一项工作的施工时间或改变已批准的施工工艺或顺序。
4. 为完成工程需要追加的额外工作。

（二）工程变更的价款调整方法

1. 分部分项工程费的调整。

工程变更引起分部分项工程项目发生变化时，应按照计价规范相关规定进行调整。

（1）已标价工程量清单中有适用于变更工程项目的，应采用该项目的综合单价。

（2）已标价工程量清单中没有适用但有类似于变更工程项目的，可在合理范围内参照类似项目的综合单价。

（3）已标价工程量清单中没有适用也没有类似于变更工程项目时，由承包人根据变更工程资料、计量规则和计价办法、工程造价管理机构发布的信息（参考）价格和承包人报价浮动率，提出变更工程项目的单价或总价，并应报发包人确认后调整。

（4）已标价工程量清单中没有适用也没有类似变更工程项目，且工程造价管理机构发布的信息（参考）价格缺价时，由承包人根据变更工程资料、计量规则、计价办法和通过市场调查等取得有合法依据的市场价格提出变更工程项目的综合单价，报发包人确认后调整。

2. 措施项目费的调整。

因分部分项工程量清单漏项或非承包人原因的工程变更，引起措施项目发生变化的，造成施工组织设计或施工方案变更，原措施费中已有的措施项目，按原措施项目的组价方式调整；原措施费中没有的措施项目，由承包人根据措施项目变更情况，提出调整措施项目变更，经发包人确认后执行。应按照下列规定调整措施项目费。

（1）安全文明施工费，按照实际发生变化的措施项目调整，不得浮动。

（2）采用单价计算的措施项目费，按照实际发生变化的措施项目按分部分项工程费的调整方法确定单价。

（3）按总价（或系数）计算的措施项目费，除安全文明施工费外，按照实际发生变化的措施项目调整，但应考虑承包人报价浮动因素，即调整金额按照实际调整金额乘以承包人报价浮动率计算。

如果承包人未事先将拟实施的方案提交给发包人确认，则视为工程变更不引起措施项目费的调增或承包人放弃调增措施项目费的权利。

3. 删减工程或工作的补偿。

如果发包人提出的工程变更，非因承包人原因删减合同中的某项原定工作或工程，致使承包人发生的费用或（和）得到的收益不能被包括在其他已支付或应支付的项目中，也未被包含在任何替代的工作或工程中，则承包人有权提出并得到合理的费用及利润补偿。

（三）工程变更的时限约定

在工程设计变更确定后 14 天内，设计变更涉及工程价款调整的，由承包人向发包人提出，经发包人审核同意后调整合同价款。工程变更确定 14 天内，如承包人未提出变更工程价款的报告，则发包人可根据所掌握的资料决定是否调整合同价款和调整的具体金额。重大工程变更涉及工程价款变更报告和确认的时限由发、承包双方协商确定。

收到变更工程价款报告一方，应在收到之日起 14 天内予以书面确认或提出协商意见，自变更工程价款报告送达之日起 14 天内，对方未确认也未提出协商意见时，视为变更工程价款报告已被确认。确认增（减）的工程变更价款作为追加（减）合同价款与工程进度款同期支付。

二、现场签证

现场签证是指发包人现场代表（或共授权的工程监理人、工程造价咨询人）与承包人现场代表就施工过程中涉及的责任事件所作的签认证明。施工合同履行期间发生现场签证事件时，发承包双方应根据合同约定调整合同价款。

（一）现场签证的提出

承包人应发包人要求完成合同以外的零星项目、非承包人责任事件等工作时，发包人应及时以书面形式向承包人发出指令，提供所需的相关资料；承包人在收到指令后，应及时向发包人提出现场签证要求。在施工过程中，若发现合同工程内容因场地条件、地质水文、发包人要求等不一致时，承包人应提供所需的相关资料，提交发包人签证认可，作为合同价款调整的依据。

（二）现场签证报告的确认

承包人应在收到发包人指令后的 7 天内向发包人提交现场签证报告，发包人应在收到现场签证报告后的 48 h 内对报告内容进行核实，予以确认或提出修改意见。发包人在收到承包人现场签证报告后的 48 h 内未确认也未提出修改意见的，视为承包人提交的现场签证报告已被发包人认可。

（三）现场签证报告的要求

1. 现场签证的工作如果已有相应的计日工单价，现场签证报告中应列明完成该签证工作所需的人工、材料、工程设备和施工机械台班的数量。

2. 如果现场签证的工作没有相应的计日工单价，应当在现场签证报告中列明完成该签证工作所需的人工、材料、工程设备和施工机械台班的数量及其单价。

3. 现场签证工作完成后的 7 天内，承包人应按照现场签证内容计算价款，报送发包人确认后，作为增加合同价款，与进度款同期支付。

（四）现场签证的限制

合同工程发生现场签证事项，未经发包人签证确认，承包人便擅自施工时，除非征得发包人书面同意，否则发生的费用由承包人承担。

三、工程索赔

（一）工程索赔的概念

工程索赔是指在工程合同履行过程中，合同一方当事人因对方不履行或未能正确履行合同义务或者由于其他非自身原因而遭受经济损失或权利损害，通过合同约定的程序向对方提出经济和（或）时间补偿要求的行为。

（二）工程索赔的分类

1. 根据索赔的合同当事人不同，可以将工程索赔分为以下两种。

（1）承包人与发包人之间的索赔，该类索赔发生在建设工程施工合同的双方当事人之间，既包括承包人向发包人的索赔，也包括发包人向承包人的索赔。

（2）总承包人和分包人之间的索赔，在建设工程分包合同履行过程中，索赔事件发生后，无论是发包人的原因还是总承包人的原因所致，分包人都只能向总承包人提出索赔要，而不能直接向发包人提出。

2. 按索赔目的和要求分类，可以将工程索赔分为工期索赔和费用索赔

（1）工期索赔是指工程承包合同履行中，由于非承包人原因造成工期延误，按照合同约定或法律规定，承包人向发包人提出合同工期补偿要求的行为。

（2）费用索赔是指工程承包合同履行中，当事人一方因非己方的原因而遭受费用损失，按照合同约定或法律规定应由对方承担责任，而向对方提出增加费用要求的行为。

3. 按索赔事件的性质不同，可以将工程索赔分为以下 7 种。

（1）工程延误索赔，因发包人未按合同要求提供施工条件，或因发包人指令工程暂停等原因造成工期拖延的，承包人可以向发包人提出索赔；如果由于承包人原因导致工期拖延，发包人可以向承包人提出索赔。

（2）加速施工索赔，由于发包人指令承包人加快施工速度，缩短工期，引起承包人的人力、物力、财力的额外开支，承包人提出的索赔。

（3）工程变更索赔，由于发包人指令增加或减少工程量或增加附加工程、修改设计、变更工程顺序等，造成工期延长和（或）费用增加，承包人就此提出索赔。

（4）合同终止索赔，由于发包人违约及非承包人原因造成合同非正常终止，承包人因其遭受经济损失而提出索赔，如果由于承包人的原因导致合同非正常终止，或者合同无法继续履行，发包人可以就此提出索赔。

（5）不可预见的不利条件索赔，承包人在工程施工期间，施工现场遇到一个有经验的承包人通常不能合理预见的不利施工条件或外界障碍，如地质条件与发包人提供的资料不符，出现不可预见的地下水、地质断层、溶洞、地下障碍物等，承包人可以就因此遭受的损失提出索赔。

（6）不可抗力事件的索赔，工程施工期间，因不可抗力事件的发生而遭受损失的一方，可以根据合同中对不可抗力风险分担的约定，向对方当事人提出索赔。

（7）其他索赔，如因货币贬值、汇率变化、物价上涨、政策法令变化等原因引起的索赔。

（三）索赔的依据

1. 提出索赔和处理索赔都要依据下列文件或凭证。

（1）工程施工合同文件。工程施工合同是工程索赔中最关键和最主要的依据，工程施工期间发、承包双方关于工程的洽商、变更等书面协议或文件，也是索赔的重要依据。

（2）国家法律、法规。国家制定的相关法律、行政法规是工程索赔的法律依据；工程项目所在地的地方性法规或地方政府规章，也可以作为工程索赔的依据，但应当在施工合同专用条款中约定为工程合同的适用法律。

（3）国家、部门和地方有关的标准、规范和定额。对于工程建设的强制性标准，是合同双方必须严格执行的；对于非强制性标准，必须在合同中有明确规定的情况下，才能作为索赔的依据。

（4）工程施工合同履行过程中与索赔事件有关的各种凭证。这是承包人因索赔事件所遭受费用或工期损失的事实依据，它反映了工程的计划情况和实际情况。

2. 承包人工程索赔成立的基本条件包括以下 3 个方面。

（1）索赔事件已造成了承包人直接经济损失或工期延误。

（2）造成费用增加或工期延误的索赔事件是非因承包人的原因发生的。

（3）承包人已经按照工程施工合同规定的期限和程序提交了索赔意向通知、索赔报告及相关证明材料。

（四）费用索赔

对于不同原因引起的索赔，承包人可索赔的具体费用内容是不完全一样的。但归纳起来，索赔费用的要素与工程造价的构成基本类似，一般可归结为人工费、材料费、施工机械使用费、分包费、施工管理费、利息、利润、保险费等。

1. 人工费的索赔包括：由于完成合同之外的额外工作所花费的人工费用，超过法定工作时间的加班劳动，法定人工费增长，非因承包商原因导致工效降低所增加的人工费用，非因承包商原因导致工程停工的人员窝工费和工资上涨费等。

2. 材料费的索赔包括：由于索赔事件的发生造成材料实际用量超过计划用量而增加的材料费，由于发包人原因导致工程延期期间的材料价格上涨和超期储存费用。材料费中应包括运输费、仓储费以及合理的损耗费用。如果由于承包商管理不善，成材料损坏、失效，则不能列入索赔款项内。

3. 施工机械及仪表使用费的索赔包括：由于完成合同之外的额外工作所增加的机械及仪表使用费，非因承包人原因导致工效降低所增加的机械及仪表使用费，由于发包人或工程师指令错误或迟延导致机械及仪表停工的台班停滞费。

4. 现场管理费。现场管理费的索赔包括承包人完成合同之外的额外工作以及由于发包人原因导致工期延期期间的现场管理费，包括管理人员工资、办公费、通讯费、交通费等。企业管理费。企业管理费的索赔主要指的是由于发包人原因导致工程延期期间所增加的承包人向企业提交的管理费，包括总部职工工资、办公大楼折旧、力、公用品、财务管理、通信设施以及总部领导人员赴工地检查指导工作等开支。

5. 保险费。因发包人原因导致工程延期时，承包人必须办理工程保险、施工人员意外伤害保险等各项保险的延期手续，对于由此而增加的费用，承包人可以提出索赔。

6. 保函手续费。因发包人原因导致工程延期时，承包人必须办理相关履约保函的延期手续，对于由此而增加的手续费，承包人可以提出索赔。

7. 利息。利息的索赔包括：发包人拖延支付工程款利息，发包人迟延退还工程质量保证金的利息，承包人垫资施工的垫资利息，发包人错误扣款的利息等。

8. 利润。一般来说，由于工程范围的变更、发包人提供的文件有缺陷或错误、发包人未能提供施工场地以及因发包人违约导致的合同终止等事件引起的索赔，承包人都可以列入利润。另外，对于因发包人原因暂停施工导致的工期延误，承包人也有权要求发包人支付合理的利润。

9. 分包费用。由于发包人的原因导致分包工程费用增加时，分包人只能向总承包人提出索赔，但分包人的索赔款项应当列入总承包人对发包人的索赔款项中。分包费用索赔指的足分包人的索赔费用，一般也包括与上述费用类似的内容索赔。

（五）工期索赔

工期索赔，一般是指承包人依据合同对由于非因自身原因导致的工期延误向发包人提出的工期顺延要求。

1. 工期索赔中应当注意的问题。在工期索赔中特别应当注意以下问题。

（1）划清施工进度拖延的责任。

因承包人的原因造成施工进度滞后，属于不可原谅的延期；只有承包人不应承担任何责任的延误，才是可原谅的延期。

有时工程延期的原因中可能包含有双方责任，此时监理工程师应进行详细分析，分清责任比例，只有可原谅延期部分才能批准顺延合同工期。

可原谅延期，又可细分为可原谅并给予补偿费用的延期和可原谅但不给予补偿费用的延期；后者是指非承包人责任的影响并未导致施工成本的额外支出，大多属于发包人应承担风险责任事件的影响，如异常恶劣的气候条件影响的停工等。

（2）被延误的工作应是处于施工进度计划关键线路上的施工内容。

只有位于关键线路上工作内容的滞后，才会影响到竣工日期。但有时也应注意，既要看被延误的工作是否在批准进度计划的关键路线上，又要详细分析这一延误对后续工作的可能影响。因为若对非关键路线工作的影响时间较长，超过了该工作可用于自由支配的时间，也会导致进度计划中非关键路线转化为关键路线，其滞后将影响总工期的拖延。此时，应充分考虑该工作的由时间，给予相应的工期顺延，并要求承包人修改施工进度计划。

2. 工期索赔的具体依据。承包人向发包人提出工期索赔的具体依据主要包括下列 7 点。

（1）合同约定或双方认可的施工总进度规划。

（2）合同双方认可的详细进度计划。

（3）合同双方认可的对工期的修改文件。

（4）施工日志、气象资料。

（5）业主或工程师的变更指令。

（6）影响工期的干扰事件。

（7）受干扰后的实际工程进度等。

第二节　工程计量与价款支付

对承包人已经完成的合格工程进行计量并予以确认，是发包人支付工程价款的前提工作。因此，工程计量不仅是发包人控制施工阶段工程造价的关键环节，也是约束承包人履行合同义务的重要手段。

一、工程计量

（一）工程计量的概念

所谓工程计量，就是发承包双方根据合同约定，对承包人完成合同工程的数量进行的计算和确认。具体地说，就是双方根据设计图纸、技术规范以及施工合同约定的计量方式和计算方法，对承包人已经完成的质量合格的工程实体数量进行测量与计算，并以物理计量单位或自然计量单位进行表示、确认的过程。

招标工程量清单中所列的数量，通常是根据设计图纸计算的数量，是对合同工程的估计工程量。工程施工过程中，通常会由于一些原因导致承包人实际完成工程量与工程量清单中所列工程量的不一致，例如：招标工程量清单缺项、漏项或项目特征描述与实际不符；工程变更，现场施工条件的变化，现场签证，暂列金额中的专业工程发包等。因此，在工程合同价款结算前，必须对承包人履行合同义务所完成的实际工程进行准确的计量。

（二）工程计量的原则

工程计量的原则包括下列 3 个方面。

1. 不符合合同文件要求的工程不予计量。即工程必须满足设计图纸、技术规范等合同文件对其在工程质量上的要求，同时有关的工程质量验收资料齐全、手续完备，满足合同文件对其在工程管理上的要求。

2. 按合同文件所规定的方法、范围、内容和单位计量。工程计量的方法、范围、内容和单位受合同文件所约束，其中工程量清单（说明）、技术规范、合同条款均会从不同角度、不同侧面涉及这方面的内容。在计量中要严格遵循这些文件的规定，并且一定要结合起来使用。

3. 因承包人原因造成的超出合同工程范围施工或返工的工程量，发包人不予计量。

（三）工程计量的范围与依据

1. 工程计量的范围。工程计量的范围包括：工程量清单及工程变更所修订的工程量清单的内容；合同文件中规定的各种费用支付项目，如费用索赔、各种预付款、价格调整、违约金等。

2. 工程计量的依据。工程计量的依据包括：工程量清单及说明，合同图纸，工程变更令及其修订的工程量清单，合同条件，技术规范，有关计量的补充协议，质量合格证书等。

（四）工程计量方法

1. 发承包双方约定采用“定额”或“通信清单计价规范”规定的方法计量。

2. 如果合同条件与计量方法产生矛盾时，应以合同条件为准。

3. 除合同另有规定外，对所有工作项目只计量净值，而不考虑施工的具体方法和产生的各种损耗。工程量清单表中各项工作，应按实际建成后的工程量进行计量。

4. 除非合同条款另有规定，否则不应因某项工作数量上的增减，而改变该项工作的单价。

5. 合同中所有工程均采用法定计量单位进行计量。

6. 计量单位和计量的精确度按“定额”或“通信清单计价规范”规定执行。

（五）工程计量程序

1. 合同有约定时，承包人应按照合同约定，向发包人递交已完工程量报告。发包人应在接到报告后按合同约定进行核对。

2. 合同无约定时，承包人应在每个月末或合同约定的工程段完成后向发包人递交上月或上一工程段已完工程量报告。

发包人应在接到报告后14天内（以签收日期为准），按施工图纸（含设计变更）进行核实已完工程量。核对时发包人应在48 h前通知承包人，承包人应提供条件并按时参加核对。

承包人收到通知后不参加核实，以发包人核实的工程量作为工程价款支付的依据。发包人不按约定通知承包人，致使承包人未能参加核实，核实结果无效。

发包人收到承包人报告后14天内未核实已完工程量，从第15天起，承包人报告的工程量即视为被确认，作为工程价款支付的依据，双方合同另有约定的，按合同执行。

对承包人超出设计图纸（含设计变更）范围和因承包人原因造成返工的工程量，发包人不予计量。

如承包人不同意发包人核实的计量结果，承包人应在收到上述结果后7天内向发包人提出，申明承包人认为不正确的详细情况。发包人收到后，应在两天内重新核对有关工程量的计量，或予以确认，或将其修改。

二、工程价款结算

工程价款结算是指发、承包双方根据国家有关法律、法规规定和合同约定，对合同实施中、终止时、已完工后的工程项目进行合同价款计算、调整和确认，是工程项目承包中一项十分重要的工作。工程价款计算是反映工程进度的主要指标，也是承包企业加快资金周转的重要环节。

（一）工程价款的主要结算方式

我国现行工程价款结算方式主要有4种。

1. 按月结算。实行旬末或月中预支，月终结算，竣工后清算的方法。

2. 竣工后一次结算。建设项目或单项工程全部建筑安装工程建设期在12个月以内，或者工程承包合同价值在100万元以下的，可以实行工程价款每月月中预支，竣工后一次结算。

3. 分段结算。即当年开工，当年不能竣工的单项工程或单位工程按照工程形象进度，划分不同阶段进行结算。分段结算可以按月预支工程款。

4. 目标结款方式。即在工程合同中，将承包工程的内容分解成不同的控制界面，以业主验收控制界面作为支付工程价款的前提条件。将合同中的工程内容分解成不同的验收单元，当承包商完成单元工程内容并经业主（或其委托人）验收后，业主支付构成单元工程内容的工程价款。目标结款方式实质上是运用合同手段、财务手段对工程的完成进行主动控制。

（二）工程价款结算的依据

工程价款结算应按合同约定办理，合同未作约定或约定不明的，发、承包双方应依照下列规定与文件协商处理。

1. 国家有关法律、法规和规章制度。

2. 工信部发布的工程造价计价标准、计价办法等有关规定。

3. 建设项目的合同、补充协议、变更签证和现场签证，以及经发、承包人认可的其他有效文件。

4. 其他可依据的材料。

（三）工程价款结算内容

1. 工程预付款

工程预付款，又称为工程备料款，是指由施工单位自行采购建筑材料，根据工程承包合同（协议），建设单位在工程开工前按年度工程量的一定比例预付给施工单位的备料款，工程预付款的结算是指在工程后期随工程所需材料贮备逐渐减少，预付款以抵冲工程价款的方式陆续扣回。

2. 工程进度款

工程进度款是随工程的施工进度，由发包方按约定的期限支付给承包方的已完工程款。工程进度款的支付，一般按当月实际完成工程量进行结算，工程竣工后再办理竣工结算。在工程竣工前，承包人收取的工程预付款和进度款的总额一般不超过合同总额（包括工程合同签订后经发包方签证认可的增减工程款）的 95%，其余 5% 尾款在工程竣工结算时除保修金外一并清算。

3. 竣工结算

工程结算是指施工单位按合同（协议）规定的内容全部完工、交工后，施工单位与建设单位按照合同（协议）约定的合同价款及合同价款调整内容进行的最终工程价款结算。

4. 保修金

工程保修金一般为施工合同价款的 3%，在专用条款中具体规定。发包人在质量保修期后 14 天内，将剩余保修金和利息返还承包商。

（四）工程价款支付

1. 预付款

按照原信息产业部发布的《通信建设工程价款结算暂行办法》（信规部［2005］418 号）的相关规定：包工包料工程的预付款的支付比例不得低于签约合同价（扣除暂列金额）的 10%，不宜高于签约合同价（扣除暂列金额）的 30%。设备及材料投资比例较高的，预付款可按不高于合同价（扣除暂列金额）的 60% 支付。包工不包料的工程预付款按通信线路、通信设备工程、通信管道工程分别为合同价（扣除暂列金额）的 30%、20%、40%。

在具备施工条件的前提下，发包人应在双方签订合同后的一个月内或不迟于约定的开工日期前的 7 天内预付工程款，发包人不按约定预付，承包人应在预付时间到期后 10 天内向发包人发出要求预付的通知，发包人收到通知后仍不按要求预付，承包人可在发出通知 14 天后停止施工，发包人应从约定应付之日起向承包人支付应付款的利息（利率按同期银行贷款利率计），并承担违约责任。

预付的工程款必须在合同中约定抵扣方式，并在工程进度款中进行抵扣。

凡是没有签订合同或不具备施工条件的工程，发包人不得预付工程款，不得以预付款为名转移资金。

2. 安全文明施工费

由于工程建设项目因专业及施工阶段的不同，对安全文明施工措施的要求也不一致，因此《建设工程工程量清单计价规范》（GB 50500—2013）和针对不同的专业工程特点，规定了安全文明施工的内容和包含的范围。在实际执行过程中，安全文明施工费包括的内容及使用范围，既应符合国家现行有关文件的规定，也应符合《建设工程工程量清单计价规范》（GB 50500—2013）中的规定。

发包人应在工程开工后的 28 天内预付不低于当年施工进度计划的安全文明施工费总额的 60%，其余部分按照提前安排的原则进行分解，与进度款同期支付。

发包人没有按时支付安全文明施工费的，承包人可催告发包人支付；发包人在付款期满后的 7 天内仍未支付的，若发生安全事故，发包人应负连带责任。

3. 总承包服务费

发包人应在工程开工后的 28 天内向承包人预付总承包服务费的 20%。分包进场后，其余部分与进度款同期支付；发包人未按合同约定向承包人支付总承包服务费，承包人可不履行总承包服务，由此造成的损失（如有）由发包人承担。

4. 进度款

发承包双方应按照合同约定的时间、程序和方法，根据工程计量结果，办理期中价款结算，支付进度款。发包人支付工程进度款时，其支付周期应与合同约定的工程计量周期一致。工程量的正确计量是发包人向承包人支付工程进度款的前提和依据。

发包人应在收到承包人进度款支付申请和相应的证明文件后应在合同约定时间内，根据计量结果和合同约定对申请内容予以核实，并在合同约定的时间内向承包人支付进度款。若发承包双方对部分清单项目的计量结果出现争议，发包人应对无争议部分的工程计量结果向承包人支付进度款。当双方在合同中未对工程进度款支付申请和核实时间以及进度款支付时间、支付比例约定式，应根据《通信建设工程价款结算暂行办法》（信部规［2005］418 号）第十三条规定办理：发包人在收到承包人进度款支付申请和相应的证明文件后 14 日内核实完毕，否则从第 15 天承包人递交的工程进度款支付申请视为被批准；发包人应在批准工程进度款支付支付申请后的 14 天内，向承包人按不低于计量工程价款的 60%、不高于计量工程价款的 90% 支付进度款。

发包人超过约定的支付时限不支付工程进度款，承包人应及时向发包人发出要求付款的通知，发包人收到承包人通知后仍不能按要求付款，可与承包人协商签订延期付款协议，经承包人同意后可延期支付，协议应明确延期支付的时限，以及自工程计量结果确认后第 15 天起计算应付款的利息（利率按同期银行贷款利率计）。

发包人不按合同约定支付工程进度款，双方又未达成延期付款协议，导致施工无法进行，承包人可停止施工，发包人应承担由此增加的费用和延误的工期，向承包人支付合理利润，并应承担违约责任。

第三节 工程竣工结算

工程竣工结算是指工程项目完工并经竣工验收合格后，发承包双方按照施工合同的约定对所完成的工程项目进行的工程价款的计算、调整和确认。工程竣工结算分为单位工程竣工结算、单项工程竣工结算和建设项目竣工总结算。其中，单位工程竣工结算和单项工程竣工结算也可看作是分阶段结算。

一、工程竣工结算的编制

单位工程竣工结算由承包人编制，发包人审查；实行总承包的工程，由具体承包人编制，在总包人审查的基础上，发包人审查。单项工程竣工结算或建设项目竣工总结算由总（承）包人编制，发包人可直接进行审查，也可以委托具有相应资质的工程造价咨询机构进行审查。政府投资项，由同级财政部门审查。单项工程竣工结算或建设项目竣工总结算经发承包人签字盖章后有效。承包人应在合同约定期限内完成项目竣工结算编制工作，未在规定期限内完成的并且提不出正当理由延期的，责任自负。

（一）工程竣工结算的编制依据

工程竣工结算由承包人或受其委托具有相应资质的工程造价咨询人编制，由发包人或受其委托具有相应资质的工程造价咨询人核对。工程竣工结算编制的主要依据有以下几个方面。

1.《建设工程工程量清单计价规范》《通信建设工程量清单计价规范》《信息通信建设工程概（预）算编制规程》及预算定额和费用定额；

2. 工程合同；

3. 发承包双方实施过程中已确认的工程量及其结算的合同价款；

4. 发承包双方实施过程中已确认调整后追加（减）的合同价款；

5. 建设工程设计文件及相关资料；

6. 投标文件；

7. 其他依据。

（二）工程竣工结算的计价原则

在采用工程量清单计价的方式下，工程竣工结算的编制应当规定的计价原则如下所列。

1. 分部分项工程和措施项目中的单价项目应依据双方确认的工程量与已标价工程量清单的综合单价计算；如发生调整的，以发承包双方确认调整的综合单价计算。

2. 措施项目中的总价项目应依据合同约定的项目和金额计算；如发生调整时，以发承包双方确认调整的金额计算，其中安全文明施工费必须按照国家或省级、行业建设主管部门的规定计算。

3. 其他项目应按下列规定计价。

（1）计日工应按发包人实际签证确认的事项计算。

（2）暂估价应按发承包双方按照《建设工程工程量清单计价规范》（GB 50500—2013）的相关规定计算。

（3）总承包服务费应依据合同约定金额计算，如发生调整的，以发承包双方确认调整的金额计算。

（4）施工索赔费用应依据发承包双方确认的索赔事项和金额计算。

（5）现场签证费用应依据发承包双方签证资料确认的金额计算。

（6）暂列金额应减去工程价款调整（包括索赔、现场签证）金额计算，如有余额归发包人。

4. 规费和税金应按照国家或省级、行业建设主管部门的规定计算。规费中的工程排污费应按工程所在地环境保护部门规定标准缴纳后按实列入。

此外，发承包双方在合同工程实施过程中已经确认的工程计量结果和合同价款，在竣工结算办理中应直接进入结算。

（三）竣工结算的内容

竣工结算的内容与投标报价的内容基本相同，由分部分项工程、措施项目、其他项目、规费、税金和安全生产费共 6 部分组成，竣工结算以竣工结算计价文件形式表现。

竣工结算主要体现“量差”和“价差”的基本内容。

“量差”是指原计价文件中所列工程量与实际完成工程量不符而产生的差别。

“价差”是指签订合同的计价或取费标准与实际情况不符而产生的差别。

（四）竣工结算编制方法

竣工结算的编制应区分施工发承包合同类型，采用相应的编制方法。

采用总价合同的，应在合同价基础上对设计变更、工程洽商以及工程索赔等合同约定可以调整的内容进行调整；

采用单价合同的，应计算或核定竣工图或施工图以内的各个分部分项工程量，依据合同约定的方式确定分部分项工程项目价格，并对设计变更、工程洽商、施工措施以及工程索赔等内容进行调整；

采用成本加酬金合同的，应依据合同约定的方法计算各个分部分项工程以及设计变更、工程洽商、施工措施等内容的工程成本，并计算酬金及有关税费。

竣工结算中涉及工程单价调整时，应当遵循以下原则。

1. 合同中已有适用于变更工程、新增工程单价的，按已有的单价结算。

2. 合同中有类似变更工程、新增工程单价的，可以参照类似单价作为依据。

3. 合同中没有适用或类似变更工程、新增工程单价的，结算编制受托人可商洽承包人或发包人提出适当的价格，经对方确认后作为结算依据。

（五）竣工结算编制步骤

1. 收集分析影响工程量差、价差和费用变化的原始凭证。

2. 根据工程实际对合同价格的主要内容进行检查、核对。

3. 根据收集的资料和合同对结算进行分类汇总，计算量差、价差，进行费用调整。

4. 根据查对结果和结算依据，编制单位竣工结算计价书。

5. 编制单项工程结算计价书。

二、工程竣工结算的审核

1. 国有资金投资建设工程的发包人，应当委托具有相应资质的工程造价咨询企业对竣工结算文件进行审核，并在收到竣工结算文件后的约定期限内向承包人提出由工程造价咨询企业出具的竣工结算文件审核意见；逾期未答复的，按照合同约定处理，合同没有约定的，竣工结算文件视为已被认可。

2. 非国有资金投资的建筑工程发包人，应当在收到竣工结算文件后的约定期限内予以答复，逾期未答复的，按照合同约定处理，合同没有约定的，竣工结算文件视为已被认可；发包人对竣工结算文件有异议的，应当在答复期内向承包人提出，并可以在提出异议之曰起的约定期限内与承包人协商；发包人在协商期内未与承包人协商或者经协商未能与承包人达成协议的，应当委托工程造价咨询企业进行竣工结算审核，并在协商期满后的约定期限内向承包人提出由工程造价咨询企业出具的竣工结算文件审核意见。

3. 发包人委托工程造价咨询机构核对竣工结算的，工程造价咨询机构应在规定期限内核对完毕。核对结论与承包人竣工结算文件不一致的，应提交给承包人复核。承包人应在规定期限内将同意核对结论或不同意见的说明提交工程造价咨询机构。工程造价咨询机构收到承包人提出的异议后，应再次复核，复核无异议的，发承包双方应在规定期限内在竣工结算文件上签字确认，竣工结算办理完毕。

复核后仍有异议的，对于无异议部分办理不完全竣工结算；有异议部分由发承包双方协商解协商不成的，按照合同约定的争议解决方式处理。

承包人逾期未提出书面异议的，视为工程造价咨询机构核对的竣工结算文件已经承包人认可。

4. 承包人对发包人提出的工程造价咨询企业竣工结算审核意见有异议的，在接到该审核意见后一个月内，可以向有关工程造价管理机构或者有关行业组织申请调解，调解不成的，可以依法申请仲裁或者向人民法院提起诉讼。

三、竣工结算款支付

工程竣工结算文件经发承包双方签字确认的，应当作为工程结算的依据，未经对方同意，另一方不得就已生效的竣工结算文件委托工程造价咨询企业重复审核。发包方应当按照竣工结算文件及时支付竣工结算款。

（一）承包人提交竣工结算款支付申请

承包人应根据办理的竣工结算文件，向发包人提交竣工结算款支付申请。该申请应包括下列内容。

（1）竣工结算合同价款总额。
（2）累计已实际支付的合同价款。
（3）应扣留的质量保证金。
（4）实际应支付的竣工结算款金额。

（二）发包人签发竣工结算支付证书

发包人应在收到承包人提交竣工结算款支付申请后 7 天内予以核实，向承包人签发竣工结算支付证书。

（三）支付竣工结算款

发包人签发竣工结算支付证书后的 14 天内，按照竣工结算支付证书列明的金额向承包人支付结算款。

发包人在收到承包人提交的竣工结算款支付申请后 7 天内不予核实，不向承包人签发竣工结算支付证书的，视为承包人的竣工结算款支付申请已被发包人认可；发包人应在收到承包人提交的竣工结算款支付申请 1 天后的 14 天内，按照承包人提交的竣工结算款支付申请列明的金额向承包人支付结算款。

发包人未按照规定的程序支付竣工结算款的，承包人可催告发包人支付，并有权获得延迟支付的利息。发包人在竣工结算支付证书签发后或者在收到承包人提交的竣工结算款支付申请 7 天后的 56 天内仍未支付的，除法律另有规定外，承包人可与发包人协商将该工程折价，也可直接向人民法院申请将该工程依法拍卖。承包人就该工程折价或拍卖的价款优先受偿。

第四节　工程竣工决算

一、建设项目竣工决算的概念

项目竣工决算是指所有项目竣工后，项目单位按照国家有关规定在项目竣工验收阶段编制的竣工决算报告。

竣工决算是以实物数量和货币指标为计量单位，综合反映竣工项目从筹建开始到项目竣工交付使用为止的全部建设费用、建设成果和财务情况的总结性文件，是竣工验收报告的重要组成部分。

竣工决算是正确核定新增固定资产价值，考核分析投资效果，建立健全经济责任制的依据，是反映建设项目实际造价和投资效果的文件。

竣工决算是建设工程经济效益的全面反映，是项目法人核定各类新增资产价值、办理其交付使用的依据。

竣工决算是工程造价管理的重要组成部分，做好竣工决算是全面完成工程造价管理目标的关键性因素之一。通过竣工决算，既能够正确反映建设工程的实际造价和投资结果；又可以通过竣工决算与概算、预算的对比分析，考核投资控制的工作成效，为工程建设提供重要的技术经济方面的基础资料，提高未来工程建设的投资效益。

二、建设项目竣工决算的作用

1. 建设项目竣工决算是综合全面地反映竣工项目建设成果及财务情况的总结性文件，它采用货币指标、实物数量、建设工期和各种技术经济指标综合、全面地反映建设项目自开始建设到竣工为止全部建设成果和财务状况。

2. 建设项目竣工决算是办理交付使用资产的依据，也是竣工验收报告的重要组成部分。建设单位与使用单位在办理交付资产的验收交接手续时，通过竣工决算反映了交付使用资产的全部价值，包括固定资产、流动资产、无形资产和其他资产的价值。及时编制竣工决算可以正确核定固定资产价值并及时办理交付使用，可缩短工程建设周期，节约建设项目投资，准确考核和分析投资效果。

3. 为确定建设单位新增固定资产价值提供依据。在竣工决算中，详细地计算了建设项目所有的建安费、设备购置费、其他工程建设费等新增固定资产总额及流动资金，可作为建设主管部门向企业使用单位移交财产的依据。

4. 建设项目竣工决算是分析和检查设计概算的执行情况，考核建设项目管理水平和投资效果的依据。竣工决算反映了竣工项目计划、实际的建设规模、建设工期以及设计和实际的生产能力，反映了概算总投资和实际的建设成本，同时还反映了所达到的主要技术经济指标。通过对这些指标计划数、概算数与实际数进行对比分析，不仅可以全面掌握建设项目计划和概算执行情况，而且可以考核建设项目投资效果，为今后制订建设项目计划，降低建设成本，提高投资效果提供必要的参考资料。

三、竣工决算的内容

建设项目竣工决算应包括从筹集到竣工投产全过程的全部实际费用，即包括建筑工程费、安装工程费、设备工器具购置费用及预备费等费用。根据财政部、国家发改委和住房和城乡建设部的有关文件规定，竣工决算是由竣工财务决算说明书、竣工财务决算报表、工程竣工图和工程竣工造价对比分析四部分组成。其中竣工财务决算说明书和竣工财务决算报表两部分又称建设项目竣工财务决算，是竣工决算的核心内容。

（一）竣工财务决算说明书

竣工财务决算说明书主要反映竣工工程建设成果和经验，是对竣工决算报表进行分析和补充说明的文件，是全面考核分析工程投资与造价的书面总结，是竣工决算报告的重要组成部分，其内容主要包括以下几个方面。

1. 基本建设项目概况。一般从进度、质量、安全和造价方面进行分析说明。进度方面主要说明开工和竣工时间，对照合理工期和要求工期分析是提前还是延期；质量方面主要根据竣工验收委员会或相当一级质量监督部门的验收评定等级、合格率和优良品率；安全方面主要根据劳动工资和施工部门的记录，对有无设备和人身事故进行说明；造价方面主要对照概算造价，说明节约或超支的情况，用金额和百分率进行分析说明。

2. 会计账务的处理、财产物资清理及债权债务的清偿情况。

3. 基建结余资金等分配情况。

4. 主要技术经济指标的分析、计算情况。概算执行情况分析，根据实际投资完成额与概算进行对比分析；新增生产能力的效益分析，说明交付使用财产占总投资额的比例、占支付使用财产的比例，不增加固定资产的造价占投资总额的比例，分析有机构成和成果。

5. 基本建设项目管理及决算中存在的问题、建议。

6. 决算与概算的差异和原因分析。

7. 需要说明的其他事项。

（二）竣工财务决算报表

建设项目竣工决算报表包括：基本建设项目概况表；基本建设项目竣工财务决算表；基本建设项目交付使用资产总表；基本建设项目交付使用资产明细表等。

（三）建设工程竣工图

建设工程竣工图是真实地记录各种地上、地下建筑物、构筑物等情况的技术文件，是工程进行交工验收、维护、改建和扩建的依据，是国家的重要技术档案。全国各建设、设计、施工单位和各主管部门都要认真做好竣工图的编制工作。国家规定：各项新建、扩建、改建的基本建设工程，特别是基础、地下建筑、管线、结构、井巷、桥梁、隧道、港口、水坝以及设备安装等隐蔽部位，都要编制竣工图。为确保竣工图质量，必须在施工过程中（不能在竣工后）及时做好隐蔽工程检查记录，整理好设计变更文件。编制竣工图的形式和深度，应根据不同情况区别对待，其具体要求包括以下几方面。

1. 凡按图竣工没有变动的，由承包人（包括总包和分包承包人，下同）在原施工图上加盖“竣工图”标志后，即作为竣工图。

2. 凡在施工过程中，虽有一般性设计变更，但能将原施工图加以修改补充作为竣工图的，可不重新绘制，由承包人负责在原施工图（必须是新蓝图）上注明修改的部分，并附以设计变更通知单和施工说明，加盖“竣工图”标志后，作为竣工图。

3. 凡结构形式改变、施工工艺改变、平面布置改变、项目改变以及有其他重大改变，不宜再在原施工图上修改、补充时，应重新绘制改变后的竣工图。由原设计原因造成的，由设计单位负责重新绘制；由施工原因造成的，由承包人负责重新绘图；由其他原因造成的，由建设单位自行绘制或委托设计单位绘制。承包人负责在新图上加盖“竣工图”标志，并附以有关记录和说明，作为竣工图。

4. 为了满足竣工验收和竣工决算需要，还应绘制反映竣工工程全部内容的工程设计平面示意图。

5. 重大的改建、扩建工程项目涉及原有的工程项目变更时，应将相关项目的竣工图资料统一整理归档，并在原图案卷内增补必要的说明一起归档。

（四）工程造价对比分析

对控制工程造价所采取的措施、效果及其动态的变化需要进行认真的比较对比，总结经验教训。批准的概算是考核建设工程造价的依据。在分析时，可先对比整个项目的总概算，然后将建筑安装工程费、设备工器具费和其他工程费用逐一与竣工决算表中所提供的实际数据和相关资料及批准的概算、预算指标、实际的工程造价进行对比分析，以确定竣工项目总造价是节约还是超支，并在对比的基础上，总结先进经验，找出节约和超支的内容和原因，提出改进措施。在实际工作中，应主要分析以下内容。

1. 考核主要实物工程量。对于实物工程量出入比较大的情况，必须查明原因。

2. 考核主要材料消耗量，考核主要材料消耗量，要按照竣工决算表中所列明的三大材料实际超概算的消耗量，查明是在工程的哪个环节超出量最大，再进一步查明超耗的原因。

3. 考核建设单位管理费、措施费和间接费的取费标准。建设单位管理费、措施费和间接费的取费标准要按照国家和各地的有关规定，根据竣工决算报表中所列的建设单位管理费与概（预）算所列的建设单位管理费数额进行比较，依据规定查明是否多列或少列的费用项目，确定其节约超支的数额，并查明原因。

四、竣工决算的编制依据

竣工决算的编制依据主要有以下几个方面。

1. 经批准的可行性研究报告、投资估算书，初步设计或扩大初步设计，修正总概算及其批复文件。
2. 经批准的施工图设计及其施工图预算书。
3. 设计交底或图纸会审会议纪要。
4. 设计变更记录、施工记录或施工签证单及其他施工发生的费用记录。
5. 招标控制价，承包合同、工程结算等有关资料。
6. 竣工图及各种竣工验收资料。
7. 历年基建计划、历年财务决算及批复文件。
8. 设备、材料调价文件和调价记录。
9. 有关财务核算制度、办法和其他有关资料。

五、竣工决算的编制要求

为了严格执行建设项目竣工验收制度，正确核定新增固定资产价值，考核分析投资效果，建立健全经济责任制，所有新建、扩建和改建等建设项目竣工后，都应及时、完整、正确的编制好竣工决算。建设单位要做好以下工作。

1. 按照规定组织竣工验收，保证竣工决算的及时性。对建设工程的全面考核，所有的建设项目（或单项工程）按照批准的设计文件所规定的内容建成后，具备了投产和使用条件的，都要及时组织验收。对于竣工验收中发现的问题，应及时查明原因，采取措施加以解决，以保证建设项目按时交付使用和及时编制竣工决算。

2. 积累、整理竣工项目资料，保证竣工决算的完整性。积累、整理竣工项目资料是编制竣工决算的基础工作，它关系到竣工决算的完整性和质量的好坏。因此，在建设过程中，建设单位必须随时收集项目建设的各种资料，并在竣工验收前，对各种资料进行系统整理，分类立卷，为编制竣工决算提供完整的数据资料，为投产后加强固定资产管理提供依据。

在工程竣工时，建设单位应将各种基础资料与竣工决算一起移交给生产单位或使用单位。

3. 清理、核对各项账目，保证竣工决算的正确性。工程竣工后，建设单位要认真核实各项交付使用资产的建设成本；做好各项账务、物资以及债权的清理结余工作，应偿还的及时偿还，该收回的应及时收回，对各种结余的材料、设备、施工机械工具等，要逐项清点核实，妥善保管，按照国家有关规定进行处理不得任意侵占；对竣工后的结余资金，要按规定上交财政部门或上级主管部门。在完成上述工作，核实了各项数字的基础上，正确编制从年初起到竣工月份止的竣工年度财务决算，以便根据历年的财务决算和竣工年度财务决算进行整理汇总，编制建设项目决算。

按照规定竣工决算应在竣工项目办理验收交付手续后一个月内编好，并上报主管部门。有关财务成本部分，还应送经办行审查签证。主管部门和财政部门对报送的竣工决算审批后，建设单位即可办理决算调整和结束有关工作。

六、竣工决算的编制步骤

1. 收集、整理和分析有关依据资料。在编制竣工决算文件之前，应系统地整理所有的技术资料、工料结算的经济文件、施工图纸和各种变更与签证资料，并分析它们的准确性。完整、齐全的资料，是准确而迅速编制竣工决算的必要条件。

2. 清理各项财务、债务和结余物资。在收集、整理和分析有关资料中，要特别注意建设工程从筹建到竣工投产或使用的全部费用的各项账务，债权和债务的清理，做到工程完毕账目清晰，即要核对账目，又要查点库存实物的数量，做到账与物相等，账与账相符，对结余的各种材料、工器具和设备，要逐项清点核实，妥善管理，并按规定及时处理，收回资金。对各种往来款项要及时进行全面清理，为编制竣工决算提供准确的数据和结果。

3. 核实工程变动情况。重新核实各单位工程、单项工程造价，将竣工资料与原设计图纸进行查对、核实，必要时可实地测量，确认实际变更情；根据经审定的承包人竣工结算等原始资料，按照有关规定对原概（预）算进行增减调整，重新核定工程造价。

4. 编制建设工程竣工决算说明。按照建设工程竣工决算说明的内容要求，根据编制依据材料填写在报表中的结果，编写文字说明。

5. 填写竣工决算报表。按照建设工程决算表格中的内容，根据编制依据中的有关资料进行统计或计算各个项目和数量，并将其结果填到相应表格的栏目内，完成所有报表的填写。

6. 做好工程造价对比分析。

7. 清理、装订好竣工图。

8. 上报主管部门审查存档。

将上述编写的文字说明和填写的表格经核对无误，装订成册，即为建设工程竣工决算文件。将其上报主管部门审查，并把其中财务成本部分送交开户银行签证。竣工决算在上报主管部门的同时，抄送有关设计单位。大中型建设项目的竣工决算还应抄送财政部、建设银行总行和省、市、自治区的财政局和建设银行分行各一份。建设工程竣工决算的文件，由建设单位负责组织人员编写，在竣工建设项目办理验收使用一个月之内完成。

第八章 工程造价审核

工程造价是一个复杂、敏感、社会各界十分关注的问题，直接影响到投资的经济效益和社会效益。对工程造价各个阶段的计价结果进行审核是建设项目管理的重要组成部分。本章将就工程造价审核的含义及工程概（预）算、招标控制价、投标报价、竣工结算的审核方法和相关注意事项进行介绍。

第一节 工程造价审核概述

一、工程造价审核的含义

工程造价审核是建设工程造价管理的重要环节，是合理确定工程造价的必要程序，是控制工程造价的必要手段。工程造价审核工作就是通过对工程造价进行全面、系统地检查和复核，及时纠正所存在的错误和问题，使之更加合理地确定工程造价，达到有效控制工程造价的目的，保证项目目标管理的实现。

在工程造价编制工作中，不论水平高低，总难免会出现这样或那样的差错。由于新技术、新工艺和新材料的不断涌现导致定额缺项，需要补充的项目与内容不断增多，因缺少调查和可靠的第一手数据资料，致使预算定额或补充定额含有较多的不合理性。一些施工单位为了获得较高收入，不是从改善经营管理、提高工程质量、创造社会信誉等方面人手，而是采用多计工程量、高套定额单价、巧立名目等手段人为地提高工程造价，高估、冒算现象较为普遍。此外，由于工程造价构成的项目多且变动频繁，使计算程序复杂、计算基础不一等，均易造成差错。因此，必须对工程造价进行审核。合理、有效地进行工程造价审核能够有效防范高估、冒算等社会不良现象，提高资金的利用率，维护国家和企业的利益。

由于工程造价的审核是一项既烦琐又细致的技术与经济相结合的核算工作，不仅要求审核人员具有一定的专业技术知识，包括工程设计、施工技术、设备材料等一系列系统的工程专业知识，而且还要有较高的造价业务素质。

二、工程造价审核的主要内容

对于工程造价的审核，主要是以工程量是否正确、定额的套用是否合理、费用的计取是否准确 3 方面为重点，在设计图纸的基础上结合合同、招投标书、协议、会议纪要以及勘察资料、工程变更签证、材料设备价格签证、隐蔽工程验收记录等竣工资料，按照有关文件规定进行计算核实。

（一）工程量的审核

工程量的审核是工程造价审核的基础性工作，十分繁琐、复杂。工程量计算应以设计图纸为对象，工程项目要与定额或规范相一致。主要存在的问题有分项增加工程量，累计造价偏差较大；设计变更后，应减少的工程量没有减少；工程量重复计算和列项等。因此，进行工程量审核时必须十分认真细致。工程量计算审核的一般原则如下所列。

1. 计算规则要一致。工程量计算必须与定额或规范中规定的工程量计算规则（或计算方法）相一致。

2. 计算口径要一致。计算工程量时，根据设计图纸列出的工程项目的工作内容，必须与定额或规范中包括的内容相一致。不能将项目中已包含的工作内容再另列项目计算。

3. 计算单位要一致。计算工程量时，所计算工程项目的计量单位必须与定额或规范中相应项目的单位保持一致。

4. 计算尺寸的取定要准确。计算工程量时要对设计图尺寸进行核对，并对各项目计算尺寸的取定要准确，不能任意扩大和缩小。

5. 计算的顺序要统一。计算工程量时要遵循一定的计算顺序，依次进行计算，这是避免发生漏算或重算的重要措施，也为顺利审核工程量打下良好的基础。

6. 计算精确度要统一。工程量的数字计算要准确，一般应精确到小数点后 3 位，汇总时，其准确度取值要达到定额或规范的规定要求，不能采取四不舍五不入的做法。

（二）套用定额的审核

工程定额具有科学性、权威性、强制性，它的形式和内容、计算单位和数量标准任何人使用都必须全面执行，不能随意改变。在审核套用预算定额时要注意以下问题。

1. 审核定额项目的套用

编制的工程造价结果中所列各分项是否与定额相符。其名称、规格、计量单位和所包括的工作内容是否与定额一致，是审核的重点。主要存在的问题是混淆项目，增列项目和重复列项目。所谓重复列项目就是相同、相近的工作内容，分别套用两个定额项目来重复计价；所谓增列项目就是对定额项目工作内容说明中已包括的工序又增列定额项目重复计价；所谓混淆项目就是利用项目名称的近似性，套用单价过高的项目。

2. 对补充定额的审核

主要是检查编制的依据和方法是否正确。人工工日、材料预算价格及机械、仪表台班单价及相应的消耗量是否合理。

（三）费用的审核

取费应根据行业或当地工程造价管理主管部门颁发的费用定额或造价管理文件及规定，结合相关资料如合同、招投标书等来确定费率。审核时应注意取费文件的时效性；执行的取费表是否与工程性质相符；费率计算是否正确；价差调整的材料是否符合文件规定。如计算时的取费基础是否正确，是以人工费为基础还是以直接费为基础。对于费率下浮或总价下浮的工程，在结算时特别要注意变更或新增项目是否同比下浮等。

三、工程造价审核的方法

由于建设工程的生产过程是一个周期长、数量大的生产消费过程，具有多次性计价的特点。采用合理的审核方法不仅能达到事半功倍的效果，而且将直接关系到审核的质量和速度。工程造价的审核方法较多，常用的主要有以下几种方法。

（一）全面审核法

全面审核法又叫逐项审核法，就是按照设计图的要求，结合现行定额、施工组织设计、承包合同或协议以及有关造价计算的规定和文件等，全面地审核工程数量、单价以及费用计算。全面审核法实际上与编制工程造价文件的方法和过程基本相同，常适用于投资规模不大，工程内容比较简单，分项工程不多的项目。这种方法的优点是：全面、细致，经审核的工程造价差错比较少，质量比较高；缺点是：工作量大、时间较长、存在重复劳动。在投资规模较大、审核进度要求较紧的情况下，这种方法是不可取的，但建设单位为严格控制工程造价，仍常常采用这种方法。

（二）标准造价审核法

对于采用标准图纸或通用图纸设计的工程，先集中力量，编制标准造价，以此为标准进行工程造价的审核方法。对局部不同部分作单独审核。这种方法的优点是时间短、效果好；缺点是只适应按标准图纸设计的工程，适用范围小，具有局限性。

（三）重点审核法

重点审核法就是抓住工程造价中的重点进行审核的方法。这种方法类似于全面审核法，其与全面审核法之区别仅是审核范围不同而已。该方法是有侧重的，一般选择工程量大而且费用比较高的分项工程的工程量作为审核重点。而一些附属项目、零星项目往往忽略不审。其次，重点审核与上述工程量相对应的工程单价，尤其重点审核定额子目容易混淆的单价。另外对费用的计取（计费基础、取费标准等）、材料的价格也应仔细核实。该方法的优点是重点突出、审核时间短、工作量相对减少、效果较佳。

（四）对比审核法

对比审核法是根据类似工程指标对审核对象进行分析对比，从中找出不符合投资规律的分部分项工程，针对这些子目进行重点计算，找出其差异较大的原因的审核方法。一般来说，在同一地区，如果单位工程的用途、结构和建造标准都一样，其工程造价应该基本相同。因此在总结分析造价资料的基础上，找出同类工程造价及工料消耗的规律性，整理出用途不同、结构形式不同、地区不同的工程单方造价指标、工料消耗指标，然后进行对比审核。

（五）分解对比审查法

将一个较为全面、标准的单项或单位工程进行全面审查，然后作为某种定型标准工程造价，把它分解为直接费与间接费（包括所有应取费用）两部分，再把直接费分解为各工种工程和分部造价，分别计算出它们的每基本单位价格，作为审核其他类似工程造价的对比标准。将拟审的同类工程的造价，与同类型定型标准工程的基本单位价格进行对比，如果出入不大，便可认可；如果出入较大，应按分部分项工程进一步分解，边分解边对比，发现哪里出入较大，就重点审查哪部分工程的造价。

（六）筛选审核法

筛选法是统筹法的一种，通过找出分部分项工程在每单位生产能力上的工程量、价格、用工的基本数值，归纳为工程量、价格、用工 3 个单方基本值表，并注明其适用的建造标准。这些基本值犹如“筛子孔”，用来筛选各分部分项工程，同建造标准的数值与“基本值”相同就筛选下去不审核，没有筛选下去的就意味着此分部分项的单位生产能力数值不在基本值范围之内，应对该分部分项工程详细审核。这种方法的优点是简单易懂、便于掌握、审核速度和发现问题快。缺点是对没有筛选下去的问题还要采用其他方法继续进行审核。

第二节 工程概（预）算的审核

一、审核工程概（预）算的原则和依据

（一）审核工程概（预）算的原则

工程设计完成后，设计单位应根据设计图纸编制初步设计概算或施工图设计预算。对编制完成的工程概（预）算文件，必须进行认真审核。加强工程概（预）算文件的审核，对于提高概（预）算的准确性，正确贯彻有关规定，合理确定工程造价都具有重要的现实意义。在对建设项目概（预）算进行审核时，由于工程建设规模、繁简程度的不同，施工企业的实力不同，所编的工程概（预）算资料的质量也不同，因此应该根据工程的具体特点，多种方法和手段相结合，灵活使用，保证通过工程造价审核，达到合理控制工程投资的目的。审核工作中一般要坚持如下原则。

1. 掌握建设项目第一手资料是审核工程概（预）算的前提。
2. 全面研究设计图纸和定额资料是审核工程概（预）算的基础。
3. 工程概（预）算的量、价、费同审是审核工作的主要内容。

4. 选择正确的审核方法是提高审核速度和审核质量的必要保证。

（二）施工图预算审核的依据

1. 经审定的设计图纸及设计说明

设计图纸是计算工程量的基础资料，因为设计图纸反映工程的构造和各部位尺寸，是计算工程量的基本依据。在取得设计图纸和设计说明等资料后，必须全面、细致地熟悉和核对有关图纸和资料，检查图纸是否齐全、正确。如果发现设计图纸有错漏或相互间有矛盾，应及时向设计人员提出修正意见，予以更正。经过审核、修正后的设计图才能作为计算工程量的依据。

2. 工程概（预）算定额

信息通信工程编制概（预）算时使用的定额是指工信部通信［2016］451 号文件发布的《信息通信建设工程预算定额》。

3. 经审定的施工组织设计或施工技术措施方案

计算工程量时，还必须参照施工组织设计或施工技术措施方案。

4. 施工现场的实际情况

计算工程量有时还要结合施工现场的实际情况进行。

5. 经确定的其他有关技术经济文件

其他有关技术经济文件主要是指人工工资标准、材料预算价格、施工机械台班单价、建筑工程费用定额、工程承发包合同文件等。

二、概算预算的审核内容

（一）概算预算编制依据的审核

审查设计概述、施工图预算的编制是否符合各阶段设计所规定的技术经济条件及其有关说明；采用的各种编制依据如定额、指标、价格、取费标准、编制办法等，是否符合国家和行业的有关规定；若使用临时补充定额，则要求补充定额的项目设置、内容组成、消耗量的确定均应符合现行定额的编制原则；同时注意审查编制依据的适用范围和时效性。

（二）工程量的审核

工程量是计算直接工程费的重要依据。直接工程费在建筑安装工程造价中起相当重要的作用，因此，审查工程量，纠正其差错，对提高概算、预算的编制质量具有重要意义。审查时的主要依据是设计图纸、预算定额、工程量计算规则等。审查工程量时必须注意以下几点。

1. 计算工程量所采用的各个工程及其组成部分的数据，是否与设计图纸上标注的数据及说明相符。

2. 工程量计算方法是否符合工程量计算规则。

3. 有无漏算、重算和错算。

（三）套用预算定额的审核

1. 预算定额的套用是否正确，包括分项工程的名称、规格、计量单位与预算定额所列的内容是否一致。

2. 定额对项目可否换算，换算是否正确。

3. 临时补充定额是否正确、合理，是否符合现行定额的编制依据和原则。

（四）设备、材料的用量及预算价格的审核

主要审查设备、材料的规格及用量数据是否符合设计文件要求；设备、材料的原价是否与价格清单相一致；采购、运输、保险费用的费率和计算是否正确；引进设备、材料的各项费用的组成及其计算方法是否符合有关规定。

（五）建筑安装工程费的审核

建筑安装工程费包括的内容与项目专业有关，审查时应注意以下几点。

1. 工程所属专业与取费费率是否一致，计算基础是否正确。

2. 建筑安装工程费中的项目应以工程实际为准，没有发生的就不必计算。

3. 规费和税金应在工程中按国家或省级、行业建设主管部门的规定计算，不能作为竞争性费用。

（六）工程建设其他费用的审核

这部分费用涉及内容多，灵活性大，具体费率或计取标准多为国家相关统一规定，审查时应按各项规定逐项审查计算方法是否正确。

（七）项目总费用的审核

审查项目总费用的组成是否完整，是否包括了全部设计内容；投资总额是否包括了项目从筹建至竣工投产所需的全部费用；是否有预算超出了概算、概算超出投资估算的情况；工程项目的单位造价与类似工程的造价是否相符或接近，如不符且差异过大时，应分析原因，并研究纠正方案。

三、概算预算的审核步骤

（一）备齐有关资料、熟悉图纸

首先要做好审查概算或预算所依据的有关资料的准备工作，如备齐设计图纸、有关标准、预算定额、费用标准、图纸会审记录等。同时要熟悉图纸，因为图纸是审查概算、预算各项工程量的依据。

（二）了解概算、预算所包括的范围

根据概算、预算的编制说明，了解概算或预算包括的工程内容（如配套设施，室外管线，道路及图纸会审后的设计变更等）。

（三）了解概算、预算所采用的定额

因为任何预算定额都有其一定的使用范围，都与工程专业、性质相联系，所以要了解编制本概算或预算所采用的是什么预算定额，是否与工程的专业、性质相符合。

（四）选定审核方法对概算、预算进行审查

因为工程规模大小、繁简程度不同，所以概算、预算的繁简程度和编制要求也不同，因而需根据概算、预算编制的实际情况，来选定合适的审查方法进行审查。

（五）审核结果的处理

综合整理审查资料，建立完整的审查档案，做好审查的原始记录。对审查中发现的差错，应与编制单位协商，需要进行增加或核减处理的，统一意见后进行相应的调整。

第三节　招标控制价与投标报价的审核

一、招标控制价与投标报价的宏观审核

招标投标工程，招标控制价和投标报价是招投标工作的核心，投标报价正确与否直接关系到投标的成败。为了增强招标控制价的有效性和投标报价的准确性，有利于客观、合理的评审投标报价，提高中标率和经济效益，造价审核人员要认真分析工程项目的招投标相关文件，如招标公告、招标文件、招标答疑、工程量清单、招标控制价及投标报价文件等。招标文件中有不少条款直接关系到工程项目造价的确定与控制，是控制工程各阶段造价的主要依据，因此应仔细斟酌，准确理解。分析条款之间、文件之间是否相互衔接，其中存在什么问题。

- 分析招标人提供的工程量是否准确、真实、相对完整，施工企业提供的工程量清单计价有无缺项、漏项；
- 分析工程量清单项目特征描述是否准确，分析不同项目的工程量清单报价包含的内容是否重复计算；
- 分析报价文件是否完全按照《建设工程工程量清单计价规范》的要求进行编制，分部分项工程量清单、措施项目清单、其他项目清单、规费项目清单和税金项目清单是否齐全；
- 检查工程量清单的编制质量，分析招标控制价的编制水平，判断对投标报价的影响程度。

造价审核人员除认真分析招标控制价，重视投标策略，加强报价管理以外，还应善于认真总结经验教训，采取相应对策从宏观角度对承发包工程总价进行控制。可采用下列宏观指标和方法对招标控制价及投标报价进行审核。

（一）单位工程造价

按照不同地区的情况，分别搜集、统计各种类型建筑物的单位工程造价，即每平方米造价，在新的建设项目投标报价时，将之作为参考，控制报价。这样做，既方便、适用，又有益于提高中标率和经济效益。

（二）全员劳动生产率

全员劳动生产率是指全体人员每工日的生产价值，这是一项很重要的经济指标。该指标对工程报价进行宏观控制是很有效的，尤其对有时难以用单位工程造价分析综合性大的项目，显得更为有用。但非同类工程，机械化水平相差悬殊的工程，不能绝对相比，要持分析态度。

（三）单位工程用工用料正常指标

相同的房屋建筑工程每平方米建筑面积所需劳力和各种材料的数量消耗也都有一个合理的指标，可据此进行宏观控制。不同地区的相同工程，该指标基本相同，因此该指标应用比较广泛。

（四）各分项工程价值的正常比例

这是控制报价准确度的重要指标之一。例如一栋楼房，是由基础、墙体、楼板、屋面、装饰、水电、各种专用设备等分项工程构成的，它们在工程价值中都有一个合理的大体比例。

（五）各类费用的正常比例

任何一个工程的费用都是由人工费、材料设备费、施工机械费、间接费等各类费用组成的，它们之间都有一个合理的比例。例如某房屋建筑工程人工费占总造价的12%；材料费约占65%；机械使用费约占10%。

（六）预测成本比较控制法

将一个地区的同类型工程报价项目和中标项目的预测工程成本资料整理汇总贮存，作为下一轮投标报价的参考，可以此衡量新项目报价的得失情况。

（七）综合定额估算法

本法是采用综合定额和扩大系数估算工程的工料数量及工程造价的一种方法，是在掌握工程实施经验和资料的基础上的一种估价方法。一般说来比较接近实际，尤其是在采用其他宏观指标对工程报价难以核准的情况下，该法更显出它较细致可靠的优点。

二、招标控制价与投标报价工程量的审核

（一）工程量的审核

工程量是计算标价的重要依据。在招标文件中大部分均有实物工程量清单，编制招标

控制价与投标报价前应进行核对。核对不可能也不必要全部重新计算一遍，可采用重点核对的方法进行。核对的内容可分：项目是否齐全；有无漏项或重复；工程量是否正确；工程做法及用料是否与图纸相符等。

核对可采用重点抽查的办法进行，选择工程量较大，造价较高的项目抽查若干项，按图详细计算、一般项目则只粗略估算其是否基本合理就行了。在进行核对前，首先要熟悉施工图纸和概（预）算定额，当前国内概（预）算定额内容及项目划分不尽一致，必须先弄清当地定额及其工程量计算规则的特点及与自己经常使用的定额有何不同之处。

在核对项目是否齐全、工程做法及用料是否与图纸相符时，可以将工程量清单与图纸对照逐项进行核对，以查明是否有不符或漏项之处。一般易于疏忽的是图纸中的说明、标准图或图纸本身就有相互矛盾之处，因此尤应加以注意。

在重点核对工程量是否正确时，首先可采用“工程量概算指标”，从大数上估算其合理性。所谓“工程量概算指标”是指各分部分项工程量在各类建设项目中的一般指标系数。经过“工程量概算指标”法的概算核对，视其结果及时间上是否充裕，可以进一步考虑哪些工程量尚应进一步详细核对，哪些则可不必再加细核。

（二）不可预见因素的考虑

为使招标控制价与投标报价所包含的内容一致，综合单价中应包括招标文件中要求投标人所承担的风险内容及其范围（幅度）产生的风险费用。在工程施工过程中难免出现某些不可预见的因素，诸如材料价格的变化，施工遇到意外情况以及其他意外事故造成停工、窝工等，都会影响工程造价。因此，在计算招标控制价或投标报价时应对这些因素予以适当考虑，特别是采用固定总价合同时，更应充分注意，均加一定的系数，以不可预见费的名目，列为标价的组成部分。通常，固定总价合同的不可预见费可高些；设计文件比较粗略，或地质资料不够详细，或气象条件比较复杂，施工期又较长的工程，不可预见费也应高些；反之，则应低些。

但在实际投标承包制的条件下，为了鼓励竞争，承办企业在投标报价时，应允许采取有适当弹性的利润，即为了争取得标，预期利润率可低于上面规定值。甚至在某一工程上有策略的亏损，以提高报价竞争力，在降低成本，保证工程质量的前提下，预期利润率也偏低。对此，投标单位应自主作出决策。

（三）确定招标控制价与投标报价

招标控制价与投标报价由分部分项工程费、措施项目费、其他项目费、规费和税金汇总得出工程造价。但在分别确定上述各项费用的过程中，难免在某些环节上发生误差，因此汇总后还须进行检查，主要是将单方造价水平、主要材料用量、用工量和工资含量等指标，与同类型工程的经验统计资料进行对比，如发现有较大差异，则应结合施工方案进一步检查主要材料、设备、人工定额和单价，以及各项取费标准和利润等的确定，有无不合理之处，必要时加以适当调整，最后形成基础标价。

定价时应注意标书的说明和规范的要求，不明白的地方要询问顾问公司或建筑师。不能随便猜测或估计，应根据说明和规范的要求编制计算单位价格。而标书中指定使用的材料牌号，也应按要求编制。

1. 计算单价。各公司根据自己积累的经验和市场材料单价及单位估价表进行计算。单价的高低直接影响工程价格，要认真调查、分析后计算确定。

2. 套单价，计算总价。如工程量核对无误，可按套单价计算总价。这是数字运算工作，要力求准确并严格复核。

3. 确定总报价。控制价按标准计算汇总即可，但投标报价则有很多技巧，有些承包商在报价时，把基础和主体工程的单价调大，辅助和收尾工程的单价调小，目的是为了先拿到工程款，以减小自己的投资资本来获取有效的利润。

总造价算出后，由报价主办人提出意见（调高、调低或不变动），做出经济分析，包括标底或招标控制价分析（要根据掌握的同类型项目的造价资料，结合本工程特点，合理推算出业主标底控制在多少范围内），盈亏预测（指对内部标价中留有余地的地方）等后将承包总报价书、分析结果与存在问题交总承包公司研究决定，以便最后决策。

综上所述，针对目前建设市场上激烈的竞争，在投标报价的基础工作中，还应不断完善加强科学管理，保证建设工程造价管理工作行之有效，使资金得到更加合理的利用与控制。

第四节　工程竣工结算的审核

建设工程结算审核，指造价咨询机构以发包方提交的工程竣工资料为依据，对承包方编制的工程结算的真实性及合法性进行全面的审核，是核实工程造价的重要手段，对办好工程竣工结算有着重要的现实意义。

一、工程结算失真的原因分析

工程结算直接关系到建设单位和施工单位的切身利益。在结算的编审过程中由于编审人员所处的地位、立场和目的不同，而且编审人员的工作水平也存在差异，因而编审结果存在不同程度的差距纯属正常。但是相差太大，就存在有意压低造价或高估冒算的可能。

送审的结算中，常发现有工程结算多报的现象产生，分析结算“失真”的原因有以下几点。

1. 工程量计算方面存在高估冒算现象

工程量的计算是依据竣工图纸、设计变更联系单和国家统一规定的计算规则来编制的，是结算编制的基础。工程量计算多数时间出现正误差，有时由于工作疏忽也可能出现负误差。如在定额中存在项目内容再次计算、计算单位不一致而造成工程量的小数点错位、该扣没扣等计算错误。

2. 套用定额方面存在错套重套现象

套定额项目时，发生了错套、重套或漏套现象，对定额中的缺项套用项目或换算的理解有出入，忽略定额综合解释，没考虑系数的换算，有意高套定额等。

3. 人工费、材料价格及机械、仪表台班费方面的影响

建设业劳动力紧缺，人工单价不断提高，加上政策的强制性，结算时必须追加费用。主材的型号、材质在设计中不明确，实际选用材料有较大出入；除合同规定的材料价格外，大部分采用的是市场价，由于物价不断上涨，结算的造价增幅很大。机械由于动力燃料费的增加，使机械台班使用费也在提高。

4. 费用计算方面的影响

费用计算方面的问题主要表现在没有按取费基数计费，取费的费率错误等。如不按合同要求套用费用定额等。

5. 极少数的结算编制人员业务水平不过关，以致计算“失真”

该计算的没有计算，不该计算的列了一堆。

6. 盲目签证，事后补签，签证表述不清、准确度不够及时间性不强

由于我国目前采取的是计量（监理）与评价（结算）分离的工程监管模式。搞结算审核工作的造价人员施工时一般不到现场，结算审核时工程量的计算依据主要就是施工图和监理签证。这就为施工环节（尤其是隐蔽工程）偷工减料提供了可能，现场监理人员对造价管理和有关规定掌握不够，对不应该签证的项目盲目签证。有的签证由施工单位填写，不认真核实就签字盖章；施工单位在签证上巧立名目，弄虚作假，以少报多，蒙哄欺骗，遇到问题不及时办理签证，结算时搞突击，互相扯皮推卸责任；有的施工单位为了中标，报价很低，为了保住自己的利润对包干工程偷工减料，对非包干工程进行大量的施工乱签证，由于腐败的存在，签证往往都有法律效力。另外，建设单位在发包合同及现场签证中用词不严谨也导致结算与实际有出入。

7. 施工单位顾虑结算卡得太紧，有意虚报

送审结算一般是建设单位委托中介机构审核的，建设单位大多数是用核减的额度的一定比例来支付业务费，中介机构审不下来，自然业务费就没有了，往往采用审减不审增的做法，这自然形成施工单位加大水分多报的可能。

总而言之，要合理确定工程造价，必须抓好工程结算审核，认真分析工程结算编制中产生偏差的原因以及影响工程结算的切实因素，从根本上提升审核力度，严把审核质量控制关，确保工程造价咨询单位的审核质量，降低审核风险，把工程造价审核的质量意识提到一个相当重要的位置。

二、竣工结算审核工作要求

1. 搜集、整理好竣工资料

竣工资料包括工程竣工图、设计变更通知各种签证、主材的合格证、单价等。

（1）竣工图是工程交付使用时的实样图。对于工程变化不大的，可在施工图上变更处分别标明，不用重新绘制；对于工程变化较大的一定要重新绘制竣工图。竣工图绘制后要请建设单位、建筑监理人员在图签栏内签字，并加盖竣工图章。竣工图是其他竣工资料的纲领性总图，一定要如实地反映工程实况。

（2）设计变更通知必须是由原设计单位下达的，必须有设计人员的签名和设计单位的印章。由现场监理人员发出的不影响结构安全和造型美观的室内外局部小变动也属于变更之列，但必须有建设单位工地负责人的签字，并征得设计人员的认可及签字方可生效。

（3）各种签证资料。

合同签证，它决定着工程的承包形式与承包资格、方式、工期及质量奖罚。

现场签证即施工签证，包括设计变更联系单及实际施工确认签证。

主体工程中隐蔽工程签证暂不计入，但说明按实际工程量结算的项目工程量签证以及一些预算外的用工、用料或因建设单位原因引起的返工费等。其中主体工程中的隐蔽工程及时签证尤为重要，这种工程事后根本无法核对其工程量，所以必须是在施工的同时，画好隐蔽图、检查隐蔽验收记录，再请设计单位、监理单位、建设单位等有关人员到现场验收签字，手续完整，工程量与竣工图一致，方可列入结算。这些签证最好在施工的同时计算实际金额。交建设单位签证，这样就能有效避免事后纠纷。

主要材料规格、质量与价格签证。因为设计图纸对一些材料只指定规格与品种，而不能指定生产厂家。其价格必须要有建设单位签证。对于一些涉及工程较多而工期又较长的工程，价格涨跌幅度较大。必须分期多批对主要建材与建设单位进行价格签证。签证是结算的计算依据，它的数据必须准确。

2. 深入工地，全面掌握工程实况准确的工程量是竣工结算的基础

由于从事预结算工程的造价人员，对某单位工程可能不十分了解，而一些较为复杂的工程，竣工图不可能面面俱到、逐一标明，因此在工程量计算阶段必须要深入工地现场核对、丈量，记录才能准确无误。有经验的造价人员在编制结算时，往往是先查阅所有资料，再粗略地计算工程量，发现问题、出现疑问逐一到工地核实。一个优秀的造价人员不仅要深入工程实地掌握实际，还要深入市场了解材料的品种及价格。做到胸有成竹，避免造成计算误差较大的情况，使自己处于被动。

3. 熟悉掌握专业知识，注重职业道德

造价人员不仅要全面熟悉定额计算，掌握上级下达的各种费用文件。还要全面了解工程预算定额的组成，以便进行定额的换算和增补。造价人员还要掌握一定的施工规范与建筑构造方面的知识，注重职业道德。

4. 工程竣工结算审核工作内容

工程竣工结算审核是竣工结算阶段的一项重要工作。经审核确定的工程竣工结算是核定建设工程造价的依据，也是建设项目验收后编制竣工决算和核定新增固定资产价值的依据。因此，业主、造价咨询公司都十分关注竣工结算的审核把关。一般从以下几方面入手。

（1）核对合同条款

首先，竣工工程内容是否符合合同条件要求，工程是否竣工验收合格，只有按合同要求完成全部工程并验收合格才能列入竣工结算。其次，应按合同约定的结算方法，对工程竣工结算进行审核，若发现合同有漏洞，应请业主与承包商认真研究，明确结算要求。

（2）落实设计变更签证

设计修改变更应由原设计单位出具设计变更通知单和修改图纸，设计、校审人员签字并加盖公章，经业主和监理工程师审核同意、签证才能列入结算。

（3）按图核实工程数量

竣工结算的工程量应依据国家统一规定的计算规则计算，根据竣工图纸，并按设计变更单和现场签证等进行核算。

（4）严格按合同约定计价

结算单价应按合同约定、招标文件规定的计价原则或投标报价执行。合同规定与现行“计价规范”或“计价定额”有矛盾，以合同为准。

（5）注意各项费用计取

工程的取费标准应按合同要求或项目建设期间有关费用计取规定执行，先审核各项费率、价格指数或换算系数是否正确，价格调整计算是否符合要求，再核实特殊费用和计算程序。要注意各项费用的计取基础，是以人工费为基础还是以直接费或定额基价为基础。

（6）防止各种计算误差

工程竣工结算项目多，篇幅大，往往有计算误差，应认真核算，防止因计算误差多计或少算。

第九章 工程概（预）算编制示例

示例一 XXX站电源设备安装工程一阶段设计预算

一、已知条件

1. 本工程为 XX 站电源设备安装工程一阶段设计。

2. 本工程位于安徽省境内，施工地点在城区，室内施工，施工企业基地距施工现场 30 km。

3. 已知条件所给定的费用价格均为除税价。

4. 可行性研究费由建设项目总预算列支，本单项工程中不进行分摊。

5. 勘察设计费按合同约定为 16 000 元。

6. 建设工程监理费按 7 000 元计取。

7. 电源设备由第三方运送至建设单位指定的施工地点，主设备不计取运杂费、运输保险费和采购及保管费等费用。

8. 配套材料由供应商负责运送到建设单位指定的施工地点，不计取运杂费、运输保险费和采购及保管费等费用。

9. 设备价格见表 9-1-1，主要材料价格见表 9-1-2。

10. 本工程不计取 “建设用地及综合赔补费”“研究试验费”“环境影响评价费”“工程保险费”“工程招标代理费”“工专利及专利技术使用费”“生产准备及开办费”“建设期利息”。

11. 本工程采用一般计税方式，相关费用增值税税率见表 9-1-3。

表 9-1-1　电源设备价格

序号	设备名称	规格容量	单位	不含税单价（元）
1	交流配电屏	380 V/400 A	架	8 547.01
2	监控模块	100 A普效系统	块	683.76
3	高效整流模块	-48 V/100 A	块	4 957.26
4	直流配电屏	单柜容量-48 V/3 000 A	架	15 555.56
5	蓄电池（含抗震架）	-48 V/1 500 AH	组	36 923.08

表 9-1-2　主要材料价格

序号	名称	规格型号	单位	单价（元）
1	开关电源架	单柜容量 3 000 A	架	8 547.01
2	铜芯聚氯乙烯电力电缆	RVVZ-4×185 mm^2	m	340.00
3	铜芯聚氯乙烯电力电缆	RVVZ-4×70 mm^2	m	130.00
4	铜芯聚氯乙烯电力电缆	RVVZ-1×35 mm^2，黄绿色	m	17.00
5	铜芯聚氯乙烯电力电缆	RVVZ-1×120 mm^2，黑色	m	56.00
6	铜芯聚氯乙烯电力电缆	RVVZ-1×240 mm^2，红色	m	112.00
7	铜芯聚氯乙烯电力电缆	RVVZ-1×240 mm^2，蓝色	m	112.00
8	铜接线端子	240 mm^2	个	15.00
9	铜接线端子	185 mm^2	个	14.00
10	铜接线端子	120 mm^2	个	12.00
11	铜接线端子	70 mm^2	个	8.00
12	铜接线端子	35 mm^2	个	5.50

表 9-1-3　相关费用增值税税率

序号	费用名称	增值税税率（%）	备注
1	建筑安装工程费	9	一般计税方式
2	需要安装的设备费	13	
3	国内主要材料费	13	
4	运杂费	9	
5	运输保险费	6	
6	采购及保管费	6	
7	采购代理服务费	6	
8	项目建设管理费	6	
9	勘察设计费	6	
10	工程监理费	6	
11	安全生产费	9	
12	预备费	13	

二、设计图纸及说明

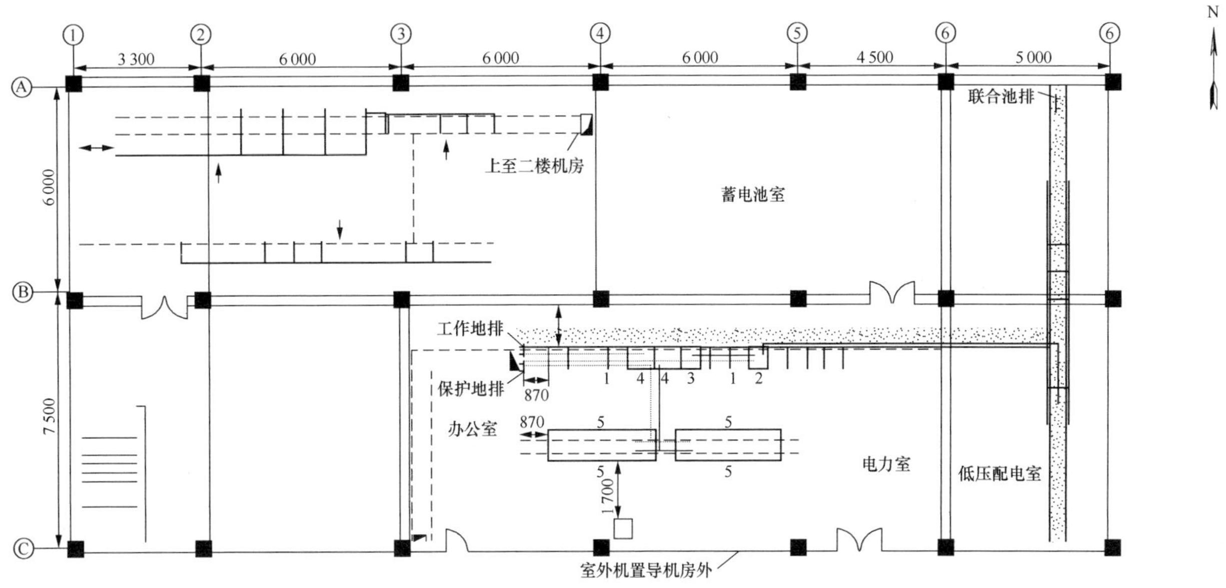

图例：

机房原有设备　　本工程安装设备　　箭头指向机面

上线洞　　过墙孔

走线架　　电缆沟

线缆示图：

电力电缆　　接地线

设备表

序号	设备名称	单位	数量	尺寸(宽×深×高)mm	备注
1	低压配电柜	架	1	1 070×600×2 000	原有，本期新增直流系统自此柜引电
2	交流配电屏	架	1	600×600×2 000	本期新增交流屏，380 V/400 A
3	开关电源架	架	1	600×600×2 000	本期新增整流屏，3 000 A
4	直流配电屏	架	2	800×600×2 000	本斯新增直流屏，3 000 A
5	蓄电池组	组	4	厂家标准	新增4组1 500 AH蓄电池组，三层双列摆放

单位主管	XXX	审核	XXX	XX 设计院	
部门主管	XXX	校核	XXX	XX 站电源设备平面布置图及线缆路由示意图	
设计总负责人	XXX	制图	XXX		
单项负责人	XXX	单位、比例	mm、1:100		
设计人	XXX	日期		图号	RD-C-DY-01

图 9-1-1　XX 站电源设备平面布置及电缆路由示意

本次工程交直流电源系统图

设备名称	阀控式蓄电池组	直流配电屏 II	直流配电屏 I	直流机架	交流配电屏
型号规格 尺寸(宽×深×高)	−48 V/1 500 AH 厂家标准	−48 V/3 000 A 830×600×2 000	−48 V/3 000 A 500×600×2 000	48 V/3 000 A 600×600×2 000	380 V/4 000 A 600×600×2 000

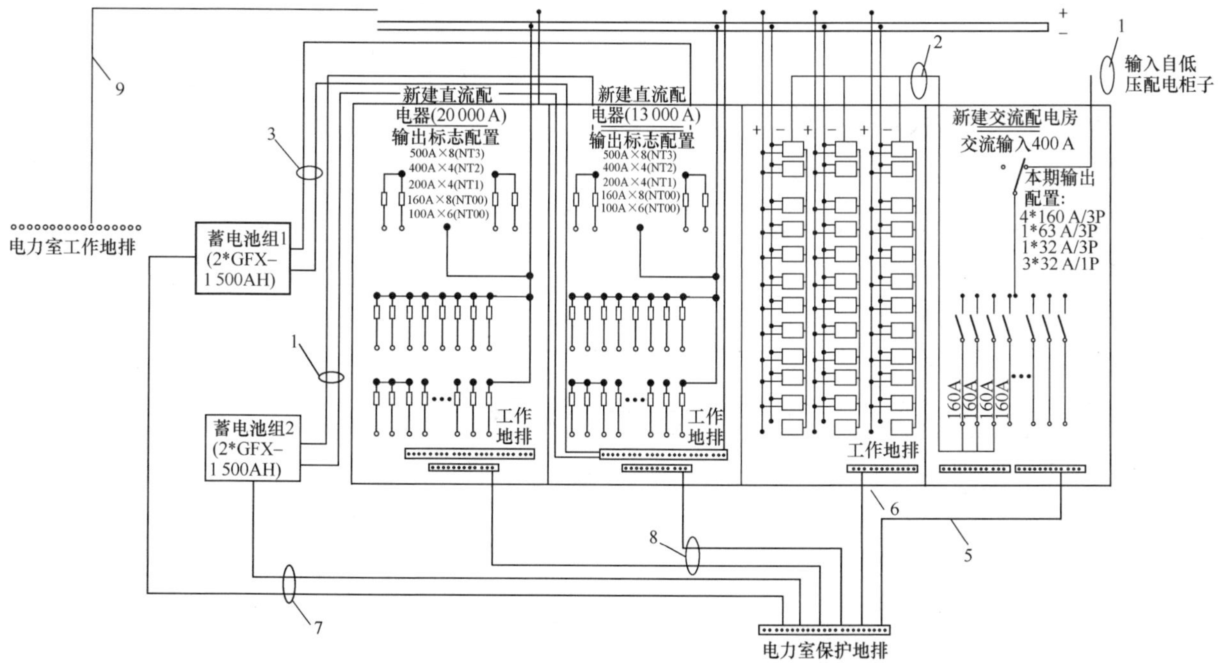

单位主管	XXX	审核	XXX	XX 设计院	
部门主管	XXX	校核	XXX	XX 站交直流供电系统及地线图	
设计总负责人	XXX	制图	XXX		
单项负责人	XXX	单位、比例	mm、1:100		
设计人	XXX	日期		图号	RD-C-DY-02

图 9-1-2 XX 站交直流供电系统及地线系统

表 9-1-4　缆线明细

线缆明细表

序号	电源类型	起始设备	终止设备	规格型号	布线条数(条)	单条长度(m)	备注
①	380V电源线	低压配电柜	新设交流配电屏	RVVZ-4×185 mm^2	1	20	
②	380V电源线	新设交流配电屏	新设整流机架	RVVZ-4×70 mm^2	3	8	
③	直流电源线	新设直流配电屏	蓄电池组1	RVVZ-1×240 mm^2	8	14	2根并接，其中4根红色，4根蓝色
④	直流电源线	新设直流配电屏	蓄电池组2	RVVZ-1×240 mm^2	8	14	2根并接，其中4根红色，4根蓝色
⑤	保护地线	电力室保护地排	新设交流配电屏	RVVZ-1×35 mm^2(黄绿色)	1	11	
⑥	保护地线	电力室保护地排	新设整流机架	RVVZ-1×35 mm^2(黄绿色)	1	10	
⑦	保护地线	电力室保护地排	新设蓄电池架	RVVZ-1×35 mm^2(黄绿色)	4	12	
⑧	保护地线	电力室保护地排	新设直流配电屏	RVVZ-1×35 mm^2(黄绿色)	2	9	
⑨	工作地线	电力室工作地排	新设直流配电屏	RVVZ-1×120 mm^2(黑色)	2	9	

单位主管	XXX	审核	XXX	XX 设计院	
部门主管	XXX	校核	XXX	线缆明细表	
设计总负责人	XXX	制图	XXX		
单项负责人	XXX	单位、比例	mm、1:100		
设计人	XXX	日期		图号	RD-C-DY-03

图纸说明：

1. -48 V 直流供电系统

由交流配电屏、开关电源、直流配电屏及阀控式蓄电池组组成。全浮充供电方式，开关电源架上的整流模块与四组蓄电池并联浮充供电。电池组需安装在抗震架上，按三层双列叠放。抗震架长度 12.8m；整流模块 20 块，监控模块 1 块，开关电源架 1 架。

2. 接地系统

采用联合接地方式，按单点接地原理设计。

3. 过电压保护

开关电源架交流输入端带有过压保护装置，在直流配电单元输出端带有浪涌抑制器。

4. 电缆布线方式

低压配电柜至新增交流配电屏电缆采取下走线，电缆沟敷设，其余电源设备之间的电缆采用上走线方式，利旧电力室内已安装水平电缆走线架。

5. 机房内其余未说明的设备均不考虑。

三、统计工程量

按照：主要设备安装（调测）—连接电缆的布放及接线端子制作和安装—系统调测的流程统计工程量。相关定额子目和工程量统计详见表 9-1-5。

表 9-1-5　定额子目和工程量统计

序号	定额类别	定额子目和工程量统计
1	主要设备安装（调测）	（1）安装蓄电池抗震架（列长） 定额子目：TSD3-004 （双层双列） 工程量：12.8 m （2）安装蓄电池抗震架 定额子目：TSD3-005（增加一层） 工程量：12.8 m （3）安装48 V铅酸蓄电池组 定额子目：TSD3-016（1 500 Ah以下） 工程量：4组 （4）蓄电池补充电 定额子目：TSD3-034 工程量：4组 （5）蓄电池容量试验 定额子目：TSD3-036（48 V以下直流系统） 工程量：4组 （6）安装开关电源架 定额子目：TSD3-069（1 200 A以上） 工程量：1架

续表

序号	定额类别	定额子目和工程量统计
1	主要设备安装（调测）	（7）开关电源系统调测 定额子目：TSD3-076 工程量：1系统 （8）装落地式交、直流配电屏 定额子目：TSD3-077 工程量：3台
2	电缆的布放及接线端子制作和安装	（1）室内布放电力电缆（单芯相线截面积） 定额子目：TSD5-022（35 mm^2以下） 工程量：8.7（十米条） （2）室内布放电力电缆（单芯相线截面积） 定额子目：TSD5-023（70 mm^2以下） 工程量：2.4（十米条） （3）室内布放电力电缆（单芯相线截面积） 定额子目：TSD5-024（120 mm^2以下） 工程量：1.8（十米条） （4）室内布放电力电缆（单芯相线截面积） 定额子目：TSD5-025（185 mm^2以下） 工程量：2（十米条） （5）室内布放电力电缆（单芯相线截面积） 定额子目：TSD5-026（240 mm^2以下） 工程量：22.4（十米条） （6）制作、安装1 kV以下电力电缆端头（芯截面） 定额子目：TSD5-040（35 mm^2以下） 工程量：1.6（十个） （7）制作、安装1 kV以下电力电缆端头（芯截面） 定额子目：TSD5-041（70 mm^2以下） 工程量：2.4（十个） （8）制作、安装1 kV以下电力电缆端头（芯截面） 定额子目：TSD5-042（120 mm^2以下） 工程量：0.4（十个） （9）制作、安装1 kV以下电力电缆端头（芯截面） 定额子目：TSD5-043（185 mm^2以下） 工程量：0.8（十个） （10）制作、安装1 kV以下电力电缆端头（芯截面） 定额子目：TSD5-044（240 mm^2以下） 工程量：3.2（十个）
3	系统调测	（1）配电系统自动性能调测系统调测 定额子目：TSD3-082 工程量：1系统

四、统计主材用量（主材表的实际购买量）

根据已知条件、相关定额子目及工程量分别统计、汇总主要材料用量见表 9-1-6、表 9-1-7。

表 9-1-6　主要材料用量统计

定额编号	项目名称	定额单位	工程量	主材名称	规格型号	单位	主材用量统计
TSD5-022	室内布放电力电缆（单芯相线截面积）（35 mm²以下）	十米条	8.7	铜芯聚氯乙烯电力电缆	RVVZ-1×35 mm²，黄绿色	m	8.7×10.15=88.31
TSD5-023	室内布放电力电缆（单芯相线截面积）（70 mm²以下）	十米条	2.4	铜芯聚氯乙烯电力电缆	RVVZ-4×70 mm²	m	2.4×10.15=24.36
TSD5-024	室内布放电力电缆（单芯相线截面积）（120 mm²以下）	十米条	1.8	铜芯聚氯乙烯电力电缆	RVVZ-1×120 mm²，黑色	m	1.8×10.15=18.27
TSD5-025	室内布放电力电缆（单芯相线截面积）（185 mm²以下）	十米条	2	铜芯聚氯乙烯电力电缆	RVVZ-4×185 mm²	m	2×10.15=20.30
TSD5-026	室内布放电力电缆（单芯相线截面积）（240 mm²以下）	十米条	22.4	铜芯聚氯乙烯电力电缆	RVVZ-1×240 mm²，红色	m	11.2×10.15=113.68
TSD5-026	室内布放电力电缆（单芯相线截面积）（240 mm²以下）	十米条	22.4	铜芯聚氯乙烯电力电缆	RVVZ-1×240 mm²，蓝色	m	11.2×10.15=113.68
TSD5-040	制作、安装1 kV以下电力电缆端头（芯截面）（35 mm²以下）	十个	1.6	铜接线端子	35 mm²以下	个	1.6×10.10=16.16
TSD5-041	制作、安装1 kV以下电力电缆端头（芯截面）（70 mm²以下）	十个	2.4	铜接线端子	70 mm²以下	个	2.4×10.10=24.24
TSD5-042	制作、安装1 kV以下电力电缆端头（芯截面）（120 mm²以下）	十个	0.4	铜接线端子	120 mm²以下	个	0.4×10.10=4.04
TSD5-043	制作、安装1 kV以下电力电缆端头（芯截面）（185 mm²以下）	十个	0.8	铜接线端子	185 mm²以下	个	0.8×10.10=8.08

续表

定额编号	项目名称	定额单位	工程量	主材名称	规格型号	单位	主材用量统计
TSD5-044	制作、安装1 kV以下电力电缆端头（芯截面）（240 mm^2以下）	十个	3.2	铜接线端子	240 mm^2以下	个	3.2×10.10=32.32

表 9-1-7　主要材料用量汇总

序号	主材名称	规格程式	主材单位	主材用量汇总	主材用量
1	铜芯聚氯乙烯电力电缆	RVVZ-1×35 mm^2，黄绿色	m	8.7×10.15=88.31	88.31
2	铜芯聚氯乙烯电力电缆	RVVZ-4×70 mm^2	m	2.4×10.15=24.36	24.36
3	铜芯聚氯乙烯电力电缆	RVVZ-1×120 mm^2，黑色	m	1.8×10.15=18.27	18.27
4	铜芯聚氯乙烯电力电缆	RVVZ-4×185 mm^2	m	2×10.15=20.30	20.30
5	铜芯聚氯乙烯电力电缆	RVVZ-1×240 mm^2，红色	m	11.2×10.15=113.68	113.68
6	铜芯聚氯乙烯电力电缆	RVVZ-1×240 mm^2，蓝色	m	11.2×10.15=113.68	113.68
7	铜接线端子	35 mm^2以下	个	1.6×10.10=16.16	16.16
8	铜接线端子	70 mm^2以下	个	2.4×10.10=24.24	24.24
9	铜接线端子	120 mm^2以下	个	0.4×10.10=4.04	4.04
10	铜接线端子	185 mm^2以下	个	0.8×10.10=8.08	8.08
11	铜接线端子	240 mm^2以下	个	3.2×10.10=32.32	32.32

五、预算编制

（一）预算编制说明

1. 工程概况

本工程为 XXX 站电源设备安装工程，安装调测阀控式蓄电池组 4 组，安装调测安装落地式交、直流配电屏 3 架，布放各类电缆 37.3 十米条。

本设计为一阶段设计，工程预算投资为 464 843.09 元，其中除税价 414 318.62 元，增值税 50 524.47 元。

2. 编制依据及采用的取费标准和计算方法

预算编制依据

（1）施工图设计图纸及说明；

（2）工信部通信［2016］451 号《工业和信息化部关于印发信息通信建设工程预算定额、工程费用定额及工程概（预）算编制规程的通知》；

（3）工信部通信［2016］451 号颁布的《信息通信建设工程预算定额 第二册 有线通信设备安装工程》；

（4）工信部通信［2016］451 号颁布的《信息通信建设工程费用定额》；

（5）财建［2016］504 号《关于印发〈基本建设项目建设成本管理规定〉的通知》

（6）设备、材料供货合同所列价格清单。

3. 有关费用与费率的取定

（1）电源设备由第三方运送至建设单位指定地点，不再计取运杂费、运输保险费和采购及保管费等费用。

（2）配套材料由供应商负责运送到建设单位指定的地点，不再计取运杂费、运输保险费和采购及保管费等费用。

（3）本工程由本地施工企业施工，施工现场与企业的距离在 35 km 以内，不计取施工队伍调遣费。

（4）本工程项目建设管理费依据“关于印发《基本建设项目建设成本管理规定》的通知（财建［2016］504 号）”及工程特点，按工程费的 2.0% 计取。

（5）本工程不计取工程干扰费、冬雨季施工增加费、施工用水电蒸气费、特殊地区施工增加费、已完工程及设备保护费、运土费、施工队伍调遣费、大型施工机械调遣费等措施费。

（6）其他未说明的费用均按费用定额规定的取费原则、费率和计算方法进行取舍。

4. 工程技术经济指标分析

本单项工程总投资含税价为 464 843.09 元。不含税总投资为 414 318.62 元，其中建筑安装工程费为 83 408.79 元，需要安装的设备费为 287 179.41 元，工程建设其他费为 31 662.89 元，预备费为 12 067.53 元。

5. 其他需说明的问题（略）

（二）预算表格

1. 工程预算总表（表一）（表格编号：TSD-1）；
2. 建筑安装工程费用预算表（表二）（表格编号：TSD-2）；
3. 建筑安装工程量预算表（表三）甲（表格编号：TSD-3 甲）；
4. 建筑安装工程施工机械使用费预算表（表三）乙（表格编号：TSD -3 乙）；
5. 建筑安装工程仪表使用费预算表（表三）丙（表格编号：TSD -3 丙）；
6. 器材预算表（表四）甲（需要安装的设备表）（表格编号：TSD -4 甲 A）；
7. 器材预算表（表四）甲（主要材料表）（表格编号：TSD -4 甲 B）；
8. 工程建设其他费预算表（表五）甲（表格编号：TSD-5 甲）。

预算总表（表一）

建设项目名称：XX 站电源设备安装工程

工程名称：XXX 局电源设备安装工程　　建设单位名称：XXX 局　　表格编号：TSD-1　　第全页　总第 1 页

序号	表格编号	费用名称	小型建筑工程费	需要安装的设备费	不需要安装的设备、工器具费	建筑安装工程费	其他费用	预备费	总价值（元）			
			（元）						除税价	增值税	含税价	其中外币（）
I	II	III	IV	V	VI	VII	VIII	IX	X	XI	XII	XIII
1	TSD-2, TSD-4 甲 B	工程费		287 179.41		83 408.79			370 588.20	46 741.46	417 329.66	
2	TSD-5 甲	工程建设其他费					31 662.89		31 662.89	1 937.31	33 600.20	
3		合计		287 179.41		83 408.79	31 662.89		402 251.09	48 678.77	450 929.86	
4		预备费：（合计×3.0%）						12 067.53	12 067.53	1 568.78	13 636.31	
5												
6		总计		287 179.41		83 408.79	31 662.89	12 067.53	414 318.62	50 247.55	464 566.17	
7												
8												
9												
10												
11												
12												
13												
14												
15												
16												
17												
18												

设计负责人：XXX　　审核：XXX　　编制：XXX　　编制日期：XX 年 XX 月 XX 日

建筑安装工程费用预算表（表二）

工程名称：XXX 局电源设备安装工程　　建设单位名称：XXX 局　　表格编号：TSD-2　　第全页　总第 2 页

序号	费用名称	依据和计算算法	合计（元）	序号	费用名称	依据和计算算法	合计（元）
Ⅰ	Ⅱ	Ⅲ	Ⅳ	Ⅰ	Ⅱ	Ⅲ	Ⅳ
	建安工程费（含税价）	一＋二＋三＋四	92 816.93	7	夜间施工增加费	人工费 ×2.1%	336.99
	建安工程费（除税价）	一＋二＋三	83 408.79	8	冬雨季施工增加费		
一	直接费	（一）＋（二）	70 396.02	9	生产工具用具使用费	人工费 ×0.8%	128.38
（一）	直接工程费	1＋2＋3＋4	68 261.73	10	施工用水电蒸气费	按实计列	
1	人工费	（1）＋（2）	16 047.32	11	特殊地区施工增加费		
（1）	技工费	技工总工日 ×114.0 元 / 工日	16 047.32	12	已完工程及设备保护费		
（2）	普工费	普工总工日 ×61.0 元 / 工日	0.00	13	运土费		
2	材料费	（1）＋（2）	49 910.41	14	施工队伍调遣费		
（1）	主要材料费	国内主材费	47 533.72	15	大型施工机械调遣费		
（2）	辅助材料费	国内主材费 ×5.0%	2 376.69	二	间接费	（一）＋（二）	9 803.31
3	机械使用费	表三乙	484.80	（一）	规费	1＋2＋3＋4	5 406.34
4	仪表使用费	表三丙	1 819.20	1	工程排污费		
（二）	措施项目费	1 ～ 15 之和	2 134.29	2	社会保障费	人工费 ×28.50%	4 573.49
1	文明施工费	人工费 ×0.8%	128.38	3	住房公积金	人工费 ×4.19%	672.38
2	工地器材搬运费	人工费 ×1.10%	176.52	4	危险作业意外伤害保险费	人工费 ×1.00%	160.47
3	工程干扰费			（二）	企业管理费	人工费 ×27.40%	4 396.97
4	工程点交、场地清理费	人工费 ×2.5%	401.18	三	利润	人工费 ×20.00%	3 209.46
5	临时设施费	人工费 ×3.8%	609.80	四	销项税额	（一＋二＋三－甲供主材费）×9%+ 甲供主材增值税	9 408.14
6	工程车辆使用费	人工费 ×2.2%	353.04				

设计负责人：XXX　　审核：XXX　　编制：XXX　　编制日期：XX 年 XX 月 XX 日

建筑安装工程量预算表（表三）甲

工程名称：XXX 局电源设备安装工程　　建设单位名称：XXX 局　　表格编号：TSD-3 甲　　第全页　总第 3 页

序号	定额编号	项目名称	单位	数量	单位定额值（工日）		合计值（工日）	
					技工	普工	技工	普工
I	II	III	IV	V	VI	VII	VIII	IX
1	TSD3-004	安装蓄电池抗震架（双层双列）	m	12.800	0.89		11.39	
2	TSD3-005	每增加一层	m	12.800	0.40		5.12	
3	TSD3-016	安装 48V 蓄电池组（1 500 Ah）	组	4.000	9.85		39.40	
4	TSD3-034	蓄电池组补充电	组	4.000	3.00		12.00	
5	TSD3-036	蓄电池组容量实验	组	4.000	7.00		28.00	
6	TSD3-077	安装落地式交、直流配电屏	架	3.000	2.15		6.45	
7	TSD3-069	安装开关电源架	架	1.000	8.10		8.10	
8	TSD3-076	开关电源系统调试	系统	1.000	4.00		4.00	
9	TSD5-025	室内布放电力电缆 RVVZ-4×185 mm^2（工日调整 工日 ×1.3）	10m/ 条	2.000	0.53		1.06	
10	TSD5-023	室内布放电力电缆 RVVZ-4×70 mm^2（工日调整 工日 ×1.3）	10m/ 条	2.400	0.38		0.91	
11	TSD5-026	室内布放电力电缆 RVVZ-1×240 mm^2	10m/ 条	22.400	0.55		12.32	
12	TSD5-024	室内布放电力电缆 RVVZ-1×120 mm^2	10m/ 条	1.800	0.34		0.61	
13	TSD5-022	室内布放电力电缆 RVVZ-1×35 mm^2	10m/ 条	8.700	0.20		1.74	
14	TSD5-055	制作、安装 1kV 以下电力电缆端头（芯截面 240 mm^2）	10 个	3.200	1.05		3.36	
15	TSD5-054	制作、安装 1kV 以下电力电缆端头（芯截面 185 mm^2）	10 个	0.800	0.95		0.76	
16	TSD5-053	制作、安装 1kV 以下电力电缆端头（芯截面 120 mm^2）	10 个	0.400	0.75		0.30	
17	TSD5-052	制作、安装 1kV 以下电力电缆端头（芯截面 70 mm^2）	10 个	2.400	0.35		0.84	
18	TSD5-051	制作、安装 1kV 以下电力电缆端头（芯截面 35 mm^2）	10 个	1.600	0.25		0.40	
19	TSD3-082	配电系统自动性能调测	系统	1.000	4.00		4.00	
		合计					140.77	

设计负责人：XXX　　审核：XXX　　编制：XXX　　编制日期：XX 年 XX 月 XX 日

建筑安装工程施工机械使用费预算表（表三）乙

工程名称：XXX 局电源设备安装工程　　建设单位名称：XXX 局　　表格编号：TSD-3 乙　　第全页　总第 4 页

序号	定额编号	项目名称	单位	数量	机械名称	单位定额值		合计值	
						数量（台班）	单价（元）	数量（台班）	单价（元）
I	II	III	IV	V	VI	VII	VIII	IX	X
1	TSD3-077	安装落地式交、直流配电屏	台	3.000	交流弧焊机	0.100	120.00	0.300	36.00
2	TSD3-009	安装 48V 蓄电池组（1 500Ah）	组	4.000	叉式装载机　3t	0.300	374.00	1.200	448.80
3		合计							484.80
4									
5									
6									
7									
8									
9									
10									
11									
12									
13									
14									
15									
16									
17									
18									

设计负责人：XXX　　审核：XXX　　编制：XXX　　编制日期：XX 年 XX 月 XX 日

建筑安装工程仪器仪表使用费预算表（表三）丙

工程名称：XXX 局电源设备安装工程　　建设单位名称：XXX 局　　表格编号：TSD-3 丙　　第全页　总第 5 页

序号	定额编号	项目名称	单位	数量	仪表名称	单位定额值		合计值	
						消耗量（台班）	单价（元）	消耗量（台班）	合计（元）
1	TSD3-036	蓄电池组容量实验	组	4.000	智能放电测试仪	1.20	154.00	4.800	739.20
2	TSD3-036	蓄电池组容量实验	组	4.000	直流钳形电流表	1.20	117.00	4.800	561.60
3	TSD3-076	开关电源系统调试	系统	1.000	手持式多功能万用表	0.20	117.00	0.200	23.40
4	TSD3-076	开关电源系统调试	系统	1.000	绝缘电阻测试仪	0.20	120.00	0.200	24.00
5	TSD3-076	开关电源系统调试	系统	1.000	杂音计	0.20	117.00	0.200	23.40
6	TSD5-025	室内布放电力电缆 RVVZ-4×185 mm^2	10m/ 条	2.000	绝缘电阻测试仪	0.10	120.00	0.200	24.00
7	TSD5-023	室内布放电力电缆 RVVZ-4×70 mm^2	10m/ 条	2.400	绝缘电阻测试仪	0.10	120.00	0.240	28.80
8	TSD5-026	室内布放电力电缆 RVVZ-1×240 mm^2	10m/ 条	22.400	绝缘电阻测试仪	0.10	120.00	2.240	268.80
9	TSD5-024	室内布放电力电缆 RVVZ-1×120 mm^2	10m/ 条	1.800	绝缘电阻测试仪	0.10	120.00	0.180	21.60
10	TSD5-022	室内布放电力电缆 RVVZ-1×35 mm^2	10m/ 条	8.700	绝缘电阻测试仪	0.10	120.00	0.870	104.40
11		合计							1 819.20

设计负责人：XXX　　审核：XXX　　编制：XXX　　编制日期：XX 年 XX 月 XX 日

器材预算表（表四）甲

（国内甲供主材表）

工程名称：XXX 局电源设备安装工程　　建设单位名称：XXX 局　　表格编号：TSD-4 甲 A　　第全页　总第 6 页

序号	名称	规格程式	单位	数量	单价（元）	合计（元）			备注
					除税价	除税价	增值税	含税价	
I	II	III	IV	V	VI	IX	X	XI	XII
	电缆类材料：								
1	铜芯聚氯乙烯电力电缆	RVVZ-4×185 mm^2	m	20.30	340.00	6 902.00	897.26	7 799.26	
2	铜芯聚氯乙烯电力电缆	RVVZ-4×70 mm^2	m	24.36	130.00	3 166.80	411.68	3 578.48	
3	铜芯聚氯乙烯电力电缆	RVVZ-1×35 mm^2，黄绿色	m	88.31	17.00	1 501.27	195.17	1 696.44	
4	铜芯聚氯乙烯电力电缆	RVVZ-1×120 mm^2，黑色	m	18.27	56.00	1 023.12	133.01	1 156.13	
5	铜芯聚氯乙烯电力电缆	RVVZ-1×240 mm^2，红色	m	113.68	112.00	12 732.16	1 655.18	14 387.34	
6	铜芯聚氯乙烯电力电缆	RVVZ-1×240 mm^2，蓝色	m	113.68	112.00	12 732.16	1 655.18	14 387.34	
7	小计 1					38 057.51	4 947.48	43 004.99	
8	其他类材料：								
9	铜接线端子	240 mm^2	个	32.32	15.00	484.80	63.02	547.82	
10	铜接线端子	185 mm^2	个	8.08	14.00	113.12	14.71	127.83	
11	铜接线端子	120 mm^2	个	4.04	12.00	48.48	6.30	54.78	
12	铜接线端子	70 mm^2	个	24.24	8.00	193.92	25.21	219.13	
13	铜接线端子	35 mm^2	个	16.16	5.50	88.88	11.55	100.43	
14	开关电源架			1.000	8547.01	8 547.01	1 111.11	9 658.12	
15	小计 2					9 476.21	1 231.90	10 708.11	
16	总计					47 533.72	6 179.38	53 713.10	

设计负责人：XXX　　审核：XXX　　编制：XXX　　编制日期：XX 年 XX 月 XX 日

国内器材预算表（表四）甲

（国内需要安装设备表）

工程名称：XXX 局电源设备安装工程　　建设单位名称：XXX 局　　表格编号：TSD-4 甲 B　　第全页　总第 7 页

序号	名称	规格程式	单位	数量	单价（元）	合计（元）			备注
					除税价	除税价	增值税	含税价	
Ⅰ	Ⅱ	Ⅲ	Ⅳ	Ⅴ	Ⅵ	Ⅶ	Ⅷ	Ⅸ	Ⅹ
1	交流配电屏	380V/400A	架	1.000	8 547.01	8 547.01	1 111.11	9 658.12	
2	监控模块	100A 普效系统	块	1.000	683.76	683.76	88.89	772.65	
3	高效整流模块	-48V/100A	块	20.000	4 957.26	99 145.20	12 888.88	112 034.08	
4	直流配电屏	单柜容量 -48V/3000A	架	2.000	15 555.56	31 111.12	4 044.45	35 155.57	
5	蓄电池	1500AH	组	4.000	36 923.08	147 692.32	19 200.00	166 892.32	含抗震架
6	小计					287 179.41	37 333.32	324 512.73	
7	总计					287 179.41	37 333.32	324 512.73	

设计负责人：XXX　　审核：XXX　　编制：XXX　　编制日期：XX 年 XX 月 XX 日

工程建设其他费用预算表（表五）甲

工程名称：XXX 局电源设备安装工程　　建设单位名称：XXX 局　　表格编号：TSD-5 甲　　第全页

序号	费用名称	计算依据及方法	金额（元）			备注
			除税价	增值税	含税价	
Ⅰ	Ⅱ	Ⅲ	Ⅳ	Ⅴ	Ⅵ	Ⅶ
1	建设用地及综合赔补费					
2	项目建设管理费	工程费 × 2.00%	7 411.76	444.71	7 856.47	增值税税率6%
3	可行性研究费					
4	研究试验费					
5	勘察设计费	合同约定	16 000.00	960.00	16 960.00	增值税税率6%
6	环境影响评价费					
7	建设工程监理费	合同约定	7 000.00	420.00	7 420.00	增值税税率6%
8	安全生产费	建筑安装工程费 × 1.50%	1 251.13	112.60	1 363.73	增值税税率9%
9	引进技术及引进设备其它费					
10	工程保险费					
11	工程招标代理费					
12	专利及专利技术使用费					
13	其他费用					
	总计		31 662.89	1 937.31	33 600.20	
14	生产准备及开办费（运营费）	设计定员×生产准备费指标（元/人）				

设计负责人：XXX　　审核：XXX　　编制：XXX　　编制日期：XX 年 XX 月 XX 日

示例二　XX端站传输设备安装单项工程一阶段设计预算

一、已知条件

1. 本工程为 XXX OTN 系统扩容工程中的 XX 站设备安装单项工程一阶段设计。本工程XX站配置4个10 Gbit/s波道，包括2个10 GE波道、2个8 GE波道。

2. 本工程位于安徽省境内，施工地点在城区，室内施工，施工企业基地距施工现场 35 km。

3. 已知条件所给定的费用价格均为除税价。勘察设计费按合同约定为 11 000 元。

4. 建设工程监理费按合同约定为 10 000 元。

5. 传输设备由甲方提供，设备运距 450 km，采购代理服务费按设备原价的 0.5% 计列。

6. 国内主要材料由甲方提供，运距 280 km。采购代理服务费按材料原价的 0.4% 计列。

7. 设备价格见表 9-2-1，主要材料价格见表 9-2-2。

8. “建设用地及综合赔补费”“可行性研究费”“环境影响评价费”“建设期利息” 等费用不在本工程中分摊。

9. 本工程不计取“研究试验费”“工程保险费”“工程招标代理费”“生产准备及开办费”和 “其他费用”。

10. 该工程采用一般计税方式，相关费用增值税税率见表 9-2-3。

表 9-2-1　设备价格

序号	名称	规格型号	单位	不含税单价（元）
1	OTN设备		套	256 410

表 9-2-2　材料价格

序号	名称	规格型号	单位	不含税单价（元）
1	分支光缆	LC-SC，单模，48芯，14 m分支光缆	条	640.00
2	光（尾）纤	SC-SC，单模，8 m光纤	条	13.00
3	电力电缆	RVVZ 1×35 mm^2（蓝色）	m	35.00
4	电力电缆	RVVZ 1×35 mm^2（红色）	m	35.00
5	电力电缆	RVVZ 1×35 mm^2（黄绿色）	m	35.00
7	铜接线端子		个	10.00
8	加固角钢夹板组		组	51.00

表 9-2-3　相关费用增值税税率

序号	费用名称	增值税税率（%）	备注
1	建筑安装工程费	9	一般计税方式
2	需要安装的设备费	13	

续表

序号	费用名称	增值税税率（%）	备注
3	国内主要材料费	13	
4	运杂费	9	
5	运输保险费	6	
6	采购及保管费	6	
7	采购代理服务费	6	
8	项目建设管理费	6	
9	勘察设计费	6	
10	工程监理费	6	
11	安全生产费	9	
12	预备费	13	

二、设计图纸及说明

（一）设计范围及分工

1. 本工程配置 4 个 10 Gbit/s 波道，包括 2 个 10 GE 波道、2 个 8 GE 波道。

2. 本工程工作内容包括设备安装、测试和缆线布放。

3. 本工程与其他工程的分工界面以法兰盘为界。

（二）图纸及说明

1. 本工程通信系统主要由 OTN 传输设备、光纤分配架 MODF 等设备组成。OTN 传输设备（1#）安装在综合机房的第 2 列，光纤分配架 MODF（2#）和光纤分配架 MODF（3#）均使用原有设备，位于综合机房第 1 列。

本工程新增 OTN 传输设备由原有网管系统管理。

机房设备走线利用原有槽道，机房平面布置如图 9-2-1 所示。

2. OTN 传输设备、光纤分配架 MODF 等主要设备的内部组架如图 9-2-2 所示。

3. OTN 传输设备线路侧、业务侧端口，通过分支光缆成端于光纤分配架 MODF（2#）；线路侧光缆终端于光纤分配架 MODF（3#）；线路侧光纤通过架间跳纤、分支光缆接至线路接口板。本站业务侧配置 2 个 10 GE 和 16 个 GE 电路，均通过分支光缆成端于光纤分配架（MODF），电路由建设方根据业务需要跳纤连接业务设备。通信系统图及线缆布放计划表如图 9-2-3 所示。

4. 直流供电系统

本工程 OTN 传输设备工作电源为直流 −48 V。OTN 传输设备机柜由列头柜熔丝引 4 路 63A 电源（2 路主用、2 路备用），工作地线由列头柜工作地线排引接。保护地线由列头柜保护地线排引接，如图 9-2-4 所示。

（三）其他未说明的设备均不考虑

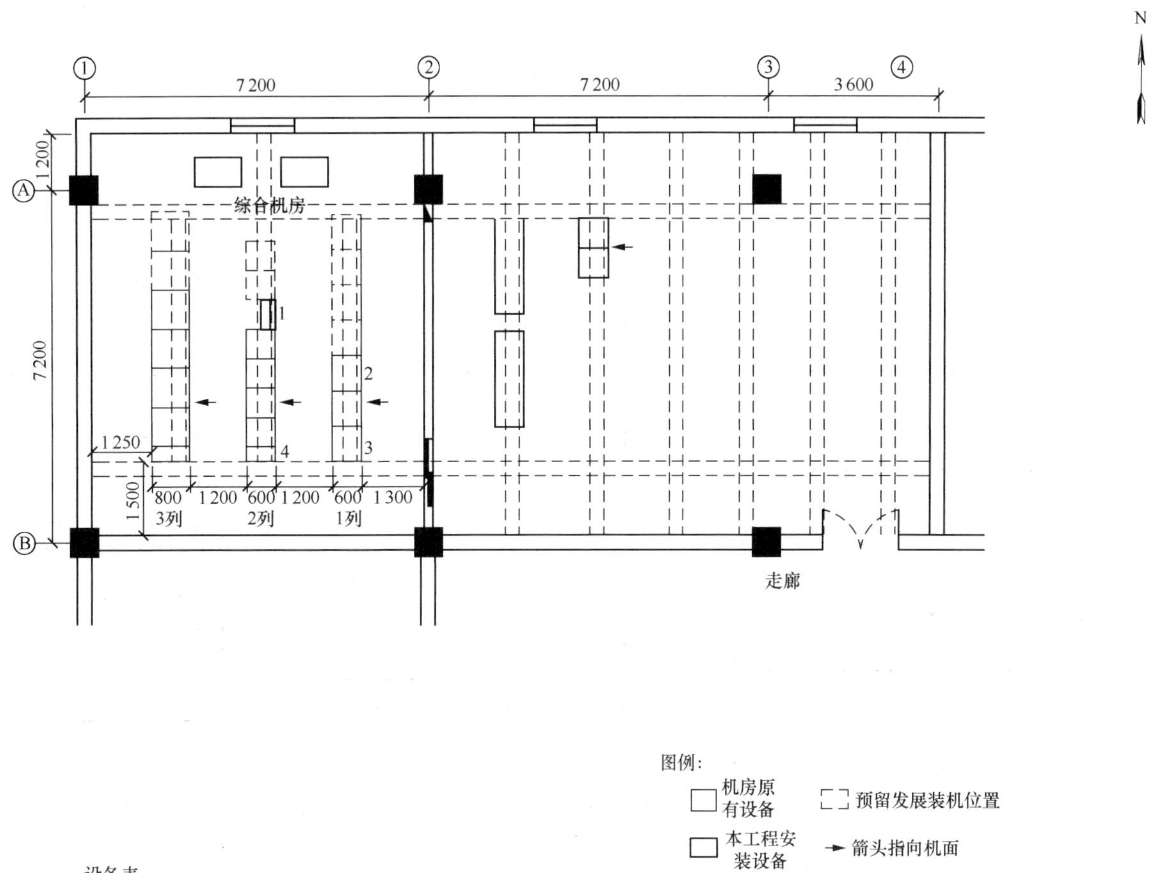

设备表

序号	设备名称	单位	数量	尺寸(宽×深×高)mm	备注
1	OTN机架	架	1	600×300×2 200	本期工程新增
2	MODF机架	架	1	720×600×2 200	96芯/单元×6单元
3	MODF机架	架	1	720×600×2 200	72芯/单元×8单元
4	列头柜	架	1	800×300×2 200	

单位主管	XXX	审核	XXX	XX设计院	
部门主管	XXX	校核	XXX	XX站电源设备平面布置图	
设计总负责人	XXX	制图	XXX		
单项负责人	XXX	单位、比例	mm、1:100		
设计人	XXX	日期		图号	XX-S-CS-01

图 9-2-1　XX 站设备平面布置

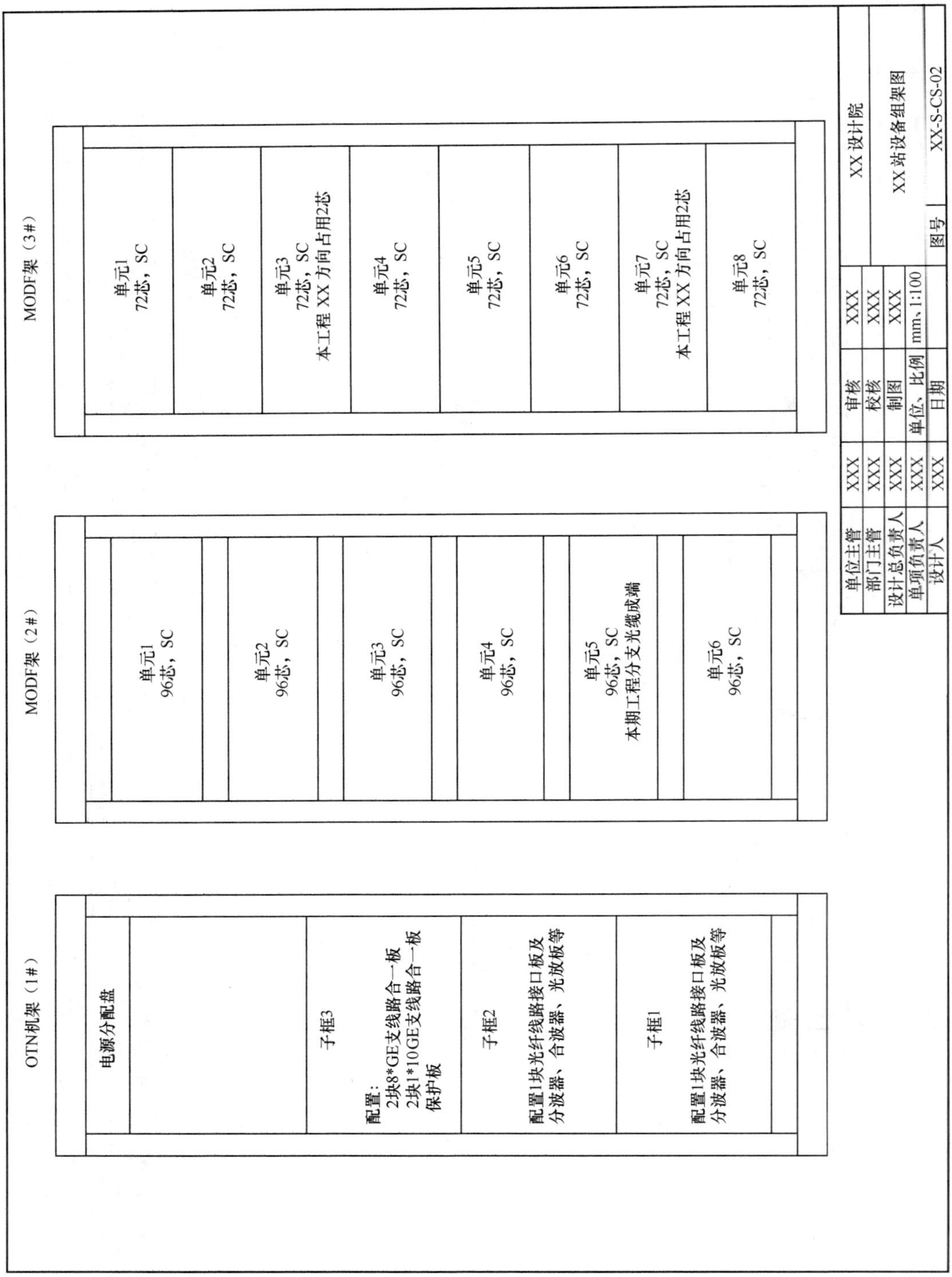

图 9-2-2 XX 站设备组架

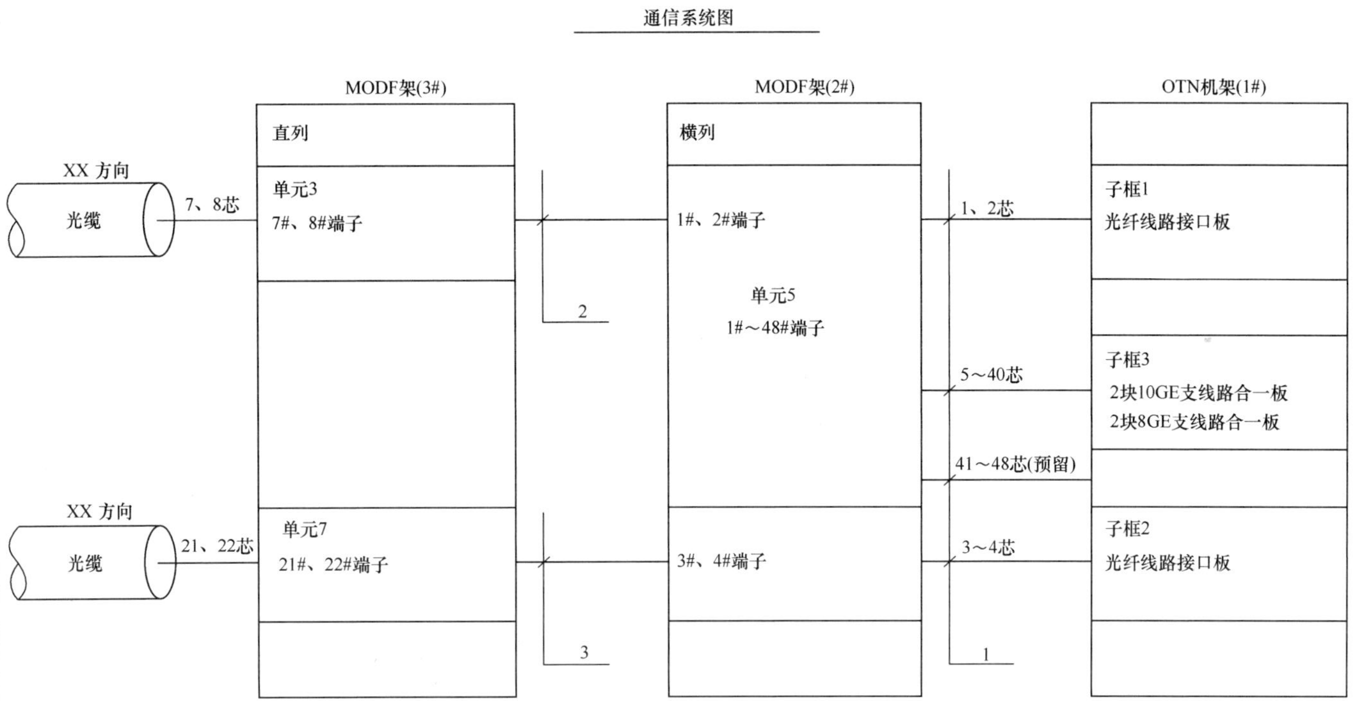

线缆布放计划表

序号	线料用途	布线起讫点			布线条数(m)	布线长度(m)	线料名称及长度		备注
		OTN机架(1#)	MODF架(2#)	MODF架(3#)			LC–SC,单模48芯分支光缆	SC–SC单模光纤	
1	光通信线	——			1	14	1*14		建设方提供
2	光通信线		——		2	8		2*8	建设方提供
3	光通信线		——		2	8		2*8	建设方提供

说明：

OTN设备内部线缆由设备厂商提供并完成布放、连接。

单位主管	XXX	审核	XXX	XX设计院	
部门主管	XXX	校核	XXX	XX 站通信系统图及线缆布放计划表	
设计总负责人	XXX	制图	XXX		
单项负责人	XXX	单位、比例	mm、1:100		
设计人	XXX	日期		图号	XX-S-CS-03

图 9-2-3　XX 站通信系统图及线料计划

电源系统图

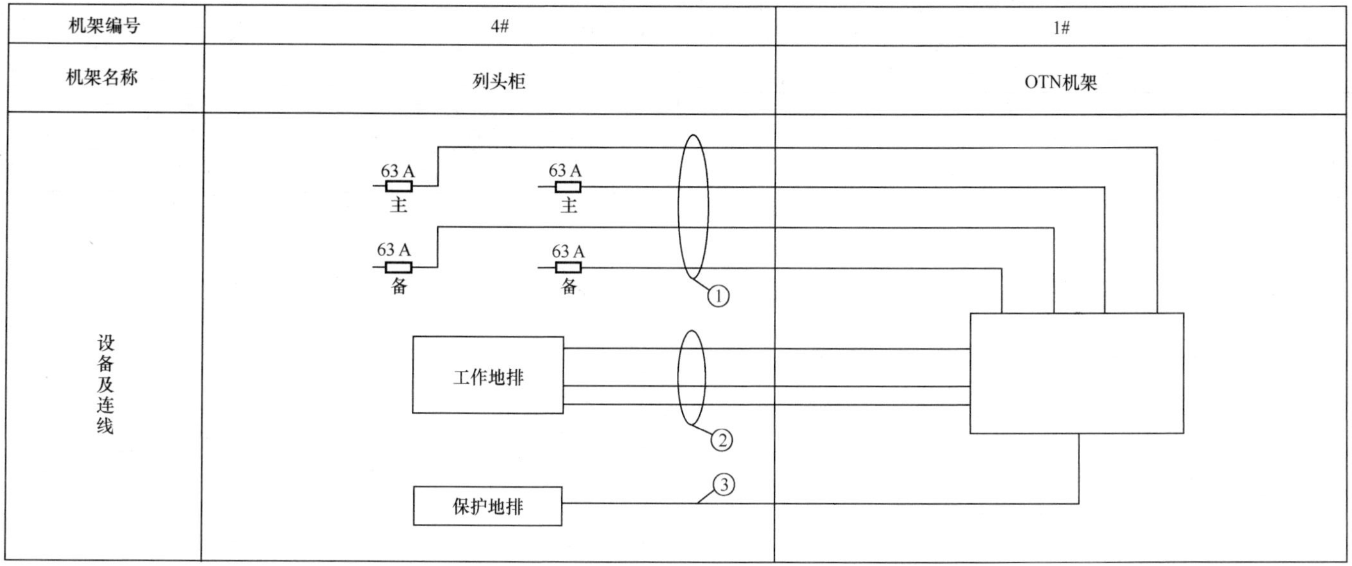

材料表

序号	用途	线缆名称	规格型号	布线条数(条)	布线长度(m)	备注
①	−48 V直流电源线：OTN机架至列头柜	铜芯聚氯乙烯电力电缆	RVVZ 1×35 mm^2(蓝色)	4	8	建设方提供
②	工作地线：OTN机架至列头柜	铜芯聚氯乙烯电力电缆	RVVZ 1×35 mm^2(红色)	4	8	建设方提供
③	保护地线：OTN机架至列头柜	铜芯聚氯乙烯电力电缆	RVVZ 1×35 mm^2(黄绿色)	1	8	建设方提供

单位主管	XXX	审核	XXX	XX设计院	
部门主管	XXX	校核	XXX	XX站电源系统图及材料表	
设计总负责人	XXX	制图	XXX		
单项负责人	XXX	单位、比例	mm、1:100		
设计人	XXX	日期		图号	RD-C-DY-01

图 9-2-4　XX站电源系统图及材料

三、统计工程量

统计工程量时可以按照图纸中设备的排列顺序，依次进行统计，通常为先统计设备后统计缆线，这样不易漏项。本示例首先根据图纸及说明统计出所有需要安装的设备工程量，然后再根据相关图纸统计出布放缆线的工程量（使用《通信建设工程预算定额 第二册 有线通信设备安装工程》）。相关定额子目和工程量统计详见表9-2-4。

表9-2-4　定额子目和工程量统计

序号	定额类别	定额子目和工程量统计
1	主要设备安装	（1）安装室内有源综合架（柜） 定额子目：TSY1-005（落地式） 工程量：1个 （2）安装子机框及公共单元盘 定额子目：TSY2-022 工程量：1套 （3）安装测试波分复用设备 定额子目：TSY2-026（48波以下） 工程量：1端 （4）安装测试光分插复用器（OADM） 定额子目：TSY2-033（单方向2波上下） 工程量：1系统 （5）安装测试光分插复用器（OADM） 定额子目：TSY2-034（16波以下每增加1波上下） 工程量：2波 （6）安装测试光波长转换器（OTU） 定额子目：TSY2-041（支线路合一型） 工程量：4个 （7）安装测试光谱分析模块 定额子目：TSY2-050 工程量：1单元 （8）安装、配合调测网络管理系统 定额子目：TSY2-057（纳入原有网管系统） 工程量：1站
2	设备电缆布放	布放设备缆线（见图XX-S-CS-03） （1）放、绑软光纤 定额子目：TSY1-079（设备机架之间放、绑15 m以下） 工程量：4条 （2）布放集束光纤 定额子目：TSY1-083 工程量：1.4（十米条） （3）端接集束光纤 定额子目：TSY1-086（48芯以下） 工程量：1条

续表

序号	定额类别	定额子目和工程量统计
3	电力电缆布放	布放电源线（见图XX-S-CS-04） 布放电力电缆（单芯相线截面积） 定额子目：TSY1-090（35 mm²以下） 工程量：7.2（十米条）。
4	系统调测	（1）线路段光端对测：（注意仪表台班，带到表三丙中） 定额子目：TSY2-066（端站） 工程量：2方向.系统。 （2）系统通道调测 定额子目：TSY2-067（以太网光口） 工程量：18端口 （2）光放段光路优化 定额子目：TSY2-071 工程量：2系统.段。 （3）波道优化 定额子目：TSY2-072 工程量：4波道.单向 （4）光通道保护 定额子目：TSY2-074 工程量：8方向.通道。 （5）光、电调测中间站配合 定额子目：TSY2-077（端站） 工程量：1站

四、统计主材用量

根据已知条件、相关定额子目及工程量分别统计、汇总主要材料用量（见表 9-2-5、表 9-2-6）。

表 9-2-5　主要材料用量统计

定额编号	项目名称	定额单位	工程量	主材名称	规格程式	主材单位	主材用量统计
TSY1-005	安装室内有源综合架（柜）（落地式）	个	1	加固角钢夹板组		组	1×2.02=2.02
TSY1-079	放、绑软光纤（设备机架之间放、绑15 m以下）	条	4	软光纤（双头）	SC-SC，单模，8 m	条	2+2=4
TSY1-083	布放集束光纤	十米条	1.4	集束光纤	LC-SC，单模，48芯，14 m分支光缆	条	1
TSY1-090	布放单芯电力电缆（35 mm²以下）	十米条	7.2	电力电缆	RVVZ 1×35 mm²（蓝色）	m	3.2×10.15=32.48

续表

定额编号	项目名称	定额单位	工程量	主材名称	规格程式	主材单位	主材用量统计
TSY1-090	布放单芯电力电缆（35 mm²以下）	十米条	7.2	电力电缆	RVVZ 1×35 mm²（红色）	m	3.2×10.15=32.48
TSY1-090	布放单芯电力电缆（35 mm²以下）	十米条	7.2	电力电缆	RVVZ 1×35 mm²（黄绿色）	m	0.8×10.15=8.12
TSY1-090	布放单芯电力电缆（35 mm²以下）	十米条	7.2	接线端子	DT-35	个	9×2.03=18.27

表 9-2-6　主要材料用量汇总

序号	主材名称	规格型号	单位	主材用量汇总	主材用量
1	集束光纤	LC-SC，单模，48芯，14 m分支光缆	条	1	1
2	软光纤	SC-SC，单模，8 m光纤	条	2+2=4	4
3	电力电缆	RVVZ 1×35 mm²（蓝色）	m	3.2×10.15=32.48	32.48
4	电力电缆	RVVZ 1×35 mm²（红色）	m	3.2×10.15=32.48	32.48
5	电力电缆	RVVZ 1×35 mm²（黄绿色）	m	0.8×10.15=8.12	32.48
6	铜接线端子	DT-35	个	9×2.03=18.27	18.27
7	加固角钢夹板组		组	1×2.02=2.02	2.02

五、预算编制

（一）预算编制说明

1. 工程概况

本工程为 XX 站传输设备安装单项工程一阶段设计。工程实施地点在安徽省境内，工程预算投资含税为 365 499.12 元。不含税工程投资为 326 292.53 元。

其中，需要安装的设备费 263 897.17 元；

建筑安装工程费 25 713.76 元；

工程建设其他费 27 177.93 元；

预备费 9 503.67 元。

2. 编制依据

（1）施工图设计图纸及说明；

（2）工信部通信［2016］451 号《工业和信息化部关于印发信息通信建设工程预算定额、工程费用定额及工程概（预）算编制规程的通知》；

（3）工信部通信［2016］451 号颁布的《信息通信建设工程预算定额 第二册 有线通信设备安装工程》；

（4）工信部通信［2016］451 号颁布的《信息通信建设工程费用定额》；

（5）设备、材料供货合同所列价格清单。

3. 有关费率及费用的取定

（1）本工程施工现场与企业的距离在 35 km 以内，不计取施工队伍调遣费。

（2）本工程为室内有线设备安装工程，不计取工程干扰费、冬雨季施工增加费、已完工程及设备保护费、施工用水电蒸气费、运土费；本工程施工地点在安徽省境内，属于非特殊地区，不计特殊地区施工增加费。

（3）勘察设计费按合同约定为 11 000 元（不含税）。

（4）建设工程监理费按合同约定为 10 000 元（不含税）。

（5）可行性研究费在建设项目总预算中列支，本单项工程中不再分摊。

（6）其他未说明的费用均按费用定额规定的取费原则、费率和计算方法进行取舍。

（7）设备运距为 450 km，采购代理服务费按设备原价的 0.5% 计列；国内主要材料运距 280 km，采购代理服务费按材料原价的 0.4% 计列。

（8）相关费率见表 9-2-7。

表 9-2-7　相关费率

序号	费用名称	需要安装的设备（%）	光缆类主材（%）	电缆类主材（%）	其他类主材（%）
1	运杂费	1.2	1.7	1.3	4.5
2	运输保险费	0.4	0.1	0.1	0.1
3	采购及保管费	0.82	1	1	1
4	采购及代理服务费	0.5	0.4	0.4	0.4

4. 工程技术经济指标分析（略）

5. 其他需说明的问题（略）

（二）预算表格

1. 预算总表（表一）（表格编号：TSY-1）；
2. 建筑安装工程费用预算表（表二）（表格编号：TSY-2）；
3. 建筑安装工程量预算表（表三）甲（表格编号：TSY-3 甲）；
4. 建筑安装工程仪器仪表使用费预算表（表三）丙（表格编号：TSY-3 丙）；
5. 器材预算表（表四）甲（国内甲供主要材料表）（表格编号：TSY-4 甲 A 甲）；
6. 器材预算表（表四）甲（需要安装的设备表）（表格编号：TSY-4 甲 B）；
7. 工程建设其他费预算表（表五）甲（表格编号：TSY-5 甲）。

预算总表（表一）

建设项目名称：OTN 系统扩容工程

工程名称：XX 站传输设备安装单项工程　　建设单位名称：XX 公司　　表格编号：TSY-1　　第全页　总第 1 页

序号	表格编号	费用名称	小型建筑工程费	需要安装的设备费	不需要安装的设备、工器具费	建筑安装工程费	其他费用	预备费	总价值（元）			
			（元）						除税价	增值税	含税价	其中外币（）
I	II	III	IV	V	VI	VII	VIII	IX	X	XI	XII	XIII
1	TSY-4 甲 B，TSY-2	工程费		263 897.17		25 713.76			289 610.93	36 328.87	325 939.80	
2	TSY-5 甲	工程建设其他费					27 177.93		27 177.93	1 642.24	28 820.17	
3		合计		263 897.17		25 713.76	27 177.93		316 788.86	37 971.11	354 759.97	
4		预备费						9 503.67	9 503.67	1 235.48	10 739.15	
5		建设期利息										
6		总计		263 897.17		25 713.76	27 177.93	9 503.67	326 292.53	39 206.59	365 499.12	
7		其中回收费用										
8												
9												
10												
11												
12												
13												
14												
15												
16												
17												
18												

设计负责人：XXX　　审核：XXX　　编制：XXX　　编制日期：XX 年 X 月 X 日

建筑安装工程费用预算表（表二）

工程名称：XX 站传输设备安装单项工程　　建设单位名称：XX 公司　　表格编号：TSY-2　　第全页　总第 2 页

序号	费用名称	依据和计算算法	合计（元）	序号	费用名称	依据和计算算法	合计（元）
I	II	III	IV	I	II	III	IV
	建安工程费（含税价）	一＋二＋三＋四	28 167.80	7	夜间施工增加费	人工费×2.10%	146.20
	建安工程费（除税价）	一＋二＋三	25 713.76	8	冬雨季施工增加费		
一	直接费	（一）＋（二）	20 068.29	9	生产工具用具使用费	人工费×0.80%	55.70
（一）	直接工程费	1＋2＋3＋4	19 142.34	10	施工用水电蒸气费		
1	人工费	（1）＋（2）	6 961.98	11	特殊地区施工增加费		
（1）	技工费	技工总工日×114.00元/工日	6 961.98	12	已完工程及设备保护费		
（2）	普工费	普工总工日×61.00元/工日		13	运土费		
2	材料费	（1）＋（2）	3 757.33	14	施工队伍调遣费		
（1）	主要材料费	国内主材费	3 647.89	15	大型施工机械调遣费		
（2）	辅助材料费	国内主材费×3.00%	109.44	二	间接费	（一）＋（二）	4 253.07
3	机械使用费	表三乙		（一）	规费	1＋2＋3＋4	2 345.49
4	仪表使用费	表三丙	8 423.03	1	工程排污费		
（二）	措施项目费	1～15之和	925.95	2	社会保障费	人工费×28.5%	1 984.16
1	文明施工费	人工费×0.80%	55.70	3	住房公积金	人工费×4.19%	291.71
2	工地器材搬运费	人工费×1.10%	76.58	4	危险作业意外伤害保险费	人工费×1.00%	69.62
3	工程干扰费			（二）	企业管理费	人工费×27.40%	1 907.58
4	工程点交、场地清理费	人工费×2.50%	174.05	三	利润	人工费×20.00%	1 392.40
5	临时设施费	人工费×3.80%	264.56	四	销项税额	（一+二+三-甲供主材费）×9%+甲供主材增值税	2 454.04
6	工程车辆使用费	人工费×2.20%	153.16				

设计负责人：XXX　　审核：XXX　　编制：XXX　　编制日期：XX 年 X 月 X 日

建筑安装工程量预算表（表三）甲

工程名称：XX 站传输设备安装单项工程　　建设单位名称：XX 公司　　表格编号：TSY-3 甲　　第 1 页　总第 3 页

序号	定额编号	项目名称	单位	数量	单位定额值（工日）		合计值（工日）	
					技工	普工	技工	普工
I	II	III	IV	V	VI	VII	VIII	IX
1	TSY1-005	安装室内有源综合架（柜）（落地式）	个	1.000	1.860		1.86	
2	TSY1-079	放、绑软光纤（设备机架之间放、绑 15 m 以下）	条	4.000	0.290		1.16	
3	TSY1-083	布放集束光纤	10 米条	1.400	0.500		0.70	
4	TSY1-086	端接集束光纤 48 芯以下	条	1.000	0.550		0.55	
5	TSY1-090	布放单芯电力电缆（35 mm^2 以下）	10 米条	7.200	0.250		1.80	
6	TSY2-022	安装子机框及公共单元盘	套	1.000	1.050		1.05	
7	TSY2-026	安装测试波分复用设备（48 波以下）	端	1.000	13.500		13.50	
8	TSY2-033	安装测试光分插复用器（OADM）（单方向 2 波上下）	系统	1.000	4.800		4.80	
9	TSY2-034	安装测试光分插复用器（OADM）（16 波以下每增加 1 波上下）	波	2.000	0.650		1.30	
10	TSY2-041	安装测试光波长转换器（OTU）（支线路合一型）	个	4.000	2.550		10.20	
11	TSY2-050	安装测试光谱分析模块	单元	1.000	0.950		0.95	
12	TSY2-057	纳入原有网管系统	站	1.000	3.500		3.50	
13	TSY2-066	线路段光端对测	方向 . 系统	2.000	1.300		2.60	
14	TSY2-067	系统通道调测（以太网光口）	端口	18.000	0.350		6.30	
15	TSY2-071	光放段光路优化	系统 . 段	2.000	0.850		1.70	
16	TSY2-072	波道优化	波道 . 单向	4.000	0.650		2.60	
17	TSY2-074	光通道保护	方向 . 通道	8.000	0.500		4.00	
18	TSY2-077	光（电）调测中间站配合（端站）	站	1.000	2.500		2.50	
		总计					61.07	

设计负责人：XXX　　审核：XXX　　编制：XXX　　编制日期：XX 年 X 月 X 日

建筑安装工程仪器仪表使用费预算表（表三）丙

工程名称：XX 站传输设备安装单项工程　　建设单位名称：XX 公司　　表格编号：TSY-3 丙　　第 1 页　总第 4 页

序号	定额编号	项目名称	单位	数量	仪表名称	单位定额值		合计值	
						消耗量（台班）	单价（元）	消耗量（台班）	合计（元）
I	II	III	IV	V	VI	VII	VIII	IX	X
1	TSY2-026	安装测试波分复用设备（48 波以下）	端	1.000	光功率计	0.65	116.00	0.650	75.40
2	TSY2-026	安装测试波分复用设备（48 波以下）	端	1.000	稳定光源	0.65	117.00	0.650	76.05
3	TSY2-026	安装测试波分复用设备（48 波以下）	端	1.000	光可变衰耗器	0.65	129.00	0.650	83.85
4	TSY2-026	安装测试波分复用设备（48 波以下）	端	1.000	光谱分析仪	0.65	428.00	0.650	278.20
5	TSY2-033	安装测试光分插复用器（OADM）（单方向 2 波上下）	系统	1.000	光功率计	0.10	116.00	0.100	11.60
6	TSY2-033	安装测试光分插复用器（OADM）（单方向 2 波上下）	系统	1.000	稳定光源	0.10	117.00	0.100	11.70
7	TSY2-033	安装测试光分插复用器（OADM）（单方向 2 波上下）	系统	1.000	光可变衰耗器	0.10	129.00	0.100	12.90
8	TSY2-033	安装测试光分插复用器（OADM）（单方向 2 波上下）	系统	1.000	光谱分析仪	0.20	428.00	0.20	85.60
9	TSY2-034	安装测试光分插复用器（OADM）（16 波以下每增加 1 波上下）	波	2.000	光功率计	0.02	116.00	0.04	4.64
10	TSY2-034	安装测试光分插复用器（OADM）（16 波以下每增加 1 波上下）	波	2.000	稳定光源	0.02	117.00	0.04	4.68
11	TSY2-034	安装测试光分插复用器（OADM）（16 波以下每增加 1 波上下）	波	2.000	光可变衰耗器	0.02	129.00	0.04	5.16
12	TSY2-034	安装测试光分插复用器（OADM）（16 波以下每增加 1 波上下）	波	2.000	光谱分析仪	0.04	428.00	0.08	34.24
13	TSY2-041	安装测试光波长转换器（OTU）（支线路合一型）	个	4.000	光功率计	0.10	116.00	0.40	46.40
14	TSY2-041	安装测试光波长转换器（OTU）（支线路合一型）	个	4.000	稳定光源	0.10	117.00	0.40	46.80
15	TSY2-041	安装测试光波长转换器（OTU）（支线路合一型）	个	4.000	光可变衰耗器	0.10	129.00	0.40	51.60
16	TSY2-041	安装测试光波长转换器（OTU）（支线路合一型）	个	4.000	数字传输分析仪（10G）	0.10	1 181.00	0.40	472.40
17	TSY2-041	安装测试光波长转换器（OTU）（支线路合一型）	个	4.000	光谱分析仪	0.10	428.00	0.40	171.20
18	TSY2-050	安装测试光谱分析模块	单元	1.000	光功率计	0.03	116.00	0.03	3.48

设计负责人：XXX　　审核：XXX　　编制：XXX　　编制日期：XX 年 X 月 X 日

建筑安装工程仪器仪表使用费预算表（表三）丙

工程名称：XX 站传输设备安装单项工程　　建设单位名称：XX 公司　　表格编号：TSY-3 丙　　第 2 页　总第 5 页

序号	定额编号	项目名称	单位	数量	仪表名称	单位定额值		合计值	
						消耗量（台班）	单价（元）	消耗量（台班）	合计（元）
I	II	III	IV	V	VI	VII	VIII	IX	X
19	TSY2-050	安装测试光谱分析模块	单元	1.000	稳定光源	0.03	117.00	0.030	3.51
20	TSY2-050	安装测试光谱分析模块	单元	1.000	光谱分析仪	0.06	428.00	0.060	25.68
21	TSY2-066	线路段光端对测（分路站）	方向 . 系统	2.000	光谱分析仪	0.05	428.00	0.100	42.80
22	TSY2-067	系统通道调测（以太网光口）	端口	18.000	光谱分析仪	0.05	428.00	0.900	385.20
23	TSY2-067	系统通道调测（以太网光口）	端口	2.000	数据业务测试仪（10GE）	0.10	307.00	0.200	61.40
24	TSY2-067	系统通道调测（以太网光口）	端口	16.000	数据业务测试仪（GE）	0.10	192.00	1.600	307.20
25	TSY2-071	光放段光路优化	系统 . 段	2.000	光功率计	0.10	116.00	0.20	23.20
26	TSY2-071	光放段光路优化	系统 . 段	2.000	稳定光源	0.10	117.00	0.20	23.40
27	TSY2-071	光放段光路优化	系统 . 段	2.000	光可变衰耗器	0.10	129.00	0.20	25.80
28	TSY2-072	波道优化	波道 . 单向	4.000	光功率计	0.05	116.00	0.20	23.20
29	TSY2-072	波道优化	波道 . 单向	4.000	稳定光源	0.05	117.00	0.20	23.40
30	TSY2-072	波道优化	波道 . 单向	4.000	光可变衰耗器	0.05	129.00	0.20	25.80
31	TSY2-072	波道优化	波道 . 单向	4.000	光谱分析仪	0.05	428.00	0.20	85.60
32	TSY2-074	光通道保护	方向 . 通道	8.000	光功率计	0.10	116.00	0.80	92.80
33	TSY2-074	光通道保护	方向 . 通道	8.000	稳定光源	0.10	117.00	0.80	93.60
34	TSY2-074	光通道保护	方向 . 通道	8.000	光可变衰耗器	0.05	129.00	0.40	51.60
35	TSY2-074	光通道保护	方向 . 通道	8.000	光谱分析仪	0.06	428.00	0.48	205.44
36	TSY2-074	光通道保护	方向 . 通道	8.000	数字传输分析仪（10G）	0.05	1 181.00	0.40	472.40

设计负责人：XXX　　审核：XXX　　编制：XXX　　编制日期：XX 年 X 月 X 日

建筑安装工程仪器仪表使用费预算表（表三）丙

工程名称：XX 站传输设备安装单项工程　　建设单位名称：XX 公司　　表格编号：TSY-3 丙　　第 3 页　总第 6 页

序号	定额编号	项目名称	单位	数量	仪表名称	单位定额值		合计值	
						消耗量（台班）	单价（元）	消耗量（台班）	合计（元）
I	II	III	IV	V	VI	VII	VIII	IX	X
37	TSY2-074	光通道保护	方向．通道	8.000	误码测试仪（10G）	1.15	524.00	9.20	4 820.80
38	TSY2-077	光（电）调测中间站配合（端站）	站	1.000	数字传输分析仪（10G）	0.10	1 181.00	0.10	118.10
39	TSY2-077	光（电）调测中间站配合（端站）	站	1.000	光可变衰耗器	0.10	129.00	0.10	12.90
40	TSY2-077	光（电）调测中间站配合（端站）	站	1.000	光功率计	0.10	116.00	0.10	11.60
41	TSY2-077	光（电）调测中间站配合（端站）	站	1.000	稳定光源	0.10	117.00	0.10	11.70
		总计							8 423.03

设计负责人：XXX　　审核：XXX　　编制：XXX　　编制日期：XX 年 X 月 X 日

器材预算表（表四）甲

（国内甲供主要材料表）

工程名称：XX 站传输设备安装单项工程　　建设单位名称：XX 公司　　表格编号：TSY-4 甲 A　　第 1 页　总第 7 页

序号	名称	规格程式	单位	数量	单价（元）	合计（元）			备注
					除税价	除税价	增值税	含税价	
Ⅰ	Ⅱ	Ⅲ	Ⅳ	Ⅴ	Ⅵ	Ⅸ	Ⅹ	Ⅺ	Ⅻ
1	分支光缆	LC-SC，单模，48 芯，14 米分支光缆	条	1.000	640.00	640.00	83.20	723.20	
	（1）光缆类　小计 1	小计 1				640.00	83.20	723.20	
	（2）运杂费	小计 1×1.7%				10.88	0.98	11.86	增值税税率 9%
	（3）运输保险费	小计 1×0.1%				0.64	0.04	0.68	增值税税率 6%
	（4）采购及保管费	小计 1×1.0%				6.40	0.38	6.78	增值税税率 6%
	（5）采购代理服务费	小计 1×0.4%				2.56	0.15	2.71	增值税税率 6%
	（6）光缆类合计 1	合计 1= 小计 1 之和				660.48	84.75	745.23	
2	铜芯聚氯乙烯电力电缆	RVVZ 1×35mm²（蓝色）	米	32.480	35.00	1 136.80	147.78	1 284.58	
3	铜芯聚氯乙烯电力电缆	RVVZ 1×35mm²（红色）	米	32.480	35.00	1 136.80	147.78	1 284.58	
4	铜芯聚氯乙烯电力电缆	RVVZ 1×35mm²（黄绿色）	米	8.120	35.00	284.20	36.95	321.15	
	（1）电缆类　小计 2	小计 2				2 557.80	332.51	2 890.31	
	（2）运杂费	小计 2×1.3%				33.25	2.99	36.24	增值税税率 9%
	（3）运输保险费	小计 2×0.1%				2.56	0.15	2.71	增值税税率 6%
	（4）采购及保管费	小计 2×1.0%				25.58	1.53	27.11	增值税税率 6%
	（5）采购代理服务费	小计 2×0.4%				10.23	0.61	10.84	增值税税率 6%
	（6）电缆类合计 2	合计 2= 小计 2 之和				2 629.42	337.79	2 967.21	
5	光（尾）纤	SC-SC，单模，8 米光纤	条	4.000	13.00	52.00	6.76	58.76	
6	铜接线端子	DT-35	只	18.270	10.00	182.70	23.75	206.45	
7	加固角钢夹板组		组	2.020	51.00	103.02	13.39	116.41	

设计负责人：XXX　　审核：XXX　　编制：XXX　　编制日期：XX 年 X 月 X 日

器材预算表（表四）甲

（国内甲供主要材料表）

工程名称：XX 站传输设备安装单项工程　　建设单位名称：XX 公司　　表格编号：TSY-4 甲 A　　第 2 页　总第 8 页

序号	名称	规格程式	单位	数量	单价（元）	合计（元）			备注
					除税价	除税价	增值税	含税价	
I	II	III	IV	V	VI	IX	X	XI	XII
	（1）其他类　小计 3	小计 3				337.72	43.90	381.62	
	（2）运杂费	小计 3×4.5%				15.20	1.37	16.57	增值税税率 9%
	（3）运输保险费	小计 3×0.1%				0.34	0.02	0.36	增值税税率 6%
	（4）采购及保管费	小计 3×1.0%				3.38	0.20	3.58	增值税税率 6%
	（5）采购代理服务费	小计 3×0.4%				1.35	0.08	1.43	增值税税率 6%
	（6）其他类合计 3	合计 3= 小计 3 之和				357.99	45.57	403.56	
	合计					3 647.89	468.11	4 116.00	

设计负责人：XXX　　审核：XXX　　编制：XXX　　编制日期：XX 年 X 月 X 日

器材预算表（表四）甲

（国内需要安装设备表）

工程名称：XX 站传输设备安装单项工程　　建设单位名称：XX 公司　　表格编号：TSY-4 甲 B　　第 1 页　总第 9 页

序号	名称	规格程式	单位	数量	单价（元）	合计（元）			备注
					除税价	除税价	增值税	含税价	
I	II	III	IV	V	VI	VII	VIII	IX	X
1	主设备原价		套	1.000	256 410.00	256 410.00	33 333.30	289 743.30	
2	（1）小计	小计 1			256 410.00	256 410.00	33 333.30	289 743.30	
3	（2）运杂费	小计 1×1.2%			3 076.92	3 076.92	276.92	3 353.84	增值税税率 9%
4	（3）运输保险费	小计 1×0.4%			1 025.64	1 025.64	61.54	1 087.18	增值税税率 6%
5	（4）采购及保管费	小计 1×0.82%			2 102.56	2 102.56	126.15	2 228.71	增值税税率 6%
6	（5）采购代理服务费	小计 1×0.5%			1 282.05	1 282.05	76.92	1 358.97	增值税税率 6%
7	（6）总计	以上合计之和			263 897.17	263 897.17	33 874.83	297 772.00	

设计负责人：XXX　　审核：XXX　　编制：XXX　　编制日期：XX 年 X 月 X 日

工程建设其他费用预算表（表五）甲

工程名称：XX 站传输设备安装单项工程　　建设单位名称：XX 公司　　表格编号：TSY-5 甲　　第全页　总第 10 页

序号	费用名称	计算依据及方法	金额（元）			备注
			除税价	增值税	含税价	
I	II	III	IV	V	VI	VII
1	建设用地及综合赔补费					
2	项目建设管理费	工程费 × 2%	5 792.22	347.53	6 139.75	财建 [2016]504 号
3	可行性研究费					
4	研究试验费					
5	勘察设计费	合同约定	11 000.00	660.00	11 660.00	
6	环境影响评价费					
7	建设工程监理费	合同约定	10 000.00	600.00	10 600.00	
8	安全生产费	建筑安装工程费 × 1.50%	385.71	34.71	420.42	
9	引进技术及引进设备其它费					
10	工程保险费					
11	工程招标代理费					
12	专利及专利技术使用费					
13	其他费用					
	总计		27 177.93	1 646.24	28 820.17	
	生产准备及开办费（运营费）					

设计负责人：XXX　　审核：XXX　　编制：XXX　　编制日期：XX 年 X 月 X 日

示例三　XX移动通信基站设备安装工程施工图设计预算

一、已知条件

1. 本工程为XX移动通信基站LTE系统单位安装工程施工图设计，要求编制施工图预算。

2. 本工程位于河南省非特殊地区，施工地点在城区内，施工企业基地距施工现场15 km。

3. 已知条件所给定的费用价格均为除税价。勘察设计费按站分摊为6 000元/站，工程监理费按站分摊为800元/站。

4. 设备均由甲方提供，材料均由建筑服务方提供。设备运距为1 250 km，主要材料运距为500 km。设备价格见表9-3-1，主要材料价格见表9-3-2。

5. “建设用地及综合赔补费”“项目建设管理费”“可行性研究费”“环境影响评价费”“建设期利息”等费用不在本单位工程中分摊，均在单项工程预算中计列。

6. 本预算内不计取“采购代理服务费”“研究试验费”“工程保险费”“工程招标代理费”“生产准备及开办费”和“其他费用”。

7. 该工程采用一般计税方式，相关费用增值税税率见表9-3-3。

表9-3-1　设备价格

序号	设备名称	规格容量	单位	单价（元）
1	LTE基站BBU设备	1/1/1	台	20 000.00
2	LTE设备直流配电单元（DCDU）		台	2 000.00
3	LTE室外RRU设备		台	9 000.00
4	LTE智能定向天线		副	12 000.00
5	GPS天线	38 dBi	副	5 500.00

表9-3-2　主要材料价格

序号	名称	规格型号	单位	单价（元）	备注
1	室外光缆	2芯	m	10.00	
2	馈线（射频同轴电缆）	1/2英寸	m	80.00	
3	接线端子	16 mm^2	个	10.00	
4	接线端子	6 mm^2	个	5.00	
5	馈线卡子	1/2英寸	个	5.00	
6	直流电源线	RVVZ-16 mm^2	m	10.00	
7	直流电源线	RVVZ-2-6 mm^2	m	8.00	
8	直流电源线	RVVZ-6 mm^2	m	5.00	

表 9-3-3　相关费用增值税税率

序号	费用名称	增值税税率（%）	备注
1	建筑安装工程费	9	一般计税方式
2	需要安装的设备费	13	
3	运杂费	9	
4	运输保险费	6	
5	采购及保管费	6	
6	勘察设计费	6	
7	工程监理费	6	
8	预备费	13	

二、设计图纸及说明

（一）设计范围及分工

1. 本工程设计范围主要包括移动通信基站的天馈线系统、室内基带单元、室外射频拉远等设备的安装。基站设备相关调测由厂家负责。新建铁塔、中继传输电路、供电系统等部分内容由其他专业负责。

2. 基站设备与电源设备安装在同一机房，设备平面布置及走线架位置由本专业统一安排；机房装修（包括墙洞）、空调等工程的设计与施工由建设单位另行安排。

（二）图纸及图纸说明

1. 基站机房设备安装平面图（图 9–3–1）

基站机房内 LTE 基带单元设备（BBU）和直流配电单元（DCDU）一起在机房内的综合架上安装。

2. 基站机房设备布线路由图（图 9–3–2）

基站室内走线架采用 400 mm 宽的标准定型产品。走线架安装在机架上方，其高度与已开馈线穿墙洞下沿齐平，走线架宽度及离地高度已经在图纸上说明。

3. 基站天馈线安装示意图（图 9–3–3）

（1）在楼顶铁塔上安装 3 副 LTE 定向智能天线。小区方向分别为 0°、130°、240°，挂高为 30 m，铁塔平台已有天线横担及天线支撑杆。

（2）在塔架上安装 3 台射频拉远单元（RRU），挂高为 29 m。

（3）GPS 安装在塔架上，挂高为 18 m。

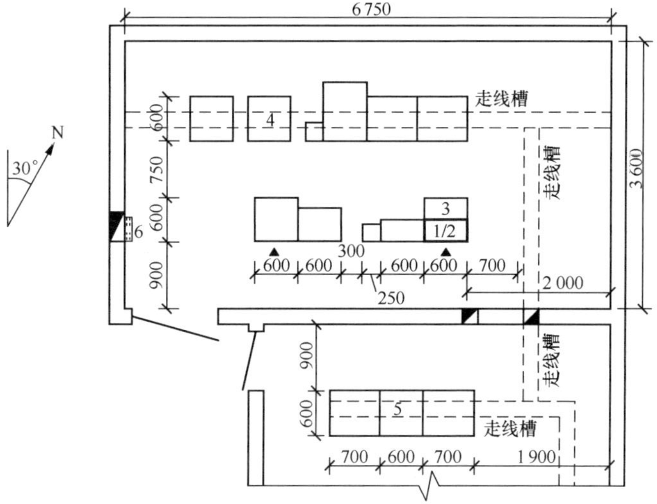

设备表

序号	设备名称	单位	数量	备注
1	LTE基站BBU设备	台	1	新增
2	LTE设备直流配电单元（DCDU）	台	1	新增
3	LTE综合机架	架	1	原有
4	光纤配线架	架	1	原有
5	开关电源柜（DC）	架	1	原有
6	室内接地排	块	1	原有

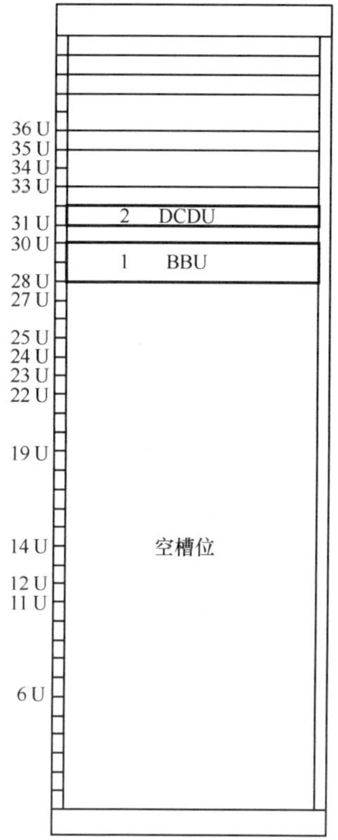

综合机柜示意图

图例：新增设备　原有设备　▲ 设备正面

单位主管	XXX	审核	XXX	XX设计院	
部门主管	XXX	校核	XXX		
设计总负责人	XXX	制图	XXX	XX基站机房设备安装平面图	
单项负责人	XXX	单位、比例			
设计人	XXX	日期	XXX	图号	XX-S-WX-01

图 9-3-1　基站机房设备安装平面图

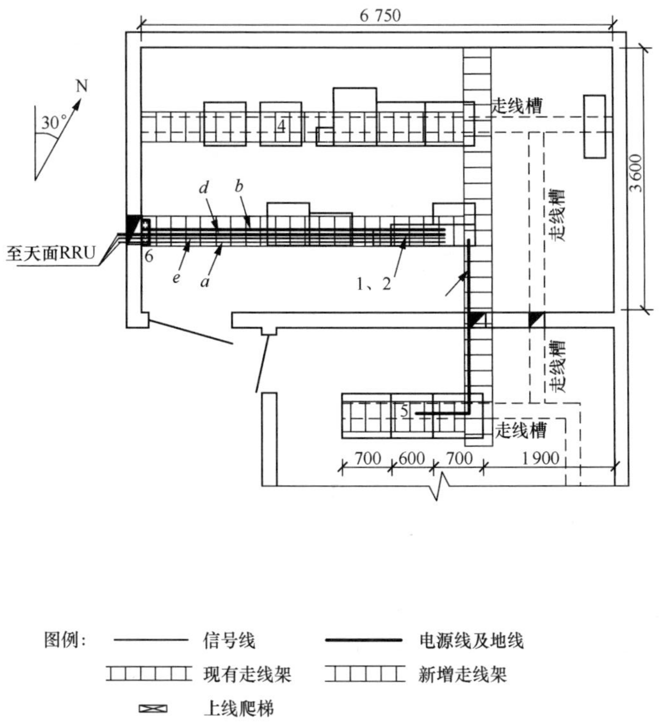

说明：

1.机房净高 3 000 mm，所有线缆均为上走线。

2.上层走线架：W=400 H=2 600；下层走线架：W=400 H=2 300。

3.*a*为BBU至RRU室外光缆，走下层走线架。

4.*b*为BBU、主设备直流分配单元保护地线，走上层走线架。

5.*c*为BBU、主设备直流分配单元电源线，走上层走线架。

6.*d*为主设备直流分配单至元RRU电源电缆，走上层走线架。

7.*e*为BBU至GPS天线馈线，走下层走线架。

单位主管	XXX	审核	XXX	XX设计院	
部门主管	XXX	校核	XXX	XX基站机房设备布线路由图	
设计总负责人	XXX	制图	XXX		
单项负责人	XXX	单位、比例			
设计人	XXX	日期	XXX	图号	XX-S-XW-02

图 9-3-2　基站机房设备布线路由图

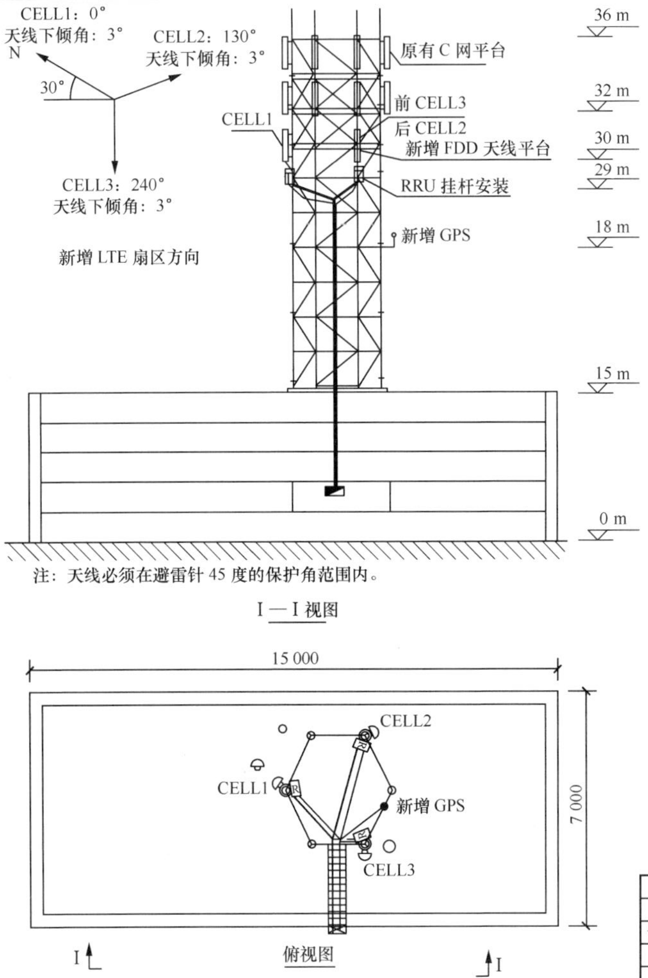

图例：

原有定向天线　新增定向天线　GPS 天线

CELL1 表示第一扇区定向双极化天线　跳线

新增 RRU 设备　室外光缆　电源线和保护地线

新增外走线架　源室外走线架　接地点

主要工程量表

序号	设备名称	规格	单位	数量	备注
1	LTE 定向智能天线		副	3	本期新增
2	室外 RRU 设备		台	3	本期新增
3	RRU 馈线	1/2 英寸	m	9	本期新增
4	RRU 电源电缆	RVVZ-2×6 mm^2	m	90	本期新增
5	室外光缆	2 芯	m	90	本期新增
6	RRU 接地线	RVVZ-16 mm^2	m	9	本期新增
7	GPS 天线	38 dBi	副	1	本期新增
8	GPS 天线	1/2 英寸	m	30	本期新增
9	GPS 接地线	RVVZ-16 mm^2	m	3	本期新增

说明：

1. 本期工程新增 LTE 智能天线、室外 RRU 设备和 GPS 天线均安装在原有 21 m 六方塔上。
2. LTE 智能天线挂高为 30/30/30 m，室外 RRU 设备挂高为 29 m，GPS 天线挂高为 18 m。
3. 天馈线和天线支撑杆应做好防雷接地工作，所有天线应在避雷针 45° 角保护范围内。
4. RRU 电源线布放时需做 3 点可靠接地。

单位主管	XXX	审核	XXX	XX 设计院	
部门主管	XXX	校核	XXX		
设计总负责人	XXX	制图	XXX	XX 基站天馈线安装示意图	
单项负责人	XXX	单位、比例			
设计人	XXX	日期	XXX	图号	XX-S-WX-03

图 9-3-3　基站天馈线安装示意图

（4）LTE 定向智能天线、RRU 和 GPS 等接地线均采用 16 mm^2 保护地线就近接入铁塔防雷接地点。塔顶安装的避雷针和铁塔自身的防雷接地处理，均由铁塔单项工程预算统一考虑。

4. 相关线缆布线详见表 9-3-4

表 9-3-4　主要线缆布线

序号	机房内			机房外				线缆			
	DC	DCDU	BBU	RRU	LTE天线	接地点	GPS天线	名称	型号	长度	单位
1	——	——						直流电源线	RVVZ-16 mm^2	11×2=22	m
2		——	——					直流电源线	RVVZ-6 mm^2	2×2=4	m
3		——	——	——				直流电源线	RVVZ-2-6 mm^2	30×3=90	m
4				——	——			射频同轴电缆	1/2英寸	3×3=9	m
5			——	——	——	——	——	射频同轴电缆	1/2英寸	30	m
6				——	——	——	——	保护地线	RVVZ-16 mm^2	3×3+3=12	m
7			——	——				室外光缆	2芯	30×3=90	m

注：布放射频同轴电缆子目中，需要设计取定的馈线卡子按1套/米计取。

5. 其他未说明的设备均不考虑

三、统计工程量

移动通信基站的设备安装内容主要分为室外和室内两部分，统计工程量时可分别统计。本示例按通信设备—连接缆线—调测等先后步骤逐项进行统计，避免漏项和重复。相关定额子目和工程量统计详见表 9-3-5。

表 9-3-5　定额子目和工程量统计

序号	定额类别	定额子目和工程量统计
1	主设备	1. 安装定向天线 定额子目：TSW2-009（楼顶铁塔上 高度20 m以下）。 工程量：3（副）。 2. 安装调测卫星全球定位系统（GPS）天线 定额子目：TSW2-023。 工程量：1（副）。 3. 安装、调测基站设备 （1）定额子目：TSW2-052（安装基站主设备 嵌入式 BBU）。 工程量：1（台）。 （2）定额子目：TSW2-052（安装基站主设备 嵌入式 DCDU）。

续表

序号	定额类别	定额子目和工程量统计
1	主设备	工程量：1（台）。 （3）定额子目：TSW2-053（安装射频拉远设备 楼顶铁塔上 高度 20 m 以下）。 工程量：3（套）。 （4）定额子目：TSW2-081（调测基站系统 配合 定向）。 工程量：3（扇区）。
2	连接缆线	1. 布放射频拉远单元（RRU）用光缆 定额子目：TSW1-058（BBU设备-RRU设备）。 工程量：30×3=90（米条）。 2. 室内布放电力电缆 定额子目：TSW1-060（单芯 16 mm²以下）。 二程量：（11×2+2×2）÷10=2.6（十米条，其中16 mm²长11 m，6 mm²长2 m）。 3. 室外布放电力电缆 定额子目：TSW1-068（单芯 16 mm²）。 工程量：（3×3+3）÷10=1.2（十米条）。 4. 室外布放电力电缆 定额子目：TSW1-068（双芯 6 mm²）。 工程量：（30×3）÷10=9（十米条）。 5. 布放射频同轴电缆 （1）定额子目：TSW2-027（1/2英寸以下 4 m以下）。 工程量：3+1=4（条）。 （2）定额子目：TSW2-028（1/2英寸以下 每增加1 m）。 工程量：30−4=26（米条）。
3	调测	1. 调测天、馈线系统 定额子目：TSW2-044（宏基站 1/2英寸 射频同轴电缆）。 工程量：3+1=4（条）。 2. 联网调测 定额子目：TSW2-094（配合 联网调测）。 工程量：1（站）。

四、统计主材用量

根据已知条件、相关定额子目及工程量分别统计、汇总主要材料用量见表 9-3-6、表 9-3-7。

表 9-3-6　主要材料用量统计

定额编号	项目名称	定额单位	工程量	主材名称	规格程式	主材单位	主材用量统计
TSW1-058	布放射频拉远单元（RRU）用光缆	米条	90	室外光缆	2芯	m	90

续表

定额编号	项目名称	定额单位	工程量	主材名称	规格程式	主材单位	主材用量统计
TSW1-060	室内布放电力电缆（单芯相线截面积 16 mm²以下）	十米条	2.6	直流电源线	RVVZ-16 mm²	m	10.15×2.2
				直流电源线	RVVZ-6 mm²	m	10.15×0.4
				接线端子	16 mm²	个	2.03×2
				接线端子	6 mm²	个	2.03×2
TSW1-068	室外布放电力电缆（单芯 16 mm²）	十米条	1.2	保护地线	RVVZ-16 mm²	m	10.15×1.2
				接线端子	16 mm²	个/条	2.03×4
TSW1-068	室外布放电力电缆（双芯 6 mm²）	十米条	9	直流电源线	RVVZ-2-6 mm²	m	10.15×9
				接线端子	6 mm²	个/条	2.03×2×3
TSW2-027	布放射频同轴电缆1/2英寸以下（4 m以下）	条	4	射频同轴电缆	1/2英寸	m	3×3−4
				馈线卡子	1/2英寸	套	13
TSW2-028	布放射频同轴电缆1/2英寸以下（每增加1 m）	米条	26	射频同轴电缆	1/2英寸	m	1.02×26
				馈线卡子	1/2英寸	套	0.86×26

表 9-3-7　主要材料用量汇总

序号	主材名称	规格程式	主材单位	主材用量汇总	主材用量
1	室外光缆	2芯	m	90	90
2	射频同轴电缆	1/2英寸	m	3×3+4+1.02×26	34.51
3	直流电源线	RVVZ-16 mm²	m	10.15×2.2+10.15×1.2	34.51
4	直流电源线	RVVZ-6 mm²	m	10.15×0.4	4.06
5	直流电源线	RVVZ-2-6 mm²	m	10.15×9	91.35
6	接线端子	16 mm²	个	2.03×2+2.03×4	12
7	接线端子	6 mm²	个	2.03×2+2.03×2×3	16
8	馈线卡子	1/2英寸	套	13+0.86×26	35

五、编制预算

（一）预算编制说明

1. 工程概况

本工程为河南地区 LTE 移动基站系统设备安装工程，本预算为新建 XX 基站无线设备安装施工图预算，预算价值为 120 442.91 元（除税价）。

2. 编制依据

（1）施工图设计图纸及说明；

（2）工信部通信［2016］451 号《工业和信息化部关于印发信息通信建设工程预算定额、工程费用定额及工程概（预）算编制规程的通知》；

（3）《XX 公司建设工程常用通信器材基础价格表》；

（4）建设单位与 XX 设备供应商签订的设备价格合同。

3. 有关费用与费率的取定

（1）设备运距为 1 250 km，主材运距均为 500 km，相关费率见表 9-3-8。

表 9-3-8　相关费率

序号	费用名称（%）	需要安装的设备（%）	光缆类主材（%）	电缆类主材（%）	其他类主材（%）
1	运杂费	2	2	1.5	5.4
2	运输保险费	0.4	0.1	0.1	0.1
3	采购及保管费	0.82	1	1	1

（2）主材不计采购代理服务费；

（3）已知条件不具备的相关项目费用不计取。

4. 工程技术经济指标分析（略）

5. 其他需要说明的问题（略）

（二）预算表格

1. 工程预算总表（表一）（表格编号：TSW1）；
2. 建筑安装工程费用预算表（表二）（表格编号：TSW-2）；
3. 建筑安装工程量预算表（表三）甲（表格编号：TSW-3 甲）；
4. 建筑安装工程仪表使用费预算表（表三）丙（表格编号：TSW-3 丙）；
5. 国内器材预算表（表四）甲（表格编号：TSW-4 甲 B）；
6. 国内器材预算表（表四）甲（表格编号：TSW-4 甲 A 乙）；
7. 工程建设其他费预算表（表五）甲（表格编号：TSW-5 甲）。

工程 预 算总表（表一）

建设项目名称：XX 公司基站设备单项工程

工程名称：XX 公司基站设备单位工程　　建设单位名称：XX 公司　　表格编号：TSW-1　　第 1 页　共 8 页

序号	表格编号	费用名称	小型建筑工程费	需要安装的设备费	不需要安装的设备、工器具费	建筑安装工程费	其他费用	预备费	总价值			
			（元）						除税价（元）	增值税（元）	含税价（元）	其中外币（ ）
I	II	III	IV	V	VI	VII	VIII	IX	X	XI	XII	XIII
1	TSW-2、TSW-4 甲 B	工程费		93 396.00		16 400.42			109 796.42	13 469.10	123 265.52	
2	TSW-5 甲	工程建设其他费					7 046.01		7 046.01	430.14	7 476.15	
3		合计		93 396.00		16 400.42	7 046.01		116 842.43	13 899.24	130 741.67	
4		预备费（合计 ×3%）						3 505.27	3 505.27	455.69	3 960.96	
5		总计		93 396.00		16 400.42	7 046.01	3 505.27	120 347.70	14 354.93	134 702.63	

设计负责人：XXX　　审核：XXX　　编制：XXX　　编制日期：XX 年 X 月

建筑安装工程费用预算表（表二）

工程名称：XX 公司基站设备单位工程　　建设单位名称：XX 公司　　表格编号：TSW-2　　第 2 页　共 8 页

序号	费用名称	依据和计算方法	合计（元）	序号	费用名称	依据和计算方法	合计（元）
I	II	III	IV	I	II	III	IV
	建安工程费（含税价）	一＋二＋三＋四	17 876.46	7	夜间施工增加费	人工费 ×2.1%	106.72
	建安工程费（除税价）	一＋二＋三	16 400.42	8	冬雨季施工增加费	人工费 ×1.8%	91.48
一	直接费	（一）＋（二）	12 279.34	9	生产工具用具使用费	人工费 ×0.8%	40.66
（一）	直接工程费	1+2+3+4	11 074.89	10	施工用水电蒸汽费		
1	人工费	（1）＋（2）	5 082.12	11	特殊地区施工增加费		
（1）	技工费	技工工日 ×114 元 / 日	5 082.12	12	已完工程及设备保护费	人工费 ×1.5%	76.23
（2）	普工费	普工工日 ×61 元 / 日	0.00	13	运土费		
2	材料费	（1）＋（2）	5 877.77	14	施工队伍调遣费		
（1）	主要材料费	国内主材表总计	5 706.57	15	大型施工机械调遣费		
（2）	辅助材料费	主材费 ×3%	171.20	二	间接费	（一）＋（二）	3 104.66
3	机械使用费	机械使用费表	0.00	（一）	规费	1+2+3+4	1 712.16
4	仪器仪表使用费	仪器仪表使用费表	115.00	1	工程排污费		
（二）	措施费	1~15 之和	1 204.45	2	社会保障费	人工费 ×28.5%	1 448.40
1	文明施工费	人工费 ×1.1%	55.90	3	住房公积金	人工费 ×4.19%	212.94
2	工地器材搬运费	人工费 ×1.1%	55.90	4	危险作业意外伤害保险费	人工费 ×1%	50.82
3	工程干扰费	人工费 ×4%	203.28	（二）	企业管理费	人工费 ×27.4%	1 392.50
4	工程点交、场地清理费	人工费 ×2.5%	127.05	三	利润	人工费 ×20%	1 016.42
5	临时设施费	人工费 ×3.8%	193.12	四	销项税额	（一＋二＋三－甲供主材费）×9%+ 甲供主材增值税	1 476.04
6	工程车辆使用费	人工费 ×5%	254.11				

设计负责人：XXX　　审核：XXX　　编制：XXX　　编制日期：XX 年 X 月

建筑安装工程量预算表（表三）甲

工程名称：XX 公司基站设备单位工程　　建设单位名称：XX 公司　　表格编号：TSW-3 甲　　第 3 页　共 8 页

序号	定额编号	项目名称	单位	数量	单位定额值（工日）		合计值（工日）	
					技工	普工	技工	普工
I	II	III	IV	V	VI	VII	VIII	IX
1	TSW1-058	布放射频拉远单元（RRU）用光缆	米条	90.000	0.04		3.60	
2	TSW1-060	室内布放电力电缆（单芯相线截面积 $16mm^2$）	十米条	2.200	0.15		0.33	
3	TSW1-060	室内布放电力电缆（单芯相线截面积 $6mm^2$）	十米条	0.400	0.15		0.06	
4	TSW1-068	室外布放电力电缆（单芯 $16mm^2$）	十米条	1.200	0.18		0.22	
5	TSW1-068	室外布放电力电缆（双芯 $6mm^2$）[人工 ×1.1]	十米条	9.000	0.20		1.80	
6	TSW2-009	安装定向天线（楼顶铁塔上 高度 20m 以下）	副	3.000	5.70		17.10	
7	TSW2-023	安装调测卫星全球定位系统（GPS）天线	副	1.000	1.80		1.80	
8	TSW2-027	布放射频同轴电缆 1/2 英寸以下（4m 以下）	条	4.000	0.20		0.80	
9	TSW2-028	布放射频同轴电缆 1/2 英寸以下（每增加 1m）	米条	26.000	0.03		0.78	
10	TSW2-044	宏基站天、馈线系统调测（1/2 英寸射频同轴电缆）	条	4.000	0.38		1.52	
11	TSW2-052	安装基站主设备 - 嵌入式（BBU）	台	1.000	1.08		1.08	
12	TSW2-052	安装基站主设备 - 嵌入式（DCDU）	台	1.000	1.08		1.08	
13	TSW2-053	安装射频拉远设备（楼顶铁塔上 高度 20m 以下）	套	3.000	2.69		8.07	
14	TSW2-081	配合基站系统调测（定向）	扇区	3.000	1.41		4.23	
15	TSW2-094	配合联网调测	站	1.000	2.11		2.11	
		合计					44.58	
		总计					44.58	

设计负责人：XXX　　审核：XXX　　编制：XXX　　编制日期：XX 年 X 月

建筑安装工程仪器仪表使用费预算表（表三）丙

工程名称：XX 公司基站设备单位工程　　建设单位名称：XX 公司　　表格编号：TSW-3 丙　　第 4 页　共 8 页

序号	定额编号	项目名称	单位	数量	仪表名称	单位定额值		合计值	
						数量（台班）	单价（元）	数量（台班）	合价（元）
I	II	III	IV	V	VI	VII	VIII	IX	X
1	TSW2-044	宏基站天、馈线系统调测（1/2 英寸射频同轴电缆）	条	4.000	天馈线测试仪	0.05	140.00	0.20	28.00
2	TSW2-044	宏基站天、馈线系统调测（1/2 英寸射频同轴电缆）	条	4.000	操作测试终端（电脑）	0.05	125.00	0.20	25.00
3	TSW2-044	宏基站天、馈线系统调测（1/2 英寸射频同轴电缆）	条	4.000	互调测试仪	0.05	310.00	0.20	62.00
		合计						0.60	115.00

设计负责人：XXX　　审核：XXX　　编制：XXX　　编制日期：XX 年 X 月

器材预算表（表四）甲

（需要安装设备表）

工程名称：XX 公司基站设备单位工程　　建设单位名称：XX 公司　　表格编号：TSW-4 甲 B　　第 5 页　共 8 页

序号	名称	规格程式	单位	数量	单价（元）	合计（元）			备注
					除税价	除税价	增值税	含税价	
I	II	III	IV	V	VI	IX	X	XI	XII
1	LTE 基站 BBU 设备	1/1/1	台	1.00	20 000.00	20 000.00	2 600.00	22 600.00	
2	LTE 设备直流配电单元（DCDU）		台	1.00	2 000.00	2 000.00	260.00	2 260.00	
3	LTE 室外 RRU 设备		台	3.00	9 000.00	27 000.00	3 510.00	30 510.00	
4	LTE 智能定向天线		副	3.00	12 000.00	36 000.00	4 680.00	40 680.00	
5	GPS 天线	38dBi	副	1.00	5 500.00	5 500.00	715.00	6 215.00	
	设备小计					90 500.00	11 765.00	102 265.00	
	运杂费	设备小计 ×2.0%				1 810.00	162.90	1 972.90	
	运输保险费	设备小计 ×0.4%				362.00	21.72	383.72	
	采购及保管费	设备小计 ×0.82%				724.00	43.44	767.44	
	设备合计					93 396.00	11 993.06	105 389.06	
	总计	以上设备合计之和				93 396.00	11 993.06	105 389.06	

设计负责人：XXX　　审核：XXX　　编制：XXX　　编制日期：XX 年 X 月

器材预算表（表四）甲

（国内乙供材料表）

工程名称：XX 公司基站设备单位工程　　建设单位名称：XX 公司　　表格编号：TSW-4 甲 A 乙　　第 6 页　共 8 页

序号	名称	规格程式	单位	数量	单价（元）	合计（元）			备注
					除税价	除税价	增值税	含税价	
I	II	III	IV	V	VI	VII	VIII	IX	X
1	室外光缆	2 芯	m	90.00	10.00	900.00			
	乙供光缆小计					900.00			
	运杂费	乙供光缆小计 ×2.0%				0.90			
	运输保险费	乙供光缆小计 ×0.1%				9.00			
	采购及保管费	乙供光缆小计 ×1%				18.00			
	乙供光缆合计					927.90			
2	射频同轴电缆	1/2 英寸	m	39.52	80.00	3 161.60			
	乙供电缆小计					3 161.60			
	运杂费	乙供电缆小计 ×1.5%				47.42			
	运输保险费	乙供电缆小计 ×0.1%				3.16			
	采购及保管费	乙供电缆小计 ×1%				31.62			
	乙供电缆合计					3 243.80			
3	接线端子	1/2 英寸	个	16.00	5.00	80.00			
4	接线端子	7/8 英寸	个	12.00	10.00	120.00			
5	馈线卡子	1/2 英寸	个	35.00	5.00	175.00			
6	直流电源线	RVVZ-16mm^2	m	34.51	10.00	345.10			
7	直流电源线	RVVZ-2-6mm^2	m	91.35	8.00	730.80			
8	直流电源线	RVVZ-6mm^2	m	4.06	5.00	20.30			
	乙供其他材料小计					1471.20			
	运杂费	乙供其他材料小计 ×5.4%				79.44			

设计负责人：XXX　　审核：XXX　　编制：XXX　　编制日期：XX 年 X 月

器材预算表（表四）甲

（国内乙供材料表）

工程名称：XX 公司基站设备单位工程　　建设单位名称：XX 公司　　表格编号：TSW-4 甲 A 乙　　第 7 页　共 8 页

序号	名称	规格程式	单位	数量	单价（元）	合计（元）			备注
					除税价	除税价	增值税	含税价	
I	II	III	IV	V	VI	VII	VIII	IX	X
	运输保险费	乙供其他材料小计 ×0.1%				1.47			
	采购及保管费	乙供其他材料小计 ×1%				14.71			
	乙供其他材料合计					1 534.87			
	总计	以上乙供材料合计之和				5 706.57			

设计负责人：XXX　　审核：XXX　　编制：XXX　　编制日期：XX 年 X 月

工程建设其他费预算表（表五）甲

工程名称：XX 公司基站设备单位工程　　建设单位名称：XX 公司　　表格编号：TSW-5 甲　　第 8 页　共 8 页

序号	费用名称	计算依据及方法	金额（元）			备注
			除税价	增值税	含税价	
I	II	III	V	VI	VII	VIII
1	建设用地及综合赔补费					
2	项目建设管理费					
3	可行性研究费					
4	研究试验费					
5	勘察设计费	条件已知	6 000.00	360.00	6 360.00	
6	环境影响评价费					
7	建设工程监理费	条件已知	800.00	48.00	848.00	
8	安全生产费	建安工程费 ×1.5%	246.01	22.14	268.15	
9	引进技术及引进设备其他费					
10	工程保险费					
11	工程招标代理费					
12	专利及专用技术使用费					
13	其他费用					
	总计		7 046.01	430.14	7 476.15	
14	生产准备及开办费（运营费）					

设计负责人：XXX　　审核：XXX　　编制：XXX　　编制日期：XX 年 X 月

示例四 XX公司架空光缆线路单项工程一阶段施工图设计预算

一、已知条件

1. 本工程为 XX 公司架空光缆线路单项工程一阶段施工图设计。

2. 本工程所在地为湖南地区，为非特殊地区施工，施工企业基地距施工现场 150 km。

3. 已知条件所给定的费用价格均为除税价。本工程勘察设计费为 3 300 元，工程监理费按 1200 元，施工用水、电、蒸汽费为 2 000 元。

4. 本工程不计取“建设用地及综合赔补费”“项目建设管理费”“可行性研究费”“环境影响评价费”“建设期利息”“研究试验费”“工程保险费”“工程招标代理费”“生产准备及开办费”“其他费用”和“采购代理服务费”。

5. 本工程主要材料运距均为 220 km，其单价见表 9-4-1。

6. 该工程采用一般计税方式，相关费用增值税税率见表 9-4-2。

表 9-4-1 主材单价

序号	主材名称	型号规格	单位	单价（元）	供方	分类
1	光缆	GYTS-36D	m	7	甲供	光缆
2	水泥电杆	ø150×8 000	根	380	甲供	水泥及水泥构件
3	镀锌钢绞线	7/2.2	kg	9.5	甲供	其他
4	光缆接续器材		套	500	甲供	其他
5	保护软管		m	1	乙供	塑料及塑料制品
6	水泥	32.5	kg	0.5	乙供	水泥及水泥构件
7	水泥拉线盘		套	45	乙供	水泥及水泥构件
8	地锚铁柄		套	32	乙供	其他
9	电缆挂钩		只	0.3	乙供	其他
10	吊线箍		套	22	乙供	其他
11	镀锌穿钉	50 mm	副	1.5	乙供	其他
12	镀锌穿钉	100 mm	副	2.2	乙供	其他
13	镀锌铁线	ø 1.5	kg	8.8	乙供	其他
14	镀锌铁线	ø 3.0	kg	8.8	乙供	其他
15	镀锌铁线	ø 4.0	kg	8.8	乙供	其他

续表

序号	主材名称	型号规格	单位	单价（元）	供方	分类
16	光缆标志牌		个	4.5	乙供	其他
17	拉线抱箍		套	19.5	乙供	其他
18	拉线衬环		个	1.25	乙供	其他
19	三眼单槽夹板		副	9.2	乙供	其他
20	三眼双槽夹板		副	10.5	乙供	其他
21	预留缆架		套	35	乙供	其他

表 9-4-2　相关费用增值税税率

序号	费用名称	增值税税率（%）	备注
1	建筑安装工程费	9	一般计税方式
2	国内主要材料费	13	
3	运杂费	9	
4	运输保险费	6	
5	采购及保管费	6	
6	采购代理服务费	6	
7	勘察设计费	6	
8	工程监理费	6	
9	安全生产费	9	
10	预备费	13	

二、设计图纸及说明

1. XX 公司架空光缆线路工程杆路及光缆施工图，如图 9-4-1 所示。

2. 电杆均为 ø150×8 000 水泥电杆，在丘陵地区野外施工，土质取综合土。

3. 架设 7/2.2 单股吊线，吊线材质为镀锌钢绞线，采用三眼双槽夹板做终结，吊线垂度增加部分忽略不计。

4. 角杆和防风拉均装设 7/2.2 单股拉线，拉线和吊线固定均采用夹板法，拉线下把采用地锚铁柄和水泥拉线盘固定。

5. 挂钩法架设 GYTS-36D 光缆一条，每根电杆处光缆 U 型预留 0.5 m，每根电杆需光缆标志牌 1 个，盘绕预留光缆需安装在预留缆架上。

6. 架设光缆自然弯曲系数为 0.80%，施工前要进行单盘光缆测试（单窗口，需要测 PMD），只测 1 盘光缆。

7. 中继段光缆测试按单窗口取定，要求测试偏振模色散，中继段长度为 45 km。

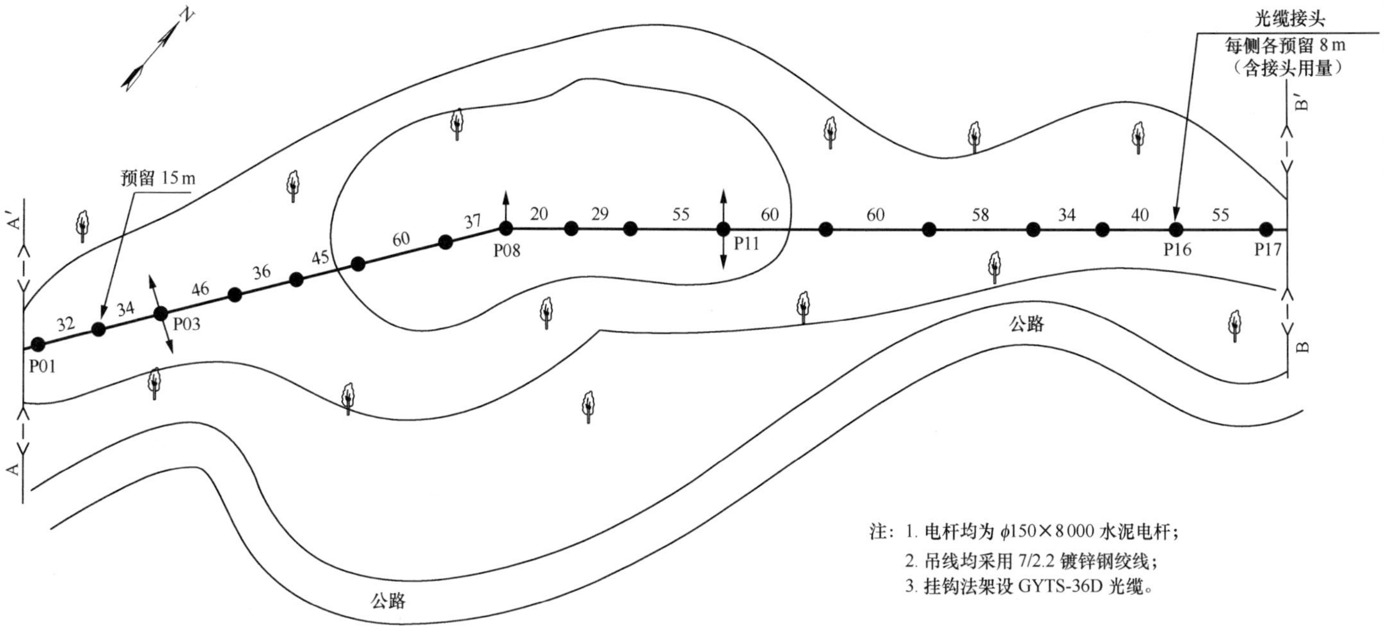

单位主管	XXX	审核	XXX	XX 设计院	
部门主管	XXX	校核	XXX		
设计总负责人	XXX	制图	XXX	XX 公司架空光缆线路工程杆路及光缆施工图	
单项负责人	XXX	单位、比例			
设计人	XXX	日期	XXX	图号	XX-S-GL-01

图 9-4-1　设计图纸

三、统计工程量

通信线路工程一般按施工工艺先后顺序进行工程量统计。本示例根据已知条件和图纸信息，按施工测量、架设杆路、敷设光缆、光缆接续和测试等步骤逐项进行统计，避免漏项和重复。

1. 施工测量

（1）定额子目：TXL1-002（架空光缆线路工程）。

（2）工程量：701÷100=7.01（百米）。

2. 光缆单盘检验

（1）定额子目：TXL1-006（光缆单盘检验，单窗口，测 PMD）。

（2）工程量：36（芯盘）。

3. 立电杆

（1）定额子目：TXL3-001（8 m 水泥电杆，综合土，丘陵地区）。

（2）工程量：17（根）。

4. 装拉线

（1）定额子目：TXL3-051（水泥电杆，夹板法，7/2.2 单股拉线，综合土，丘陵地区）。

（2）工程量：5（条）。

5. 安装预留缆架

（1）定额子目：TXL3-149。

（2）工程量：3（架）。

6. 架设吊线

（1）定额子目：TXL3-169（水泥电杆，7/2.2 镀锌钢绞线，丘陵地区）。

（2）工程量：701÷1 000=0.701（千米条）。

7. 架设光缆

（1）定额子目：TXL3-192（挂钩法，架空光缆，丘陵地区，36 芯）。

（2）工程量：［701×（1+0.8%）+15+8×2+0.5×17］÷1 000=0.746（千米条）。

8. 光缆接续

（1）定额子目：TXL6-010（GYTS-36D 光缆）。

（2）工程量：1（头）。

9. 中继段光缆测试

（1）定额子目：TXL6-045（45 km，36 芯）。

（2）工程量：1（中继段）。

工程量汇总情况见表 9-4-3。

表 9-4-3　工程量汇总

序号	项目名称	定额编号	定额单位	工程量
1	光（电）缆工程施工测量（架空）	TXL1-002	100 m	7.010
2	单盘检验（光缆）	TXL1-006	芯盘	36
3	立9 m以下水泥杆（丘陵，综合土）	TXL3-001	根	17
4	水泥杆夹板法装7/2.2单股拉线（丘陵，综合土）	TXL3-051	条	5
5	安装预留缆架	TXL3-149	架	3
6	水泥杆架设7/2.2吊线（丘陵）	TXL3-169	千米条	0.701
7	挂钩法架设架空光缆（丘陵，36芯以下）	TXL3-192	千米条	0.746
8	光缆接续（36芯以下）	TXL6-010	头	1
9	40 km以上中继段光缆测试（36芯以下）	TXL6-045	中继段	1

四、统计主材用量

根据已知条件、相关定额子目及工程量分别统计、汇总主要材料用量见表 9-4-4、表 9-4-5。

表 9-4-4　主要材料用量统计

定额编号	项目名称	定额单位	工程量	主材名称	规格程式	主材单位	主材用量统计
TXL3-001	立9 m以下水泥杆（丘陵，综合土）	根	17	水泥电杆	ø150×8 000	根	1.01×17
				水泥	32.5	kg	0.2×17
TXL3-051	水泥杆夹板法装7/2.2单股拉线（丘陵，综合土）	条	5	地锚铁柄		套	1.01×5
				拉线抱箍		套	1.01×5
				拉线衬环		个	2.02×5
				三眼双槽夹板		副	2.02×5
				水泥拉线盘		套	1.01×5
				镀锌钢绞线	7/2.2	kg	3.02×5
				镀锌铁线	ø 1.5	kg	0.02×5
				镀锌铁线	ø 3.0	kg	0.3×5
				镀锌铁线	ø 4.0	kg	0.22×5
TXL3-149	安装预留缆架	架	3	预留缆架		套	1×3

续表

定额编号	项目名称	定额单位	工程量	主材名称	规格程式	主材单位	主材用量统计
TXL3-169	水泥杆架设7/2.2吊线（丘陵）	千米条	0.701	吊线箍		套	23.23×0.701
				拉线抱箍		套	4.04×0.701
				拉线衬环		个	8.08×0.701
				三眼单槽夹板		副	23.23×0.701
				三眼双槽夹板		副	7.07×0.701
				镀锌钢绞线	7/2.2	kg	221.27×0.701
				镀锌穿钉	50 mm	副	23.23×0.701
				镀锌穿钉	100 mm	副	1.01×0.701
				镀锌铁线	ø 4.0	kg	2×0.701
				镀锌铁线	ø 3.0	kg	1.2×0.701
				镀锌铁线	ø 1.5	kg	0.1×0.701
TXL3-192	挂钩法架设架空光缆（丘陵，36芯以下）	千米条	0.746	镀锌铁线	ø 1.5	kg	1.02×0.746
				光缆标志牌		个	17
				光缆	GYTS-36D	m	1 007×0.746
				电缆挂钩		只	2 060×0.746
				保护软管		m	25×0.746
TXL6-010	光缆接续（36芯以下）	头	1	光缆接续器材		套	1.01×1

表 9-4-5　主要材料用量汇总

序号	主材名称	规格程式	主材单位	主材用量汇总	主材用量
1	水泥电杆	ø150×8 000	根	1.01×17	17
2	水泥	32.5	kg	0.2×17	3.40
3	镀锌钢绞线	7/2.2	kg	3.02×5+221.27×0.701	170.21
4	镀锌铁线	ø 1.5	kg	0.02×5+0.1×0.701+1.02×0.746	0.93
5	镀锌铁线	ø 3.0	kg	0.3×5+1.2×0.701	2.34
6	镀锌铁线	ø 4.0	kg	0.22×5+2×0.701	2.50
7	地锚铁柄		套	1.01×5	5
8	水泥拉线盘		套	1.01×5	5

续表

序号	主材名称	规格程式	主材单位	主材用量汇总	主材用量
9	三眼双槽夹板		副	2.02×5+7.07×0.701	15
10	拉线衬环		个	2.02×5+8.08×0.701	16
11	拉线抱箍		套	1.01×5+4.04×0.701	8
12	预留缆架		套	1×3	3
13	吊线箍		套	23.23×0.701	16
14	镀锌穿钉	50 mm	副	23.23×0.701	16
15	镀锌穿钉	100 mm	副	1.01×0.701	1
16	三眼单槽夹板		副	23.23×0.701	16
17	光缆	GYTS-36D	m	1 007×0.746	751.22
18	电缆挂钩		只	2 060×0.746	1 537
19	保护软管		m	25×0.746	18.65
20	光缆标志牌		个	17	17
21	光缆接续器材		套	1.01×1	1

五、编制预算

（一）预算编制说明

1. 工程概况

XX公司架空光缆线路单项工程，新立8 m水泥电杆17根；架设7/2.2镀锌钢绞线0.701千米条；挂钩法架设架空光缆0.746千米条。本设计为一阶段施工图设计，总投资为44 598.66元（除税价）。

2. 编制依据

（1）施工图设计图纸及说明；

（2）工信部通信［2016］451号《工业和信息化部关于印发信息通信建设工程预算定额、工程费用定额及工程概（预）算编制规程的通知》；

（3）《XX公司建设工程常用通信器材基础价格表》。

3. 有关费用与费率的取定

（1）本工程采用一阶段设计，总预算中计列预备费，费率为4%；

（2）主材运距均为 220 km，主材不计采购代理服务费，相关费率见表 9-4-6；

表 9-4-6 相关费率

序号	费用名称	光缆（%）	塑料及塑料制品（%）	水泥及水泥构件（%）	其他（%）
1	运杂费	1.7	5.4	23	4.5
2	运输保险费	0.1	0.1	0.1	0.1
3	采购及保管费	1.1	1.1	1.1	1.1

（3）已知条件不具备的相关项目费用不计取。

4. 工程技术经济指标分析

本单项工程总投资为 49 094.59 元，不含税投资为 44 598.66。其中建筑安装工程费为 41 767.98 元（含税）；工程建设其他费为 5 388.29 元（含税）；预备费为 1 938.32 元（含税）。

本工程在 0.701 km 的杆路上架设 36 芯光缆，平均每芯公里造价为 1 945.42 元（含税）。

5. 其他需要说明的问题（略）

（二）预算表格

1. 工程预算总表（表一）（表格编号：TXL-1）；
2. 建筑安装工程费用预算表（表二）（表格编号：TXL-2）；
3. 建筑安装工程量预算表（表三）甲（表格编号：TXL-3 甲）；
4. 建筑安装工程机械使用费预算表（表三）乙（表格编号：TXL-3 乙）；
5. 建筑安装工程仪表使用费预算表（表三）丙（表格编号：TXL-3 丙）；
6. 国内器材预算表（表四）甲（表格编号：TXL-4 甲 A 甲）；
7. 国内器材预算表（表四）甲（表格编号：TXL-4 甲 A 乙）；
8. 工程建设其他费预算表（表五）甲（表格编号：TXL-5 甲）。

工程预算总表（表一）

建设项目名称：XX 公司架空光缆线路单项工程

工程名称：XX 公司架空光缆线路单项工程　　建设单位名称：XX 公司　　表格编号：TXL-1　　第 1 页　共 9 页

序号	表格编号	费用名称	小型建筑工程费	需要安装的设备费	不需要安装的设备、工器具费	建筑安装工程费	其他费用	预备费	总价值			
			（元）						除税价（元）	增值税（元）	含税价（元）	其中外币（ ）
I	II	III	IV	V	VI	VII	VIII	IX	X	XI	XII	XIII
1	TXL-2	工程费				37 816.40			37 816.40	3 951.92	41 768.32	
2	TXL-5	工程建设其他费					5 067.25		5 067.25	321.05	5 388.30	
3		合计				37 816.40	5 067.25		42 883.65	4 272.97	47 156.62	
4		预备费（合计 ×4.0%）						1 715.35	1 715.35	223.00	1 938.35	
5		总计				37 816.40	5 067.25	1 715.35	44 599.00	4 495.97	49 094.97	

设计负责人：XXX　　审核：XXX　　编制：XXX　　编制日期：XX 年 X 月

建筑安装工程费用（预）算表（表二）

工程名称：XX 公司架空光缆线路单项工程　　建设单位名称：XX 公司　　表格编号：TXL-2　　第 2 页　共 9 页

序号	费用名称	依据和计算方法	合计（元）	序号	费用名称	依据和计算方法	合计（元）
I	II	III	IV	I	II	III	IV
	建安工程费（含税价）	一＋二＋三＋四	41 768.32	7	夜间施工增加费		
	建安工程费（除税价）	一＋二＋三	37 816.40	8	冬雨季施工增加费	人工费 ×1.8%	122.47
一	直接费	（一）＋（二）	32 299.06	9	生产工具用具使用费	人工费 ×1.5%	102.06
（一）	直接工程费	1+2+3+4	26 960.13	10	施工用水电蒸汽费	条件已知	2 000.00
1	人工费	（1）＋（2）	6 803.97	11	特殊地区施工增加费		
（1）	技工费	技工工日 ×114 元 / 日	4 997.76	12	已完工程及设备保护费	人工费 ×2%	136.08
（2）	普工费	普工工日 ×61 元 / 日	1 806.21	13	运土费		
2	材料费	（1）＋（2）	17 836.70	14	施工队伍调遣费	2×174（元 / 人）×5（人）	1 740.00
（1）	主要材料费	国内主材表总计	17 783.35	15	大型施工机械调遣费		
（2）	辅助材料费	主材费 ×0.3%	53.35	二	间接费	（一）＋（二）	4 156.55
3	机械使用费	机械使用费表	466.18	（一）	规费	1+2+3+4	2292.26
4	仪器仪表使用费	仪器仪表使用费表	1 853.28	1	工程排污费		
（二）	措施费	1 ～ 15 之和	5 338.93	2	社会保障费	人工费 ×28.5%	1 939.13
1	文明施工费	人工费 ×1.5%	102.06	3	住房公积金	人工费 ×4.19%	285.09
2	工地器材搬运费	人工费 ×3.4%	231.33	4	危险作业意外伤害保险费	人工费 ×1%	68.04
3	工程干扰费			（二）	企业管理费	人工费 ×27.4%	1 864.29
4	工程点交、场地清理费	人工费 ×3.3%	224.53	三	利润	人工费 ×20%	1 360.79
5	临时设施费	人工费 ×5%	340.20	四	销项税额	（一＋二＋三－甲供主材费）×9%+ 甲供主材增值税	3 951.92
6	工程车辆使用费	人工费 ×5%	340.20				

设计负责人：XXX　　审核：XXX　　编制：XXX　　编制日期：XX 年 X 月

建筑安装工程量预算表（表三）甲

工程名称：XX 公司架空光缆线路单项工程　　建设单位名称：XX 公司　　表格编号：TXL-3 甲　　第 3 页　共 9 页

序号	定额编号	项目名称	单位	数量	单位定额值（工日）		合计值（工日）	
					技工	普工	技工	普工
Ⅰ	Ⅱ	Ⅲ	Ⅳ	Ⅴ	Ⅵ	Ⅶ	Ⅷ	Ⅸ
1	TXL1-002	光（电）缆工程施工测量（架空）	百米	7.010	0.46	0.12	3.22	0.84
2	TXL1-006	光缆单盘检验（单窗口）	芯盘	36.000	0.02		0.72	
3	TXL3-001	立 9m 以下水泥杆（丘陵 综合土）[人工 ×1.3]	根	17.000	0.68	0.73	11.56	12.41
4	TXL3-051	水泥杆夹板法装 7/2.2 单股拉线（丘陵 综合土）[人工 ×1.3]	条	5.000	1.01	0.78	5.05	3.90
5	TXL3-149	安装预留缆架	架	3.000	0.10	0.10	0.30	0.30
6	TXL3-169	水泥杆架设 7/2.2 吊线（丘陵）	千米条	0.701	4.25	4.54	2.98	3.18
7	TXL3-192	挂钩法架设架空光缆（丘陵、城区、水田 36 芯以下）	千米条	0.746	8.68	6.86	6.48	5.12
8	TXL6-010	光缆接续（36 芯以下）	头	1.000	3.42		3.42	
9	TXL6-045	40km 以上中继段光缆测试（36 芯以下）	中继段	1.000	4.39		4.39	
		合计					38.12	25.75
		线路工程总工日 100 以下工日调整（合计 ×15%）					5.72	3.86
		总计					43.84	29.61

设计负责人：XXX　　审核：XXX　　编制：XXX　　编制日期：XX 年 X 月

建筑安装工程施工机械使用费预算表（表三）乙

工程名称：XX 公司架空光缆线路单项工程　　建设单位名称：XX 公司　　表格编号：TXL-3 乙　　第 4 页　共 9 页

序号	定额编号	项目名称	单位	数量	机械名称	单位定额值		合计值	
						数量（台班）	单价（元）	数量（台班）	合价（元）
Ⅰ	Ⅱ	Ⅲ	Ⅳ	Ⅴ	Ⅵ	Ⅶ	Ⅷ	Ⅸ	Ⅹ
1	TXL3-001	立 9m 以下水泥杆（丘陵 综合土）	根	17.000	汽车式起重机（5t）	0.04	516.00	0.68	350.88
2	TXL6-010	光缆接续（36 芯以下）	头	1.000	汽油发电机（10kW）	0.25	202.00	0.25	50.50
3	TXL6-010	光缆接续（36 芯以下）	头	1.000	光纤熔接机	0.45	144.00	0.45	64.80
		合计							466.18

设计负责人：XXX　　审核：XXX　　编制：XXX　　编制日期：XX 年 X 月

建筑安装工程仪器仪表使用费预算表（表三）丙

工程名称：XX 公司架空光缆线路单项工程　　建设单位名称：XX 公司　　表格编号：TXL-3 丙　　第 5 页　共 9 页

序号	定额编号	项目名称	单位	数量	仪表名称	单位定额值		合计值	
						数量（台班）	单价（元）	数量（台班）	合价（元）
I	II	III	IV	V	VI	VII	VIII	IX	X
1	TXL1-002	光（电）缆工程施工测量（架空）	100m	7.010	激光测距仪	0.05	119.00	0.35	41.65
2	TXL1-006	光缆单盘检验	芯盘	36.000	光时域反射仪	0.05	153.00	1.80	275.40
3	TXL1-006	光缆单盘检验	芯盘	36.000	偏振模色散测试仪	0.05	455.00	1.80	819.00
4	TXL6-010	光缆接续（36 芯以下）	头	1.000	光时域反射仪	0.95	153.00	0.95	145.35
5	TXL6-045	40km 以上中继段光缆测试（36 芯以下）	中继段	1.000	光时域反射仪	0.68	153.00	0.68	104.04
6	TXL6-045	40km 以上中继段光缆测试（36 芯以下）	中继段	1.000	稳定光源	0.68	117.00	0.68	79.56
7	TXL6-045	40km 以上中继段光缆测试（36 芯以下）	中继段	1.000	光功率计	0.68	116.00	0.68	78.88
8	TXL6-045	40km 以上中继段光缆测试（36 芯以下）	中继段	1.000	偏振模色散测试仪	0.68	455.00	0.68	309.40
		合计							1 853.28

设计负责人：XXX　　审核：XXX　　编制：XXX　　编制日期：XX 年 X 月

器材预算表（表四）甲

（国内甲供材料表）

工程名称：XX 公司架空光缆线路单项工程　　建设单位名称：XX 公司　　表格编号：TXL-4 甲 A 甲　　第 6 页　共 9 页

序号	名称	规格程式	单位	数量	单价（元）	合计（元）			备注
					除税价	除税价	增值税	含税价	
I	II	III	IV	V	VI	VII	VIII	IX	X
1	光缆	GYTS-36D	m	751.22	7.00	5 258.54	683.61	5 942.15	
	甲供光缆小计					5 258.54	683.61	5 942.15	
	运杂费	甲供光缆小计 ×1.7%				89.40	8.05	97.45	
	运输保险费	甲供光缆小计 ×0.1%				5.26	0.32	5.58	
	采购及保管费	甲供光缆小计 ×1.1%				57.84	3.47	61.31	
	甲供光缆合计					5 411.04	695.45	6 106.49	
2	水泥电杆	ø150×8000	根	17.00	380.00	6 460.00	839.80	7 299.80	
	甲供水泥及水泥构件小计					6 460.00	839.80	7 299.80	
	运杂费	甲供水泥及水泥构件小计 ×23%				1 485.80	133.72	1 619.52	
	运输保险费	甲供水泥及水泥构件小计 ×0.1%				6.46	0.39	6.85	
	采购及保管费	甲供水泥及水泥构件小计 ×1.1%				71.06	4.26	75.32	
	甲供水泥及水泥构件合计					8 023.32	978.17	9 001.49	
3	镀锌钢绞线	7/2.2	kg	170.21	9.50	1 617.00	210.21	1 827.21	
4	光缆接续器材		套	1.00	500.00	500.00	65.00	565.00	
	甲供其他材料小计					2 117.00	275.21	2 392.21	
	运杂费	甲供其他材料小计 ×4.5%				95.27	8.57	103.84	
	运输保险费	甲供其他材料小计 ×0.1%				2.12	0.13	2.25	
	采购及保管费	甲供其他材料小计 ×1.1%				23.29	1.40	24.69	
	甲供其他材料合计					2 237.68	285.31	2 522.99	
	总计	以上甲供材料合计之和				15 672.04	1 958.93	17 630.97	

设计负责人：XXX　　审核：XXX　　编制：XXX　　编制日期：XX 年 X 月

器材预算表（表四）甲

（国内乙供材料表）

工程名称：XX 公司架空光缆线路单项工程　　建设单位名称：XX 公司　　表格编号：TXL-4 甲 A 乙　　第 7 页　共 9 页

序号	名称	规格程式	单位	数量	单价（元）	合计（元）			备注
					除税价	除税价	增值税	含税价	
I	II	III	IV	V	VI	VII	VIII	IX	X
1	保护软管		m	18.65	1.00	18.65			
	乙供塑料及塑料制品小计					18.65			
	运杂费	乙供塑料及塑料制品小计 ×5.4%				1.00			
	运输保险费	乙供塑料及塑料制品小计 ×0.1%				0.02			
	采购及保管费	乙供塑料及塑料制品小计 ×1.1%				0.21			
	乙供塑料及塑料制品合计					19.89			
2	水泥	32.5	kg	3.40	0.50	1.70			
3	水泥拉线盘		套	5.00	45.00	225.00			
	乙供水泥及水泥构件小计					226.70			
	运杂费	乙供水泥及水泥构件小计 ×23%				52.14			
	运输保险费	乙供水泥及水泥构件小计 ×0.1%				0.23			
	采购及保管费	乙供水泥及水泥构件小计 ×1.1%				2.49			
	乙供水泥及水泥构件合计					281.56			
4	地锚铁柄		套	5.00	32.00	160.00			
5	电缆挂钩		只	1 537	0.30	461.10			
6	吊线箍		套	16.00	22.00	352.00			
7	镀锌穿钉	100mm	副	1.00	2.20	2.20			
8	镀锌穿钉	50mm	副	16.00	1.50	24.00			
9	镀锌铁线	ø 1.5	kg	0.93	8.80	8.18			
10	镀锌铁线	ø 3.0	kg	2.34	8.80	20.59			

设计负责人：XXX　　审核：XXX　　编制：XXX　　编制日期：XX 年 X 月

器材预算表（表四）甲

（国内乙供材料表）

工程名称：XX 公司架空光缆线路单项工程　　建设单位名称：XX 公司　　表格编号：TXL-4 甲 A 乙　　第 8 页　共 9 页

序号	名称	规格程式	单位	数量	单价（元）	合计（元）			备注
					除税价	除税价	增值税	含税价	
I	II	III	IV	V	VI	VII	VIII	IX	X
11	镀锌铁线	ø 4.0	kg	2.50	8.80	22.00			
12	光缆标志牌		个	17.00	4.50	76.50			
13	拉线抱箍		套	8.00	19.50	156.00			
14	拉线衬环		个	16.00	1.25	20.00			
15	三眼单槽夹板		副	16.00	9.20	147.20			
16	三眼双槽夹板		副	15.00	10.50	157.50			
17	预留缆架		套	3.00	35.00	105.00			
	乙供其他材料小计					1 712.27			
	运杂费	乙供其他材料小计 ×4.5%				77.05			
	运输保险费	乙供其他材料小计 ×0.1%				1.71			
	采购及保管费	乙供其他材料小计 ×1.1%				18.83			
	乙供其他材料合计					1 809.86			
	总计	以上乙供材料合计之和				2 111.31			

设计负责人：XXX　　审核：XXX　　编制：XXX　　编制日期：XX 年 X 月

工程建设其他费预算表（表五）甲

工程名称：XX 公司架空光缆线路单项工程　　建设单位名称：XX 公司　　表格编号：TXL-5 甲　　第 9 页　共 9 页

序号	费用名称	计算依据及方法	金额（元）			备注
			除税价	增值税	含税价	
I	II	III	V	VI	VII	VIII
1	建设用地及综合赔补费					
2	项目建设管理费					
3	可行性研究费					
4	研究试验费					
5	勘察设计费	条件已知	3 300.00	198.00	3 498.00	
6	环境影响评价费					
7	建设工程监理费	条件已知	1 200.00	72.00	1 272.00	
8	安全生产费	建安工程费 ×1.5%	567.25	51.05	618.30	
9	引进技术及引进设备其他费					
10	工程保险费					
11	工程招标代理费					
12	专利及专用技术使用费					
13	其他费用					
	总计		5 067.25	321.05	5 388.30	
14	生产准备及开办费（运营费）					

设计负责人：XXX　　审核：XXX　　编制：XXX　　编制日期：XX 年 X 月

第十章 工程量清单计价文件编制示例

XXX小区FTTH工程

一、工程概况说明

1. 本工程为 XXX 小区通信光缆接入工程。

2. 本期工程主要解决 XXX 新建小区宽带接入工程，施工地点在江苏省境内。

3. 本工程范围为建筑规划用地红线内的通信管道、光缆、MODF 架、光缆交接箱、光分纤箱、入户皮线光缆等安装工程。

4. 本期工程采用一级分光模式，分光器及上联光缆由通信运营商负责。

5. 本工程从小区通信机房敷设光缆至每个单元楼内的光缆分纤箱内，并在光缆分纤箱内采用跳接方式与皮线光缆连接，再从单元楼的弱电井内敷设皮线光缆至每户的弱电信息箱。

6. 本工程新设 4 孔塑料管道 15m，敷设 144 芯管道光缆 1.35km，敷设 48 芯管道光缆 4.04km，144 芯光缆接头 1 个，144 芯用户光缆测试 7 段，48 芯用户光缆测试 1 段，安装 576 芯光缆交接箱 2 个。

二、工程图纸

XX 小区通信光缆接入工程网络拓扑如图 10-1-1 所示。

XX 小区通信光缆接入工程室外管道施工如图 10-1-2 所示。

XX 小区通信光缆接入工程光缆路由如图 10-1-3 所示。

XX 小区通信光缆接入工程机房平面图如图 10-1-4 所示。

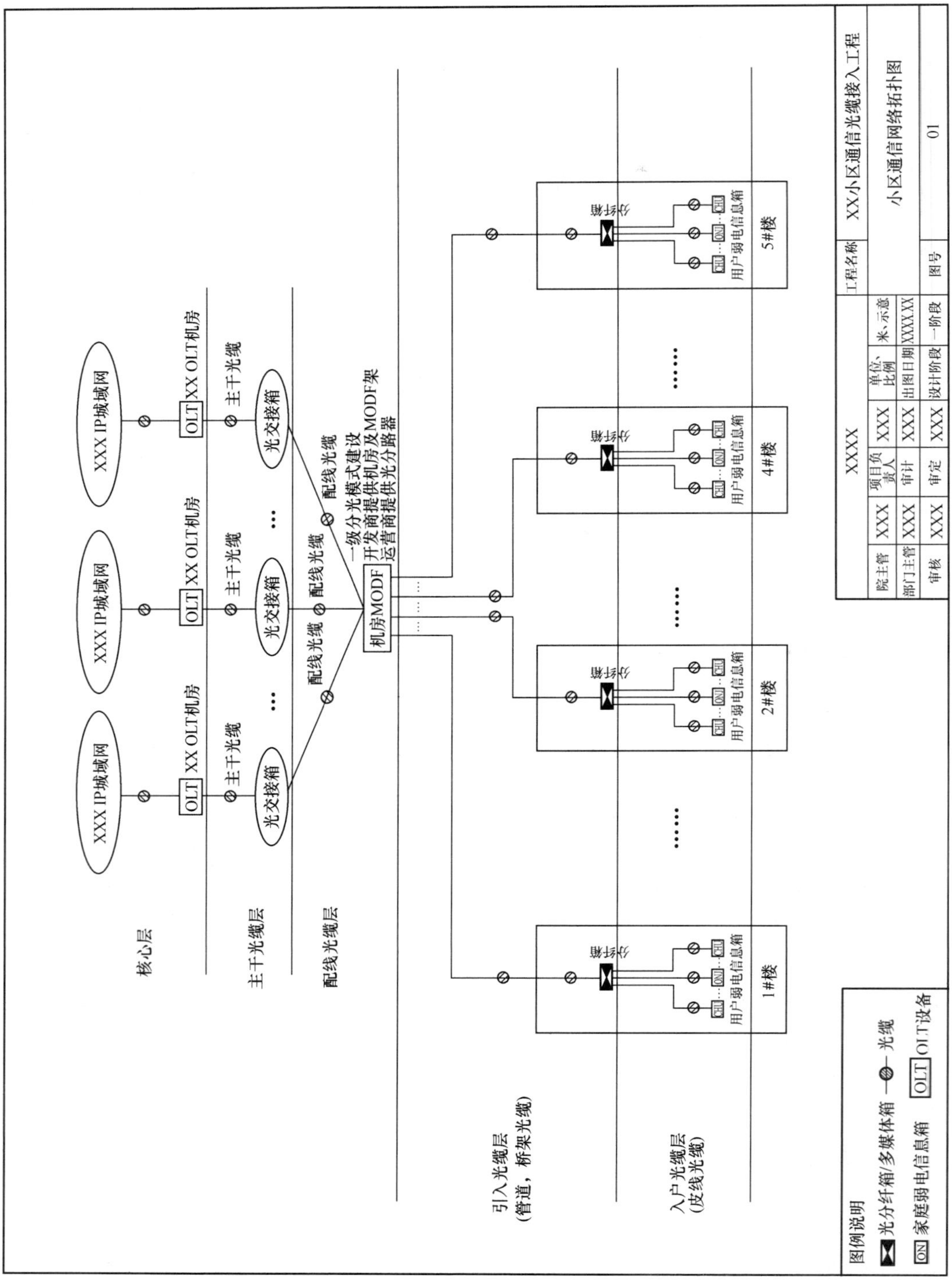

图 10-1-1 XX 小区通信光缆接入工程网络拓扑

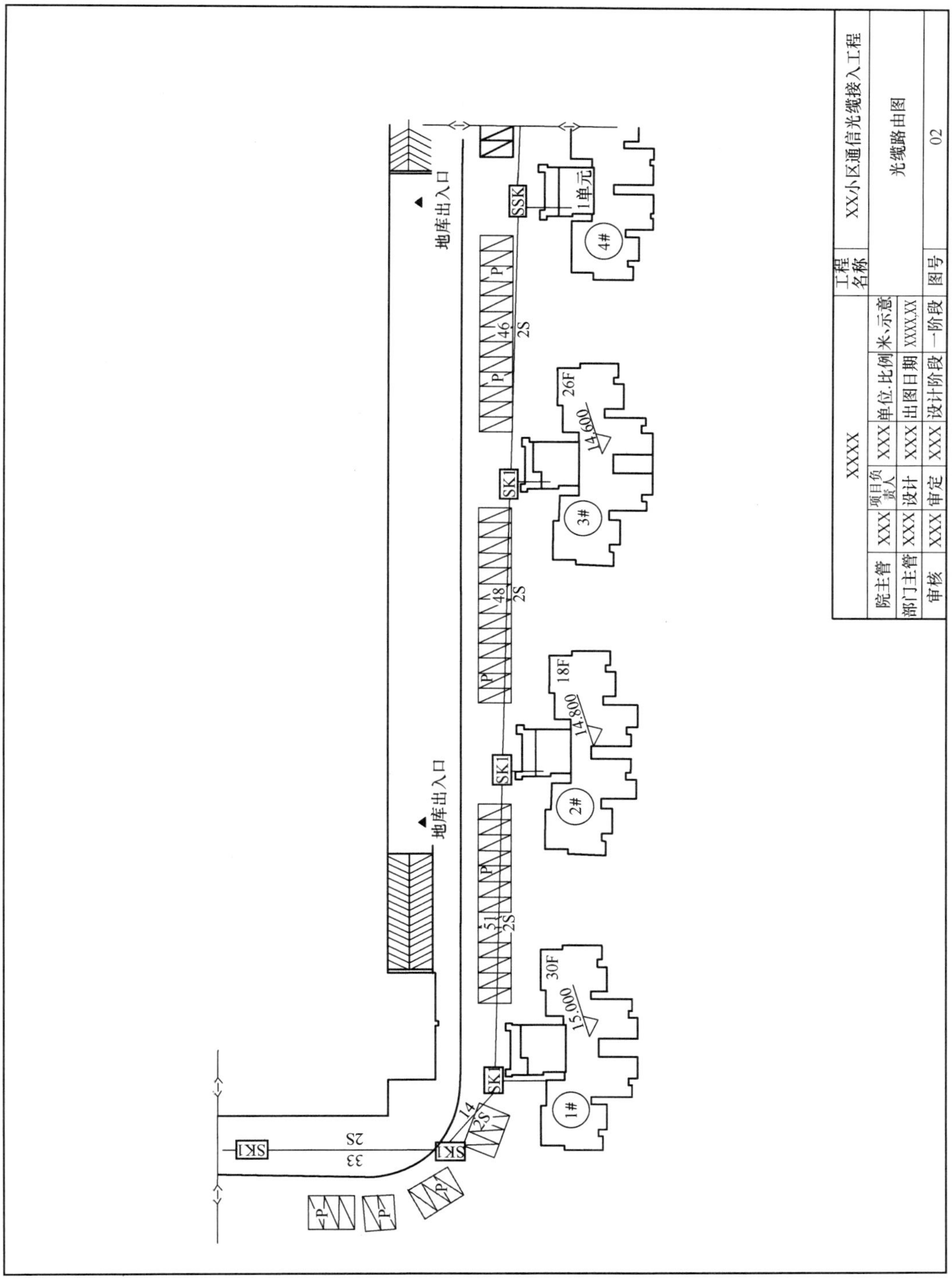

图 10-1-2　XX 小区通信光缆接入工程室外管道施工

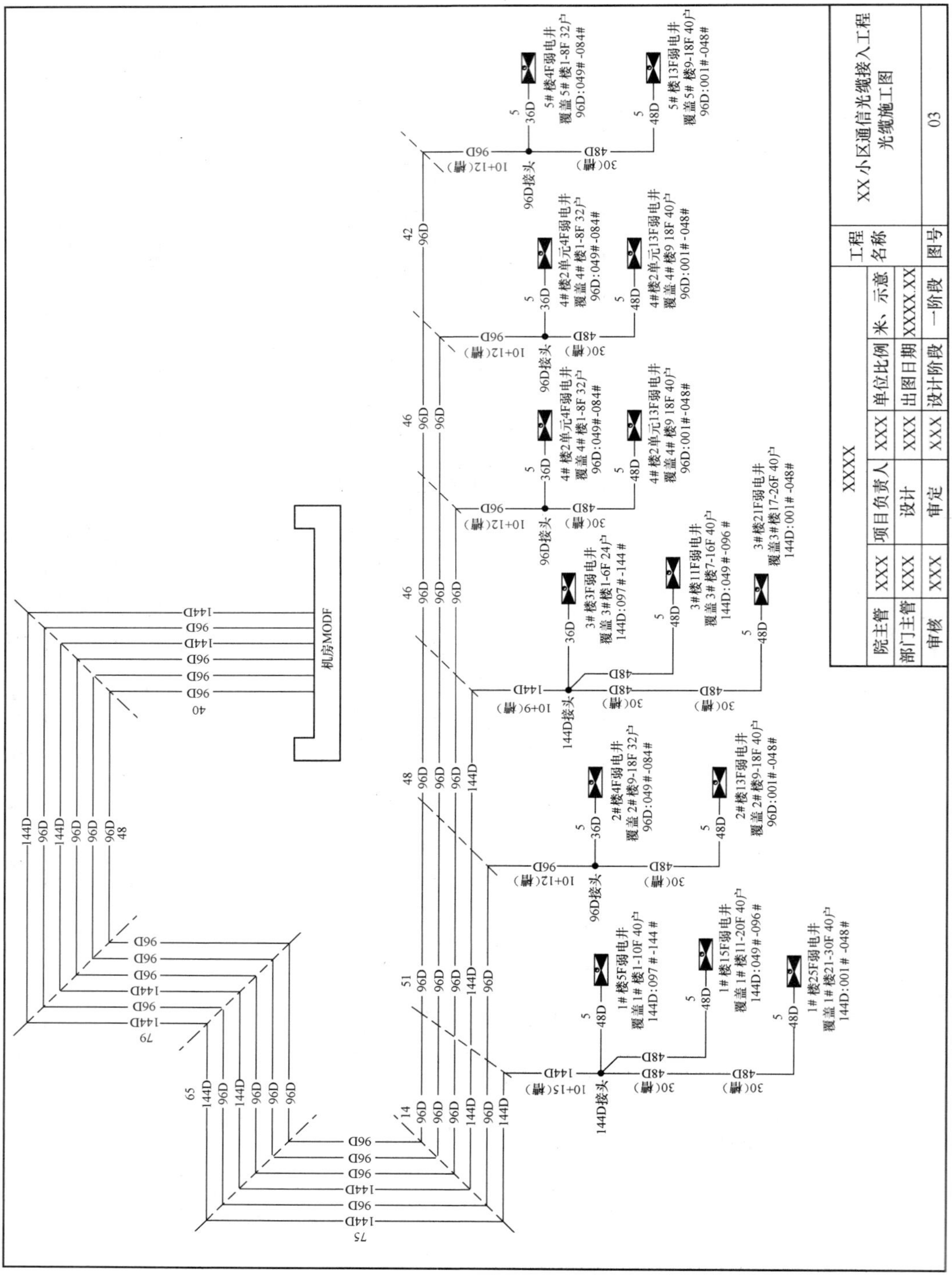

图 10-1-3 XX 小区通信光缆接入工程光缆路由

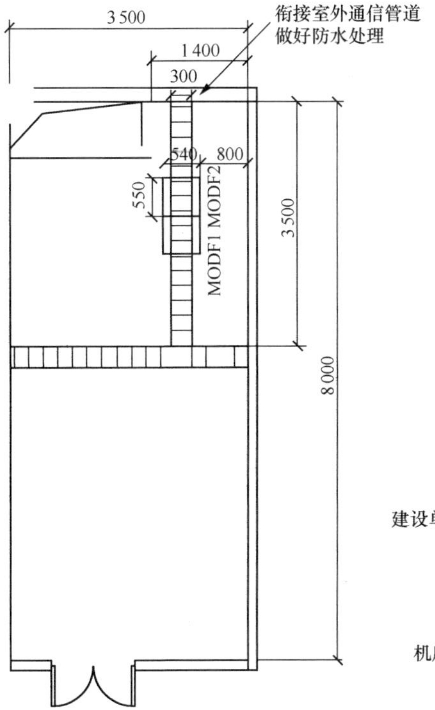

通信机房平面图

建设单位应提供的机房条件：

1.接地条件：机房需提供至少一处接地极，并与大楼的总接地连通，且接地电阻不大于10 Ω；
2.照明条件：机房需提供敷设建筑要求的照明；
3.供电条件：机房需提供至少一处五孔插座（市电）。

机房说明：

1.光缆走线架宽0.3 m，安装高度不应低于2.5 m，本工程定为2.5 m；
2.机房内的桥架和MODF架需与接地极用导线连通；
3.机房与室外管道连通处应做好防水；
4.MODF架尺寸为2 200×550×540 mm（高×宽×深）；
5.机房位于12# 住宅楼旁地库入口处的负一层地下室。

XXXX						工程名称	XX 小区通信光缆接入工程
院主管	XXX	项目负责人	XXX	单位比例	米、示意		通信机房平面图
部门主管	XXX	设计	XXX	出图日期	XXXX.XX		
审核	XXX	审定	XXX	设计阶段	一阶段	图号	04

图 10-1-4　XX 小区通信光缆接入工程机房平面图

三、工程量清单

XX小区通信光缆接入工程 工程

工程量清单

招标人：

____
（单位盖章）

工程造价
咨询人：

____
（单位资质专用章）

法定代表人
或其授权人：____________
（签字或盖章）

法定代表人
或其授权人：____________
（签字或盖章）

编制人：__________________
（造价人员签字盖专用章）

复核人：__________________
（造价工程师签字盖专用章）

编制时间：2017年3月22日

复核时间：2017年3月22日

（封—1）

总说明

工程名称：XX小区通信光缆接入工程　　　　第1页　共1页

1. 工程概况

（1）本工程为XX小区通信光缆接入工程，本期工程主要解决XX新建小区通信光缆接入工程，共需新设4孔塑料管道15m，敷设144芯室外管道光缆1.35 km，敷设48芯室外管道光缆4.04 km，安装576芯光缆交接箱2个。

（2）本工程计划于7月1日开工，工期为30天。

2. 工程招标范围

XX小区通信光缆接入工程。

3. 工程量清单编制依据

（1）XX小区通信光缆接入工程一阶段设计及施工图纸。

（2）通信建设工程量清单计价规范。

（3）信息通信建设工程预算定额、费用定额及编制规程。

4. 其他需要说明的问题

（表—01）

分部分项工程量清单与计价表

工程名称：xx 小区通信光缆接入工程　　　　标段：一标段　　　　第 1 页　共 3 页

序号	项目编码	项目名称	项目特征描述	计量单位	工程量	金额（元）		
						综合单价	合价	其中：暂估价
1	TX52002001	敷设塑料管道	1. 管材材质：塑料管 2. 管材规格：单管 Φ100，厚 4 3. 截面孔数：4×Φ100	m	15.000			
2	TX44001001	敷设管道光缆（室外通道）光缆	敷设 144 芯室外管道光缆	千米条	1.350			
3	TX44001002	敷设管道光缆（室外通道）光缆	敷设 48 芯室外管道光缆	千米条	4.040			
4	TX45001001	光缆接续	144 芯光缆接续	头	6.000			
5	TX45005001	用户光缆测试	144 芯用户光缆测试	段	7.000			
6	TX45005002	用户光缆测试	48 芯用户光缆测试	段	1.000			
7	TX46015001	安装光缆落地式交接箱	安装 576 芯光缆交接箱	个	2.000			
合　计								

注：根据工业和信息化部“关于发布《通信建设工程概算、预算编制办法》及相关定额的通知”（工信部规 [2008]75 号）的规定，为计取规费的费用，可在表中增设：“其中：人工费”或“其中：建筑安装工程费”。

（表—06）

措施项目清单与计价表（一）

工程名称：XX小区通信光缆接入工程　　标段：一标段　　第1页　共1页

序号	项目名称	计算基础	费率（%）	金额（元）
1	文明生产费	人工费		
2	工地器材搬运费	人工费		
3	工程干扰费	人工费		
4	工程点交、场地清理费	人工费		
5	临时设施费	人工费		
6	工程车辆使用费	人工费		
7	夜间施工增加费	人工费		
8	冬雨季施工增加费	人工费		
9	生产工具用具使用费	人工费		
10	施工用水电蒸汽费			
11	特殊地区施工增加费			
12	已完工程及设备保护费			
13	运土费			
14	施工队伍调遣费			
15	大型施工机械调遣费			
16				
17				
合计				

注：本表适用于以“项”计价的措施项目。

（表—08）

其他项目清单与计价汇总表

工程名称：XX小区通信光缆接入工程　　　　标段：一标段　　　　第1页　共1页

序号	项目名称	计量单位	金额（元）	备注
1	暂列金额			明细详见表—10—1
2	暂估价			
2.1	材料暂估价			明细详见表—10—2
2.2	配套专业工程暂估价			明细详见表—10—3
3	计日工			明细详见表—10—4
4	总承包服务费			明细详见表—10—5
合计				

注：材料的暂估单价计入清单项目综合单价，此处不汇总。

（表—10）

暂列金额明细表

工程名称：XX小区通信光缆接入工程　　　　标段：一标段　　　　第1页　共1页

序号	项目名称	计量单位	暂定金额（元）	备注
合计				

注：可只列暂定金额，投标人应将上述暂列金额计入投标总价中。

（表—10—1）

材料暂估单价表

工程名称：XX小区通信光缆接入工程　　　　标段：一标段　　　　　　　　　　　　第1页　共1页

序号	材料名称、型号、规格	计量单位	单价（元）	备注
合计				

注：1. 此表由招标人填写，并在备注栏说明暂估价的材料拟用在哪些清单项目上，投标人应将上述材料暂估单价计入工程量清单综合单价报价中。

2. 材料包括原材料、燃料、构配件以及按规定应计入建筑安装工程费中摊销的材料。

（表—10—2）

配套专业工程暂估价表

工程名称：XX小区通信光缆接入工程　　　　标段：一标段　　　　　　　　　　　　第1页　共1页

序号	工程名称	工程内容	金额（元）	备注
合计				

注：此表由招标人填写，投标人应将上述配套专业工程暂估价计入投标总价中。

（表—10—3）

计日工表

工程名称：XX小区通信光缆接入工程　　　标段：一标段　　　第1页　共1页

序号	项目名称	单位	暂定数额	综合单价	合价
一	人工				
	人工小计				
二	材料				
	材料小计				
三	施工机械				
	机械小计				
四	施工仪表				
	仪表小计				
合计					

注：此表项目名称、数量由招标人填写，编制招标控制价时，单价由招标人按有关计价规定确定；投标时，单价由投标人自主报价，计入投标总价中。

（表—10—4）

总承包服务费计价表

工程名称：XX小区通信光缆接入工程　　标段：一标段　　第1页　共1页

序号	项目名称	项目价值（元）	服务内容	费率（%）	金额（元）
合计					

（表—10—5）

规费、税金和安全生产费项目清单与计价表

工程名称：XX小区通信光缆接入工程　　标段：一标段　　第1页　共1页

序号	项目名称	计算基础	费率（%）	金额（元）
1	规费			
1.1	工程排污费			
1.2	社会保障费	人工费		
（1）	养老保险	人工费		
（2）	失业保险	人工费		
（3）	医疗保险	人工费		
1.3	住房公积金	人工费		
1.4	危险作业意外伤害保险费	人工费		
2	税金	分部分项工程费+措施项目费+规费		
3	安全生产费	建筑安装工程费		
合计				

（表—11）

四、招标控制价

XX 小区通信光缆接入工程 工程

工程量清单

招标人：________________（单位盖章）

工程造价咨询人：________________（单位资质专用章）

法定代表人或其授权人：________________（签字或盖章）

法定代表人或其授权人：________________（签字或盖章）

编制人：________________（造价人员签字盖专用章）

复核人：________________（造价工程师签字盖专用章）

编制时间：2017 年 3 月 22 日

复核时间：2017 年 3 月 22 日

（封—1）

XX 小区通信光缆接入工程 工程

招标控制价

招标控制价（小写）： 142290.91

（大写）： 壹拾肆万贰仟贰佰玖拾元玖角壹分

招标人：

（单位盖章）

工程造价
咨询人：

（单位资质专用章）

法定代表人
或其授权人：

（签字或盖章）

法定代表人
或其授权人：

（签字或盖章）

编制人：

（造价人员签字盖专用章）

复核人：

（造价工程师签字盖专用章）

编制时间：2017 年 3 月 22 日

复核时间：2017 年 3 月 22 日

（封—2）

总说明

工程名称：XX 小区通信光缆接入工程　　第 1 页　共 1 页

1. 工程概况

（1）本工程为XX小区通信光缆接入工程，本期工程主要解决XX新建小区通信光缆接入工程，共需新设4孔塑料管道15m，敷设144芯室外管道光缆1.35km，敷设48芯室外管道光缆4.04km，安装576芯光缆交接箱2个。

（2）本工程计划于7月1日开工，工期为30天。

2. 工程招标范围

XX小区通信光缆接入工程

3. 工程量清单编制依据

（1）XX小区通信光缆接入工程一阶段设计及施工图纸。

（2）通信建设工程量清单计价规范。

（3）信息通信建设工程预算定额、费用定额及编制规程

4. 其他需要说明的问题

（表—01）

工程项目招标控制价 / 投标报价汇总表

工程名称：XX 小区通信光缆接入工程　　　　　　　　　　　　　　　第 1 页　共 1 页

序号	单项（单位）工程名称	金额（元）	其中			
			暂估价（元）	文明生产费（元）	规费（元）	安全生产费（元）
1	XX 小区通信光缆接入工程	142 290.91		85.40	1 918.18	2 100.00
合计		142 290.91		85.40	1 918.18	2 100.00

注：本表适用于工程项目招标控制价或投标报价的汇总。

单项（单位）工程招标控制价 / 投标报价汇总表

工程名称：XX 小区通信光缆接入工程　　标段：一标段　　第 1 页　共 1 页

序号	汇总内容	金额（元）	其中：暂估价（元）
1	分部分项工程	123 842.79	
1.1			
1.2			
1.3			
1.4			
1.5			
2	措施项目	1 685.31	
2.1	文明生产费	85.40	
3	其他项目		
3.1	暂列金额		
3.2	配套专业工程暂估价		
3.3	计日工		
3.4	总承包服务费		
4	规费	1 918.18	
5	税金	12 744.63	
6	安全生产费	2 100.00	
招标控制价合计 = 1+2+3+4+5+6		142 290.91	

注：本表适用于单项工程或单位工程招标控制价或投标报价的汇总。

（表—03）

分部分项工程量清单与计价表

工程名称：XX 小区通信光缆接入工程　　　　标段：一标段　　　　第 1 页　共 3 页

序号	项目编码	项目名称	项目特征描述	计量单位	工程量	金额（元）		
						综合单价	合价	其中：暂估价
1	TX52002001	敷设塑料管道	1. 管材材质：塑料管 2. 管材规格：单管 Φ100，厚 4 3. 截面孔数：4×Φ100	m	15.000	90.77	1 361.53	
2	TX44001001	敷设管道光缆（室外通道）光缆	敷设 144 芯室外管道光缆	千米条	1.350	21 813.65	29 448.42	
3	TX44001002	敷设管道光缆（室外通道）光缆	敷设 48 芯室外管道光缆	千米条	4.040	10 654.31	43 043.41	
4	TX45001001	光缆接续	144 芯光缆接续	头	6.000	3 502.14	21 012.85	
5	TX45005001	用户光缆测试	144 芯用户光缆测试	段	7.000	584.11	4 088.77	
6	TX45005002	用户光缆测试	48 芯用户光缆测试	段	1.000	330.52	330.52	
7	TX46015001	安装光缆落地式交接箱	安装 576 芯光缆交接箱	个	2.000	12 278.64	24 557.29	
合　计							123 842.79	

注：根据工业和信息化部“关于发布《通信建设工程概算、预算编制办法》及相关定额的通知”（工信部规 [2008] 75 号）的规定，为计取规费的费用，可在表中增设：“其中：人工费”或“其中：建筑安装工程费”。

（表—06）

工程量清单综合单价分析表

工程名称：XX 小区通信光缆接入工程　　　　标段：一标段　　　　第 1 页　共 9 页

<table>
<tr><td>项目编码</td><td>TX52002001</td><td colspan="2">项目名称</td><td colspan="5">敷设塑料管道</td><td>计量单位</td><td colspan="4">m</td></tr>
<tr><td colspan="14">清单综合单价组成明细</td></tr>
<tr><td rowspan="2">定额编号</td><td rowspan="2">定额名称</td><td rowspan="2">定额单位</td><td rowspan="2">数量</td><td colspan="5">单价</td><td colspan="5">综合单价</td></tr>
<tr><td>人工费</td><td>材料费</td><td>机械费</td><td>仪表费</td><td>管理费和利润</td><td>人工费</td><td>材料费</td><td>机械费</td><td>仪表费</td><td>管理费和利润</td></tr>
<tr><td>TGD2－088</td><td>铺设塑料管道</td><td>百米</td><td>0.010</td><td>402.2</td><td>8 484.00</td><td></td><td></td><td>190.64</td><td>4.02</td><td>84.84</td><td></td><td></td><td>1.91</td></tr>
<tr><td></td><td></td><td></td><td></td><td></td><td></td><td></td><td></td><td></td><td></td><td></td><td></td><td></td><td></td></tr>
<tr><td></td><td></td><td></td><td></td><td></td><td></td><td></td><td></td><td></td><td></td><td></td><td></td><td></td><td></td></tr>
<tr><td></td><td></td><td></td><td></td><td></td><td></td><td></td><td></td><td></td><td></td><td></td><td></td><td></td><td></td></tr>
<tr><td colspan="2">人工单价</td><td colspan="7">小计</td><td>4.02</td><td>84.84</td><td></td><td></td><td>1.91</td></tr>
<tr><td colspan="2">技工：114.00 元 / 工日
普工：61.00 元 / 工日</td><td colspan="7">未计价材料费</td><td colspan="5"></td></tr>
<tr><td colspan="9">清单项目综合单价</td><td colspan="5">90.77</td></tr>
<tr><td rowspan="8">材料费明细</td><td colspan="6">主要材料名称、规格、型号</td><td>单位</td><td>数量</td><td>单价（元）</td><td>合价（元）</td><td>暂估单价（元）</td><td colspan="2">暂估合价（元）</td></tr>
<tr><td colspan="6">塑料管（含连接件）</td><td>m</td><td>404.00</td><td>21.00</td><td>8 484.00</td><td></td><td colspan="2"></td></tr>
<tr><td colspan="6"></td><td></td><td></td><td></td><td></td><td></td><td colspan="2"></td></tr>
<tr><td colspan="6"></td><td></td><td></td><td></td><td></td><td></td><td colspan="2"></td></tr>
<tr><td colspan="6"></td><td></td><td></td><td></td><td></td><td></td><td colspan="2"></td></tr>
<tr><td colspan="6"></td><td></td><td></td><td></td><td></td><td></td><td colspan="2"></td></tr>
<tr><td colspan="8">其他材料费</td><td>-</td><td></td><td>-</td><td colspan="2"></td></tr>
<tr><td colspan="8">材料费小计</td><td>-</td><td>8 484.00</td><td>-</td><td colspan="2"></td></tr>
</table>

注：1. 如不使用工业和信息化部发布的计价依据，可不填定额项目、编号等。

2. 招标文件提供了暂估单价的材料，按暂估单价填入表内“暂估单价”栏并计算“暂估合价”栏数值。

（表—07）

工程量清单综合单价分析表

工程名称：XX 小区通信光缆接入工程　　　　标段：一标段　　　　第 2 页　共 9 页

项目编码	TX44001001			项目名称			敷设管道光缆（室外通道）光缆		计量单位		千米条		
清单综合单价组成明细													
定额编号	定额名称	定额单位	数量	单价					综合单价				
				人工费	材料费	机械费	仪表费	管理费和利润	人工费	材料费	机械费	仪表费	管理费和利润
TXL4—015	敷设管道光缆（144 芯以下）	千米条	1	2 397.67	18 279.48			1 136.50	2 397.67	18 279.48			1 136.50
人工单价		小计							2 397.67	18 279.48			1 136.50
技工：114.00 元 / 工日 普工：61.00 元 / 工日		未计价材料费											
清单项目综合单价									21813.65				
材料费明细	主要材料名称、规格、型号						单位	数量	单价（元）	合价（元）	暂估单价（元）	暂估合价（元）	
	聚乙烯波纹						m	26.70	6.50	173.55			
	胶带（PVC）						盘	52.00	3.50	182.00			
	镀锌铁线 Φ1.5						kg	3.05	7.60	23.18			
	光缆						m	1 015.00	16.80	17 052.00			
	光缆托盘						块	48.50	15.00	727.50			
	托板垫						块	48.50	2.50	121.25			
	其他材料费								-		-		
	材料费小计								-	18 279.48	-		

注：1. 如不使用工业和信息化部发布的计价依据，可不填定额项目、编号等。

2. 招标文件提供了暂估单价的材料，按暂估单价填入表内“暂估单价”栏并计算“暂估合价”栏数值。

（表—07）

工程量清单综合单价分析表

工程名称：XX 小区通信光缆接入工程　　　　标段：一标段　　　　第 3 页　共 9 页

项目编码	TX44001002	项目名称		敷设管道光缆（室外通道）光缆					计量单位		千米条		
清单综合单价组成明细													
定额编号	定额名称	定额单位	数量	单价					综合单价				
				人工费	材料费	机械费	仪表费	管理费和利润	人工费	材料费	机械费	仪表费	管理费和利润
TXL4—013	敷设管道光缆（48 芯以下）	千米条	1	1 850.63	7 926.48			877.20	1 850.63	7 926.48			877.20
人工单价		小计							1 850.63	7 926.48			877.20
技工：114.00 元 / 工日 普工：61.00 元 / 工日		未计价材料费											
清单项目综合单价									10654.31				
材料费明细	主要材料名称、规格、型号						单位	数量	单价（元）	合价（元）	暂估单价（元）	暂估合价（元）	
	聚乙烯波纹						m	26.70	6.50	173.55			
	胶带（PVC）						盘	52.00	3.50	182.00			
	镀锌铁线 φ1.5						kg	3.05	7.60	23.18			
	光缆						m	1 015.00	6.60	6 699.00			
	光缆托盘						块	48.50	15.00	727.50			
	托板垫						块	48.50	2.50	121.25			
	其他材料费								-		-		
	材料费小计								-	7 926.48	-		

注：1. 如不使用工业和信息化部发布的计价依据，可不填定额项目、编号等。

2. 招标文件提供了暂估单价的材料，按暂估单价填入表内“暂估单价”栏并计算“暂估合价”栏数值。

（表—07）

工程量清单综合单价分析表

工程名称：XX 小区通信光缆接入工程　　　　标段：一标段　　　　第 4 页　共 9 页

项目编码	TX45001001	项目名称		光缆接续					计量单位	头			
清单综合单价组成明细													
定额编号	定额名称	定额单位	数量	单价					综合单价				
				人工费	材料费	机械费	仪表费	管理费和利润	人工费	材料费	机械费	仪表费	管理费和利润
TXL6—018	光缆接续（144 芯以下）	头	1	923.4	1 515.00	343.00	283.05	437.69	923.40	1 515.00	343.00	283.05	437.69
人工单价		小计							923.40	1 515.00	343.00	283.05	437.69
技工：114.00 元 / 工日 普工：61.00 元 / 工日		未计价材料费											
清单项目综合单价									3 502.14				
材料费明细	主要材料名称、规格、型号						单位	数量	单价（元）	合价（元）	暂估单价（元）	暂估合价（元）	
	光缆接续器材						套	1.01	1 500.00	1 515.00			
	其他材料费								-		-		
	材料费小计								-	1 515.00	-		

注：1. 如不使用工业和信息化部发布的计价依据，可不填定额项目、编号等。

2. 招标文件提供了暂估单价的材料，按暂估单价填入表内“暂估单价”栏并计算“暂估合价”栏数值。

（表—07）

工程量清单综合单价分析表

工程名称：XX 小区通信光缆接入工程　　　　标段：一标段　　　　第 5 页　共 9 页

项目编码	TX45005001	项目名称		用户光缆测试						计量单位	段		
清单综合单价组成明细													
定额编号	定额名称	定额单位	数量	单价					综合单价				
				人工费	材料费	机械费	仪表费	管理费和利润	人工费	材料费	机械费	仪表费	管理费和利润
TXL6—113	用户光缆测试（144 芯以下）	段	1	223.44			254.76	105.91	223.44			254.76	105.91
人工单价		小计							223.44			254.76	105.91
技工：114.00 元 / 工日 普工：61.00 元 / 工日		未计价材料费											
清单项目综合单价									584.11				
材料费明细	主要材料名称、规格、型号						单位	数量	单价（元）	合价（元）	暂估单价（元）	暂估合价（元）	
	其他材料费								-		-		
	材料费小计								-		-		

注：1. 如不使用工业和信息化部发布的计价依据，可不填定额项目、编号等。

2. 招标文件提供了暂估单价的材料，按暂估单价填入表内“暂估单价”栏并计算“暂估合价”栏数值。

（表—07）

工程量清单综合单价分析表

工程名称：XX 小区通信光缆接入工程　　　　标段：一标段　　　　第 6 页　共 9 页

项目编码	TX45005002	项目名称		用户光缆测试					计量单位		段		
清单综合单价组成明细													
定额编号	定额名称	定额单位	数量	单价					综合单价				
				人工费	材料费	机械费	仪表费	管理费和利润	人工费	材料费	机械费	仪表费	管理费和利润
TXL6—106	用户光缆测试（48 芯以下）	段	1	129.96			138.96	61.60	129.96			138.96	61.60
人工单价		小计							129.96			138.96	61.60
技工：114.00 元 / 工日 普工：61.00 元 / 工日		未计价材料费											
清单项目综合单价									330.52				
材料费明细	主要材料名称、规格、型号						单位	数量	单价（元）	合价（元）	暂估单价（元）	暂估合价（元）	
	其他材料费								-		-		
	材料费小计								-		-		

注：1. 如不使用工业和信息化部发布的计价依据，可不填定额项目、编号等。

2. 招标文件提供了暂估单价的材料，按暂估单价填入表内“暂估单价”栏并计算“暂估合价”栏数值。

（表—07）

工程量清单综合单价分析表

工程名称：XX 小区通信光缆接入工程　　　　标段：一标段　　　　第 7 页　共 9 页

<table>
<tr><td>项目编码</td><td>TX46015001</td><td colspan="2">项目名称</td><td colspan="6">安装光缆落地式交接箱</td><td>计量单位</td><td colspan="3">个</td></tr>
<tr><td colspan="14">清单综合单价组成明细</td></tr>
<tr><td rowspan="2">定额编号</td><td rowspan="2">定额名称</td><td rowspan="2">定额单位</td><td rowspan="2">数量</td><td colspan="5">单价</td><td colspan="5">综合单价</td></tr>
<tr><td>人工费</td><td>材料费</td><td>机械费</td><td>仪表费</td><td>管理费和利润</td><td>人工费</td><td>材料费</td><td>机械费</td><td>仪表费</td><td>管理费和利润</td></tr>
<tr><td>TXL7—044</td><td>安装 288 芯以上光缆落地式交接箱（576 芯）</td><td>个</td><td>1</td><td>164.5</td><td>12 036.17</td><td></td><td></td><td>77.97</td><td>164.50</td><td>12 036.17</td><td></td><td></td><td>77.97</td></tr>
<tr><td></td><td></td><td></td><td></td><td></td><td></td><td></td><td></td><td></td><td></td><td></td><td></td><td></td><td></td></tr>
<tr><td></td><td></td><td></td><td></td><td></td><td></td><td></td><td></td><td></td><td></td><td></td><td></td><td></td><td></td></tr>
<tr><td></td><td></td><td></td><td></td><td></td><td></td><td></td><td></td><td></td><td></td><td></td><td></td><td></td><td></td></tr>
<tr><td colspan="2">人工单价</td><td colspan="7">小计</td><td>164.50</td><td>12 036.17</td><td></td><td></td><td>77.97</td></tr>
<tr><td colspan="2">技工：114.00 元 / 工日
普工：61.00 元 / 工日</td><td colspan="7">未计价材料费</td><td colspan="5"></td></tr>
<tr><td colspan="9">清单项目综合单价</td><td colspan="5">12278.64</td></tr>
<tr><td rowspan="8">材料费明细</td><td colspan="6">主要材料名称、规格、型号</td><td>单位</td><td>数量</td><td>单价（元）</td><td>合价（元）</td><td>暂估单价（元）</td><td colspan="2">暂估合价（元）</td></tr>
<tr><td colspan="6">光缆交接箱</td><td>台</td><td>1.00</td><td>12 000.00</td><td>12 000.00</td><td></td><td colspan="2"></td></tr>
<tr><td colspan="6">软铜绞线 7/1.33</td><td>kg</td><td>0.20</td><td>95.00</td><td>19.00</td><td></td><td colspan="2"></td></tr>
<tr><td colspan="6">铜线鼻子</td><td>个</td><td>2.02</td><td>8.50</td><td>17.17</td><td></td><td colspan="2"></td></tr>
<tr><td colspan="6"></td><td></td><td></td><td></td><td></td><td></td><td colspan="2"></td></tr>
<tr><td colspan="6"></td><td></td><td></td><td></td><td></td><td></td><td colspan="2"></td></tr>
<tr><td colspan="8">其他材料费</td><td>-</td><td></td><td>-</td><td colspan="2"></td></tr>
<tr><td colspan="8">材料费小计</td><td>-</td><td>12 036.17</td><td>-</td><td colspan="2"></td></tr>
</table>

注：1. 如不使用工业和信息化部发布的计价依据，可不填定额项目、编号等。

2. 招标文件提供了暂估单价的材料，按暂估单价填入表内“暂估单价”栏并计算“暂估合价”栏数值。

（表—07）

措施项目清单与计价表（一）

工程名称：XX 小区通信光缆接入工程　　标段：一标段　　第 1 页　共 1 页

序号	项目名称	计算基础	费率（%）	金额（元）
1	文明生产费	人工费	1.5	85.40
2	工地器材搬运费	人工费	3.4	193.58
3	工程干扰费	人工费	6.0	341.62
4	工程点交、场地清理费	人工费	3.3	187.89
5	临时设施费	人工费	2.6	148.03
6	工程车辆使用费	人工费	5.0	284.68
7	夜间施工增加费	人工费	2.5	142.34
8	冬雨季施工增加费	人工费	1.8	102.49
9	生产工具用具使用费	人工费	1.5	85.40
10	施工用水电蒸汽费			
11	特殊地区施工增加费			
12	已完工程及设备保护费		2.0	113.87
13	运土费			
14	施工队伍调遣费			
15	大型施工机械调遣费			
16				
17				
合 计				1 685.31

注：本表适用于以“项”计价的措施项目。

（表—08）

措施项目清单与计价表（二）

工程名称：XX 小区通信光缆接入工程　　　　标段：一标段　　　　第1页　共3页

序号	项目编码	项目名称	项目特征描述	计量单位	工程量	金额（元）	
						综合单价	合价
1							
1							
1							
2							
2							
2							
2							
2							
2							
3							
3							
3							
3							
4							
4							
本页小计							
合计							

注：本表适用于以综合单价形式计价的措施项目。

（表—09）

措施项目清单与计价表（二）

工程名称：XX 小区通信光缆接入工程　　　　标段：一标段　　　　第 2 页　共 3 页

序号	项目编码	项目名称	项目特征描述	计量单位	工程量	金额（元）	
						综合单价	合价
5							
5							
5	TX22003001	SDH 传输设备		架	6		
5							
5							
5							
6			1. 名称				
6			2. 型号、规格				
6			安装测试传输设备接口盘（数据接口）				
6	TX22003002	SDH 传输设备		架	48		
6							
6							
6							
7	TX22012001	SDH、PDH 线路段光端对测	线路段光端对测（端站）	方向 - 系统	7		
7							
本页小计							
合计							

注：本表适用于以综合单价形式计价的措施项目。

（表—09）

措施项目清单与计价表（二）

工程名称：XX 小区通信光缆接入工程　　　　标段：一标段　　　　第 3 页　共 3 页

序号	项目编码	项目名称	项目特征描述	计量单位	工程量	金额（元）	
						综合单价	合价
8			服用设备系统测试				
9	TX22016001	光传输系统保护倒换测试	保护倒换测试	环 - 系统	1		
9			2. 测试要求				
本页小计							
合计							

注：本表适用于以综合单价形式计价的措施项目。

（表—09）

其他项目清单与计价汇总表

工程名称：XX 小区通信光缆接入工程　　　　标段：一标段　　　　第 1 页　共 1 页

序号	项目名称	计量单位	金额（元）	备注
1	暂列金额			明细详见表—10—1
2	暂估价			
2.1	材料暂估价			明细详见表—10—2
2.2	配套专业工程暂估价			明细详见表—10—3
3	计日工			明细详见表—10—4
4	总承包服务费			明细详见表—10—5
合计				

注：材料的暂估单价计入清单项目综合单价，此处不汇总。

（表—10）

暂列金额明细表

工程名称：XX 小区通信光缆接入工程　　　　标段：一标段　　　　第 1 页　共 1 页

序号	项目名称	计量单位	暂定金额（元）	备注
合计				

注：可只列暂定金额，投标人应将上述暂列金额计入投标总价中。

（表—10—1）

材料暂估单价表

工程名称：XX 小区通信光缆接入工程　　　　标段：一标段　　　　第 1 页　共 1 页

序号	材料名称、型号、规格	计量单位	单价（元）	备注
合计				

注：1. 此表由招标人填写，并在备注栏说明暂估价的材料拟用在哪些清单项目上，投标人应将上述材料暂估单价计入工程量清单综合单价报价中。

2. 材料包括原材料、燃料、构配件以及按规定应计入建筑安装工程费中摊销的材料。

（表—10—2）

配套专业工程暂估价表

工程名称：XX 小区通信光缆接入工程　　　　标段：一标段　　　　第 1 页　共 1 页

序号	工程名称	工程内容	金额（元）	备注
合计				

注：此表由招标人填写，投标人应将上述配套专业工程暂估价计入投标总价中。

（表—10—3）

计日工表

工程名称：XX 小区通信光缆接入工程　　标段：一标段　　第 1 页　共 1 页

序号	项目名称	单位	暂定数额	综合单价	合价
一	人工				
	人工小计				
二	材料				
	材料小计				
三	施工机械				
	机械小计				
四	施工仪表				
	仪表小计				
合计					

注：此表项目名称、数量由招标人填写，编制招标控制价时，单价由招标人按有关计价规定确定；投标时，单价由投标人自主报价，计入投标总价中。

（表—10—4）

总承包服务费计价表

工程名称：XX 小区通信光缆接入工程　　标段：一标段　　第 1 页　共 1 页

序号	项目名称	项目价值（元）	服务内容	费率（%）	金额（元）
合计					

（表—10—5）

规费、税金和安全生产费项目清单与计价表

工程名称：XX 小区通信光缆接入工程　　　　标段：一标段　　　　第 1 页　共 1 页

序号	项目名称	计算基础	费率（%）	金额（元）
1	规费			1 918.18
1.1	工程排污费			
1.2	社会保障费	人工费	28.5	1 622.68
（1）	养老保险	人工费		
（2）	失业保险	人工费		
（3）	医疗保险	人工费		
1.3	住房公积金	人工费	4.19	238.56
1.4	危险作业意外伤害保险费	人工费	1	56.94
2	税金	分部分项工程费＋措施项目费＋规费	10	12 744.63
3	安全生产费	建筑安装工程费	1.5	2 100.00
合计				16 762.81

（表—11）

五、投标报价

投标总价

招标人：XX 通信公司

工程名称：XX 小区通信光缆接入工程

投标总价：（小写）：109 220.37

（大写）：壹拾万玖仟贰佰贰拾元叁角柒分

招标人：XX 通信工程公司

法定代表人或其授权人：______

编制人：______

编制时间：____年__月__日

（封—3）

总说明

工程名称：XX小区通信光缆接入工程　　　　第1页　共1页

1. 工程概况

（1）本工程为XX小区通信光缆接入工程，本期工程主要解决XX新建小区通信光缆接入工程，共需敷设144芯室外管道光缆1.35km，敷设48芯室外管道光缆4.04km，安装576芯光缆交接箱2个。

（2）本工程计划于7月1日开工，工期为30天。

2. 工程报价范围

XX小区通信光缆接入工程

3. 报价编制依据

（1）XX小区通信光缆接入工程一阶段设计及施工图纸。

（2）通信建设工程量清单计价规范。

（3）信息通信建设工程预算定额、费用定额及编制规程

（4）招标文件提供的工程量清单

（5）招标文件中有关计价的要求

（6）本公司关于信息通信工程计价取费的内部定额及相关文件

（7）材料价格按本公司与相关供应商的协议价格

（8）地方材料价格采用工程所在地地方价格信息

4. 其他需要说明的问题

（1）本表格采用《建设工程工程量清单计价规范》（GB50500-2013）表格格式

（表—01）

工程项目招标控制价 / 投标报价汇总表

工程名称：XX 小区通信光缆接入工程　　　　第 1 页　共 1 页

序号	单项（单位）工程名称	金额（元）	其中			
			暂估价（元）	文明生产费（元）	规费（元）	安全生产费（元）
1	XX 小区通信光缆接入工程	109 220.37		85.40	1 918.18	2 100.00
合计		109 220.37		85.40	1 918.18	2 100.00

注：本表适用于工程项目招标控制价或投标报价的汇总。

（表—02）

单项（单位）工程招标控制价 / 投标报价汇总表

工程名称：XX 小区通信光缆接入工程　　　　标段：　　　　第 1 页　共 1 页

序号	汇总内容	金额（元）	其中：暂估价（元）
1	分部分项工程	93 778.67	
1.1			
1.2			
1.3			
1.4			
1.5			
2	措施项目	1 685.30	
2.1	文明生产费	85.40	
3	其他项目		
3.1	暂列金额		
3.2	配套专业工程暂估价		
3.3	计日工		
3.4	总承包服务费		
4	规费	1 918.18	
5	税金	9 738.22	
6	安全生产费	2 100.00	
合计 = 1+2+3+4+5+6		109 220.37	

注：本表适用于单项工程或单位工程招标控制价或投标报价的汇总。

（表—03）

分部分项工程量清单与计价表

标段：　　　　　　　　　　　　　　　　　　　　　　第1页　共1页

序号	项目编码	项目名称	项目特征描述	计量单位	工程量	金额（元）		
						综合单价	合价	其中：暂估价
1	TX52002001	敷设塑料管道	1. 管材材质：塑料管 2. 管材规格：单管 Φ100，厚4 3. 截面孔数：4×Φ100	m	15.000	73.04	1 095.57	
2	TX44001001	敷设管道光缆（室外通道）光缆	敷设144芯室外管道光缆	千米条	1.350	14 292.75	19 295.21	
3	TX44001002	敷设管道光缆（室外通道）光缆	敷设48芯室外管道光缆	千米条	4.040	8 718.13	35 221.26	
4	TX45001001	光缆接续	144芯光缆接续	头	6.000	2 398.01	14 388.09	
5	TX45005001	用户光缆测试	144芯用户光缆测试	段	7.000	541.75	3 792.22	
6	TX45005002	用户光缆测试	48芯用户光缆测试	段	1.000	305.88	305.88	
7	TX46015001	安装光缆落地式交接箱	安装576芯光缆交接箱	个	2.000	9 840.22	19 680.44	
本页小计							93 778.67	
合　计							93 778.67	

注：根据工业和信息化部“关于发布《通信建设工程概算、预算编制办法》及相关定额的通知”（工信部规 [2008] 75 号）的规定，为计取规费的费用，可在表中增设：“其中：人工费”或“其中：建筑安装工程费”。

（表—06）

工程量清单综合单价分析表

工程名称：XX 小区通信光缆接入工程　　　　标段：一标段　　　　第 1 页　共 7 页

项目编码	TX52002001	项目名称		人工敷设塑料管道					计量单位	m			
清单综合单价组成明细													
定额编号	定额名称	定额单位	数量	单价					综合单价				
				人工费	材料费	机械费	仪表费	管理费和利润	人工费	材料费	机械费	仪表费	管理费和利润
TGD2－088	铺设塑料管道	百米	0.010	402.2	6 787.20			114.39	4.02	67.87			1.14
人工单价		小计							4.02	67.87			1.14
技工：114.00 元 / 工日 普工：61.00 元 / 工日		未计价材料费											
清单项目综合单价									73.04				
材料费明细	主要材料名称、规格、型号				单位	数量			单价（元）	合价（元）	暂估单价（元）		暂估合价（元）
	塑料管（含连接件）				m	404.00			16.80	6 787.20			
	其他材料费								-		-		
	材料费小计								-	6 787.20	-		

注：1. 如不使用工业和信息化部发布的计价依据，可不填定额项目、编号等。　　　　（表—07）

2. 招标文件提供了暂估单价的材料，按暂估单价填入表内“暂估单价”栏并计算“暂估合价”栏数值。

工程量清单综合单价分析表

工程名称：XX 小区通信光缆接入工程　　　　标段：一标段　　　　第 2 页　共 7 页

<table>
<tr><td>项目编码</td><td>TX44001001</td><td>项目名称</td><td colspan="6">敷设管道光缆（室外通道）光缆</td><td colspan="2">计量单位</td><td colspan="3">千米条</td></tr>
<tr><td colspan="14">清单综合单价组成明细</td></tr>
<tr><td rowspan="2">定额编号</td><td rowspan="2">定额名称</td><td rowspan="2">定额单位</td><td rowspan="2">数量</td><td colspan="5">单价</td><td colspan="5">综合单价</td></tr>
<tr><td>人工费</td><td>材料费</td><td>机械费</td><td>仪表费</td><td>管理费和利润</td><td>人工费</td><td>材料费</td><td>机械费</td><td>仪表费</td><td>管理费和利润</td></tr>
<tr><td>TXL4—015</td><td>敷设管道光缆（144 芯以下）</td><td>千米条</td><td>1</td><td>2 397.67</td><td>11 213.18</td><td></td><td></td><td>681.90</td><td>2 397.67</td><td>11 213.18</td><td></td><td></td><td>681.90</td></tr>
<tr><td></td><td></td><td></td><td></td><td></td><td></td><td></td><td></td><td></td><td></td><td></td><td></td><td></td><td></td></tr>
<tr><td></td><td></td><td></td><td></td><td></td><td></td><td></td><td></td><td></td><td></td><td></td><td></td><td></td><td></td></tr>
<tr><td></td><td></td><td></td><td></td><td></td><td></td><td></td><td></td><td></td><td></td><td></td><td></td><td></td><td></td></tr>
<tr><td colspan="2">人工单价</td><td colspan="7">小计</td><td>2 397.67</td><td>11 213.18</td><td></td><td></td><td>681.90</td></tr>
<tr><td colspan="2">技工：114.00 元 / 工日
普工：61.00 元 / 工日</td><td colspan="7">未计价材料费</td><td colspan="5"></td></tr>
<tr><td colspan="9">清单项目综合单价</td><td colspan="5">14 292.75</td></tr>
<tr><td rowspan="9">材料费明细</td><td colspan="6">主要材料名称、规格、型号</td><td>单位</td><td>数量</td><td>单价（元）</td><td>合价（元）</td><td>暂估单价（元）</td><td colspan="2">暂估合价（元）</td></tr>
<tr><td colspan="6">聚乙烯波纹</td><td>m</td><td>26.70</td><td>5.20</td><td>138.84</td><td></td><td colspan="2"></td></tr>
<tr><td colspan="6">胶带（PVC）</td><td>盘</td><td>52.00</td><td>2.80</td><td>145.60</td><td></td><td colspan="2"></td></tr>
<tr><td colspan="6">镀锌铁线 Φ1.5</td><td>kg</td><td>3.05</td><td>6.08</td><td>18.54</td><td></td><td colspan="2"></td></tr>
<tr><td colspan="6">光缆</td><td>m</td><td>1 015.00</td><td>10.08</td><td>10 231.20</td><td></td><td colspan="2"></td></tr>
<tr><td colspan="6">光缆托盘</td><td>块</td><td>48.50</td><td>12.00</td><td>582.00</td><td></td><td colspan="2"></td></tr>
<tr><td colspan="6">托板垫</td><td>块</td><td>48.50</td><td>2.00</td><td>97.00</td><td></td><td colspan="2"></td></tr>
<tr><td colspan="8">其他材料费</td><td>-</td><td></td><td>-</td><td colspan="2"></td></tr>
<tr><td colspan="8">材料费小计</td><td>-</td><td>11 213.18</td><td>-</td><td colspan="2"></td></tr>
</table>

注：1. 如不使用工业和信息化部发布的计价依据，可不填定额项目、编号等。

2. 招标文件提供了暂估单价的材料，按暂估单价填入表内“暂估单价”栏并计算“暂估合价”栏数值。

（表—07）

工程量清单综合单价分析表

工程名称：XX 小区通信光缆接入工程　　　　标段：一标段　　　　第 3 页　共 7 页

项目编码	TX44001002	项目名称		敷设管道光缆（室外通道）光缆					计量单位	千米条			
清单综合单价组成明细													
定额编号	定额名称	定额单位	数量	单价					综合单价				
				人工费	材料费	机械费	仪表费	管理费和利润	人工费	材料费	机械费	仪表费	管理费和利润
TXL4—013	敷设管道光缆（48 芯以下）	千米条	1	1 850.63	6 341.18			526.32	1 850.63	6 341.18			526.32
人工单价		小计							1 850.63	6 341.18			526.32
技工：114.00 元 / 工日 普工：61.00 元 / 工日		未计价材料费											
清单项目综合单价									8718.13				

材料费明细	主要材料名称、规格、型号	单位	数量	单价（元）	合价（元）	暂估单价（元）	暂估合价（元）
	聚乙烯波纹	m	26.70	5.20	138.84		
	胶带（PVC）	盘	52.00	2.80	145.60		
	镀锌铁线 ϕ1.5	kg	3.05	6.08	18.54		
	光缆	m	1 015.00	5.28	5 359.20		
	光缆托盘	块	48.50	12.00	582.00		
	托板垫	块	48.50	2.00	97.00		
	其他材料费			-		-	
	材料费小计			-	6 341.18	-	

注：1. 如不使用工业和信息化部发布的计价依据，可不填定额项目、编号等。

2. 招标文件提供了暂估单价的材料，按暂估单价填入表内“暂估单价”栏并计算“暂估合价”栏数值。

（表—07）

工程量清单综合单价分析表

工程名称：XX 小区通信光缆接入工程　　　　标段：一标段　　　　第 4 页　共 7 页

项目编码	TX45001001	项目名称	光缆接续						计量单位	头			
清单综合单价组成明细													
定额编号	定额名称	定额单位	数量	单价					综合单价				
				人工费	材料费	机械费	仪表费	管理费和利润	人工费	材料费	机械费	仪表费	管理费和利润
TXL6—018	光缆接续（144 芯以下）	头	1	923.4	1 212.00			262.61	923.40	1 212.00			262.61
人工单价		小计							923.40	1 212.00			262.61
技工：114.00 元 / 工日 普工：61.00 元 / 工日		未计价材料费											
清单项目综合单价									2 398.01				
材料费明细	主要材料名称、规格、型号						单位	数量	单价（元）	合价（元）	暂估单价（元）	暂估合价（元）	
	光缆接续器材						套	1.01	1 200.00	1 212.00			
	其他材料费								-		-		
	材料费小计								-	1 212.00	-		

注：1. 如不使用工业和信息化部发布的计价依据，可不填定额项目、编号等。

2. 招标文件提供了暂估单价的材料，按暂估单价填入表内“暂估单价”栏并计算“暂估合价”栏数值。

（表—07）

工程量清单综合单价分析表

工程名称：XX 小区通信光缆接入工程　　　　标段：一标段　　　　第 5 页　共 7 页

项目编码	TX45005001	项目名称		用户光缆测试					计量单位	段			
清单综合单价组成明细													
定额编号	定额名称	定额单位	数量	单价					综合单价				
				人工费	材料费	机械费	仪表费	管理费和利润	人工费	材料费	机械费	仪表费	管理费和利润
TXL6—113	用户光缆测试（144 芯以下）	段	1	223.44			254.76	63.55	223.44			254.76	63.55
人工单价		小计							223.44			254.76	63.55
技工：114.00 元 / 工日 普工：61.00 元 / 工日		未计价材料费											
清单项目综合单价									541.75				
材料费明细	主要材料名称、规格、型号						单位	数量	单价（元）	合价（元）	暂估单价（元）	暂估合价（元）	
	其他材料费								-		-		
	材料费小计								-		-		

注：1. 如不使用工业和信息化部发布的计价依据，可不填定额项目、编号等。

2. 招标文件提供了暂估单价的材料，按暂估单价填入表内“暂估单价”栏并计算“暂估合价”栏数值。

（表—07）

工程量清单综合单价分析表

工程名称：XX 小区通信光缆接入工程　　　　标段：一标段　　　　第 6 页　共 7 页

<table>
<tr><td>项目编码</td><td>TX45005002</td><td colspan="2">项目名称</td><td colspan="5">用户光缆测试</td><td>计量单位</td><td colspan="4">段</td></tr>
<tr><td colspan="14">清单综合单价组成明细</td></tr>
<tr><td rowspan="2">定额编号</td><td rowspan="2">定额名称</td><td rowspan="2">定额单位</td><td rowspan="2">数量</td><td colspan="5">单价</td><td colspan="5">综合单价</td></tr>
<tr><td>人工费</td><td>材料费</td><td>机械费</td><td>仪表费</td><td>管理费和利润</td><td>人工费</td><td>材料费</td><td>机械费</td><td>仪表费</td><td>管理费和利润</td></tr>
<tr><td>TXL6—106</td><td>用户光缆测试（48 芯以下）</td><td>段</td><td>1</td><td>129.96</td><td></td><td></td><td>138.96</td><td>36.96</td><td>129.96</td><td></td><td></td><td>138.96</td><td>36.96</td></tr>
<tr><td></td><td></td><td></td><td></td><td></td><td></td><td></td><td></td><td></td><td></td><td></td><td></td><td></td><td></td></tr>
<tr><td></td><td></td><td></td><td></td><td></td><td></td><td></td><td></td><td></td><td></td><td></td><td></td><td></td><td></td></tr>
<tr><td></td><td></td><td></td><td></td><td></td><td></td><td></td><td></td><td></td><td></td><td></td><td></td><td></td><td></td></tr>
<tr><td colspan="2">人工单价</td><td colspan="7">小计</td><td>129.96</td><td></td><td></td><td>138.96</td><td>36.96</td></tr>
<tr><td colspan="2">技工：114.00 元 / 工日
普工：61.00 元 / 工日</td><td colspan="7">未计价材料费</td><td colspan="5"></td></tr>
<tr><td colspan="9">清单项目综合单价</td><td colspan="5">305.88</td></tr>
<tr><td rowspan="8">材料费明细</td><td colspan="6">主要材料名称、规格、型号</td><td>单位</td><td>数量</td><td>单价（元）</td><td>合价（元）</td><td>暂估单价（元）</td><td colspan="2">暂估合价（元）</td></tr>
<tr><td colspan="6"></td><td></td><td></td><td></td><td></td><td></td><td colspan="2"></td></tr>
<tr><td colspan="6"></td><td></td><td></td><td></td><td></td><td></td><td colspan="2"></td></tr>
<tr><td colspan="6"></td><td></td><td></td><td></td><td></td><td></td><td colspan="2"></td></tr>
<tr><td colspan="6"></td><td></td><td></td><td></td><td></td><td></td><td colspan="2"></td></tr>
<tr><td colspan="6"></td><td></td><td></td><td></td><td></td><td></td><td colspan="2"></td></tr>
<tr><td colspan="8">其他材料费</td><td>-</td><td></td><td>-</td><td colspan="2"></td></tr>
<tr><td colspan="8">材料费小计</td><td>-</td><td></td><td>-</td><td colspan="2"></td></tr>
</table>

注：1. 如不使用工业和信息化部发布的计价依据，可不填定额项目、编号等。

2. 招标文件提供了暂估单价的材料，按暂估单价填入表内“暂估单价”栏并计算“暂估合价”栏数值。

（表—07）

工程量清单综合单价分析表

工程名称：XX 小区通信光缆接入工程　　　标段：一标段　　　第 7 页　共 7 页

项目编码	TX46015001		项目名称	安装光缆落地式交接箱					计量单位	个			
清单综合单价组成明细													
定额编号	定额名称	定额单位	数量	单价					综合单价				
				人工费	材料费	机械费	仪表费	管理费和利润	人工费	材料费	机械费	仪表费	管理费和利润
TXL7—044	安装 288 芯以上光缆落地式交接箱（576 芯）	个	1	164.5	9 628.936			46.78	164.50	9 628.94			46.78
人工单价			小计						164.50	9 628.94			46.78
技工：114.00 元 / 工日 普工：61.00 元 / 工日			未计价材料费										
清单项目综合单价									9840.22				
材料费明细	主要材料名称、规格、型号						单位	数量	单价（元）	合价（元）	暂估单价（元）	暂估合价（元）	
	光缆交接箱						台	1.00	9 600.00	9 600.00			
	软铜绞线 7/1.33						kg	0.20	76.00	15.20			
	铜线鼻子						个	2.02	6.80	13.74			
	其他材料费								-		-		
	材料费小计								-	9 628.94	-		

注：1. 如不使用工业和信息化部发布的计价依据，可不填定额项目、编号等。

2. 招标文件提供了暂估单价的材料，按暂估单价填入表内“暂估单价”栏并计算“暂估合价”栏数值。

（表—07）

措施项目清单与计价表（一）

工程名称：XX 小区通信光缆接入工程　　标段：　　第 1 页　共 1 页

序号	项目名称	计算基础	费率（%）	金额（元）
1	文明生产费	人工费	1.5	85.40
2	工地器材搬运费	人工费	3.4	193.58
3	工程干扰费	人工费	6.0	341.62
4	工程点交、场地清理费	人工费	3.3	187.89
5	临时设施费	人工费	2.6	148.03
6	工程车辆使用费	人工费	5.0	284.68
7	夜间施工增加费	人工费	2.5	142.34
8	冬雨季施工增加费	人工费	1.8	102.49
9	生产工具用具使用费	人工费	1.5	85.40
10	施工用水电蒸汽费			
11	特殊地区施工增加费			
12	已完工程及设备保护费	人工费	2.0	113.87
13	运土费			
14	施工队伍调遣费			
15	大型施工机械调遣费			
16				
17				
合计				1 685.30

注：本表适用于以“项”计价的措施项目。

（表—08）

措施项目清单与计价表（二）

工程名称：XX 小区通信光缆接入工程　　　　标段：一标段　　　　第 1 页　共 3 页

序号	项目编码	项目名称	项目特征描述	计量单位	工程量	金额（元）	
						综合单价	合价
1							
2							
3							
本页小计							
合计							

注：本表适用于以综合单价形式计价的措施项目。

（表—09）

其他项目清单与计价汇总表

工程名称：XX 小区通信光缆接入工程　　　　标段：　　　　第 1 页　共 1 页

序号	项目名称	计量单位	金额（元）	备注
合计				

注：材料的暂估单价计入清单项目综合单价，此处不汇总。

（表—10）

暂列金额明细表

工程名称：XX 小区通信光缆接入工程　　标段：一标段　　第 1 页　共 1 页

序号	项目名称	计量单位	暂定金额（元）	备注
合计				

注：可只列暂定金额，投标人应将上述暂列金额计入投标总价中。

（表—10—1）

材料暂估单价表

工程名称：XX 小区通信光缆接入工程　　标段：一标段　　第 1 页　共 1 页

序号	材料名称、型号、规格	计量单位	单价（元）	备注
合计				

注：1. 此表由招标人填写，并在备注栏说明暂估价的材料拟用在哪些清单项目上，投标人应将上述材料暂估单价计入工程量清单综合单价报价中。

2. 材料包括原材料、燃料、构配件以及按规定应计入建筑安装工程费中摊销的材料。

（表—10—2）

配套专业工程暂估价表

工程名称：XX 小区通信光缆接入工程　　　　标段：一标段　　　　第 1 页　共 1 页

序号	工程名称	工程内容	金额（元）	备注
合计				

注：此表由招标人填写，投标人应将上述配套专业工程暂估价计入投标总价中。

（表—10—3）

计日工表

工程名称：XX 小区通信光缆接入工程　　　　标段：一标段　　　　第 1 页　共 1 页

序号	项目名称	单位	暂定数额	综合单价	合价
一	人工				
	人工小计				
二	材料				
	材料小计				
三	施工机械				
	机械小计				
四	施工仪表				
	仪表小计				
合计					

注：此表项目名称、数量由招标人填写，编制招标控制价时，单价由招标人按有关计价规定确定；投标时，单价由投标人自主报价，计入投标总价中。

（表—10—4）

总承包服务费计价表

工程名称：XX 小区通信光缆接入工程　　　　标段：一标段　　　　第 1 页　共 1 页

序号	项目名称	项目价值（元）	服务内容	费率（%）	金额（元）
合计					

（表—10—5）

规费、税金和安全生产费项目清单与计价表

工程名称：XX 小区通信光缆接入工程　　　　标段：　　　　第 1 页　共 1 页

序号	项目名称	计算基础	费率（%）	金额（元）
1	规费			1 918.18
1.1	工程排污费			
1.2	社会保障费	人工费	28.5	1 622.68
（1）	养老保险	人工费		
（2）	失业保险	人工费		
（3）	医疗保险	人工费		
1.3	住房公积金	人工费	4.19	238.56
1.4	危险作业意外伤害保险费	人工费	1	56.94
2	税金	分部分项工程费＋措施项目费＋规费	10	9 738.22
3	安全生产费	建筑安装工程费	1.5	2 100.00
合计				13 756.40

（表—11）

附录一：《信息通信建设工程预算定额》节选

本书第九章共有4个项目概（预）算编制示例，分别是电源设备安装工程项目、传输设备安装工程项目、移动通信基站设备安装工程项目和架空光缆线路工程项目。在示例中分别使用到《信息通信建设工程量预算定额》（“451版”）的第一册《通信电源设备安装工程》、第二册《有线通信设备安装工程》、第三册《无线通信设备安装工程》、第四册《通信线路工程》中的相关子目。为了便于读者对编制示例的理解，节选上述四册预算定额的部分内容如下。

一、第一册　通信电源设备安装工程节选（示例一参考使用）

（一）第一册说明

1. 《通信电源设备安装工程》预算定额覆盖了通信设备安装工程中所需的全部供电系统配置的安装项目，内容包括10 kV以下的变、配电设备，机房空调和动力环境监控，电力缆线布放，接地装置，供电系统配套附属设施的安装与调试。
2. 本册定额不包括10 kV以上电气设备安装；不包括电气设备的联合试运转工作。
3. 本册定额人工工日均以技工作业取定。
4. 本册定额中的消耗量，凡有需要材料但未予列出的，其名称及用量由设计按实计列。
5. 本册定额用于拆除工程时，其人工系数计算见表11-1-1。

表11-1-1　拆除工程人工系数

名称	拆除工程人工系数	
	不需入库	清理入库
第一章的变压器	0.55	0.70
第四章的室外直埋电缆	1.00	—
第五章的接地极、板	1.00	—
除以上内容外	0.40	0.60

（二）第一册第三章 安装交直流电源设备、不间断电源设备

说 明

1. 配电换流设备的安装，均未包括柜（屏）安装用支架的制作安装，其内容在本册第七章。

2. 本章的安装谐波滤波器定额对于不间断电源和高低压设备所需的谐波滤波器均适用。

3. 蓄电池架的列长度与架高由设计决定，其材料按实计列。

4. 蓄电池充电电量，由设计按实计列。

5. 太阳能电池安装已含有组件的吊装工作，不考虑其吊装高度，按同一定额计算。

以下为第三章摘录部分。

第一节 安装电池组及附属设备

一、安装蓄电池抗震架

工作内容：开箱检验，清洁搬运，组装，加固，补漆等。

<table>
<tr><td colspan="3">定额编号</td><td>TSD3-001</td><td>TSD3-002</td><td>TSD3-003</td><td>TSD3-004</td><td>TSD3-005</td></tr>
<tr><td colspan="3" rowspan="2">项 目</td><td colspan="5">安装蓄电池抗震架（列长）</td></tr>
<tr><td>单层单列</td><td>单层双列</td><td>双层单列</td><td>双层双列</td><td>每增加一层或一列</td></tr>
<tr><td colspan="3">定额单位</td><td colspan="5">m</td></tr>
<tr><td colspan="2">名 称</td><td>单位</td><td colspan="5">数 量</td></tr>
<tr><td rowspan="2">人工</td><td>技 工</td><td>工日</td><td>0.34</td><td>0.55</td><td>0.69</td><td>0.89</td><td>0.40</td></tr>
<tr><td>普 工</td><td>工日</td><td>—</td><td>—</td><td>—</td><td>—</td><td>—</td></tr>
<tr><td rowspan="5">主要材料</td><td></td><td></td><td></td><td></td><td></td><td></td><td></td></tr>
<tr><td></td><td></td><td></td><td></td><td></td><td></td><td></td></tr>
<tr><td></td><td></td><td></td><td></td><td></td><td></td><td></td></tr>
<tr><td></td><td></td><td></td><td></td><td></td><td></td><td></td></tr>
<tr><td></td><td></td><td></td><td></td><td></td><td></td><td></td></tr>
<tr><td rowspan="2">机械</td><td></td><td></td><td></td><td></td><td></td><td></td><td></td></tr>
<tr><td></td><td></td><td></td><td></td><td></td><td></td><td></td></tr>
<tr><td rowspan="2">仪表</td><td></td><td></td><td></td><td></td><td></td><td></td><td></td></tr>
<tr><td></td><td></td><td></td><td></td><td></td><td></td><td></td></tr>
</table>

二、安装蓄电池组

（一）安装铅酸蓄电池组

工作内容：开箱检验，清洁搬运，安装电池，调整水平，固定连线，电池标志，清洁整理等。

定额编号			TSD3-006	TSD3-007	TSD3-008	TSD3-009	TSD3-010	TSD3-011	TSD3-012
项　目			安装 24 V 铅酸蓄电池组						
			200 Ah 以下	600 Ah 以下	1 000 Ah 以下	1 500 Ah 以下	2 000 Ah 以下	3 000 Ah 以下	3 000 Ah 以上
定额单位			组						
	名　称	单位	数　量						
人工	技　工	工日	1.54	2.68	3.85	4.93	6.26	7.49	8.64
	普　工	工日	—	—	—	—	—	—	—
主要材料									
机械仪表	叉式装载车（3 t）	台班	—	—	—	0.30	0.50	0.80	0.80

定额编号			TSD3-013	TSD3-014	TSD3-015	TSD3-016	TSD3-017	TSD3-018	TSD3-019
项　目			安装 48 V 铅酸蓄电池组						
			200 Ah 以下	600 Ah 以下	1 000 Ah 以下	1 500 Ah 以下	2 000 Ah 以下	3 000 Ah 以下	3 000 Ah 以上
定额单位			组						
	名　称	单位	数　量						
人工	技　工	工日	3.03	5.36	7.7	9.85	12.51	14.99	17.28
	普　工	工日	—	—	—	—	—	—	—
主要材料									
机械仪表	叉式装载车（3 t）	台班	—	—	—	0.30	0.50	0.80	0.80

三、蓄电池充放电及容量试验

工作内容：1. 蓄电池补充电：补充电，数据记录等。

2. 蓄电池容量试验：放电，充电，测量记录，清洁整理。

定额编号			TSD3-034	TSD3-035	TSD3-036	TSD3-037
项　目			蓄电池补充电	蓄电池容量试验		
				24 V 以下直流系统	48 V 以下直流系统	500 V 以下直流系统
定额单位			组			
名　称		单位	数　量			
人工	技　工	工日	3.00	5.00	7.00	9.00
	普　工	工日	—	—	—	—
主材						
机械						
仪表	智能放电测试仪	台班	—	1.20	1.20	1.20
	直流钳形电流表	台班	—	1.20	1.20	1.20

第四节　安装开关电源设备

工作内容：1. 安装开关电源：开箱检验，清洁搬运，划线定位，安装固定，调整水平，安装附件，绝缘测试，通电前检查，单机主要电气性能调测等。

2. 安装高频开关整流模块：开箱检验，安装固定，接线等。

3. 安装一体化机柜：开箱检验，清洁搬运，安装箱体，装置内部模块，接地，清理现场等。

4. 开关电源系统调测：电池监测，电压设定，测量电池温度变化的补充控制浮充电压，自动升压充电和升压充电持续时间的控制，整流器、线路故障检测及各种信号告警调测，电池充放电电流控制，预防电池深放电调测，并机性能调测等。

5. 电源系统绝缘测试：电源系统综合指标测试，高压绝缘测试等。

定额编号			TSD3-064	TSD3-065	TSD3-066	TSD3-067	TSD3-068	TSD3-069
项　目			安装组合式开关电源①			安装开关电源架		
			300 A 以下	600 A 以下	600 A 以上	600 A 以下	1 200 A 以下	1 200 A 以上
定额单位			架					
名　称		单位	数　量					
人工	技　工	工日	5.52	6.16	6.90	5.60	6.89	8.10
	普　工	工日	—	—	—	—		—
主要材料	开关电源架	个	—	—	—	1.00	1.00	1.00
机械								

注：①高压直流系统可参照“安装组合式形式关电源”子目，人工消耗量乘系数1.2计取。

定额编号			TSD3-070	TSD3-071	TSD3-072	TSD3-073	TSD3-074	TSD3-075	TSD3-076
项　目			安装高频开关整流模块①			安装一体化开关电源柜		电源系统绝缘测试	开关电源系统调测
			50 A 以下	100 A 以下	100 A 以上	地式	壁挂式		
定额单位			个			台		系统	
名　称		单位	数　量						
人工	技　工	工日	1.12	1.44	1.86	2.80	4.10	2.20	4.00
	普　工	工日	—	—	—	—	—	—	—
主要材料									
机械									
仪表	手持式多功能万用表	台班	—	—	—	—	—	0.20	0.20
	绝缘电阻测试仪	台班	—	—	—	—	—	0.20	0.20
	音计	台班	—	—	—	—	—	—	0.20

注：①安装高频开关整流模块定额适用于扩容工程。

第五节　安装配电换流设备

工作内容：1. 安装换流设备：开箱检验，划线定位，安装固定。

2. 配电系统自动性能调测：按规范要求调测。

3. 安装直流远供电局端模块：开箱检验，安装，盘内整理，连接线。

4. 安装直流远供电远端模块：开箱检验，安装固定，接线，接地。

5. 直流远供电系统调试：系统回路调试。

定额编号			TSD3-077	TSD3-078	TSD3-079	TSD3-080	TSD3-081	TSD3-082
项　目			安装落地式交、直流配电屏	安装墙挂式交、直流配电箱	安装过压保护装置/防雷箱	安装变换器组合机架[①]	安装变换器	配电系统自动性能调测
定额单位			台		套	台	个	系统
	名　称	单位	数　量					
人工	技　工	工日	2.15	1.42	1.42	1.81	0.53	4.00
	普　工	工日	—	—	—	—	—	—
主要材料	机架	个	—	—	—	1.00	—	—
机械	交流弧焊机（21 kVA）	台班	0.10	—	—	—	—	—
仪表								

注：①变换器组合机架的安装是指不含变换器模块的机架安装内容，变换器模块的安装单独套用定额计算。

定额编号			TSD3-083	TSD3-084	TSD3-085	TSD3-086
项　目			安装直流远供电局端模块	安装直流远供电远端模块		直流远供电系统调试
				壁挂安装	挂杆安装	
定额单位				个		系统
	名　称	单位	数　量			
人工	技　工	工日	1.63	1.97	3.16	2.00
	普　工	工日	—	—	—	—
主要材料						
机械						
仪表	手持式多功能万用表	台班	—	—	—	0.30
	绝缘电阻测试仪	台班	—	—	—	0.30

定额编号			TSD3-087	TSD3-088	TSD3-089	TSD3-090	TSD3-091	TSD3-092	TSD3-093
项　目			安装调压器		安装交流稳压器		安装谐波滤波器	安装硅整流柜	安装充电整流器①
			100 kVA以下	500 kVA以下	20 kVA以下	20 kVA以上			
定额单位			台						
名　称		单位	数　量						
人工	技　工	工日	2.36	3.35	1.42	1.97	2.15	1.60	1.05
	普　工	工日	—	—	—	—	—	—	—
主要材料									
机械	汽车式起重机（5 t）	台班	0.10	0.15	—	—	0.10	0.10	—
	载重汽车（5 t）	台班	0.06	0.08	—	—	0.10	0.04	—
	交流弧焊机（21 kVA）	台班	—	—	—	—	—	0.06	—
仪表									

注：①安装充电整流器定额适用于备用发电机组充电整流器的安装。

（三）第一册第五章 敷设电源母线、电力和控制缆线

说　明

1. 本章定额的主要内容包括电源母线的制作与安装、母线槽的安装、电缆的布放以及电缆端头的制作等。

2. 封闭式插接母线槽按制造厂商提供的成品考虑，定额仅含安装工作内容。

3. 布放电力电缆不分结构形式与型号，均按电缆截面和芯数套用定额。另外，布放电力电缆定额不包括隔热层、保护层的制作与安装。

4. 布放电力电缆分室内、室外直埋和隧道 3 种方式。其中，室外直埋方式在开挖路面及挖填电缆沟定额中，不包括地下、地上障碍物的处理，若需处理另行计算工、料、机消耗量。

5. 布放控制电缆不分结构形式与型号，均按电缆截面和芯数套用定额。另外，布放控制电缆定额含终端头及中间头的制作安装。

以下为第五章摘录部分。

第三节　布放电力电缆

一、室内布放电力电缆

工作内容：检验、搬运、量裁、布放、绑扎、卡固、穿管、穿洞、对线等。

定额编号			TSD5-021	TSD5-022	TSD5-023	TSD5-024	TSD5-025	TSD5-026	TSD5-027
项　目			室内布放电力电缆（单芯相线截面积）①						
			16 mm^2 以下	35 mm^2 以下	70 mm^2 以下	120 mm^2 以下	185 mm^2 以下	240 mm^2 以下	500 mm^2 以下
定额单位			十米条						
	名　称	单位	数　量						
人工	技　工	工日	0.15	0.20	0.29	0.34	0.41	0.55	0.83
	普　工	工日	—	—	—	—	—	—	—
主要材料	电力电缆	m	10.15	10.15	10.15	10.15	10.15	10.15	10.15
机械仪表									
	绝缘电阻测试仪	台班	0.10	0.10	0.10	0.10	0.10	0.10	0.10

注：① 对于2芯电力电缆的布放，按单芯相应工日乘以系数1.1计取；对于3芯及3+1芯电力电缆的布放，按单芯相应工日乘以系数1.3计取；对于5芯电力电缆的布放，按单芯相应工日乘以系数1.5计取。

第五节　布放控制电缆①

工作内容：开箱检验、架盘敷设、定位量裁、绑扎整理、剥头接线、绝缘处理、安装固定、做标示牌。

定额编号			TSD5-058	TSD5-059	TSD5-060	TSD5-061	TSD5-062
项　目			水平布放控制电缆			垂直布放控制电缆	
			6 芯以下	14 芯以下	24 芯以下	14 芯以下	24 芯以下
定额单位			百米条				
	名　称	单位	数　量				
人工	技　工	工日	0.60	0.89	1.79	1.79	2.96
	普　工	工日	—	—	—	—	—
主要材料	控制电缆	m	101.50	101.50	101.50	101.50	101.50
机械仪表							

注：① 布放控制电缆未包括铅套管及固定支架。

二、第二册　有线通信设备安装工程节选（示例二参考使用）

（一）第二册说明

1.《有线通信设备安装工程》预算定额共包括 5 章内容：安装机架、缆线及辅助设备；安装、调测光纤通信数字传输设备；安装、调测数据通信设备；安装、调测交换设备；安装、调测视频监控设备。

2. 本册定额第一章“安装机架、缆线及辅助设备”为有线设备安装工程的通用设备安装项目。

3. 本册定额人工工日均以技术工（简称技工）作业取定。

4. 本册定额中的消耗量，凡是带有括号表示的，系供设计时根据安装方式选用其用量。

5. 使用本定额编制预算时，凡明确由设备生产厂商负责系统调测工作的，仅计列承建单位的“配合调测用工”。

6. 本册定额中所列“配合调测”定额子目，是指施工单位无法独立完成，需配合专业调测人员所做工作（包括配合测试区域的协调、调测过程中故障处理、旁站配合硬件调整等），由设计根据工程实际套用。

7. 本册定额用于拆除工程时，其人工工日系数计算见表 11-1-2。

表 11-1-2　拆除工程人工工日系数

章号	第一章	第二章	第三章	第四章
拆除工程系数	0.40	0.15	0.30	0.40

（二）第二册第一章　安装机架、缆线及辅助设备

说　明

1. 本章定额子目中未列出主材消耗量的，由设计按实计列；与设备成套供应的材料不再单独计列主材。

2. 安装电缆槽道、走线架。

3. 安装电缆槽道定额包括主、过桥、汇流槽道、垂直槽道、对墙槽道等内容。

4. 安装电缆走线架定额按成套供应、单层结构考虑，如为双层，按本定额人工工日乘以系数2.0计算；若为非成套供应，施工时需要现场加工制作，则按本定额人工工日乘以系数3.0计算。

5. 本章布放电缆定额适用于通信设备之间的电缆（不含设备内部布线）。

6. 布放电缆和导线定额只适用于在机房内线缆承载设备内布放。

7. 中间配线架塑料跳线长度计算见表 11-1-3。

表 11-1-3　中间配线架塑料跳线长度

项目	单位	架数									
中间配线架	架	1	2	3	4	5	6	7	8	9	10
平均跳线长度	米/百条	190	220	250	280	310	340	370	400	430	460

以下为第一章摘录部分。

第一节　安装机架（柜）、机箱

工作内容：1. 安装电源分配架（柜）、箱：开箱检验、清洁搬运、安装固定等。

2. 安装有源综合架（柜）、箱：开箱检验、清洁搬运、划线定位、（吊装）柜体就位、固定柜体、安装柜内配套系统、地线连接、清理现场等。

3. 安装无源综合架（柜）、箱：开箱检验、清洁搬运、划线定位、安装固定等。

4. 带电更换空气开关、熔断器、增（扩）子机框：开箱检验、安装固定等。

定额编号			TSY1-001	TSY1-002	TSY1-003	TSY1-004
项　目			安装电源分配架（柜）、箱			电源分配柜带电更换空气开关、熔断器
			落地式	壁挂式	架顶式	
定额单位			架			个
名　称		单位	数　量			
人工	技　工	工日	2.13	1.38	0.60	1.00
	普　工	工日	—	—	—	—
主要材料	加固角钢夹板组	组	2.02	—	—	—
	熔断器 / 空开	个	—	—	—	1.00
	电源分配柜（架）/ 箱	架	1.00	1.00	1.00	—

定额编号			TSY1-005	TSY1-006	TSY1-007	TSY1-008	TSY1-009	TSY1-010
项　目			安装室内有源综合架（柜）①		安装室内无源综合架（柜）①		安装室内墙挂 / 嵌墙式综合机箱①	
			落地式	嵌墙式	落地式	嵌墙式	有源	无源
定额单位			个					
名　称		单位	数　量					
人工	技　工	工日	1.86	4.05	1.61	2.79	1.20	0.96
	普　工	工日	—	—	—	—	—	—
主要材料	加固角钢夹板组	组	2.02	—	2.02	—	—	—
	综合机柜（架）	个	1.00	1.00	1.00	1.00	—	—
	综合机箱	个	—	—	—	—	1.00	1.00
机械								

注：① 本节定额中安装综合架（柜）适用于各专业的空架、龙门架、混合架、集装架等；安装有源综合架（柜）包含机架内电源子机框的安装。

四、布放软光纤

工作内容：1. 放绑软光纤：放绑软光纤、固定软光纤连接器（活接头）、敷设套管、预留保护。
2. 布放集束光纤：取料、布放、预留保护、整理、固定等。
3. 端接集束光纤：编扎、端接、对线试通、做标识。

定额编号			TSY1-079	TSY1-080	TSY1-081	TSY1-082
项　目			放、绑软光纤[①]			
			设备机架之间放、绑		光纤分配架内跳纤	中间站跳纤
			15 m 以下	15 m 以上		
定额单位			条			
名　称		单位	数　量			
人工	技　工	工日	0.29	0.46	0.13	0.70
	普　工	工日	—	—	—	—
主要材料	软光纤（双头）	条	1.00	1.00	1.00	1.00
机械						
仪表						

注：① 软光纤套管材料按实计列。

定额编号			TSY1-083	TSY1-084	TSY1-085	TSY1-086	TSY1-087	TSY1-088
项　目			布放集束光纤	端接集束光纤				
				12 芯以下	24 芯以下	48 芯以下	96 芯以下	96 芯以上
定额单位			十米条	条				
名　称		单位	数　量					
人工	技　工	工日	0.50	0.20	0.33	0.55	0.90	1.00
	普　工	工日	—	—	—	—	—	—
主要材料	集束光纤		10.00	—	—	—	—	—
机械								
仪表								

五、布放电力电缆

工作内容：检验、搬运、量裁、布放、绑扎、卡固、穿管、穿洞、对线、剥保护层、压接铜或铝接线端子、包缠绝缘带、固定等。

定额编号			TSY1-089	TSY1-090	TSY1-091	TSY1-092	TSY1-093	TSY1-094	TSY1-095	TSY1-096
项　目			布放电力电缆（单芯相线截面积）①							安装列内电源线②
			16 mm² 以下	35 mm² 以下	70 mm² 以下	120 mm² 以下	185 mm² 以下	240 mm² 以下	500 mm² 以下	
定额单位			十米条							列
名　称		单位	数　量							
人工	技　工	工日	0.18	0.25	0.36	0.49	0.60	0.76	1.20	1.50
	普　工	工日	—	—	—	—	—	—	—	—
主要材料	电力电缆	m	10.15	10.15	10.15	10.15	10.15	10.15	10.15	—
	接线端子	个/条	2.03	2.03	2.03	2.03	2.03	2.03	2.03	—
机械										
仪表										

注：① 对于 2 芯电力电缆的布放，按单芯电力电缆相应工日数乘以 1.35 系数；对于 3 芯及 3+1 芯电力电缆的布放，按单芯电缆相应工日数乘以 2.00 系数；对于 5 芯电力电缆的布放，按单芯电缆相应工日数乘以 2.75 系数。

② 安装列内电源线按 6 个机架（一主一备）考虑，每超过 1 个机架（或增加一主一备）另增加 0.25 工日，材料消耗量按实计列。

（三）第二册第二章 安装、调测光纤数字传输设备

说　明

1. 本章定额分为有源光网络和无源光网络两种组网类型。其中，有源光网络组网又分为数字传输设备、分组传送设备、波分复用设备、光传输设备等各种组网类型。

2. 本章定额中安装测试 PCM 设备子目，同样适用于压缩通道的（ADPCM）设备，定额工日不作调整。

3. 相关工程量的计算规则：

（1）PCM 设备由复用侧一个 2 Mbit/s、支路侧 32 个 64 kbit/s 为一端。

（2）PDH、SDH、DXC、PTN 等传输设备的安装测试分为基本子机框和接口单元盘两个部分。基本子机框包括交叉、网管、公务、时钟、电源等除群路、支路、光放盘以外的所有内容的机盘，定额子目以“套”为单位；接口单元盘包括群路侧、支路侧接口盘的安装和本机测试，定额子目以“端口”为单位。各种速率系统的终端复用器 TM、分插复

用器 ADM、数字交叉连接设备 DXC 均按此套用。上述分项工程定额统一以设备的外接端口为计量单位，一收一发为 1 个端口。

（3） 安装单波道光放大器的单位“个”是指一个功率放大器或一个前置放大器。

（4）WDM 波分复用设备的安装测试分为基本配置和增装配置。基本配置含相应波数的合波器、分波器、功放、预放；增装配置是在基本配置的基础上增加相应波数的合波器、分波器。

4. 本定额中设备安装所需附件和材料按厂商配套提供考虑，未在定额中列出。若非成套提供，材料规格及消耗量需由设计按实计列。

5. 本章定额中带括号表示的仪表台班消耗量仅供在测试以太网光口时供设计套用。

6. 本章定额中误码测试仪、数字传输分析仪和数据传输分析仪在定额套用时，应根据子目中设置的测试速率，在信息通信建设工程施工仪表台班费用定额中计取相应台班单价。

以下为第二章摘录部分。

第一节 安装测试传输设备

工作内容：1. 安装测试传输设备：开箱检验、清洁搬运、定位安装子架、装配接口板、加电检查、单机性能测试、自环测试等。

2. 安装集成式小型设备：开箱检验、安装固定、加电检查等。

3. 增（扩）装、更换光模块：开箱检验、安装固定、加电检查。

4. 安装测试单波道光放大器、光电转换模块：开箱检验、清洁搬运、安装机盘、固定机盘间接头、单机性能测试等。

5. DXC 设备连通测试：测试本机系统的抖动转移、时延等指标、本站内链路连通测试。

定额编号			TSY2-001	TSY2-002	TSY2-003
项 目			安装子机框及公共单元盘	安装集成式小型设备①	增（扩）装、更换光模块
定额单位			套		个
名 称		单位	数 量		
人工	技 工	工日	1.05	0.85	0.05
	普 工	工日	—	—	—
主要材料					

注：① 集成式小型设备不含测试内容，如需调测，按相关规定套取相应仪表台班定额。

定额编号			TSY2-004	TSY2-005	TSY2-006	TSY2-007	TSY2-008	TSY2-009	TSY2-010	TSY2-011	TSY2-012
项　目			安装测试传输设备接口盘[①]								
			100 Gbit/s及以上[②]	40 Gbit/s	10 Gbit/s	2.5 Gbit/s	622 Mbit/s	155 Mbit/s		45/34 Mbit/s	2 Mbit/s
								光口	电口		
定额单位			端口								
	名　称	单位	数　量								
人工	技　工	工日	2.15	1.85	1.60	1.35	1.05	0.80	0.65	0.30	0.25
	普　工	工日	—	—	—	—	—	—	—	—	—
仪表	数字传输分析仪	台班	0.05	0.05	0.05	0.05	0.05	0.05	0.05	0.05	0.05
	光可变衰耗器	台班	0.03	0.03	0.03	0.03	0.03	0.03	—	—	—
	光功率计	台班	0.10	0.10	0.10	0.10	0.10	0.10	—	—	—
	稳定光源	台班	0.10	0.10	0.10	0.10	0.10	0.10	—	—	—
	数字宽带示波器100 Gbit/s	台班	0.03	0.03	—	—	—	—	—	—	—
	数字宽带示波器20 Gbit/s	台班	—	—	0.03	0.03	0.03	0.03	—	—	—

注：① 基站、接入网工程段各接口盘的安装测试：8 个端口以下的按人工定额乘以 3.0 系数；8 个端口以上按人工定额乘以 2.0 系数计算。

② 测试 100 Gbit/s 以上设备端口时，仪表定额乘以 2.0 系数计算。

第二节　安装测试波分复用设备、光传送网设备

工作内容：清洁搬运、开箱检验、安装固定子架、安装机盘、设备标志、固定机盘间接头、检查核对架内架间电缆、本机性能测试、自环测试等。

定额编号			TSY2-022	TSY2-023	TSY2-024
项　目			安装子机框及公共单元盘	安装集成式小型设备[①]	增（扩）装、更换光模块
定额单位			套		个
	名　称	单位	数　量		
人工	技　工	工日	1.05	0.85	0.05
	普　工	工日	—	—	—
主要材料					

注：① 集成式小型设备不含测试内容，如需调测，按相关规定套取相应仪表台班定额。

定额编号			TSY2-025	TSY2-026	TSY2-027	TSY2-028	TSY2-029	TSY2-030	TSY2-031	TSY2-032
项　目			安装测试波分复用设备				增装测试合波器、分波器（扩波）[①]			
			16 波以下	48 波以下	96 波以下	192 波以下	10 波以下	20 波以下	48 波以下	96 波以下
定额单位			端				套			
名　称		单位	数　量							
人工	技　工	工日	6.40	13.50	21.10	33.60	1.60	3.20	5.75	9.60
	普　工	工日	—	—	—	—	—	—	—	—
主要材料										
仪表	光功率计	台班	0.30	0.65	1.20	2.15	0.25	0.35	0.65	1.20
	稳定光源	台班	0.30	0.65	1.20	2.15	0.25	0.35	0.65	1.20
	光可变衰耗器	台班	0.30	0.65	1.20	2.15	0.25	0.35	0.65	1.20
	光谱分析仪	台班	0.30	0.65	1.20	2.15	0.25	0.35	0.65	1.20

注：①“增装合波器、分波器”定额单位“套”，是指一个合波器和一个分波器为一套。

定额编号			TSY2-033	TSY2-034	TSY2-035
项　目			安装测试光分插复用器（OADM）[①]		
			单方向 2 波上下	16 波以下每增加 1 波上下	16 波以上每增加 1 波上下
定额单位			系统	波	
名　称		单位	数　量		
人工	技　工	工日	4.80	0.65	0.55
	普　工	工日	—	—	—
主要材料					
仪表	光功率计	台班	0.10	0.02	0.01
	稳定光源	台班	0.10	0.02	0.01
	光可变衰耗器	台班	0.10	0.02	0.01
	光谱分析仪	台班	0.20	0.04	0.02

注：① 安装测试光分插复用器包括光放大器、合波器、分波器及相关控制设备。

<table>
<tr><td colspan="3">定额编号</td><td>TSY2-036</td><td>TSY2-037</td><td>TSY2-038</td><td>TSY2-039</td><td>TSY2-040</td></tr>
<tr><td colspan="3" rowspan="2">项 目</td><td colspan="3">安装测试 OTN 电交叉设备</td><td colspan="2">安装测试 OTN 光交叉设备</td></tr>
<tr><td>1.28 T
以下</td><td>10 T
以下</td><td>10 T
以上</td><td>2 维以下</td><td>2 维以上每增加 1 个维度</td></tr>
<tr><td colspan="3">定额单位</td><td colspan="3">子架</td><td colspan="2">维度</td></tr>
<tr><td colspan="2">名 称</td><td>单位</td><td colspan="5">数 量</td></tr>
<tr><td rowspan="2">人工</td><td>技 工</td><td>工日</td><td>11.20</td><td>14.40</td><td>19.20</td><td>22.40</td><td>7.70</td></tr>
<tr><td>普 工</td><td>工日</td><td>—</td><td>—</td><td>—</td><td>—</td><td>—</td></tr>
<tr><td rowspan="6">主要材料</td><td></td><td></td><td></td><td></td><td></td><td></td><td></td></tr>
<tr><td></td><td></td><td></td><td></td><td></td><td></td><td></td></tr>
<tr><td></td><td></td><td></td><td></td><td></td><td></td><td></td></tr>
<tr><td></td><td></td><td></td><td></td><td></td><td></td><td></td></tr>
<tr><td></td><td></td><td></td><td></td><td></td><td></td><td></td></tr>
<tr><td></td><td></td><td></td><td></td><td></td><td></td><td></td></tr>
<tr><td rowspan="5">仪表</td><td>光功率计</td><td>台班</td><td>—</td><td>—</td><td>—</td><td>0.10</td><td>0.05</td></tr>
<tr><td>稳定光源</td><td>台班</td><td>—</td><td>—</td><td>—</td><td>0.10</td><td>0.05</td></tr>
<tr><td>光可变衰耗器</td><td>台班</td><td>—</td><td>—</td><td>—</td><td>0.10</td><td>0.05</td></tr>
<tr><td>光谱分析仪</td><td>台班</td><td>—</td><td>—</td><td>—</td><td>0.10</td><td>0.05</td></tr>
<tr><td>数字传输分析仪</td><td>台班</td><td>0.05</td><td>0.05</td><td>0.05</td><td>0.05</td><td>0.05</td></tr>
</table>

<table>
<tr><td colspan="3">定额编号</td><td>TSY2-041</td><td>TSY2-042</td><td>TSY2-043</td><td>TSY2-044</td></tr>
<tr><td colspan="3" rowspan="3">项 目</td><td colspan="4">安装测试光波长转换器（OTU）</td></tr>
<tr><td rowspan="2">支线路合一型[①]</td><td colspan="3">支线路分离型</td></tr>
<tr><td>线路侧</td><td>支路侧</td><td>支路侧以太网接口</td></tr>
<tr><td colspan="3">定额单位</td><td>个</td><td colspan="3">端口</td></tr>
<tr><td colspan="2">名 称</td><td>单位</td><td colspan="4">数 量</td></tr>
<tr><td rowspan="2">人工</td><td>技 工</td><td>工日</td><td>2.55</td><td>1.15</td><td>0.96</td><td>0.65</td></tr>
<tr><td>普 工</td><td>工日</td><td>—</td><td>—</td><td>—</td><td>—</td></tr>
<tr><td rowspan="8">仪表</td><td>光功率计</td><td>台班</td><td>0.10</td><td>0.10</td><td>0.10</td><td>0.10</td></tr>
<tr><td>稳定光源</td><td>台班</td><td>0.10</td><td>0.10</td><td>0.10</td><td>0.10</td></tr>
<tr><td>光可变衰耗器</td><td>台班</td><td>0.10</td><td>0.05</td><td>0.05</td><td>0.05</td></tr>
<tr><td>数字传输分析仪</td><td>台班</td><td>0.10</td><td>0.05</td><td>0.05</td><td>—</td></tr>
<tr><td>光谱分析仪</td><td>台班</td><td>0.10</td><td>0.05</td><td>0.05</td><td>0.05</td></tr>
<tr><td>数据传输分析仪</td><td>台班</td><td>—</td><td>—</td><td>—</td><td>0.05</td></tr>
<tr><td></td><td></td><td></td><td></td><td></td><td></td></tr>
<tr><td></td><td></td><td></td><td></td><td></td><td></td></tr>
</table>

注：① 安装测试支线路合一型光波长转换器的单位“个”指一个接收 / 发送 / 单向再生型 OTU，对于收发合一 / 双向再生型视为两个 OTU。

定额编号			TSY2-050	TSY2-051	TSY2-052
项　目			安装测试光谱分析模块	安装测试光线路放大器（OLA）①	
				40 波以下	40 波以上
定额单位			单元	系统	
名　称		单位	数　量		
人工	技　工	工日	0.95	5.50	9.50
	普　工	工日	—	—	—
主要材料					
仪表	光可变衰耗器	台班	—	0.65	1.20
	光功率计	台班	0.03	0.65	1.20
	稳定光源	台班	0.03	0.65	1.20
	光谱分析仪	台班	0.06	—	—

注：① 安装测试光线路放大器是指光放站的本机安装与测试，包括两个方向的两上光放大器及相关的控制设备。

第四节　安装、调测网络管理系统设备

工作内容：开箱检验、清洁搬运、划线定位、设备安装固定、设备标志、设备自检、数字公务系统运行试验、配合调测网管系统运行试验等。

定额编号			TSY2-056	TSY2-057	TSY2-058
项　目			安装、配合调测网络管理系统①		数字公务系统运行试验
			新建工程	纳入原有网管系统	
定额单位			套	站	方向·系统
名　称		单位	数　量		
人工	技　工	工日	5.00	3.50	0.50
	普　工	工日	—	—	—
主要材料					
仪表					

注：① 安装网络管理系统包括：SNM、EM、X 终端、本地终端设备的安装，网管线、数据线、电源线的布放。不包括与外部通道相连的通信电缆。

第五节　调测系统通道

一、调测传输设备系统通道

工作内容：系统误码特性、系统抖动、系统光功率测试；告警、检测、转换功能、公务操作检查、音频接口测试等。

定额编号			TSY2-059	TSY2-060	TSY2-061	TSY2-062	TSY2-063	TSY2-064
项　目			线路段光端对测①	系统通道调测②				保护倒换测试③
				以太网接口		TDM 接口		
				光口	电口	光口	电口	
定额单位			方向·系统	端口				环·系统
名　称		单位	数　量					
人工	技　工	工日	0.95	0.35	0.25	0.50	0.30	1.50
	普　工	工日	—	—	—	—	—	—
仪表	数字传输分析仪	台班	—	—	—	0.10	0.10	0.10
	数据业务测试仪	台班	—	0.10	0.10	—	—	—
	光功率计	台班	0.05	0.05	—	0.05	—	—
	稳定光源	台班	0.05	0.05	—	0.05	—	—
	光呆变衰耗器	台班	0.10	0.05	—	0.05	—	0.20
	误码测试仪	台班	—	—	—	1.15	1.15	—

注：① 光端对测仪测本站线路口。

② 系统通道调测，应测本站的各速率支路端口，但不包括未做交叉的冗余端口。

③ 保护倒换测试在实际工程中，一个环内取一个站计列，或将定额值分摊到环内各站。

二、调测波分复用设备、光传送设备系统通道

工作内容：按施工验收规范内容，对信噪比、中心频率、误码率、抖动等各种性能进行调测。

定额编号			TSY2-065	TSY2-066	TSY2-067	TSY2-068	TSY2-069	TSY2-070
项　目			线路段光端对测①		系统通道调测②			
			光放站	分路站 / 端站 / 再生站	以太网接口		TDM 接口	
					光口	电口	光口	电口
定额单位			方向·系统		端口			
名　称		单位	数　量					
人工	技　工	工日	1.05	1.30	0.35	0.25	0.50	0.30
	普　工	工日	—	—	—	—	—	—
主要材料								
仪表	数字传输分析仪	台班	—	—	—	—	0.10	0.10
	数据业务测试仪	台班	—	—	0.10	0.10	—	—
	光谱分析仪	台班	0.10	0.05	0.05	—	0.05	—
	误码测试仪	台班	—	—	—	—	1.15	1.15

注：① 线路段光端对测仪测本站的线路口。

② 系统通道调测，对于开放式系统应测本站的所有波道及子速率透明复用器的全部支路口。

三、网络保护及光路优化

工作内容：进行系统光功率调整等。

定额编号			TSY2-071	TSY2-072	TSY2-073	TSY2-074	TSY2-075
项　目			光放段光路优化	波道优化	线路保护	光通道保护	子网连接保护[①]
定额单位			系统·段	波道·单向	方向·段	方向·通道	环·系统
名　称		单位	数　量				
人工	技　工	工日	0.85	0.65	0.80	0.50	1.60
人工	普　工	工日	—	—	—	—	—
仪表	光功率计	台班	0.10	0.05	0.10	0.10	—
仪表	稳定光源	台班	0.10	0.05	0.10	0.10	—
仪表	光可变衰耗器	台班	0.10	0.05	0.10	0.05	0.30
仪表	光谱分析仪	台班	—	0.05	—	0.06	—
仪表	数字传输分析仪	台班	—	—	0.10	0.05	0.30
仪表	误码测试仪	台班	—	—	—	1.15	—
仪表							
仪表							
仪表							
仪表							

注：① 子网连接保护，在实际工程中，一个环内取一个站计列，或将定额值分摊到环内各站。

四、调测系统通道中间站配合、光纤复测等

工作内容：1. 光、电调测中间站配合：按施工验收规范要求的内容进行各项指标调测的配合。

2. 光纤复测：光纤特性复测。

定额编号			TSY2-076	TSY2-077	TSY2-078	TSY2-079	TSY2-080
项　目			光、电调测中间站配合		光纤复测[①②]		配合调测ASON控制层面[③]
			光放站	端站	40 km 以下	40 km 以上	
定额单位			站		中继段 / 光放段		系统 / 站
名　称		单位	数　量				
人工	技　工	工日	2.10	2.50	0.92	1.10	6.00
人工	普　工	工日	—	—	—	—	—
仪表	数字传输分析仪	台班	—	0.10	—	—	—
仪表	光可变衰耗器	台班	0.10	0.10	—	—	—
仪表	光功率计	台班	0.10	0.10	0.30	0.36	—
仪表	稳定光源	台班	0.10	0.10	0.30	0.36	—
仪表	光时域反射仪	台班	—	—	0.30	0.36	—
仪表	偏振模色散测试仪	台班	—	—	0.30	0.36	—
仪表	色度色散测试仪	台班	—	—	（0.80）	（0.96）	—

注：① 光纤复测定额用于新旧系统交叉时对原有通道进行复测。

② 在同时进行光缆衰耗、偏振膜色散、色度色散测试时，光功率计和稳定光源的台班数量仅计取一次，不可重复计取。

③ ASON 系统的传送及管理层面的工作量按传输设备的相关定额计取。

第七节　安装、调测无源光网络设备

一、安装测试光线路终端（OLT）设备

工作内容：1. 安装测试基本子架及公共单元盘：开箱检验、安装固定机框、插装公共单元盘、设备标记、检验公共单元盘的功能。

2. 安装接口盘：插装设备板卡、设备标记、清洁整理等。

3. OLT 设备本机测试：加电、本机性能测试，整理数据、填写测试表格等。

定额编号			TSY2-086	TSY2-087	TSY2-088	TSY2-089	TSY2-090
项　目			安装测试基本子架及公共单元盘		安装	OLT设备本机测试	
			架式	盒式	接口盘	上联SNI接口	下联光接口
定额单位			套		块	端口	
名　称		单位	数　量				
人工	技　工	工日	1.05	0.60	0.08	0.06	0.06
	普　工	工日	—	—	—	—	—
仪表	网络测试仪	台班	—	—	—	0.05	0.05
	光可变衰耗器	台班	—	—	—	（0.03）	0.05
	光功率计	台班	—	—	—	（0.10）	—
	稳定光源	台班	—	—	—	（0.10）	0.05
	PON 光功率计	台班	—	—	—	—	0.05

二、安装测试光网络单元（ONU）/ 光网络终端（ONT）设备

工作内容：1. 安装插卡式光网络单元（ONU）：开箱检验、清洁搬运、安装固定子机框、插装设备板卡、设备标记、清洁整理等。

2. 安装集成式光网络单元（ONU）：开箱检验、清洁搬运、安装固定设备本机、设备标记、清洁整理等。

3. 安装光网络终端（ONT）：开箱检验、清洁搬运、安装固定设备、连接电源线及各类接口缆线、清洁整理等。

4. ONU/ONT 设备上联光接口本机测试：测试平均发射光功率和接受灵敏度，整理数据、填写测试表格。

定额编号			TSY2-091	TSY2-092	TSY2-093	TSY2-094	TSY2-095
项　目			安装光网络单元（ONU）		扩装光网络单元（ONU）板卡	安装光网络终端（ONT）	ONU/ONT 设备上联光接口本机测试
			插卡式设备	集成式设备			
定额单位			子架	台	块	台	端口
名　称		单位	数　量				
人工	技　工	工日	0.75	0.50	0.10	0.55	0.10
	普　工	工日	—	—	—	—	—
仪表	网络测试仪	台班	—	—	—	—	0.05
	光可变衰耗器	台班	—	—	—	—	0.05
	PON光功率计	台班	—	—	—	—	0.05
	稳定光源	台班	—	—	—	—	0.05

三、安装调测网管系统、接入网功能验证及性能测试

工作内容：1. 安装、配合调测网络管理系统：开箱验货、划线定位、安装固定设备、设备自检、配合厂家调测。

2. OLT 上联通道测试：测试光功率、光损耗，整理数据、填写测试表。

3. 系统功能验证及性能测试：对窄带端口进行通话（拨打）测试；宽带端口进行平台测试、连通测试、配合厂家数据配置；ONT 设备进行通路测试、数据配置等。

定额编号			TSY2-096	TSY2-097	TSY2-099
项　目			安装、配合调测网络管理系统[①]		OLT 上联通道测试
			新建工程	扩容工程	
定额单位			套		系统
名　称		单位	数　量		
人工	技　工	工日	6.00	4.50	0.50
	普　工	工日	—	—	—
仪表	网络测试仪	台班	—	—	0.10
	稳定光源	台班	—	—	（0.20）
	光功率计	台班	—	—	（0.20）

注：① 安装网络管理系统包括 SNM、EM、X 终端、本地终端设备的安装，网管线、数据线、电源线的布放，不包括与外部通道相连的通信电缆。

定额编号			TSY2-099	TSY2-100	TSY2-101	TSY2-102	TSY2-103
项　目			系统功能验证及性能测试[①]				
			ONU 窄带端口		ONU 宽带端口		ONT 端口
定额单位			64 线以下	64 线以上每增加 10 线	64 线以下	64 线以上每增加 10 线	
			十线				台
名　称		单位	数　量				
人工	技　工	工日	0.20	0.10	0.50	0.25	0.40
	普　工	工日	—	—	—	—	—
主要材料							
仪表	网络测试仪	台班	—	—	0.02	0.02	—
	操作测试终端（电脑）	台班	—	—	0.02	0.02	0.20

注：① 只有完成 ONU/ONT 的安装以后，才能计列“系统功能验证及性能测试”定额。

三、第三册　无线通信设备安装工程节选（示例三参考使用）

（一）第三册说明

1.《无线通信设备安装工程》预算定额共包括 5 章内容：安装机架、缆线及辅助设备；安装移动通信设备；安装微波通信设备；安装卫星通信地球站设备；安装铁塔及铁塔基础施工。

2. 本册定额第一章“安装机架、缆线及辅助设备”为无线设备安装工程的通用设备安装项目，第二章至第五章为各专业设备安装项目。

3. 本册定额人工工日均以技工作业取定。

4. 本册定额用于拆除工程时，其人工工日系数计算见表 11-1-4。

表 11-1-4　拆除工程人工工日系数

名称	拆除工程人工工日系数
第二章的天、馈线及室外基站设备	1.00
第三章的天、馈线及室外单元	1.00
第四章的天、馈线及室外单元	1.00
第五章的铁塔	0.70
除以上内容外	0.40

（二）第三册第一章　安装机架、缆线及辅助设备

说　明

1. 本章定额包括了无线通信设备各专业工程所涉及的机架、缆线及辅助设备的安装。

2. 安装电缆槽道、走线架：

（1）安装电缆槽道定额包括垂直槽道、对墙槽道等内容。

（2）安装室内电缆槽道、走线架按成套供应考虑；若为非成套供应需现场加工制作并安装，则按定额人工工日乘以系数 3.0 计算。

（3）安装室外馈线走道的用工及主要材料按制成品考虑；若为非制成品需现场加工制作并安装，按定额人工工日乘以系数 3.0 计算。

3. 本章布放设备电缆定额适用于机房内设备之间的缆线，设备内部缆线已包括在设备安装的工作内容中。

以下为第一章摘录部分。

第三节 布放设备缆线

一、布放设备电缆

（一）放绑设备电缆

工作内容：取料、搬运、测试、量裁、布放、编绑、整理等。

定额编号			TSW1-042	TSW1-043	TSW1-044	TSW1-045	TSW1-046	TSW1-047
项 目			120 欧姆平衡电缆		SYV 类同轴电缆		数据电缆	
			双芯	多芯	单芯	多芯	10 芯以下	10 芯以上
定额单位			百米条					
名 称		单位	数 量					
人工	技 工	工日	0.94	1.35	1.00	1.35	0.71	1.00
	普 工	工日	—	—	—	—	—	—
主要材料	电缆	m	102.00	102.00	102.00	102.00	102.00	102.00
机械								
仪表								

（二）编扎、焊（绕、卡）接设备电缆

工作内容：刮头、做头、分线、编扎、对线、焊（绕、卡）线、二次对线、整理等。

定额编号			TSW1-048	TSW1-049	TSW1-050	TSW1-051	TSW1-052
项 目			120 欧姆平衡电缆		SYV 类同轴电缆	数据电缆	
			双芯	多芯		10 芯以下	10 芯以上
定额单位			条		芯条	条	
名 称		单位	数 量				
人工	技 工	工日	0.09	0.55	0.08	0.08	0.18
	普 工	工日	—	—	—	—	—
主要材料							
机械							
仪表							

二、布放软光纤、控制信号线、跳线

工作内容：1. 放绑软光纤：放绑、固定软光纤连接器、预留保护。

2. 室外布放控制信号线：量裁、放线、端头制作、固定整理、清理现场等。

3. DDF 布放跳线：量裁、剥离隔皮、端头制作、连接固定、整理试通、清理现场等。

定额编号			TSW1-053	TSW1-054	TSW1-055	TSW1-056	TSW1-057
项　目			放绑软光纤①②			室外布放控制信号线③	DDF 布放跳线④
			设备机架间放、绑		光纤分配架内跳纤		
			15 m 以下	每增加 1 m			
定额单位			条		条	十米条	十条
名　称		单位	数　量				
人工	技　工	工日	0.29	0.03	0.13	0.30	0.88
	普　工	工日	—	—	—	—	—
主要材料	软光纤（双头）	条	1.00	1.00	1.00	—	—
	光缆	m	—	—	—	—	—
	信号线	m	—	—	—	10.20	—
机械							

注：① 放绑软光纤应考虑盘留余量的长度。

② 室内天花板、地板内布放软光纤，按放绑软光纤人工工日乘以系数1.8。

③ 室外布线含塔上布线，如电源线、信号线等。

④ DDF布放跳线子目仅适用于扩容工程。

三、布放射频拉远单元用光缆

工作内容：1. 布放 RRU 用光缆：搬运布放、安装加固、连接固定、做标记、清理现场等。

2. 制作光缆成端接头：检验器材、尾纤熔接、测试衰减、固定活接头、固定光缆等。

定额编号			TSW1-058	TSW1-059
			布放射频拉远单元（RRU）用光缆①	制作光缆成端接头
定额单位			米条	芯
名　称		单位	数　量	
人工	技　工	工日	0.04	0.15
	普　工	工日	—	—
主要材料	光缆	m	*	—
	光缆成端接头材料	套	—	1.01
	热缩管	m	—	*
机械	光纤熔接机	台班	—	0.03
仪表	光时域反射仪	台班	—	0.05

注：① 布放光电混合缆人工工日，按布放射频拉远单元用光缆人工工日数乘以 1.2 系数。

四、布放电力电缆[①]

工作内容：检验、搬运、量裁、布放、绑扎、卡固、穿管、穿洞、对线、剥保护层、压接铜或铝接线端子、包缠绝缘带、固定，测试等。

定额编号			TSW1-060	TSW1-061	TSW1-062	TSW1-063	TSW1-064	TSW1-065	TSW1-066	TSW1-067
项目			室内布放电力电缆（单芯相线截面积）							安装列内电源线[②]
			16 mm^2 以下	35 mm^2 以下	70 mm^2 以下	120 mm^2 以下	185 mm^2 以下	240 mm^2 以下	500 mm^2 以下	
定额单位			十米条							列
	名称	单位	数量							
人工	技工	工日	0.15	0.20	0.29	0.34	0.41	0.55	0.83	1.50
	普工	工日								
主要材料	电力电缆	m	10.15	10.15	10.15	10.15	10.15	10.15	10.15	*
	接线端子	个/条	2.03	2.03	2.03	2.03	2.03	2.03	2.03	*
机械										
仪表										

注：① 布放电力电缆按单芯考虑，对于2芯电力电缆的布放，按单芯相应工日数乘以系数1.1计取，对于3芯及3+1芯电力电缆的布放，按单芯相应工日乘以系数1.3计取，对于5芯电力电缆的布放，按单芯相应工日乘以系数1.5计取。

② 安装列内电源线按六个机架（一主一备）考虑，每超过一个机架（或增加一主一备）另增加0.25工日，材料消耗量按实计列。

定额编号			TSW1-068	TSW1-069	TSW1-070	TSW1-071	TSW1-072	TSW1-073	TSW1-074
项目			室外布放电力电缆（单芯）						
			16 mm^2 以下	35 mm^2 以下	70 mm^2 以下	120 mm^2 以下	185 mm^2 以下	240 mm^2 以下	500 mm^2 以下
定额单位			十米条						
	名称	单位	数量						
人工	技工	工日	0.18	0.25	0.36	0.44	0.53	0.74	1.13
	普工	工日							
主要材料	电力电缆	m	10.15	10.15	10.15	10.15	10.15	10.15	10.15
	接线端子	个/条	2.03	2.03	2.03	2.03	2.03	2.03	2.03
机械									
仪表									

（三）第三册第二章 安装移动通信设备

说 明

1. 安装移动天线时：

（1）不包括基础及支撑物的安装，基础施工及支撑物的安装定额在第五章内容。

（2）天线安装高度均指天线底部距塔或杆底座的高度。

（3）在无平台铁塔上安装天线时，人工工日按定额乘以系数 1.3 计算。

（4）安装宽 400 mm 以上的宽体定向天线时，人工工日按定额乘以系数 1.2 计算。

（5）安装室外天线 RRU 一体化设备时，人工工日按 RRU 安装工日乘以系数 0.5 后，再与天线安装工日相加进行计算。安装室内天线 RRU 一体化天线的安装工日，按室内天线安装工日乘以系数 1.2。

（6）美化罩内安装天线时，人工工日按定额乘以系数 1.3 计算。

（7）当安装天线遇到多种情况同时存在时，按最高系数计取。

（8）楼顶增高架上安装天线按楼顶铁塔上安装天线处理。

（9）天线单位为“副”，指一根或一个物理实体。

以下为第二章摘录部分。

第一节 安装、调测移动通信天、馈线

一、安装移动通信天线

工作内容：1. 安装室外天线：开箱检验、清洁搬运、吊装加固天线、调整方位角及俯仰角、清理现场等。

2. 安装室内天线：开箱检验、清洁搬运、安装加固天线、调整角度、清理现场等。

定额编号			TSW2-001	TSW2-002	TSW2-003	TSW2-004	TSW2-005	TSW2-006	TSW2-007	TSW2-008
项目			安装全向天线							
			楼顶铁塔上（高度）		地面铁塔上（高度）				拉线塔（桅杆）上①	抱杆上②
			20 m以下	20 m以上每增加1 m	40 m以下	40 m以上至80 m以下每增加1 m	80 m以上至90 m以下	90 m以上每增加1 m		
定额单位			副							
	名称	单位	数量							
人工	技工	工日	4.89	0.08	5.58	0.08	12.20	0.15	6.39	3.52
	普工	工日	—	—	—	—	—	—	—	—
主要材料										
机械										
仪表										

注：① 支撑杆上安装天线套用拉线塔上安装子目。

② 抱杆上安装天线指在无平台独立钢管上进行天线安装。

定额编号			TSW2-009	TSW2-010	TSW2-011	TSW2-012	TSW2-013	TSW2-014	TSW2-015	TSW2-016	TSW2-017
项目			安装定向天线								
			楼顶铁塔上（高度）		地面铁塔上（高度）				拉线塔（桅杆）上①	抱杆上②	楼外墙壁
			20 m以下	20 m以上每增加1 m	40 m以下	40 m以上至80 m以下每增加1 m	80 m以上至90 m以下	90 m以上每增加1 m			
定额单位			副								
名称		单位	数量								
人工	技工	工日	5.70	0.08	6.35	0.08	11.95	0.16	7.73	4.42	8.13
	普工	工日	—	—	—	—	—	—	—	—	—
主要材料											
机械											
仪表											

注：① 支撑杆上安装天线套用拉线塔上安装子目。

② 抱杆上安装天线指在无平台独立钢管上进行天线安装。

定额编号			TSW2-018	TSW2-019	TSW2-020	TSW2-021	TSW2-022
项目			安装小型化定向天线①				
			铁塔上（高度）		拉线塔（桅杆）上②	抱杆上③	楼外墙壁④
			20 m以下	20 m以上每增加1 m			
定额单位			副				
名称		单位	数量				
人工	技工	工日	2.50	0.06	2.81	1.88	3.25
	普工	工日	—	—	—	—	—
主要材料							
机械	自动升降机⑤	台	—	—	—	—	(3.00)
仪表							

注：① 半周长小于1 000 mm的定向天线归为小型定向天线。

② 支撑杆上安装天线套用拉线塔上安装子目。

③ 抱杆上安装天线指在无平台独立钢管上进行天线安装。

④ 在隧道内壁安装小型定向天线的工日，按照楼外墙壁安装工日进行取值。

⑤ 安装高度在6 m以上可以选用该机械。

定额编号			TSW2-023	TSW2-024	TSW2-025	TSW2-026
项目			安装调测卫星全球定位系统（GPS）天线	安装室内天线		
				高度6 m以下	高度6 m以上	电梯井
定额单位			副	副		
	名称	单位	数量			
人工	技工	工日	1.80	0.83	1.08	2.13
	普工	工日	—	—	—	—
主要材料	天线支架	个	—	（1.00）	（1.00）	（1.00）
机械仪表	自动升降机	台	—	—	（0.60）	—

二、安装移动通信馈线①②③

工作内容：搬运、量裁布放、安装加固、制装电缆端头、防雷接地处理、连接固定、做标记、清理现场等。

定额编号			TSW2-027	TSW2-028	TSW2-029	TSW2-030	TSW2-031	TSW2-032
项目			布放射频同轴电缆1/2 英寸以下④		布放射频同轴电缆7/8 英寸以下		布放射频同轴电缆7/8 英寸以上	
			4 m以下	每增加1 m	10 m以下	每增加1 m	10 m以下	每增加1 m
定额单位			条	米条	条	米条	条	米条
	名称	单位	数 量					
人工	技工	工日	0.20	0.03	0.98	0.06	1.63	0.08
	普工	工日	—	—	—	—	—	—
主要材料	射频同轴电缆1/2英寸以下	m	*	1.02	—	—	—	—
	馈线卡子1/2英寸以下	套	*	0.86	—	—	—	—
	射频同轴电缆7/8英寸以下	m	—	—	10.20	1.02	—	—
	线卡子7/8英寸以下	套	—	—	9.60	0.86	—	—
	射频同轴电缆7/8英寸以上	m	—	—	—	—	10.20	1.02
	馈线卡子7/8英寸以上	套	—	—	—	—	9.60	0.86
机械	汽油发电机	台班	—	—	—	（0.04）	—	（0.04）

注：① 布放泄漏式射频同轴电缆定额工日，按本定额相应子目工日乘以系数1.1。

② 套管、竖井或顶棚上方布放射频同轴电缆，按本定额相应子目工日乘以系数1.3。普通隧道内布放射频同轴电缆，按布放馈线定额子目工日乘以系数1.3，高铁隧道内布放射频同轴电缆，按布放馈线定额子目工日乘以系数1.5。

③ 设备出厂时如已配有成套馈线及固定件，则套用布放馈线定额时不再计列主要材料。

④ 布放1/2英寸以下的射频同轴电缆，如果电缆在出厂时已连接好电缆端头，工日按乘以系数0.4计列。

定额编号			TSW2-033	TSW2-034
项目			安装集束电缆（馈线）	安装集束电缆（馈线）端头
定额单位			m	个
名称		单位	数量	
人工	技工	工日	0.10	0.05
	普工	工日	—	—
主要材料	集束电缆	m	1.02	—
机械				
仪表				

三、天、馈线附属设施

安装调测塔顶信号放大器（有源），安装电调天线控制器，安装室外滤波器，安装、调测室内天、馈线附属设备工作内容：开箱检验、清理搬运、安装、加固、通电调测、清理现场等。

定额编号			TSW2-035	TSW2-036	TSW2-037
项目			安装、调测塔顶信号放大器（有源）	安装电调天线控制器	安装室外滤波器
定额单位			套	套	台
名称		单位	数 量		
人工	技工	工日	1.80	0.10	2.50
	普工	工日	—	—	
主要材料	固定材料	套	—	1.00	
机械					
仪表					

定额编号			TSW2-038	TSW2-039	TSW2-040	TSW2-041	TSW2-042	TSW2-043
项目			安装调测室内天、馈线附属设备①②					
			放大器或中继器	合路器、分路器（功分器、耦合器）	匹配器（假负载）	光纤分布主控单元	光纤分布扩展单元	光纤分布远端单元
定额单位			个			架	单元	单元
	名称	单位	数　量					
人工	技工	工日	0.68	0.34	0.34	1.18	1.08	0.98
	普工	工日	—	—	—	—	—	—
主要材料								
机械								
仪表	微波信号发生器	台班	0.12	0.12	—	—	—	—
	射频功率计	台班	0.12	0.12	—	—	—	—

注：① 室外安装放大器、分路器、匹配器时按室内相应定额子目的人工工日乘以系数1.3计取。
② 电梯井内安装按相应定额子目的人工工日乘以系数2计取。

四、调测天、馈线系统①

工作内容：1. 天、馈线系统调测：调测天、馈线系统的驻波比、损耗及智能天线权值等。
2. 配合调测天、馈线系统：测试区域的协调、硬件调整等。

定额编号			TSW2-044	TSW2-045	TSW2-046	TSW2-047	TSW2-048
项目			宏基站天、馈线系统调测②④		室内分布式天、馈线系统调测④	泄漏式电缆调测④	配合调测天、馈线系统③
			1/2英寸射频同轴电缆	7/8英寸射频同轴电缆			
定额单位			条	条	条	百米条	扇区
	名称	单位	数　量				
人工	技工	工日	0.38	1.10	0.56	2.25	0.47
	普工	工日	—	—	—	—	—
主要材料							
机械							
仪表	天馈线测试仪	台班	0.05	0.14	0.07	0.40	—
	操作测试终端（电脑）	台班	0.05	0.14	0.07	0.40	—
	互调测试仪	台班	0.05	0.14	0.07	0.40	—

注：① 基站天、馈线调测以“条”为单位（光缆/馈线两接头之间为一条）计算。
② 宏基站天、馈线系统调测定额中7/8英寸射频同轴电缆调测人工工日包含两端1/2英寸射频同轴电缆的调测人工工日。
③“配合调测天、馈线系统”定额子目，适用于由设备供货厂家负责天、馈线系统调测时，仅计列施工单位的配合用工。
④ 如果多个频段在同一条同轴电缆调测，每增加一个频段，人工工日及仪表台班分别增加0.3系数。

第二节　安装、调测基站设备

一、安装基站设备

工作内容：1. 安装基站主设备：开箱检验、清洁搬运、定位、（吊装）安装加固机架、安装机盘、加电检查、清理现场等。

2. 安装射频拉远单元、小型基站设备工作内容：开箱检验、清洁搬运、定位、安装加固设备、硬件加电检查、清理现场等。

3. 安装多系统合路器（POI）、落地式基站功率放大器：开箱检验、清洁搬运、安装固定、插装设备机盘、硬件加电检查、清理现场等。

4. 安装调测直放站设备：开箱检验、清洁搬运、定位、安装固定机架、安装机盘、加电检查、功率测试、频率调整、清理现场等。

5. 扩装设备板件：开箱检验、清洁搬运、插装设备板件、硬件加电检查、清理现场等。

定额编号			TSW2-049	TSW2-050	TSW2-051	TSW2-052
项目			安装基站主设备①			
			室外落地式	室内落地式	壁挂式	机柜/箱嵌入式
定额单位			部	架		台
名称		单位	数　量			
人	技工	工日	7.17	5.92	3.06	1.08
	普工	工日	—	—	—	—
主要材料	膨胀螺栓M12×80	套	—	4.04	—	—
	膨胀螺栓M10×80	套	—	—	4.04	—
机械	汽车式起重机（5 t）	台班	0.35	—	—	—
仪表						

注：① 安装基站设备定额子目已包括基本基带板，扩装设备板件子目仅适用于扩容工程。

定额编号			TSW2-053	TSW2-054	TSW2-055	TSW2-056	TSW2-057	TSW2-058	TSW2-059	TSW2-060	TSW2-061	TSW2-062
项目			安装射频拉远设备[①]									
			楼顶铁塔上（高度）		地面铁塔上（高度）				拉线塔（桅杆）上[②]	抱杆上[③]	楼外墙壁	室内壁挂
			20 m以下	20 m以上每增加1 m	40 m以下	40 m以上至80 m以下每增加1 m	80 m以上至90 m以下	90 m以上每增加1 m				
定额单位			套									
	名称	单位	数量									
人工	技工	工日	2.69	0.04	2.88	0.04	4.25	0.1	3.06	2.13	2.88	1.94
	普工	工日	—	—	—	—	—	—	—	—	—	—
主要材料												
机械												
仪表												

注：①“更换光模块”人工工日包含更换BBU和RRU两端的光模块，人工工日按安装射频拉远单元定额子目乘以系数0.2计取。

②支撑杆上安装射频拉远设备套用拉线塔上安装子目。

③抱杆上安装射频拉远设备指在无平台独立钢管上进行射频拉远设备安装。

定额编号			TSW2-063	TSW2-064	TSW2-065	TSW2-066
项目			安装小型基站设备[①②]			
			挂杆		室内壁挂	室外壁挂
			杆高20 m以下	杆高 20 m 以上		
定额单位			套			
	名称	单位	数量			
人工	技工	工日	2.31	2.88	2.04	2.98
	普工	工日	—	—	—	—
主要材料	膨胀螺栓M10×80	套	—	—	4.04	—
机械						
仪表						

注：①小型基站设备指包含BBU和RRU（及天线）的小型一体化基站设备。

②吸顶安装的小型基站设备的人工工日，按照安装室内天线的定额子目乘以2.0的系数进行计取。

定额编号			TSW2-067	TSW2-068	TSW2-069	TSW2-070	TSW2-071	TSW2-072
项目			安装多系统合路器（POI）[①]			安装调测直放站设备[③]	扩装设备板件[④]	安装落地式基站功率放大器
			落地式	壁挂式[②]	机柜/箱嵌入式			
定额单位			台			站	块	架
	名称	单位	数量					
人工	技工	工日	4.00	2.69	1.92	6.42	0.50	4.28
	普工	工日	—	—	—	—	—	—
主要材料	膨胀螺栓M12×80	套	4.04	—	—	4.04	—	4.04
	膨胀螺栓M10×80	套	—	4.04	—	—	—	—
仪表	频谱分析仪	台班	—	—	—	1.00	—	—
	射频功率计	台班	—	—	—	1.00	—	—
	数字传输分析仪	台班	—	—	—	1.00	—	—
	操作测试终端（电脑）	台班	—	—	—	1.00	—	—

注：①“安装多系统合路器（POI）”不包含室内分布系统中的普通合路器安装，室内分布系统中的普通合路器安装项目应套用TSW2-039定额。

② 在抱杆上安装壁挂式多系统合路器（POI）的人工工日，按壁挂式安装工日乘以系数0.9计取。

③ 安装调测直放站设备包括近端、远端直放站设备。

④“扩装设备板件”用于多载频基带板及其他功能板件的扩装。

二、调测基站系统

工作内容：1. 基站系统调测：硬件检验、频率调整、告警测试、功率调整、时钟校正、传输测试、数据下载、呼叫测试、文件整理。

2. 配合基站系统调测：测试区域的协调、硬件调整等。

定额编号			TSW2-073	TSW2-074	TSW2-075	TSW2-076	TSW2-077	TSW2-078	TSW2-079
项目			2G基站系统调测			3G基站系统调测		LTE/4G基站系统调测	
			3个载频以下	6个载频以下	6个载频以上每增加一个载频	6个“载•扇”以下	6个“载•扇”以上每增加一个“载•扇”	3个“载•扇”以下	3个“载•扇”以上每增加一个“载•扇”
定额单位			站		载频	站	载•扇	站	载•扇
	名称	单位	数量						
人工	技工	工日	8.43	12.64	0.64	16.85	1.06	16.85	1.06
	普工	工日	—	—	—	—	—	—	—
主要材料									
仪表	操作测试终端（电脑）	台班	0.90	1.20	0.18	1.26	0.19	1.26	0.19
	射频功率计	台班	0.90	1.20	0.18	1.26	0.19	1.26	0.19
	微波频率计	台班	0.90	1.20	0.18	1.26	0.19	1.26	0.19
	误码测试仪	台班	0.90	1.20	0.18	1.26	0.19	1.26	0.19

定额编号			TSW2-080	TSW2-081
项目			配合基站系统调测①②	
			全向	定向
定额单位			站	扇区
	名称	单位	数 量	
人工	技工	工日	4.22	1.41
	普工	工日	—	—
主要材料				
机械				
仪表				

注：①“配合基站系统调测”定额子目，适用于由设备供货厂家负责基站系统调测时，仅计列施工单位的配合用工。

②远端与近端相距1公里以上的宏站拉远站，配合工日乘以1.2的系数。

第三节 联网调测

工作内容：1. 联网调测：覆盖测试、传输电路验证、切换测试、干扰测试、告警测试、数据整理。

2. 配合联网调测，配合基站割接、开通：测试区域的协调、硬件调整等。

定额编号			TSW2-090	TSW2-091	TSW2-092	TSW2-093
项目			2G基站联网调测		3G基站联网调测	LTE/4G基站联网调测①
			全向天线站	定向天线站		
定额单位			站	扇区	扇区	
	名称	单位	数 量			
人工	技工	工日	10.53	5.62	6.32	6.32
	普工	工日	—	—	—	—
主要材料						
仪表	射频功率计	台班	0.50	0.14	0.14	0.14
	移动路测系统	台班	0.50	0.14	0.14	0.14
	操作测试终端（电脑）	台班	0.50	0.14	0.14	0.14

注：①LTE基站联网调测中，多系统干扰的情况下，除主系统调测人工工日外，每增加一个系统，调测人工工日增加0.1。

定额编号			TSW2-094	TSW2-095
项目			配合联网调测①	配合基站割接、开通
定额单位			站	站
名称		单位	数 量	
人工	技工	工日	2.11	1.30
	普工	工日	—	—
主要材料				
机械				
仪表				

注：①“配合联网调测”定额子目，适用于设备厂家负责联网调测时，仅计列施工单位的配合用工。

四、第四册　通信线路工程节选（示例四参考使用）

（一）第四册说明

1.《通信线路工程》预算定额适用于通信光（电）缆的直埋、架空、管道、海底等线路的新建工程。

2. 通信线路工程，当工程规模较小时，人工工日以总工日为基数按下列规定系数进行调整：

（1）工程总工日在 100 工日以下时，增加 15%；

（2）工程总工日在 100 ～ 250 工日时，增加 10%。

3. 本定额中以分数表示的消耗量，系供设计选用。

4. 本定额拆除工程，不单立子目，发生时按表 11-1-5 规定执行：

表 11-1-5　拆除工程与新建工程定额的百分比

序号	拆除工程内容	占新建工程定额的百分比（%）	
		人工工日	机械台班
1	光（电）缆（不需清理入库）	40	40
2	埋式光（电）缆（清理入库）	100	100
3	管道光（电）缆（清理入库）	90	90
4	成端电缆（清理入库）	40	40
5	架空、墙壁、室内、通道、槽道、引上光（电）缆（清理入库）	70	70

续表

序号	拆除工程内容	占新建工程定额的百分比（%）	
		人工工日	机械台班
6	线路工程各种设备以及除光（电）缆外的其他材料（清理入库）	60	60
7	线路工程各种设备以及除光（电）缆外的其他材料（不需清理入库）	30	30

5. 敷设光（电）缆工程量计算时，应考虑敷设的长度和设计中规定的各种预留长度。

（二）第四册第一章 施工测量、单盘检验与开挖路面

说 明

1. 工程的施工测量工程量按室外的路由长度计算。

2. 开挖路面定额中不包括地下、地上障碍物处理用工、用料，工程中如发生时应由设计据实计列。

以下为第一章摘录部分。

第一节 施工测量与单盘检验

一、施工测量

工作内容：1. 施工测量：核对图纸、复查路由位置、施工定点划线、做标记、光（电）缆配盘等。

2. GPS 定位：校表、测量、记录数据等。

定额编号			TXL1-001	TXL1-002	TXL1-003	TXL1-004	TXL1-005
项目			光（电）缆工程施工测量①				GPS定位
			直埋	架空	管道	海上	
定额单位			百米				点
名称		单位	数 量				
人工	技工	工日	0.56	0.46	0.35	4.25	0.05
	普工	工日	0.14	0.12	0.09	—	—
机械	海缆施工自航船（5 000 t以下）	艘班	—	—	—	（0.02）	—
	海缆施工驳船（500 t以下）带拖轮	艘班	—	—	—	（0.02）	—
仪表	地下管线探测仪	台班	0.05	—	—	—	—
	激光测距仪	台班	0.04	0.05	0.04	—	—
	GPS定位仪	台班	—	—	—	—	0.01

注：① 施工测量不分地形和土（石）质类别，为综合取定的工日。

二、单盘检验

工作内容：外观检验、测试单盘光（电）缆传输特性、记录、整理测试资料等。

定额编号			TXL1-006	TXL1-007
项目			单盘检验	
			光缆①	电缆
定额单位			芯盘	百对盘
名称		单位	数量	
人工	技工	工日	0.02	0.50
	普工	工日	—	—
主要材料				
仪表	光时域反射仪	台班	0.05	—
	偏振模色散测试仪	台班	（0.05）	—

注：①光缆单盘检验定额是按单窗口测试取定的，如需双窗口测试，其人工和仪表定额分别乘以1.2和1.8的系数。

（三）第四册第二章 敷设埋式光（电）缆

说 明

1. 挖、填光（电）缆沟及接头坑工程定额不包括地下、地上障碍物处理的用工、用料，工程中实际发生时由设计按实计列。

2. 敷设通信全塑电缆，是按对数划分子目，不论线径大小，定额工日不做调整。

3. 海缆敷设工程所用的敷设船仅适用于近海作业。

4. 安装水线光缆标志牌、信号灯定额中不含引入外部供电线路工作内容，工程中需要时由设计另行按实计列。

5. 挖、填光（电）缆沟及接头坑的工程量计算时，应考虑沟底的宽度、沟的深度以及必要的放坡系数。

以下为第二章摘录部分。

第一节 挖、填光（电）缆沟及接头坑

工作内容：1. 挖、填光（电）缆沟及接头坑：挖、填光（电）缆沟及接头坑，石沟布眼钻孔、装药放炮、弃渣清理或人工开槽等。

2. 石质沟铺盖细土：运细土、撒铺（盖）细土等。

3. 手推车倒运土方：装车、近距离运土、卸土等。

定额编号			TXL2-001	TXL2-002	TXL2-003	TXL2-004	TXL2-005	TXL2-006
项目			挖、松填光（电）缆沟及接头坑					
			普通土	硬土	砂砾土	冻土	软石	坚石（人工）
定额单位			百立方米					
	名称	单位	数量					
人工	技工	工日	—	—	—	—	5.55	36.20
	普工	工日	39.38	51.50	62.13	139.50	262.25	455.50
主要材料								
机械	燃油式空气压缩机（含风镐）	台班	—	—	—	—	3.00	10.00
仪表								

定额编号			TXL2-007	TXL2-008	TXL2-009	TXL2-010	TXL2-011	TXL2-012
项目			挖、夯填光（电）缆沟及接头坑					
			普通土	硬土	砂砾土	冻土	软石	坚石（人工）
定额单位			百立方米					
	名称	单位	数量					
人工	技工	工日	—	—	—	—	6.55	38.20
	普工	工日	40.88	55.00	71.13	145.50	270.25	480.50
主要材料								

续表

定额编号			TXL2-007	TXL2-008	TXL2-009	TXL2-010	TXL2-011	TXL2-012
项目			挖、夯填光（电）缆沟及接头坑					
			普通土	硬土	砂砾土	冻土	软石	坚石（人工）
定额单位			百立方米					
名称		单位	数　量					
机械	燃油式空气压缩机（含风镐）	台班	—	—	—	—	3.00	10.00
	夯实机	台班	0.75	0.75	0.75	—	—	—
仪表								

第二节　敷设埋式光（电）缆

一、敷设埋式光缆

（一）平原地区敷设埋式光缆

工作内容：施工准备、清理沟底、人工抬放光缆、加保护等。

定额编号			TXL2-015	TXL2-016	TXL2-017	TXL2-018	TXL2-019	TXL2-020
项目			平原地区敷设埋式光缆					
			36芯以下	72芯以下	96芯以下	144芯以下	288芯以下	288芯以上
定额单位			千米条					
名称		单位	数　量					
人工	技工	工日	5.88	8.20	10.42	12.63	14.85	18.18
	普工	工日	26.88	29.26	30.94	32.62	34.30	36.82
主要材料	光缆	m	1 005.00	1 005.00	1 005.00	1 005.00	1 005.00	1 005.00
机械								
仪表								

（二）丘陵、水田、城区敷设埋式光缆

工作内容：施工准备、清理沟底、人工抬放光缆、加保护等。

定额编号			TXL2-021	TXL2-022	TXL2-023	TXL2-024	TXL2-025	TXL2-026
项目			丘陵、水田、城区敷设埋式光缆					
			36芯以下	72芯以下	96芯以下	144芯以下	288芯以下	288芯以上
定额单位			千米条					
	名称	单位	数　量					
人工	技工	工日	7.44	10.05	12.76	15.50	17.88	22.10
	普工	工日	30.58	33.69	36.52	38.44	41.25	45.00
主要材料	光缆	m	1 005.00	1 005.00	1 005.00	1 005.00	1 005.00	1 005.00
机械								
仪表								

（三）山区敷设埋式光缆

工作内容：施工准备、清理沟底、人工抬放光缆、加保护等。

定额编号			TXL2-027	TXL2-028	TXL2-029	TXL2-030	TXL2-031	TXL2-032
项目			山区敷设埋式光缆①					
			36芯以下	72芯以下	96芯以下	144芯以下	288芯以下	288芯以上
定额单位			千米条					
	名称	单位	数　量					
人工	技工	工日	9.05	12.55	15.86	19.20	22.53	27.50
	普工	工日	40.22	43.54	47.10	50.14	53.13	57.46
主要材料	光缆	m	1 005.00	1 005.00	1 005.00	1 005.00	1 005.00	1 005.00
机械								
仪表								

注：① 人工布放钢丝铠装光缆，按相应光缆规格的人工定额乘以综合系数，材料不变。系数取定如下：当钢丝拉力为20 kN以内时，系数为1.2；当钢丝拉力为40 kN以内时，系数为1.5。

第三节 埋式光（电）缆保护与防护

一、专用塑料管道光缆手孔

工作内容：1. 砖砌专用塑料管道光缆手孔：找平、夯实、浇筑底座、砌砖，制作安装上口水泥盖板，安装人孔口圈、井盖，安装托架等。

2. 埋设定型手孔：检查、现场搬运、安装固定定型手孔，手孔进、出口塑管端头紧固、处理，安装堵头、塞子等。

定额编号			TXL2-037	TXL2-038	TXL2-039	TXL2-040	TXL2-041
项目			砖砌专用塑料管道光缆手孔				埋设定型手孔
			I型（1.2×0.9×1.0）	II型（2.6×0.9×1.0）	III型（1.2×0.9×0.7）	IV型（2.6×0.9×0.7）	
定额单位			个				
名称		单位	数量				
人工	技工	工日	6.40	8.67	5.12	6.94	1.00
	普工	工日	6.14	8.33	4.91	6.66	2.00
主要材料	水泥32.5	t	0.40	0.69	0.26	0.44	—
	中粗砂	t	1.40	1.78	0.69	1.17	—
	碎石5～35	t	0.75	1.48	0.62	1.13	—
	机制砖	千块	0.72	1.18	0.45	0.70	—
	圆钢ϕ10	kg	7.21	10.83	8.01	16.02	—
	圆钢ϕ8	kg	3.00	7.87	4.71	9.42	—

四、顶管，铺管、砖、水泥槽及盖板

工作内容：1. 桥挂管、槽：打眼、固定穿钉、安装支架、钢管接续、铺管（槽道）、堵管头等。

2. 顶钢管：挖工作坑、安装机具、接钢管、顶钢管、堵管孔等。

3. 铺管：接管、铺管、堵管孔等。

4. 铺砖：现场运输、铺砖等。

5. 铺水泥盖板：现场运输、铺水泥盖板等。

6. 铺水泥槽：现场运输、铺水泥槽、勾缝、盖盖板等。

定额编号			TXL2-104	TXL2-105	TXL2-106	TXL2-107	TXL2-108
项目			桥挂钢管	桥挂塑料管	桥挂槽道	人工顶管	机械顶管
定额单位			m				
名称		单位	数量				
人工	技工	工日	0.10	0.05	0.08	1.00	0.60
	普工	工日	0.20	0.10	0.15	2.00	0.20
主要材料	镀锌对缝钢管（ϕ50～ϕ100）	m	1.01	—	—	—	—
	镀锌无缝钢管（ϕ50～ϕ100）	m	—	—	—	1.01	1.01
	塑料管（ϕ50～ϕ100）	m	—	1.01	—	—	—
	槽道	m	—	—	1.01	—	—
	膨胀螺栓	副	*	*	*	—	—
	U型卡环	副	*	*	*	—	—
	铁支架	套	*	*	*	—	—

续表

定额编号			TXL2-104	TXL2-105	TXL2-106	TXL2-107	TXL2-108
项目			桥挂钢管	桥挂塑料管	桥挂槽道	人工顶管	机械顶管
定额单位			m				
名称		单位	数　量				
主要材料	管箍	个	*	*	—	0.17	0.17
	扁钢40×4	kg	*	*	—	—	—
	螺栓	副	*	*	—	—	—
机械仪表	液压顶管机（5 t）	台班					0.15

定额编号			TXL2-109	TXL2-110	TXL2-111	TXL2-112	1X12-113	TXL2-114	TXL2-115
项目			铺管保护			铺砖保护		铺水泥盖板	铺水泥槽
			钢管	塑料管	大长度半硬塑料管	横铺砖	竖铺砖		
定额单位			m		百米	km			m
名称		单位	数　量						
人工	技工	工日	0.03	0.01	1.50	2.00	2.00	2.00	0.05
	普工	工日	0.10	0.10	2.50	15.00	10.00	13.00	0.10
主要材料	镀锌对缝钢管（ϕ50～ϕ100）	m	1.01	—	—	—	—	—	—
	塑料管（ϕ80～ϕ100）	m	—	1.01	—	—	—	—	—
	机制砖	块	—	—	—	8 160.00	4 080.00	—	—
	水泥盖板	块	—	—	—	—	—	2 040.00	—
	水泥槽（带盖板）	m	—	—	—	—	—	—	1.02
	半硬塑料管（ϕ40～ϕ50）	m	—	—	101.00	—	—	—	—
	套管	个	0.17	—	—	—	—	—	—
机械仪表									

五、砌坡、砌坎、堵塞、封石沟及安装宣传警示牌

工作内容：1. 石砌坡（坎）、堵塞、封石沟、做漫水坝、挡水墙：挖土石方、砌石墙、勾缝等。

2. 三七土护坎：现场运料、挖土、搅拌三七土、铺填三七土、分层夯实等

3. 埋设标石：埋设标石、刷色、编号等。

4. 安装宣传警示牌：现场搬运、挖坑、安装、回土夯实等。

<table>
<tr><td colspan="3">定额编号</td><td>TXL2-116</td><td>TXL2-117</td><td>TXL2-118</td><td>TXL2-119</td><td>TXL2-120</td><td>TXL2-121</td><td>TXL2-122</td><td>TXL2-123</td></tr>
<tr><td colspan="3" rowspan="2">项目</td><td rowspan="2">石砌坡、坎、堵塞</td><td rowspan="2">三七土护坎</td><td rowspan="2">封石沟</td><td rowspan="2">做漫水坝、挡水墙</td><td colspan="3">埋设标石</td><td rowspan="2">安装宣传警示牌</td></tr>
<tr><td>平原</td><td>丘陵、水田、城区</td><td>山区</td></tr>
<tr><td colspan="3">定额单位</td><td colspan="4">m³</td><td colspan="3">个</td><td>块</td></tr>
<tr><td colspan="2">名称</td><td>单位</td><td colspan="8">数　量</td></tr>
<tr><td rowspan="2">人工</td><td>技工</td><td>工日</td><td>1.00</td><td>0.20</td><td>0.90</td><td>2.00</td><td>0.06</td><td>0.07</td><td>0.09</td><td>0.10</td></tr>
<tr><td>普工</td><td>工日</td><td>2.58</td><td>0.50</td><td>2.10</td><td>5.16</td><td>0.12</td><td>0.14</td><td>0.18</td><td>0.50</td></tr>
<tr><td rowspan="8">主要材料</td><td>水泥32.5</td><td>kg</td><td>183.00</td><td>—</td><td>202.00</td><td>183.00</td><td>—</td><td>—</td><td>—</td><td>—</td></tr>
<tr><td>中粗砂</td><td>kg</td><td>607.00</td><td>—</td><td>836.00</td><td>607.00</td><td>—</td><td>—</td><td>—</td><td>—</td></tr>
<tr><td>毛石</td><td>m³</td><td>1.00</td><td>—</td><td>—</td><td>1.00</td><td>—</td><td>—</td><td>—</td><td>—</td></tr>
<tr><td>石灰粉</td><td>t</td><td>—</td><td>0.27</td><td>—</td><td>—</td><td>—</td><td>—</td><td>—</td><td>—</td></tr>
<tr><td>碎石5～32</td><td>kg</td><td>—</td><td>—</td><td>1 331.00</td><td>—</td><td>—</td><td>—</td><td>—</td><td>—</td></tr>
<tr><td>宣传警示牌</td><td>套</td><td>—</td><td>—</td><td>—</td><td>—</td><td>—</td><td>—</td><td>—</td><td>1.01</td></tr>
<tr><td>标石</td><td>个</td><td>—</td><td>—</td><td>—</td><td>—</td><td>1.02</td><td>1.02</td><td>1.02</td><td>—</td></tr>
<tr><td>油漆</td><td>kg</td><td>—</td><td>—</td><td>—</td><td>—</td><td>0.10</td><td>0.10</td><td>0.10</td><td>—</td></tr>
</table>

（四）第四册第三章 敷设架空光（电）缆

说　明

1. 挖电杆、拉线、撑杆坑等的土质系按综合土、软石、坚石 3 类划分。其中综合土的构成按普通土 20%、硬土 50%、砂砾土 30%。

2. 本定额中立电杆与撑杆、安装拉线部分为平原地区的定额，用于丘陵、水田、城区时按相应定额人工的 1.3 倍计取；用于山区时按相应定额人工的 1.6 倍计取。

3. 更换电杆及拉线按本定额相关子目的 2 倍计取。

4. 组立安装 L 杆，取 H 杆同等杆高人工定额的 1.5 倍；组立安装井字杆，取 H 杆同等杆高人工定额的 2 倍。

5. 高桩拉线中电杆至拉桩间正拉线的架设，套用相应安装吊线的定额；立高桩套用相应立电杆的定额。

6. 安装拉线如采用横木地锚时，相应定额中不含地锚铁柄和水泥拉线盘两种材料，需另增加制作横木拉线地锚的相应子目。

7. 本定额相关子目所列横木的长度，由设计根据地质地形选取。

8. 架空明线的线位间如需架设安装架空吊线时，按相应子目人工定额的 1.3 倍计取。

9. 敷设档距在 100 m 及以上的吊线、光（电）缆时，其人工按相应定额的 2 倍计取。

10. 拉线坑所在地表有水或严重渗水，应由设计另计取排水等措施费用。

11. 有关材料部分的说明：

（1）本定额中立普通品接杆高为 15 m 以内，特种品接杆高为 24 m 以内，工程中具体每节电杆的长度由设计确定。

（2）各种拉线的钢绞线定额消耗量按 9 m 以内杆高、距高比 1:1 给定，如杆高与距高比根据地形地貌有变化，可据实调整换算其用量，杆高相差 1 m 单条钢绞线的调整数见表 11-1-6。

以下为第三章摘录部分。

表 11-1-6　杆高相差 1 m 单条钢绞线的调整数

制式	7/2.2	7/2.6	7/3.0
调整量	±0.31 kg	±0.45 kg	±0.60 kg

第一节　立杆

一、立水泥杆

工作内容：打洞、清理、立杆、装 H 杆腰梁、回填夯实、号杆等。

定额编号			TXL3-001	TXL3-002	TXL3-003	TXL3-004	TXL3-005	TXL3-006
项目			立9 m以下水泥杆			立11 m以下水泥杆		
			综合土	软石	坚石	综合土	软石	坚石
定额单位			根					
名称		单位	数　量					
人工	技工	工日	0.52	0.60	0.69	0.77	0.85	0.94
	普工	工日	0.56	0.65	0.81	0.85	0.98	1.27
主要材料	水泥电杆（梢径13～17 cm）	根	1.01	1.01	1.01	1.01	1.01	1.01
	水泥32.5	kg	0.20	0.20	0.20	0.20	0.20	0.20
机械	汽车式起重机（5 t）	台班	0.04	0.04	0.04	0.04	0.04	0.04

第二节　安装拉线

一、水泥杆单股拉线

工作内容：挖坑，埋设地锚，安装拉线，收紧拉线，做中、上把，清理现场等。

定额编号			TXL3-051	TXL3-052	TXL3-053	TXL3-054	TXL3-055	TXL3-056	TXL3-057	TXL3-058	TXL3-059
项目			水泥杆夹板法装 7/2.2单股拉线			水泥杆夹板法装 7/2.6单股拉线			水泥杆夹板法装 7/3.0单股拉线		
			综合土	软石	坚石	综合土	软石	坚石	综合土	软石	坚石
定额单位			条								
	名称	单位	数　量								
人工	技工	工日	0.78	0.94	1.76	0.84	1.01	1.82	0.98	1.16	1.96
	普工	工日	0.60	1.63	0.07	0.60	1.73	0.11	0.60	1.83	0.11
主要材料	镀锌钢绞线	kg	3.02	3.02	3.02	3.80	3.80	3.80	5.00	5.00	5.00
	镀锌铁线ϕ1.5	kg	0.02	0.02	0.02	0.04	0.04	0.04	0.04	0.04	0.04
	镀锌铁线ϕ3.0	kg	0.30	0.30	0.30	0.55	0.55	0.55	0.45	0.45	0.45
	镀锌铁线ϕ4.0	kg	0.22	0.22	0.22	0.22	0.22	0.22	0.22	0.22	0.22
	地锚铁柄	套	1.01	1.01	—	1.01	1.01	—	1.01	1.01	—
	水泥拉线盘	套	1.01	1.01	—	1.01	1.01	—	1.01	1.01	—
	岩石钢地锚	套	—	—	1.01	—	—	1.01	—	—	1.01
	三眼双槽夹板	副	2.02	2.02	2.02	2.02	2.02	2.02	4.04	4.04	4.04
	拉线衬环	个	2.02	2.02	2.02	2.02	2.02	2.02	2.02	2.02	2.02
	拉线抱箍	套	1.01	1.01	1.01	1.01	1.01	1.01	1.01	1.01	1.01

定额编号			TXL3-060	TXL3-061	TXL3-062	TXL3-063	TXL3-064	TXL3-065	TXL3-066	TXL3-067	TXL3-068
项目			水泥杆另缠法装 7/2.2单股拉线			水泥杆另缠法装 7/2.6单股拉线			水泥杆另缠法装 7/3.0单股拉线		
			综合土	软石	坚石	综合土	软石	坚石	综合土	软石	坚石
定额单位			条								
	名称	单位	数　量								
人工	技工	工日	0.86	1.03	1.76	0.92	1.16	1.82	1.08	1.27	1.96
	普工	工日	0.60	1.63	0.06	0.60	1.73	0.07	0.60	1.83	0.09
主要材料	镀锌钢绞线	kg	3.02	3.02	3.02	3.80	3.80	3.80	5.00	5.00	5.00
	镀锌铁线ϕ1.5	kg	0.02	0.02	0.02	0.04	0.04	0.04	0.04	0.04	0.04
	镀锌铁线ϕ3.0	kg	0.60	0.60	0.60	0.70	0.70	0.70	1.12	1.12	1.12
	镀锌铁线ϕ4.0	kg	0.22	0.22	0.22	0.22	0.22	0.22	0.22	0.22	0.22
	地锚铁柄	套	1.01	1.01	—	1.01	1.01	—	1.01	1.01	—
	水泥拉线盘	套	1.01	1.01	—	1.01	1.01	—	1.01	1.01	—
	岩石钢地锚	套	—	—	1.01	—	—	1.01	—	—	1.01
	拉线衬环	个	2.02	2.02	2.02	2.02	2.02	2.02	2.02	2.02	2.02
	拉线抱箍	套	1.01	1.01	1.01	1.01	1.01	1.01	1.01	1.01	1.01
机械											

定额编号			TXL3-069	TXL3-070	TXL3-071	TXL3-072	TXL3-073	TXL3-074	TXL3-075	TXL3-076	TXL3-077
项目			水泥杆卡固法装7/2.2单股拉线			水泥杆卡固法装7/2.6单股拉线			水泥杆卡固法装7/3.0单股拉线		
			综合土	软石	坚石	综合土	软石	坚石	综合土	软石	坚石
定额单位			条								
名称		单位	数 量								
人工	技工	工日	0.62	0.77	1.76	0.68	0.83	1.82	0.78	0.95	1.96
	普工	工日	0.60	1.63	0.06	0.60	1.73	0.07	0.60	1.83	0.09
主要材料	镀锌钢绞线	kg	3.02	3.02	3.02	3.80	3.80	3.80	5.00	5.00	5.00
	镀锌铁线ϕ1.5	kg	0.02	0.02	0.02	0.04	0.04	0.04	0.04	0.04	0.04
	镀锌铁线ϕ4.0	kg	0.22	0.22	0.22	0.22	0.22	0.22	0.22	0.22	0.22
	地锚铁柄	套	1.01	1.01	—	1.01	1.01	—	1.01	1.01	—
	水泥拉线盘	套	1.01	1.01	—	1.01	1.01	—	1.01	1.01	—
	岩石钢地锚	套	—	—	1.01	—	—	1.01	—	—	1.01
	钢线卡子	个	6.06	6.06	6.06	6.06	6.06	6.06	6.06	6.06	6.06
	拉线衬环	个	2.02	2.02	2.02	2.02	2.02	2.02	2.02	2.02	2.02
	拉线抱箍	套	1.01	1.01	1.01	1.01	1.01	1.01	1.01	1.01	1.01
机械仪表											

五、安装附属装置及线路整修

工作内容：1．电杆接高装置、上杆钉、工作台：安装等。

2．电杆地线：挖沟、安装、引接地线、回土夯实等。

3．安装预留缆架：安装等。

4．安装吊线保护装置：安装保护装置、绑扎等。

5．线路整修：吊线及光（电）缆调垂、调整拉线、添补卡钩、拆做吊线结、整理光（电）缆及保护物、处理因调垂引起的分线设备的移装、移挂光（电）缆等。

定额编号			TXL3-144	TXL3-145	TXL3-146	TXL3-147	TXL3-148	TXL3-149	TXL3-150
项目			电杆接高装置		电杆地线			安装预留缆架	安装吊线保护装置
			单槽钢	双槽钢	拉线式	直埋式	延伸式		
定额单位			处		条			架	m
名称		单位	数量						
人工	技工	工日	0.24	0.40	0.07	0.18	0.18	0.10	0.05
	普工	工日	0.24	0.40	—	0.18	0.38	0.10	0.05
主要材料	镀锌铁线 φ4.0	kg	—	—	0.20	1.50	2.00	—	—
	保安地器棒	根	—	—	—	1.01	—	—	—
	接高装置	套	1.00	1.00	—	—	—	—	—
	地线夹板	块	—	—	—	1.00	—	—	—
	预留缆架	套	—	—	—	—	—	1.00	—
	保护套	m	—	—	—	—	—	—	1.00
	警示装置	套	—	—	—	—	—	—	*

定额编号			TXL3-151	TXL3-152	TXL3-153	TXL3-154	TXL3-155
项目			单装上杆钉		安装工作台及上杆钉		线路整修
			10只以下	10只以上	单杆	H杆	
定额单位			处		处		千米条
名称		单位	数量				
人工	技工	工日	0.12	0.20	0.50	1.60	8.93
	普工	工日	0.12	0.20	0.50	1.60	8.93
主要材料	上杆钉（上杆抱箍）	只	*	*	*	*	—
	单杆圆形站台	个	—	—	1.01	—	—
	H杆站台	个	—	—	—	1.01	—
	板材	块	—	—	—	0.05	—
	三眼单槽夹板	副	—	—	—	—	*
	三眼双槽夹板	副	—	—	—	—	*
	电缆挂钩	个	—	—	—	—	*
	镀锌铁线φ1.5	kg	—	—	—	—	*
	镀锌铁线φ3.0	kg	—	—	—	—	*
	镀锌铁线φ4.0	kg	—	—	—	—	*
	钢线终端膨胀锁	个	—	—	—	—	*
	钢线中间膨胀锁	个	—	—	—	—	*

第三节 架设吊线

工作内容：1．架设吊线：安装并紧固支持物（或固定物）、布放吊线、紧线、做终结（丁字结、假终结、十字结）等。

2．架设辅助吊线：预做吊挂物、紧线、调整吊挂及紧固、做终结等。

定额编号			TXL3-156	TXL3-157	TXL3-158	TXL3-159	TXL3-160	TXL3-161	TXL3-162	TXL3-163
项目			木电杆架设7/2.2吊线				木电杆架设7/2.6吊线			
			平原	丘陵	山区	城区	平原	丘陵	山区	城区
定额单位			千米条							
名称		单位	数量							
人工	技工	工日	3.00	4.25	4.67	4.50	3.18	4.28	4.70	4.53
	普工	工日	3.25	4.54	4.86	4.90	3.43	4.64	4.96	4.98
主要材料	镀锌钢绞线	kg	221.27	221.27	221.27	221.27	322.77	322.77	322.77	322.77
	吊线担	根	—	—	—	(25.25)	—	—	—	(25.25)
	镀锌穿钉（长100）	副	1.01	1.01	1.01	1.01	1.01	1.01	1.01	1.01
	镀锌穿钉（长180～260）	副	22.22	23.23	24.24	25.25	22.22	23.23	24.24	25.25

续表

定额编号			TXL3-156	TXL3-157	TXL3-158	TXL3-159	TXL3-160	TXL3-161	TXL3-162	TXL3-163
项目			木电杆架设7/2.2吊线				木电杆架设7/2.6吊线			
			平原	丘陵	山区	城区	平原	丘陵	山区	城区
定额单位			千米条							
名称		单位	数量							
主要材料	三眼单槽夹板	副	22.22	23.23	24.24	28.28	22.22	23.23	24.24	28.28
	三眼双槽夹板	副	(4.04)	(4.04)	(6.06)	(6.06)	(4.04)	(4.04)	(6.06)	(6.06)
	镀锌铁线φ4.0	kg	2.00	2.00	2.00	2.00	2.00	2.00	2.00	2.00
	镀锌铁线φ3.0	kg	1.00	1.20	2.00	1.00	1.00	1.20	2.00	1.50
	镀锌铁线φ1.5	kg	0.10	0.10	0.10	0.10	0.10	0.10	0.10	0.10
	拉线衬环	个	4.04	4.04	6.06	6.06	4.04	4.04	6.06	6.06
	瓦形护杆板	块	8.08	8.08	8.08	8.08	8.08	8.08	8.08	8.08
	条形护杆板	块	12.12	12.12	12.12	12.12	12.12	12.12	12.12	12.12
	U形卡子	个	(12.12)	(12.12)	(12.12)	(12.12)	(12.12)	(12.12)	(12.12)	(12.12)

定额编号			TXL3-168	TXL3-169	TXL3-170	TXL3-171	TXL3-172	TXL3-173	TXL3-174	TXL3-175
项目			水泥杆架设7/2.2吊线				水泥杆架设7/2.6吊线			
			平原	丘陵	山区	城区	平原	丘陵	山区	城区
定额单位			千米条							
名称		单位	数　量							
人工	技工	工日	3.00	4.25	4.67	4.50	3.18	4.28	4.70	4.53
	普工	工日	3.25	4.54	4.86	4.90	3.43	4.64	4.96	4.98
中要材料	镀锌钢绞线	kg	221.27	221.27	221.27	221.27	322.77	322.77	322.77	322.27
	吊线担	套	—	—	—	(25.25)	—	—	—	(25.25)
	吊线压板（带穿钉）	副	—	—	—	(25.25)	—	—	—	(25.25)
	镀锌穿钉（长50）	副	22.22	23.23	24.24	28.28	22.22	23.23	24.24	28.28
	锻锌穿钉（长100）	副	1.01	1.01	1.01	1.01	1.01	1.01	1.01	1.01
	吊线箍	套	22.22	23.23	24.24	(28.28)	22.22	23.23	24.24	(28.28)
	三眼单槽夹板	副	22.22	23.23	24.24	28.28	22.22	23.23	24.24	28.28
	镀锌铁线φ4.0	kg	2.00	2.00	2.00	2.00	2.00	2.00	2.00	2.00
	镀锌铁线φ3.0	kg	1.00	1.20	2.00	1.00	1.00	1.20	2.00	1.50
	镀锌铁线φ1.5	kg	0.10	0.10	0.10	0.10	0.10	0.10	0.10	0.10
	拉线抱箍	套	4.04	4.04	4.04	4.04	4.04	4.04	4.04	4.04
	拉线衬环	个	8.08	8.08	8.08	8.08	8.08	8.08	8.08	8.08
	三眼双槽夹板	副	(6.06)	(7.07)	(8.08)	(11.11)	(6.06)	(7.07)	(8.08)	(14.14)
	U型卡子	个	(*)	(*)	(*)	(*)	(*)	(*)	(*)	(*)
机械										

定额编号			TXL3-176	TXL3-177	TXL3-178	TXL3-179	TXL3-180
项目			水泥杆架设7/3.0吊线				架设100 m以内辅助吊线
			平原	丘陵	山区	城区	
定额单位			千米条				条档
名称		单位	数量				
人工	技工	工日	3.24	4.33	4.59	4.59	1.00
	普工	工日	3.43	4.76	5.15	5.15	1.00
主要材料	镀锌钢绞线	kg	430.36	430.36	430.36	430.36	*
	吊线担	套	—	—	—	（25.25）	—
	吊线压板	副	—	—	—	（25.25）	—
	镀锌穿钉（长50）	副	22.22	23.23	24.24	28.28	4.04
	镀锌穿钉（长100）	副	1.01	1.01	1.01	1.01	
	吊线箍	套	22.22	23.23	24.24	（28.28）	2.02
	三眼单槽夹板	副	22.22	23.23	24.24	28.28	*
	镇锌铁线ϕ4.0	kg	2.00	2.00	2.00	2.00	
	镀锌铁线ϕ3.0	kg	1.00	1.20	2.00	2.00	0.60
	镀锌铁线ϕ1.5	kg	0.10	0.10	0.10	0.10	0.03
	拉线衬环	个	8.08	8.08	8.08	8.08	2.02
	三眼双槽夹板	副	（6.06）	（7.07）	（8.08）	（14.14）	（6.06）
	U型卡子	个	（*）	（*）	（*）	（*）	（6.06）
	茶托拉板	块	—	—	—	—	*
机械							

（二）挂钩法架设架空光缆

工作内容：施工准备、架设光缆、卡挂挂钩、盘余长、安装标识牌等。

定额编号			TXL3-187	TXL3-188	TXL3-189	TXL3-190	TXL3-191
项目			挂钩法架设架空光缆[①]				
			平原				
			36芯以下	72芯以下	144芯以下	288芯以下	288芯以上
定额单位			千米条				
名称		单位	数量				
人工	技工	工日	6.31	7.52	8.25	8.71	9.15
	普工	工日	5.13	5.81	6.52	8.12	8.56
主要材料	架空光缆	m	1 007.00	1 007.00	1 007.00	1 007.00	1 007.00
	电缆挂钩	只	2 060.00	2 060.00	2 060.00	2 060.00	2 060.00
	保护软管	m	25.00	25.00	25.00	25.00	25.00
	镀锌铁线ϕ1.5	kg	1.02	1.02	1.02	1.02	1.02
	光缆标识牌	个	*	*	*	*	*
机械							
仪表							

定额编号			TXL3-192	TXL3-193	TXL3-194	TXL3-195	TXL3-196
项目			挂钩法架设架空光缆[①]				
			丘陵、城区、水田				
			36芯以下	72芯以下	144芯以下	288芯以下	288芯以上
定额单位			千米条				
名称		单位	数　量				
人工	技工	工日	8.68	9.93	11.05	11.68	12.23
	普工	工日	6.86	7.79	8.75	10.86	11.39
主要材料	架空光缆	m	1 007.00	1 007.00	1 007.00	1 007.00	1 007.00
	电缆挂钩	只	2 060.00	2 060.00	2 060.00	2 060.00	2 060.00
	保护软管	m	25.00	25.00	25.00	25.00	25.00
	镀锌铁线ϕ1.5	kg	1.02	1.02	1.02	1.02	1.02
	光缆标识牌	个	*	*	*	*	*
机械仪表							

定额编号			TXL3-197	TXL3-198	TXL3-199	TXL3-200	TXL3-201	TXL3-202
项目			挂钩法架设架空光缆[①]					挂钩法架设蝶形光缆
			山区					
			36芯以下	72芯以下	144芯以下	288芯以下	288芯以上	
定额单位			千米条					百米条
名称		单位	数　量					
人	技工	工日	10.24	11.72	12.94	14.32	15.25	0.85
	普工	工日	7.98	9.13	11.12	13.20	14.10	0.61
轰材料	架空光缆	m	1 007.00	1 007.00	1 007.00	1 007.00	1 007.00	—
	电缆挂钩	只	2 060.00	2 060.00	2 060.00	2 060.00	2 060.00	206.00
	保护软管	m	25.00	25.00	25.00	25.00	25.00	—
	镀锌铁线ϕ1.5	kg	1.02	1.02	1.02	1.02	1.02	—
	光缆标识牌	个	*	*	*	*	*	—
	碟形光缆	m	—	—	—	—	—	103.00
机械仪表								

注：① 对于“挂钩法架设蝶形光缆”项目，若采用在同一吊线路由上一次同时布放两条及以上光缆的施工方式，则每增加一条光缆，人工工日乘以0.5的系数。

（五）第四册第四章 敷设管道、引上及墙壁光（电）缆

第四章 敷设管道、引上及墙壁光（电）缆

第一节 敷设管道光（电）缆

一、布放光（电）缆人（手）孔抽水、人工敷设子管

工作内容：1. 布放光（电）缆人（手）孔抽水：装拆抽水工具、抽水、清理现场等。
2. 人工敷设子管：清刷管孔、子管外观检查、敷设子管并试通、固定堵头及塞子、管头做标记等。

定额编号			TXL4-001	TXL4-002	TXL4-003
项目			布放光（电）缆人孔抽水		布放光（电）缆手孔抽水
			积水	流水	
定额单位			个		
	名称	单位	数量		
人工	技工	工日	0.25	0.38	0.13
	普工	工日	0.50	1.00	0.25
主要材料					
机械	抽水机	台班	0.20	0.50	0.10

定额编号			TXL4-004	TXL4-005	TXL4-006	TXL4-007	TXL4-008	TXL4-009	TXL4-010
项目			人工敷设塑料子管②					人工敷设一带纺织子管①②	
			1孔子管	2孔子管	3孔子管	4孔子管	5孔子管	空闲管孔中	非空闲管孔中
定额单位			km						
	名称	单位	数量						
人工	技工	工日	4.00	5.20	6.17	7.13	8.10	3.63	6.53
	普工	工日	5.57	8.13	10.54	12.96	15.37	5.15	9.27
主要材料	聚乙烯塑料管	m	1 020.00	2 040.00	3 060.00	4 080.00	5 100.00	—	—
	固定堵头	个	24.30	24.30	24.30	24.30	24.30	—	—
	塞子	个	24.50	49.00	73.50	98.00	122.50	—	—
	镀锌铁线ϕ1.5	kg	3.05	3.05	3.05	3.05	3.05	—	—
	纺织子管	m	—	—	—	—	—	1 005.00	1 005.00
	管孔封堵材料	m	—	—	—	—	—	*	*
仪表	有毒有害气体检测	台班	0.25	0.30	0.42	0.50	0.60	0.20	0.40
	可燃气体检测仪	台班	0.25	0.30	0.42	0.50	0.60	0.20	0.40

注：① 纺织子管中的每一带可含若干孔。
② 仪表台班仅限人孔作业时套用。

二、敷设管道（室外通道、管廊）光缆

工作内容：施工准备、穿放引线、敷设光缆、复测光缆、安装托板、人孔中光缆包保护管、做标记等。

定额编号			TXL4-011	TXL4-012	TXL4-013	TXL4-014	TXL4-015	TXL4-016	TXL4-017	TXL4-018
项目			敷设管道光缆①②							
			12芯以下	24芯以下	48芯以下	96芯以下	144芯以下	288芯以下	576芯以下	576芯以上
定额单位			千米条							
名称		单位	数 量							
人工	技工	工日	5.50	6.83	8.02	9.02	10.40	11.44	14.82	19.33
	普工	工日	10.94	13.08	15.35	17.62	19.87	21.86	28.41	36.43
主要材料	聚乙烯波纹管	m	26.70	26.70	26.70	26.70	26.70	26.70	26.70	26.70
	胶带（PVC）	盘	52.00	52.00	52.00	52.00	52.00	52.00	52.00	52.00
	镀锌铁线ϕ1.5	kg	3.05	3.05	3.05	3.05	3.05	3.05	3.05	3.05
	光缆	m	1 015.00	1 015.00	1 015.00	1 015.00	1 015.00	1 015.00	1 015.00	1 015.00
	光缆托板	块	48.50	48.50	48.50	48.50	48.50	48.50	48.50	48.50
	托板垫	块	48.50	48.50	48.50	48.50	48.50	48.50	48.50	48.50
	余缆架	套	*	*	*	*	*	*	*	*
	标志牌	个	*	*	*	*	*	*	*	*
仪表	有毒有害气体检测仪	台班	0.25	0.30	0.42	0.50	0.60	0.72	0.87	1.00
	可燃气体检测仪	台班	0.25	0.30	0.42	0.50	0.60	0.72	0.87	1.00

注：① 室外通道、管廊中布放光缆按本管道光缆相应子目工日的70%计取；光缆托板、托板垫由设计按实计列，其他主材同本定额。

② 仪表台班仅限人孔作业时套用。

（六）第四册第六章 光（电）缆接续与测试

说 明

1. 光缆接续定额是按熔接法测定的，采用其他方式接续光缆可参照本定额执行。

2. 电缆芯线接续定额适用于各种全塑电缆接头的芯线接续（一字型、分歧型），大小线径相接时，按大线径计算。

3. 电缆接续中的封焊、树脂堵塞成端套管定额，适用于卧式、直立式套管。

4. 中继段光缆测试定额是按单窗口测试取定的，如需双窗口测试时，其人工和仪表定额分别乘以 1.8 的系数。

以下为第六章摘录部分。

第一节 光缆接续与测试

一、光缆接续

工作内容：1. 光缆掏纤：确定掏纤位置、开剥外护套、分纤剪断、直通光纤保护、盘留、固定等。

2. 光缆接续：检验器材、确定接头位置、纤芯熔接、测试衰减、盘绕固定余纤、固定加强芯、包封外护套、安装接头盒托架或保护盒等。

3. 现场组装光纤活动连接器：检验器材、光纤端面处理、安装光纤连接器测试衰耗等。

4. 光缆成端接头：检验器材、尾纤熔接、测试衰减、固定活接头、固定光缆等。

<table>
<tr><td colspan="3">定额编号</td><td>TXL6-001</td><td>TXL6-002</td><td>TXL6-003</td><td>TXL6-004</td><td>TXL6-005</td><td>TXL6-006</td></tr>
<tr><td colspan="3" rowspan="2">项目</td><td colspan="2">光缆掏纤</td><td rowspan="2">机械法光缆接续</td><td rowspan="2">现场组装光纤活动连接器</td><td colspan="2">光缆成端接头[1]</td></tr>
<tr><td>4芯以下</td><td>每增加2芯</td><td>束状</td><td>带状</td></tr>
<tr><td colspan="3">定额单位</td><td>处</td><td colspan="5">芯</td></tr>
<tr><td colspan="2">名称</td><td>单位</td><td colspan="6">数 量</td></tr>
<tr><td rowspan="2">人工</td><td>技工</td><td>工日</td><td>0.75</td><td>0.09</td><td>0.10</td><td>0.08</td><td>0.15</td><td>0.05</td></tr>
<tr><td>普工</td><td>工日</td><td>—</td><td>—</td><td>—</td><td>—</td><td>—</td><td>—</td></tr>
<tr><td rowspan="10">主要材料</td><td>直通单元</td><td>个</td><td>（1.01）</td><td>—</td><td>—</td><td>—</td><td>—</td><td>—</td></tr>
<tr><td>光纤机械接续子（冷接子）</td><td>个</td><td>—</td><td>—</td><td>1.01</td><td>—</td><td>—</td><td>—</td></tr>
<tr><td>组装式光纤活动连接器</td><td>个</td><td>—</td><td>—</td><td>—</td><td>1.01</td><td>—</td><td>—</td></tr>
<tr><td>光缆成端接头材料</td><td>套</td><td>—</td><td>—</td><td>—</td><td>—</td><td>1.01</td><td>1.01</td></tr>
<tr><td>热缩管</td><td>m</td><td>—</td><td>—</td><td>—</td><td>—</td><td>*</td><td>*</td></tr>
<tr><td></td><td></td><td></td><td></td><td></td><td></td><td></td><td></td></tr>
<tr><td></td><td></td><td></td><td></td><td></td><td></td><td></td><td></td></tr>
<tr><td></td><td></td><td></td><td></td><td></td><td></td><td></td><td></td></tr>
<tr><td></td><td></td><td></td><td></td><td></td><td></td><td></td><td></td></tr>
<tr><td></td><td></td><td></td><td></td><td></td><td></td><td></td><td></td></tr>
<tr><td rowspan="2">机械</td><td>光纤熔接机</td><td>台班</td><td>—</td><td>—</td><td>—</td><td>—</td><td>0.03</td><td>—</td></tr>
<tr><td>带状光纤熔接机</td><td>台班</td><td>—</td><td>—</td><td>—</td><td>—</td><td>—</td><td>0.01</td></tr>
<tr><td rowspan="2">仪表</td><td>光时域反射仪</td><td>台班</td><td>—</td><td>—</td><td>0.05</td><td>0.05</td><td>0.05</td><td>0.01</td></tr>
<tr><td></td><td></td><td></td><td></td><td></td><td></td><td></td><td></td></tr>
</table>

注：① 光缆成端接头如果采用光缆成端接头盒，设计应按一条成端光缆补列一只接头盒。

定额编号			TXL64-007	TXL6-008	TXL6-009	TXL6-010	TXL6-011	TXL6-012	TXL6-013	TXL6-014
项目			光缆接续①							
			4芯以下	12芯以下	24芯以下	36芯以下	48芯以下	60芯以下	72芯以下	84芯以下
定额单位			头							
	名称	单位	数量							
人工	技工	工日	0.50	1.50	2.49	3.42	4.29	5.10	5.90	6.54
	普工	工日	—	—	—	—	—	—	—	—
主要材料	光缆接续器材	套	1.01	1.01	1.01	1.01	1.01	1.01	1.01	1.01
	光缆接头托架	套	(*)	(*)	(*)	(*)	(*)	(*)	(*)	(*)
机械	汽油发电机（10 kW）	台班	0.08	0.10	0.15	0.25	0.30	0.35	0.40	0.45
	光纤熔接机	台班	0.15	0.20	0.30	0.45	0.55	0.70	0.80	0.95
仪表	光时域反射仪	台班	0.60	0.70	0.80	0.95	1.10	1.25	1.40	1.60

注：① 光缆接头托架仅限于管道光缆，数量由设计根据实际情况确定。

二、光缆中继段测试

工作内容：光纤特性的测试、记录、整理测试资料等。

定额编号			TXL6-043	TXL6-044	TXL6-045	TXL6-046	TXL6-047	TXL6-048	TXL6-049	TXL6-050
项目			40 km以上中继段光缆测试							
			12芯以下	24 芯以下	36芯以下	48芯以下	60芯以下	72芯以下	84芯以下	96芯以下
定额单位			中继段							
	名称	单位	数量							
人工	技工	工日	2.21	3.10	4.39	5.47	6.48	7.27	7.85	8.28
	普工	工日	—	—	—	—	—	—	—	—
主要材料										
仪表	光时域反射仪	台班	0.36	0.51	0.68	0.86	1.00	1.15	1.25	1.37
	稳定光源	台班	0.36	0.51	0.68	0.86	1.00	1.15	1.25	1.37
	光功率计	台班	0.36	0.51	0.68	0.86	1.00	1.15	1.25	1.37
	偏振模色散测试仪	台班	(0.36)	(0.51)	(0.68)	(0.86)	(1.00)	(1.15)	(1.25)	(1.37)

定额编号			TXL6-072	TXL6-073	TXL6-074	TXL6-075	TXL6-076	TXL6-077	TXL6-078	TXL6-079
项目			40 km以下光缆中继段测试							
			12芯以下	24芯以下	36芯以下	48芯以下	60芯以下	72芯以下	84 芯以下	96芯以下
定额单位			中继段							
名称		单位	数　量							
人	技工	工日	1.84	2.58	3.66	4.56	5.40	6.06	6.54	6.90
	普工	工日	—	—	—	—	—	—	—	—
主要材料										
机械										
仪表	光时域反射仪	台班	0.30	0.42	0.57	0.72	0.84	0.96	1.04	1.14
	稳定光源	台班	0.30	0.42	0.57	0.72	0.84	0.96	1.04	1.14
	光功率计	台班	0.30	0.42	0.57	0.72	0.84	0.96	1.04	1.14
	偏振模色散测试仪	台班	（0.30）	（0.42）	（0.57）	（0.72）	（0.84）	（0.96）	（1.04）	（1.14）

（七）第五册第二章 铺设通信管道

说　明

一、适用范围及有关规定

1. 本章包括铺设各种通信管道和通道。

2. 本章塑料管道基础部分是按塑料管道外径 110mm 标准取定的，当塑料管道外径为其他尺寸或者是栅格管组群时，按基础实际宽度参照定额数据做相应调整计算。

3. 砌筑通信光（电）缆通道的净高为 1.8m，侧墙体分 240mm 和 370mm 两种，设计人员应根据现场荷载测算侧墙厚度。

4. 防水工程分为抹防水砂浆、油毡防水、玻璃布防水等，设计可根据工程不同防水要求选用。

5. 定额中未包括管道工程用水，设计可按管道（不论管孔多少）每百米用水 5 立方米，列入工程措施费内。

6. 本定额管道的包封是按立方米设置子目的，设计时应考虑包封基础加宽部分的混凝土量。

7. 铺设塑料管、钢管管道定额中，管材材质、规格程式由设计选定。

二、工程量计算规则

铺设通信管道的长度均按图示管道段长，即人（手）孔中心一人（手）孔中心计算，不扣除人（手）孔所占长度。

第四节 铺设塑料管道

工作内容：支架加工、绑扎、锉管内口、铺设塑料管、接续塑料管、试通等。

定额编号			TGD2-085	TGD2-086	TGD2-087	TGD2-088	TGD2-089	TGD2-090
项目			铺设塑料管道①②③					
			1孔	2孔（2×1）	3孔（3×1）	4孔（4×1）	4孔（2×2）	6孔（6×1）
定额单位			百米					
	名称	单位	数量					
人工	技工	工日	0.47	0.69	1.03	1.88	2.13	2.81
	普工	工日	0.73	1.06	1.57	3.08	3.25	4.60
主要材料	塑料管（含连接件）	m	101.00	202.00	303.00	404.00	404.00	606.00
	塑料管支架	套	*	*	*	*	*	*
机械								

注：① 塑料管按单根管6m长计取，多孔复合管按一孔计算。

② 子目中的“$n\times m$”：其中n为每层孔数；m为层数。

③ 本定额是按铺设波纹管取定。当铺设其他材料管道时，定额人工消耗可做相应调整。

附录二：《通信建设工程量清单计价规范》附录四节选

本书第十章示例“XXX 小区 FTTH 工程”项目的工程量清单及清单计价文件的编制过程中使用到《通信建设工程量清单计价规范》（YD5112-2009）附录四《通信线路工程工程量清单项目及计算规则》中的相关项目。为了便于对示例的理解，节选部分内容如下。

4.1　施工测量与开挖路面工程。工程量清单项目设置及计算规则见表 4.1。

表 4.1　施工测量与开挖路面工程（编码：TX41）

项目编码	项目名称	项目特征	计量单位	工程量计算规则	工程内容
TX41001	敷设光（电）缆施工测量	光（电）缆敷设方式	km	按室外的路由长度计算	1. 核对图纸 2. 复查路由位置 3. 定点划线、做标记等
TX41002	GPS定位	地形地貌	点	按设计图示数量计算	1. 校表、测量 2. 记录数据等
TX41003	人工开挖路面	1. 路面类型 2. 路面宽度	m^2	按设计图示宽度×长度计算	1. 机械切割路面 2. 人工开挖路面 3. 弃渣分类堆放沟边

4.2　敷设埋式光（电）缆工程。工程量清单项目设置及计算规则见表 4.2。

表 4.2　敷设埋式光（电）缆工程（编码：TX42）

项目编码	项目名称	项目特征	计量单位	工程量计算规则	工程内容
TX42001	挖填缆沟及接头坑	1. 回填方式 2. 土质类型	m^3	按设计图示截面积×长度计算	1. 挖填缆沟及接头坑 2. 石质沟布眼钻孔、装药放炮、弃渣清理或人工开槽

续表

<table>
<tr><th>项目编码</th><th>项目名称</th><th>项目特征</th><th>计量单位</th><th>工程量计算规则</th><th>工程内容</th></tr>
<tr><td>TX42002</td><td>石质沟铺盖细土</td><td>运土距离</td><td>沟千米</td><td>按设计图示沟长计算</td><td>1. 运细土
2. 沟内铺盖细土</td></tr>
<tr><td>TX42003</td><td>倒运土方</td><td>倒运距离</td><td>m^3</td><td>按设计图示数量计算</td><td>1. 装车
2. 近距离运土
3. 卸土</td></tr>
<tr><td>TX42004</td><td>敷设埋式光缆</td><td>1. 地形地貌
2. 光缆程式、芯数</td><td rowspan="2">千米条</td><td rowspan="2">按［路由长度×（1+自然弯曲系数）+设计预留长度］×条数计算</td><td>1. 检查测试光缆
2. 光缆配盘、清理沟底
3. 人工抬放光缆
4. 光缆复测
5. 加保护
6. 对地绝缘检查及处理</td></tr>
<tr><td>TX42005</td><td>敷设埋式电缆</td><td>电缆对数</td><td>1. 检查电缆、清理沟底
2. 敷设电缆、充气试验</td></tr>
<tr><td>TX42006</td><td>砖砌塑料管道手孔</td><td>手孔类型</td><td rowspan="2">个</td><td rowspan="2">按设计图示数量计算</td><td>1. 浇筑底座、砌砖、制作、安装上口盖板
2. 安装口圈、井盖、托架等</td></tr>
<tr><td>TX42007</td><td>埋设定型手孔</td><td>1. 结构
2. 规格</td><td>1. 安装固定定型手孔
2. 手孔进、出口端头紧固处理
3. 安装堵头、塞子等</td></tr>
<tr><td>TX42008</td><td>人工敷设小口径塑料管道</td><td>1. 地形地貌
2. 管数
3. 试通说明
4. 充气试验说明</td><td rowspan="2">孔千米</td><td rowspan="2">按（手孔中心至手孔中心的长度×孔数）计算</td><td>1. 检查气压、配盘、平沟底
2. 人工抬放塑管
3. 塑管接续、绑扎、封堵端头
4. 塑管试通
5. 充气试验</td></tr>
<tr><td>TX42009</td><td>气流法穿放微型子管</td><td>1. 地形地貌
2. 管数</td><td>1. 单盘微型子管气压维护、配盘
2. 气流机穿放微型子管、试通
3. 封堵微型子管端头及管孔头</td></tr>
<tr><td>TX42010</td><td>气流法穿放光缆</td><td>1. 地形地貌
2. 光缆芯数</td><td>千米条</td><td>按［手孔中心至手孔中心的长度×（1+自然弯曲系数）+设计预留长度］×条数计算</td><td>1. 单盘光缆测试、配盘
2. 气流机穿放光缆
3. 封堵光缆端头及管孔头</td></tr>
<tr><td>TX42011</td><td>地下定向钻孔敷管</td><td>1. 钻孔孔径
2. 钻孔长度
3. 地下土层结构
4. 管材孔数
5. 管材规格</td><td>处</td><td>按设计图示数量计算</td><td>1. 挖填工作坑
2. 测位钻孔、扩孔
3. 敷设管材、封管口</td></tr>
</table>

续表

项目编码	项目名称	项目特征	计量单位	工程量计算规则	工程内容
TX42012	桥挂保护管（槽）	1. 名称 2. 管槽规格 3. 保护段数	m	按设计图示长度计算	1. 安装支架 2. 铺管（槽） 3. 堵管头等
TX42013	顶保护管	1. 作业方法 2. 保护段数			1. 挖填工作坑 2. 安装机具、顶管 3. 封管头等
TX42014	铺保护管	1. 名称 2. 保护方式 3. 材质规格 4. 保护段数			1. 现场运输 2. 铺设操作等
TX42015	沟、坎保护	1. 名称 2. 保护方式 3. 结构、数量	m^3	按设计图示尺寸计算	1. 石砌坡、坎、堵塞 2. 封石沟 3. 做漫水坝、挡水墙 4. 三七土护坎
TX42016	埋设标石或警示牌	1. 名称 2. 地形、地貌 3. 材质规格	个	按设计图示数量计算	1. 埋设标石 2. 安装对地绝缘监测标石 3. 安装对地绝缘装置 4. 安装宣传警示牌
TX42017	安装防雷设施	1. 名称 2. 材质、规格 3. 排流线条数、长度	处	按设计图示数量计算	1. 敷设排流线 2. 安装消弧线 3. 安装避雷针
TX42018	敷设水底光缆	1. 作业方法 2. 水面宽度 3. 水流类型 4. 河底土质 5. 水底光缆保护装置 6. 水底埋设深度 7. 光缆程式、芯数 8. 敷设条数 9. 敷设长度			1. 敷设光缆船机具安装 2. 水泵冲槽及人工截流挖沟 3. 敷设水底光缆 4. 水底光缆终端加固 5. 安装水线标志牌
TX42019	敷设海底光缆	1. 光缆在海底的位置 2. 光缆芯数 3. 海底光缆接头个数	千米条	按［路由长度×（1+自然弯曲系数）+设计预留长度］×条数计算	1. 海缆装船 2. 航行 3. 海中敷设海缆 4. 海中埋设海缆 5. 海底光缆接续 6. 海底光缆冲埋
TX42020	海底光缆登陆	1. 光缆登陆方式 2. 登陆处水深 3. 登陆处滩头地质状况 4. 需要安装的其他装置	处	按设计图示数量计算	1. 敷设登陆海缆 2. 海底光缆冲埋 3. 水下安装关节套管 4. 安装海缆铠装固定装置 5. 安装水线标志牌

4.3 敷设架空光（电）缆工程。工程量清单项目设置及计算规则见表4.3。

表4.3 敷设架空光（电）缆工程（编码：TX43）

<table>
<tr><th>项目编码</th><th>项目名称</th><th>项目特征</th><th>计量单位</th><th>工程量计算规则</th><th>工程内容</th></tr>
<tr><td>TX43001</td><td>立水泥电杆</td><td rowspan="2">1. 地形地貌
2. 电杆规格
3. 电杆数量
4. 电杆根部加固及保护装置
5. 立杆处土质
6. 附属装置</td><td rowspan="2">根</td><td rowspan="2">按设计图示数量计算</td><td rowspan="2">1. 立电杆
2. 电杆根部加固及保护
3. 装撑杆
4. 安装拉线
5. 安装附属装置</td></tr>
<tr><td>TX43002</td><td>立木电杆</td></tr>
<tr><td>TX43003</td><td>立特种电杆</td><td>1. 地形地貌
2. 电杆类型（水泥杆、木电杆）、规格（杆高）
3. 特种电杆结构类型
4. 电杆根部加固及保护装置
5. 立杆处土质
6. 附属装置</td><td>座</td><td>按设计图示数量计算</td><td>1. 立电杆
2. 电杆根部加固及保护
3. 装撑杆
4. 安装拉线
5. 安装附属装置</td></tr>
<tr><td>TX43004</td><td>架设吊线</td><td>1. 电杆类型
2. 吊线程式
3. 地形地貌</td><td>千米条</td><td>按（路由长度+垂度+接续及终结预留长度）×条数计算</td><td>1. 安装紧固支撑物（吊挂物）
2. 布放吊线
3. 紧线、做终结等</td></tr>
<tr><td>TX43005</td><td>架设辅助吊线</td><td>1. 档距
2. 吊线程式
3. 地形地貌</td><td>条档</td><td>按设计图示数量计算</td><td>1. 预做吊挂物
2. 紧线、调整吊挂
3. 紧固、做终结等</td></tr>
<tr><td>TX43006</td><td>架设光缆</td><td>1. 地形地貌
2. 光缆程式
3. 光缆芯数
4. 架设方式</td><td rowspan="2">千米条</td><td rowspan="2">按［路由长度×（1+自然弯曲系数）+设计预留长度］×条数计算</td><td>1. 光缆配盘、测试、安装支撑物
2. 架设紧固、安装标志牌
3. 制作吊线结等</td></tr>
<tr><td>TX43007</td><td>架设电缆</td><td>1. 电缆程式
2. 电缆对数
3. 架设方式</td><td>1. 电缆配盘、测试、安装支撑物
2. 架设紧固
3. 制作吊线结等</td></tr>
</table>

4.4 敷设管道及其他光（电）缆工程。工程量清单项目设置及计算规则见表4.4。

表 4.4 敷设管道及其他光（电）缆工程（编码：TX44）

<table>
<tr><th>项目编码</th><th>项目名称</th><th>项目特征</th><th>计量单位</th><th>工程量计算规则</th><th>工程内容</th></tr>
<tr><td>TX44001</td><td>敷设管道（室外通道）光缆</td><td>1. 敷设方式
2. 光缆芯数
3. 室外通道长度
4. 敷设塑料子管孔数、长度
5. 需抽水人（手）孔数量</td><td rowspan="2">千米条</td><td rowspan="5">按［路由长度×（1+自然弯曲系数）+设计预留长度］×条数计算</td><td>1. 敷设管道（室外通道）光缆
2. 人工敷设塑料子管
3. 布放光缆人（手）孔抽水</td></tr>
<tr><td>TX44002</td><td>敷设管道（室外通道）电缆</td><td>1. 敷设方式
2. 电缆对数
3. 室外通道长度
4. 敷设塑料子管孔数、长度
5. 需抽水人（手）孔数量</td><td>1. 敷设管道（室外通道）电缆
2. 人工敷设塑料子管
3. 布放电缆人（手）孔抽水</td></tr>
<tr><td>TX44003</td><td>敷设墙壁光缆</td><td>1. 光缆程式、芯数
2. 敷设方式</td><td rowspan="3">百米条</td><td>1. 架设吊线式墙壁光缆
2. 布放钉固式墙壁光缆
3. 架设自承式墙壁光缆</td></tr>
<tr><td>TX44004</td><td>敷设墙壁电缆</td><td>1. 电缆程式、对数
2. 敷设方式</td><td>1. 架设吊线式墙壁电缆
2. 布放钉固式墙壁电缆
3. 架设自承式墙壁电缆</td></tr>
<tr><td>TX44005</td><td>敷设进局光缆</td><td>1. 进局方式
2. 光缆芯数
3. 引上管安装位置及数量
4. 打人（手）孔墙洞处数
5. 楼墙结构及打洞个数
6. 楼层结构及打洞个数
7. 增装支撑物套数
8. 钉固皮线塑料槽板长度
9. 进局光缆防水封堵处数
10. 光缆上线洞楼层间防火封堵处数</td><td>1. 穿墙引上光缆
2. 敷设室内通道光缆
3. 槽道（地槽）布放光缆
4. 打人（孔）墙洞
5. 打穿楼墙（层）洞
6. 增装支撑物
7. 安装引上钢管
8. 钉固皮线塑料槽板
9. 进局光缆防水封堵
10. 光缆上线洞楼层间防水封堵</td></tr>
</table>

续表

项目编码	项目名称	项目特征	计量单位	工程量计算规则	工程内容
TX44006	敷设进局电缆	1. 进局方式 2. 电缆对数 3. 引上管安装位置及数量 4. 打人（手）孔墙洞处数 5. 楼墙结构及打洞个数 6. 楼层结构及打洞个数 7. 增装支撑物套数 8. 钉固皮线塑料槽板长度 9. 进局电缆防水封堵处数 10. 电缆上线洞楼层间防火封堵处数	百米条	按［路由长度×（1+自然弯曲系数）+设计预留长度］×条数计算	1. 穿墙引上电缆 2. 敷设室内通道电缆 3. 槽道（地槽）、顶棚内布放电缆 4. 布放成端电缆 5. 打人（手）孔墙洞 6. 打穿楼墙（层）洞 7. 增装支撑物 8. 安装引上钢管 9. 钉固皮线塑料槽板 10. 进局电缆防水封堵 11. 电缆上线洞楼层间防火封堵

4.5　光（电）缆接续与测试工程。工程量清单项目设置及计算规则见表 4.5。

表 4.5　光（电）缆接续与测试工程（编码：TX45）

项目编码	项目名称	项目特征	计量单位	工程量计算规则	工程内容
TX45001	光缆接续	1. 光缆类型、程式 2. 光缆芯数	头	按设计图示数量计算	1. 纤芯熔接、衰减测试、盘绕余纤、固定加强芯、包封外护套 2. 安装接头盒托架（保护盒）
TX45002	光缆成端接头	光缆程式	芯		1. 尾纤熔接、衰减测试 2. 固定活接头、光缆
TX45003	带状光缆成端接头	光缆程式	带		1. 尾纤熔接、衰减测试 2. 固定活接头、光缆
TX45004	中继段光缆测试	1. 中继段长度 2. 光缆芯数	中继段		1. 光缆特性测试 2. 整理资料等
TX45005	用户光缆测试	光缆芯数	段		1. 光缆特性测试 2. 整理资料等
TX45006	成端电缆接续	1. 电缆结构及对数 2. 芯线线径 3. 芯线接线模式 4. 套管规格	头		1. 成端电缆芯线接线 2. 堵塞成端套管 3. 制作热可缩套管气闭头
TX45007	电缆接续	1. 电缆结构及对数 2. 芯线线径 3. 芯线接线模式 4. 套管规格			1. 电缆芯线接线 2. 套管接续 3. 制作热可缩套管气闭头
TX45008	中继电缆测试	中继段长度	百对		1. 测试各类技术指标 2. 整理测试资料

续表

项目编码	项目名称	项目特征	计量单位	工程量计算规则	工程内容
TX45009	配线电缆测试	中继段长度	百对	按设计图示数量计算	1. 测试各类技术指标 2. 整理测试资料

4.6 安装光（电）缆线路设备工程。工程量清单项目设置及计算规则见表 4.6。

表 4.6 安装光（电）缆线路设备工程（编码：TX46）

项目编码	项目名称	项目特征	计量单位	工程量计算规则	工程内容
TX46001	安装光（电）缆承托铁架	铁架规格	米条	按设计图示数量计算	1. 清理孔洞 2. 防蚀处理 3. 安装固定
TX46002	安装光（电）缆托架	托架规格	根		1. 清理孔洞 2. 安装固定
TX46003	安装固定光缆盘	光缆盘规格	套		1. 划线定位 2. 安装固定
TX46004	安装电缆交接箱	1. 安装方式 2. 交接箱容量 3. 交接箱基座结构	个		1. 安装架空式电缆交接箱 2. 安装落地式电缆交接箱 3. 砌筑交接箱基座 4. 安装墙挂式电缆交接箱
TX46005	交接箱改接跳线	跳线规格	条		1. 核对、改连 2. 试通、整理
TX46006	制装电缆分线箱	1. 电缆结构 2. 容量	个		1. 制装塑缆分线箱 2. 制装环氧树脂堵塞分线箱
TX46007	制装电缆分线盒				1. 制装塑缆分线盒 2. 制装环氧树脂堵塞分线盒
TX46008	安装明挂式组线箱体	箱体规格			1. 安装固定 2. 连底线 3. 修整墙体
TX46009	安装测试 100 回线保安排试验排	保安排试验排规格	块		1. 安装、测试 2. 钉固尾巴电缆
TX46010	安装组线箱端子板	端子板规格			
TX46011	安装测试 100 回线接线排	接线排规格			
TX46012	安装交接间配线架	配线架容量	座		1. 安装列架 2. 组装接线模块

续表

项目编码	项目名称	项目特征	计量单位	工程量计算规则	工程内容
TX46013	安装光缆终端盒	终端盒规格	个	按设计图示数量计算	1. 安装固定、增装适配器 2. 修整墙体等
TX46014	安装光缆配线箱	配线箱规格			
TX46015	安装光缆落地式交接箱	1. 交接箱基座结构 2. 交接箱容量			1. 浇筑光缆交接箱基座 2. 安装箱体及箱内器件 3. 密封箱座
TX46016	安装充气设备	1. 充气设备规格 2. 充气设备结构	套		1. 安装设备主体及配套附件 2. 调试
TX46017	电缆全程充气	电缆程式	千米条	按设计图示路由长度×条数计算	充气试验

5.2 铺设通信管道工程。工程量清单项目设置及计算规则见表 5.2。

表 5.2 铺设通信管道工程（编码：TX52）

项目编码	项目名称	项目特征	计量单位	工程量计算规则	工程内容
TX52001	铺设水泥管道	1. 水泥管块组合方式 2. 底基结构 3. 基础厚度及混凝土标号 4. 基础加筋长度 5. 管道填充水泥砂浆配比及体积 6、管道包封混凝土标号及体积	m	按人（手）孔中心——人（手）孔中心长度计算	1. 铺管道碎石底基 2. 浇筑混凝土管道基础 3. 混凝土管道基础加筋 4. 铺设水泥管道 5. 管道填充水泥砂浆 6. 管道混凝土包封
TX52002	铺设塑料管道	1. 塑料管规格 2. 组合方式 3. 底基结构 4. 基础厚度及混凝土标号 5. 基础加筋长度 6. 管道填充水泥砂浆配比及体积 7. 管道包封混凝土标号及体积			1. 铺管道碎石底基 2. 浇筑混凝土管道基础 3. 混凝土管道基础加筋 4. 铺设塑料管道 5. 管道填充水泥砂浆 6. 管道混凝土包封
TX52003	铺设镀锌钢管管道	1. 钢管规格 2. 组合方式 3. 底基结构 4. 基础厚度及混凝土标号 5. 基础加筋长度 6. 管道填充水泥砂浆配比及体积 7. 管道包封混凝土标号及体积			1. 铺管道碎石底基 2. 浇筑混凝土管道基础 3. 混凝土管道基础加筋 4. 铺设镀锌钢管管道 5. 管道填充水泥砂浆 6. 管道混凝土包封
TX52004	砌筑通信光（电）缆通道	1. 墙体厚度 2. 通道宽带、高度		按设计图示长度计算	1. 砌筑通信光（电）缆通道（无人孔口圈部分） 2. 砌筑通信光（电）缆通道（人孔口圈部分） 3. 砌筑通信光（电）缆通道（两端头侧墙部分）

附录三：
相关法律法规、规范标准及文件清单

一、法律法规

1.《中华人民共和国建筑法》
2.《中华人民共和国招标投标法》
3.《中华人民共和国合同法》
4.《中华人民共和国价格法》
5.《中华人民共和国环境保护法》
6.《中华人民共和国环境影响评价法》

二、规范标准

1. GB/T 6988.1-2008《电气技术用文件的编制 第 1 部分：规则》
2. GB/T 50104-2010《建筑制图标准》
3. YD/T 5015-2015《通信工程制图与图形符号规定》
4. GB 50500-2013《建设工程工程量清单计价规范》
5. YD 5112-2009《通信建设工程量清单计价规范》
6. YDB 191-2017《信息通信建设企业服务能力要求》

三、相关部门文件

1. 建设部、财政部《关于印发〈建筑安装工程费用项目组成〉的通知》（建标［2013］44 号）。

2. 工业和信息化部《关于印发信息通信建设工程预算定额、工程费用定额及工程概（预）算编制规程的通知》（工信部通信［2016］451 号）。

3. 财政部《关于印发〈基本建设项目建设成本管理规定〉的通知》（财建［2016］504 号）。

4. 国家发改委《关于进一步放开建设项目专业服务价格的通知》（发改价格［2015］299 号）。

5. 财政部、国家税务总局《关于全面推开营业税改增值税试点的通知》（财税［2016］36 号）。

6. 财政部、安全监管总局《高危行业企业安全生产费用财务管理暂行办法》（财企［2006］478 号）。

7. 财政部、安全监管总局《关于印发〈企业安全生产费用提取和使用管理办法〉的通知》（财企［2012］16 号）。

8. 工业和信息化部《关于调整通信工程安全生产费取费标准和使用范围的通知》（工信部通函［2012］213 号）。

9. 财政部、建设部《关于印发〈建设工程价款结算办法〉的通知》（财建［2004］369 号）。

10. 信息产业部《关于印发〈通信建设工程价款结算暂行办法〉的通知》（信部规［2005］418 号）。

11. 中国通信企业协会《关于发布〈信息通信建设行业特需专业人员登记管理办法（试行）等〉通知》（通企［2016］135 号）。

参考文献

[1] 徐荣，工程造价管理（第三版），上海：同济大学出版社，2014.

[2] 周国恩，工程造价管理，北京：北京大学出版社，2016.

[3] 郭梅，营改增政策解读与企业实操手册，北京：人民邮电出版社，2016.

[4] 马泽芳，营改增手册，北京：机械工业出版社，2016.

[5] 工信部通信定额质监中心，信息通信建设工程概（预）算管理与实务，北京：人民邮电出版社，2017.